数据同化——集合卡尔曼滤波

（第2版）

Data Assimilation
The Ensemble Kalman Filter（2nd edition）

[挪威]盖尔·埃文森（Geir Evensen） 著
刘厂 赵玉新 高峰 译
张绍晴 主审

国防工業出版社
·北京·

著作权合同登记 图字：军-2016-145 号

图书在版编目（CIP）数据

数据同化-集合卡尔曼滤波：第 2 版 / （挪）盖尔·埃文森（Geir Evensen）著；刘厂，赵玉新，高峰译. —北京：国防工业出版社，2017.4

书名原文：Data Assimilation-The Ensemble Kalman Filter（2nd edition）

ISBN 978-7-118-11315-0

Ⅰ. ①数… Ⅱ. ①盖… ②刘… ③赵… ④高… Ⅲ. ①遥感数据－数据处理 ②卡尔曼滤波器 Ⅳ. ①TP751.1 ②TM713

中国版本图书馆 CIP 数据核字（2017）第 076690 号

※

国防工業出版社 出版发行
（北京市海淀区紫竹院南路 23 号 邮政编码 100048）
三河市众誉天成印务有限公司印刷
新华书店经售

* *

开本 710×1000 1/16 印张 17 字数 343 千字
2017 年 4 月第 1 版第 1 次印刷 印数 1—2000 册 **定价** 78.00 元

（本书如有印装错误，我社负责调换）

国防书店：(010)88540777 发行邮购：(010)88540776
发行传真：(010)88540755 发行业务：(010)88540717

译 者 序

集合卡尔曼滤波是贝叶斯信息估计理论的一个直接实现，除了用有限集合来离散代表动力背景的概率密度分布外，它几乎就是贝叶斯条件概率计算公式的直接诠释，因而是将动力模式和观测系统进行最佳结合的资料同化（Data Assimilation）（中文文献通常翻译成数据同化）问题有效而又直接了当的解。集合卡尔曼滤波目前已成为国际上普遍推崇的数据同化方法并正在被广泛使用和发展。

G. Evensen 编写的《数据同化——集合卡尔曼滤波》第 2 版，除包括原版的基础理论介绍和各种滤波方法推导外，又增加了对前沿应用问题的讨论，比如在集合卡尔曼滤波中如何思考计算资源使用问题；应用实例中增加了工业生产中的实际问题，如在石油勘探中如何用实际生产数据来估计油气储层仿真模式中的孔隙度和渗透率等参数而对模式进行优化等。该书是作者根据多年的科研和教学工作经验编写而成的，在章节安排上遵循由浅入深、循序渐进的原则，并结合实例对重点内容进行讲解，有助于读者全面、系统地掌握数据同化相关的知识。

在本书翻译和出版过程中，课题组的多名研究生对初稿进行了仔细校对，在此表示感谢。同时，感谢国家海洋信息中心的张学峰研究员、吴新荣副研究员对书稿认真细致地审阅，并提出了许多宝贵的意见和建议。中国海洋大学的张绍晴教授结合长期在 GFDL/NOAA 领域利用集合卡尔曼滤波作气候分析和预报初始化工作的经验对书稿进行了全面审定和校对，在此表示感谢。

本书的翻译和出版工作得到了国家重点研发计划项目（2017YFC1404100）、国家自然科学基金面上项目（41676088）和中央高校基本科研业务费专项资金（HEUCF041705）的资助。

由于译者水平所限，书中难免还有疏漏之处，敬请广大读者批评指正。

2017 年 2 月于哈尔滨

第 2 版序言

本书第 2 版为第 13 章的平方根算法提供了一个更完整的表达，在第 1 版中该部分表达不成熟。随着本书第 1 版的出版，关于平方根算法的理解已经得到了显著的发展和增强。

本书增加了一个新的章节“伪相关性、局地化和膨胀”，并对相关问题进行了讨论。同时对集合滤波方法中使用有限的集合大小所造成的伪相关性的影响进行量化。该章提出并讨论了膨胀与局地化方法来减小伪相关性的影响，并提出了一个自适应膨胀算法。

在第 11 章中，在考虑使用极少量奇异向量的采样会导致物理上的不切实际和过于平滑实现的基础上，提出了改进的采样算法。

第 13 与 14 章都使用更新平方根算法来重复试验。在第 14 章中包含了一节关于当使用集合统计来评估误差协方差矩阵时对分析方差有效性的讨论。

最后对附录中的材料进行了整理，同时对参考文献列表进行了更新，其中添加了很多最新关于集合卡尔曼滤波（EnKF）的文献。

在本书第 2 版准备期间与 Pavel Sakov 和 Laurent Bertino 等人进行了互动与讨论，在此向二位表示感谢。

盖尔·埃文森

2009 年 6 月于卑尔根

序　　言

本书的目的是介绍一些数据同化问题的公式与求解方法，主要集中在那些允许模式包含误差与误差统计随时间演化的方法上。对所谓的强约束方法以及误差统计为常数的方法只是做了简单的介绍，并且作为通用的弱约束问题的特例。

本书重点关注集合卡尔曼滤波（EnKF）和类似的方法。由于这些方法易于实现与解释，并适用于非线性模式，已经变得非常流行。

该书是在多年来关于数据同化方法研究工作的基础上，结合讲授研究生数据同化课程过程中积累的经验完成的。如果没有与学生和同事之间的持续互动与交流，不可能完成这本书的撰写。这里我要特别感谢 Laurent Bertino，Kari Brusdal，Francois Counillon，Mette Eknes，Vibeke Haugen，Knut Arild Lisæter，Lars Jørgen Natvik，Jan Arild Skjervheim 等与我共事多年的同事们的支持与帮助。感谢 Laurent Bertino 与 Francois Counillon 提供的关于海洋数据同化系统 TOPAZ 相关的材料。同时也要对 Laurent Bertino，Theresa Lloyd，Gordon Wilmot，Martin Miles，Jennifer Trittschuh-Vallès，Brice Vallès 与 Hans Wackernagel 等人对本书的最终版本中相关章节的贡献表示感谢。

希望本书能为数据同化问题提供一个全面的阐述，并且希望它能作为从事数据同化方法及其应用等领域研究的学生和学者的教科书。

盖尔·埃文森

2006 年 6 月于卑尔根

符 号 表

a	变差函数模式中解的相关长度(11.2)～(11.4)[①]；标量模式(5.5)，(5.22)，(8.22)和(12.23)的初始条件误差
$A(z)$	5.3 节中表示埃克曼模式中的垂直扩散系数
$A_0(z)$	5.3 节中表示埃克曼模式中垂直扩散系数的初猜值
$\boldsymbol{a}$	向量模式(5.70), (6.8)～(6.10),(7.2)的初始条件误差
$\boldsymbol{A}_i$	第 9 章中表示t_i时刻的集合矩阵
$\boldsymbol{A}$	第 9 章中表示集合矩阵
$\boldsymbol{b}$	分析方案(3.38)中为了求解欧拉方程而定义的向量参数
$\boldsymbol{b}(\boldsymbol{x},t)$	第 7 章中表示边界条件误差
$\boldsymbol{b}_0$	5.3 节中表示埃克曼模式中上边界的随机误差
$\boldsymbol{b}_H$	5.3 节中表示埃克曼模式中下边界的随机误差
c	傅里叶频谱(11.10)和(11.14)中的常数；模拟模式误差(12.21)时应用的常数乘数因子
c_i	模拟模式误差(12.55)时应用的乘数
c_d	5.3 节中表示埃克曼模式中的风应力拖曳系数
c_{d0}	5.3 节中表示埃克曼模式中风应力拖曳系数的初猜值
c_{rep}	第 12 章中表示应用代表函数法建立模式误差时应用的常数乘数因子
$C_{\psi\psi}$	标量状态变量的误差协方差
$C_{c_dc_d}$	风应力拖曳系数c_{d0}的误差协方差
$C_{AA}(z_1,z_2)$	垂直扩散系数$A_0(z)$的误差协方差
$C_{\psi\psi}(\boldsymbol{x}_1,\boldsymbol{x}_2)$	标量场$\psi(\boldsymbol{x})$(2.25)的误差协方差
$\boldsymbol{C}_{\psi\psi}$	离散的$\boldsymbol{\psi}$的误差协方差(或是$\boldsymbol{C}_{\psi\psi}(\boldsymbol{x}_1,\boldsymbol{x}_2)$的缩写)
$\boldsymbol{C}_{\psi\psi}(\boldsymbol{x}_1,\boldsymbol{x}_2)$	由标量状态变量组成的向量$\boldsymbol{\psi}(\boldsymbol{x})$的协方差
$C_{\epsilon\epsilon}$	第 3 章中表示ϵ的方差
C_{aa}	标量初始误差协方差
C_{qq}	模式误差协方差
$\boldsymbol{C}$	第 9 章中表示集合分析方法中用于求逆的矩阵

① 括号中表示公式号，余同。

$\boldsymbol{C}_{\epsilon\epsilon}$　测量误差协方差$\boldsymbol{\epsilon}$

$\boldsymbol{C}_{\epsilon\epsilon}^{e}$　观测误差$\boldsymbol{\epsilon}$协方差

$\boldsymbol{C}_{aa}$　初始误差协方差

$\boldsymbol{C}_{qq}$　模式误差协方差

d　观测值

$\boldsymbol{d}$　观测向量

$\boldsymbol{D}$　第 9 章中表示观测扰动

$\boldsymbol{D}_j$　第 9 章中表示在第j个采样时间的观测扰动

$\boldsymbol{E}$　第 9 章中表示观测扰动

$f(\boldsymbol{x})$　任意函数，如式(3.55)所示

$f(\psi)$　概率密度函数，可写作$f(\psi)$与$f(\boldsymbol{\psi})$，其中，$\boldsymbol{\psi}$为向量或区域中的向量

F　分布函数，如式(2.1)所示

$g(\boldsymbol{x})$　任意函数，如式(3.55)和式(3.59)所示

G　线性模式(4.1)中标量状态的算子，非线性模式(4.14)中标量状态的算子

$\boldsymbol{G}$　线性模式(4.11)中状态向量的算子，非线性模式(4.21)，(9.1)和(7.1)中状态向量的算子

$h()$　在不同情况下应用的任意函数

H　5.3 节中表示埃克曼模式中底边界的值

$\boldsymbol{h}$　新息向量(3.51)；空间距离向量(11.1)

$i(j)$　图 7.1 中表示关于观测j的时间索引

$\boldsymbol{I}$　单位矩阵

J　图 7.1 中表示观测的次数

$\boldsymbol{k}$　5.3 节中表示埃克曼模式中的单位列向量(0,0,1)；第 11 章中的波数$\boldsymbol{k}=(\kappa,\lambda)$

$\boldsymbol{k}_h$　渗透率

$\boldsymbol{K}$　卡尔曼增益矩阵(3.85)

m_j　图 7.1 中表示第j个时刻观测的数量

m　表示m_j的缩写

$m(\psi)$　附录中表示非线性观测函数

M　同化窗口内的观测总数

$\boldsymbol{M}$　离散状态向量(3.76)的观测矩阵；观测矩阵算子(10.20)

n　第 9 章与第 10 章中表示状态向量的维数$n=n_{\psi}+n_{\alpha}$

n_{α}　第 9 章与第 10 章中表示参数个数

n_{ψ}　第 7～10 章中表示模式状态的维数

n_x　第 11 章中表示x轴方向上的网格数目

n_y　第 11 章中表示y轴方向上的网格数目

N	样本或集合的大小
p	第 3 章中表示标量或标量区域的初猜值误差;第 14 章中表示矩阵的秩；式(6.24)中表示概率
p_A	表示 5.3 节中埃克曼模式的垂直扩散系数的初猜值误差
p_{c_d}	表示 5.3 节中埃克曼模式的风拖曳系数的初猜值误差
P	第 17 章中表示储层压力
q	用于卡尔曼滤波公式，表示标量模式的随机误差
$\boldsymbol{q}(i)$	式(6.16)中表示t_i时刻的模式误差
$\boldsymbol{q}$	用于卡尔曼滤波公式，表示向量模式的随机误差
$\boldsymbol{Q}$	11.4 节中表示模式噪声集合
r	式(11.10)中表示傅里叶空间的去相关长度
r_1	式(11.11)中表示傅里叶空间中主要方向上的去相关长度
r_2	式(11.11)中表示傅里叶空间与主要方向正交的去相关长度
r_x	式(11.23)中表示物理空间中主要方向上的去相关长度
r_y	式(11.23)中表示物理空间与主要方向正交的去相关长度
$\boldsymbol{r}(\boldsymbol{x},t)$	式(3.39)与式(5.48)中表示代表函数向量
$\boldsymbol{r}$	影响函数矩阵(3.80)
$\boldsymbol{R}$	代表函数矩阵(3.63)
R_{s}	第 17 章中表示在储层中呈液态、在表层变成气态的气体的量
R_{v}	第 17 章中表示在储层中呈冷凝状、在表层变成液态的气体的量
S_{w}	第 17 章中表示水的饱和度
S_{g}	第 17 章中表示气的饱和度
S_{o}	第 17 章中表示油的饱和度
$\boldsymbol{s}(\boldsymbol{x},t)$	代表函数(5.49)的伴随向量
$\boldsymbol{S}_j$	第 9 章中表示在j时刻的集合扰动观测
$\boldsymbol{S}$	第 9 章中表示集合扰动观测
t	时间变量
T	一些例子中表示同化的最终时间
u	式(5.99)中的因变量
$\boldsymbol{u}(z)$	5.3 节中表示埃克曼模式中的水平速度向量
$\boldsymbol{u}_0(z)$	5.3 节中表示埃克曼模式中速度向量的初始条件
$\boldsymbol{U}$	11.4 节与式(14.68)的奇异值分解中表示左奇异向量
$\boldsymbol{U}_0$	式(14.19)的奇异值分解中表示左奇异向量
$\boldsymbol{U}_1$	式(14.52)的奇异值分解中表示左奇异向量
$\boldsymbol{v}$	式(5.101)中表示任意向量
$\boldsymbol{V}$	11.4 节与式(14.68)的奇异值分解中表示右奇异向量

$\boldsymbol{V}_0$	式(14.19)的奇异值分解中表示右奇异向量
$\boldsymbol{V}_1$	式(14.52)的奇异值分解中表示右奇异向量
w_k	式(11.33)中表示采样于均值为 0、方差为 1 的分布的一个随机样本
W_{aa}	标量初始误差协方差的逆
$\boldsymbol{W}$	在式(14.63)与式(14.64)中定义的矩阵
$\boldsymbol{W}_{\psi\psi}(\boldsymbol{x}_1,\boldsymbol{x}_2)$	$\boldsymbol{C}_{\psi\psi}(\boldsymbol{x}_1,\boldsymbol{x}_2)$的泛函逆，例：式(3.27)
$\boldsymbol{W}_{aa}(\boldsymbol{x}_1,\boldsymbol{x}_2)$	初始误差协方差的泛函逆
$\boldsymbol{W}_{aa}$	初始误差协方差的逆
$\boldsymbol{W}_{\eta\eta}$	式(6.19)中表示平滑权重矩阵
$\boldsymbol{W}_{\epsilon\epsilon}$	协方差矩阵$\boldsymbol{C}_{\epsilon\epsilon}$的逆矩阵
$\boldsymbol{x}$	独立空间变量
x_n	第 11 章中表示网格中x方向的位置$x_n = n \Delta x$
$\boldsymbol{X}_0$	式(14.26)与式(14.51)中定义的矩阵
$\boldsymbol{X}_1$	式(14.30)与式(14.55)中定义的矩阵
$\boldsymbol{X}_2$	式(14.34)与式(14.59)中定义的矩阵
x，y，z	Lorenz 模式中的因变量(6.5) (6.6)
$\boldsymbol{x}$	Lorenz 模式中的因变量$\boldsymbol{x}^{\mathrm{T}} = (x,y,z)$
$\boldsymbol{x}_0$	Lorenz 模式中的初始条件$\boldsymbol{x}_0^{\mathrm{T}} = (x_0,y_0,z_0)$
y_m	第 11 章中表示网格中y方向的位置$y_m = m \Delta y$
$\boldsymbol{Y}$	式(14.65)中定义的矩阵
$\boldsymbol{Z}$	来自特征值分解的特征向量矩阵
$\boldsymbol{Z}_1$	来自特征值分解(14.27)的特征向量矩阵
$\boldsymbol{Z}_p$	来自特征值分解(14.15)的包含p个特征向量的矩阵
$\mathcal{B}$	观测空间中的罚函数，例如式(3.66)中的$\mathcal{B}[\boldsymbol{b}]$
$\mathcal{D}$	模式区域
$\partial\mathcal{D}$	模式区域的边界
$\mathcal{H}$	在混合 Monte Carlo 算法中应用的哈密顿函数(6.25)
$\boldsymbol{\mathcal{H}}$	Hessian 运算符(模式运算符的二阶导数)
$\mathcal{J}$	罚函数，例如$\mathcal{J}[\boldsymbol{\psi}]$
$\mathcal{M}$	标量观测函数(3.24)
$\boldsymbol{\mathcal{M}}$	观测函数向量
$\mathcal{N}$	正态分布
$\boldsymbol{\mathcal{P}}$	在代表函数方法中被反演的矩阵(3.50)
α	11.4 节中的参数
α_1,α_2	第 3 章中应用的系数

α_{ij}	式(17.1)中应用的系数
$\boldsymbol{\alpha}(\boldsymbol{x})$	第 7 章中表示待估计的未知模式参数
$\boldsymbol{\alpha}'(\boldsymbol{x})$	第 7 章与第 10 章中表示模式参数误差
β	Lorenz 模式(6.7)中的参数；11.4 节中的常数(包括β_{ini}和β_{mes})
$\delta\psi$	ψ的变化量
ϵ	第 3 章中表示真实观测误差
$\boldsymbol{\epsilon}_{\mathcal{M}}$	5.2.3 节中表示观测算子的额外误差
$\boldsymbol{\epsilon}_d$	5.2.3 节中表示真实的观测误差
ϵ	5.2.3 节中表示观测误差与算子误差之间的随机误差
$\boldsymbol{\eta}$	在梯度方法(6.19)中应用的平滑算子
γ	在式(6.32)中表示用于平滑范数分析的常数；在式(6.22)中表示步长
$\gamma(\boldsymbol{h})$	变差函数(11.1)
$\kappa_2(\boldsymbol{A})$	第 11 章中表示条件数
κ_l	第 11 章中表示在x方向的波数
λ_p	第 11 章中表示在y方向的波数
λ	式(13.18)中表示特征值；式(5.37)中表示标量伴随变量
$\boldsymbol{\lambda}$	向量伴随变量
$\boldsymbol{\Lambda}$	由特征值分解得到的以特征值为对角线的对角阵
$\boldsymbol{\Lambda}_1$	式(14.26)中表示由特征值分解得到的以特征值为对角线的对角阵
$\boldsymbol{\Lambda}_p$	式(14.14)中表示由特征值分解得到的以特征值为对角线的对角阵
μ	样本均值(2.20)
$\mu(\boldsymbol{x})$	样本均值(2.23)
ω	频率变量(6.33)
ω_i	噪声过程(8.10)的单位方差
$\boldsymbol{\Omega}$	噪声过程ω_i(8.12)的误差协方差
ϕ	第 2 章中表示标量变量
$\phi(\boldsymbol{x})$	第 17 章中表示孔隙度
$\phi_{l,p}$	式(11.10)中表示均匀分布随机数
Φ	第 2 章中表示标量随机变量
π	圆周率
$\boldsymbol{\pi}$	混合 Monte Carlo 算法(6.25)中应用的动量变量
ψ	标量状态变量(方差为$C_{\psi\psi}$)
$\psi(\boldsymbol{x})$	标量状态变量场(方差为$\boldsymbol{C}_{\psi\psi}(\boldsymbol{x}_1, \boldsymbol{x}_2)$)
$\hat{\psi}(\boldsymbol{k})$	第 11 章中表示$\psi(\boldsymbol{x})$傅里叶变换
$\boldsymbol{\psi}$	向量状态变量，例如：由离散化$\psi(\boldsymbol{x})$得到的(方差为$\boldsymbol{C}_{\psi\psi}$)
$\boldsymbol{\psi}(\boldsymbol{x})$	标量状态变量组成的向量(方差为$\boldsymbol{C}_{\psi\psi}(\boldsymbol{x}_1, \boldsymbol{x}_2)$)

Ψ 第 2 章中表示随机标量变量

Ψ_0 标量动力模式初始条件的最佳猜测，可为$\boldsymbol{x}$的函数

$\boldsymbol{\psi}(\boldsymbol{x})$ 向量场，常缩写为$\boldsymbol{\psi}$

$\boldsymbol{\psi}_0$ 第 7 章中表示初始条件$\boldsymbol{\Psi}_0$的估计

$\boldsymbol{\psi}_b$ 第 7 章中表示边界条件$\boldsymbol{\Psi}_b$的估计

$\boldsymbol{\Psi}$ 第 10 章中表示组合状态向量

$\boldsymbol{\Psi}_0$ 初始条件的最佳猜测

$\boldsymbol{\Psi}_b$ 第 7 章中表示边界条件的最佳猜测

ρ 式(11.33)的相关参数；Lorenz 模式(6.6)中的系数

$\boldsymbol{\Sigma}$ 11.4 节与式(14.68)中表示来自奇异值分解的奇异值矩阵

$\boldsymbol{\Sigma}_0$ 来自奇异值分解(14.19)的奇异值矩阵

$\boldsymbol{\Sigma}_1$ 来自奇异值分解(14.52)的奇异值矩阵

σ 第 2 章中定义的标准差；用于 Lorenz 模式(6.5)的系数；11.4 节与第 13、14 章中表示的奇异值

τ 式(12.1)中表示去相关时间长度

θ 模拟退火算法中应用的伪温度变量；式(11.11)中主方向的旋转角度

$\boldsymbol{\Theta}$ 第 13 章 SQRT 分析方法中应用的随机旋转

ξ Metropolis 算法中应用的随机数

$\boldsymbol{\xi}$ 在模式边界域上运行的坐标

$\mathbf{1}_N$ 每个元素都为 1 的$N \times N$矩阵

$\delta(\,)$ 狄拉克函数(3.24)

$\boldsymbol{\delta}_{\psi_i}$ 第 7 章中用于提取状态向量分量的一个向量

$E[\,]$ 期望算子

$\mathcal{O}(\,)$ 量级函数的阶数

$\Re$ 实数空间维数，例如：$\Re^{n\times m}$表示 $n \times m$阶实数矩阵

目　　录

第1章 引　言

一个带条件的动力模式的解是否具有统计意义或者科学意义？

模式中包含很多数学方程，这些方程是为表现特定物理学过程中不同变量的相互作用而定义的。通常模式会忽略一些在实际应用中不太重要的过程与尺度。即使建立的复杂模式能够完美地表示实际物理过程，但在初始条件不完备且边界条件不精确的情况下，此模式的解不能完美地描述实际系统。

我们可以通过对模式的一次积分得到它的一个解，但是无法获知其不确定性。事实上模式的解只是无限多可能实现中的一个。因此，我们应该考虑模式状态的概率密度函数(PDF)的时间演化。随着对模式状态的概率密度函数的了解，我们可以提取关于模式状态的最优估计及其不确定性信息。

在许多应用中，我们能够获得近似动力模式，而它的初始条件和边界条件是具有不确定性的估计值。此外，我们能够获得在不同时间和空间位置上模式解的不确定性估计。由这些不确定性估计计算出的模式解的概率密度函数定义了在接下来章节中的数据同化或逆问题。

对高维模式应用准确完整的概率密度函数进行仿真的代价很高。因此，数据同化和逆问题通常用统计矩或者模式状态的集合来表示概率密度函数，然后去搜索一些估计值，例如，均值和与表示不确定性的协方差相关联的最大似然估计。

现在有多种数据同化方法和对逆问题的解法，它们考虑到实际应用和计算效率采用不同的统计和概念近似。根据它们所应用的动力系统，不同的方法具有不同的性质。一些方法对于线性动力系统有效，但对于非线性动力系统完全无用。另一些方法可以很好地处理非线性，但是计算量很大，限制了它们只能应用到低维动力系统中。

动力模式中的参数估计是紧随数据同化发展的一个研究领域，通过找到一组模式参数使得模式解与测量值一致。在多数情况下，参数估计方法与传统的数据同化方法密切相关。然而研究这两种方法的学者们却有着不同的看法，研究数据同化方向的学者们认为“不应该调整模式参数，而应更加关注状态估计”，而研究参数估计方向的学者们认为“状态估计不能提供任何科学性的认知，更重要的是确定参数”。那么我们应该相信哪一种观点呢？

本书的目的就是解释基本的数据同化和逆问题的概念，以及可用于解决该问题的各种方法的推导及其性质。本书可以作为学生学习数据同化和逆问题的入门级课本，也可以作为解释和实现高级集合方法的参考书。本书在第 1 章中对传统的顺序变分同化方法进行了基本的讨论，接下来详细介绍了完全非线性状态和参数联合估计问题，在最后一部分深入讨论了集成方法的实际应用。

大部分用于集合卡尔曼滤波(EnKF)试验的代码连同其他有助于实现 EnKF 的有用信息可以从 EnKF 主页 http://enkf.nersc.no 获取。

本书的大纲如下：

在第 2 章中，总结了基本统计符号。但这只是一个便于快速查找的参考，并没有给出完整的介绍。

在第 3 章中，我们介绍了与时间无关的逆问题，即在给定变量或模式状态的先验估计和不确定性测量情况下给出模式状态的最优估计。同时，推导了线性无偏方差最小化分析算法，并证明只要先验误差统计服从高斯分布，该算法所获得的解就是最优解。

在第 4 章中，我们阐述了当动力模式的状态具有随时间变化的特征时，如何应用卡尔曼滤波(KF)，扩展卡尔曼滤波(EKF)和集合卡尔曼滤波(EnKF)方法来解决它的逆问题。这些方法依赖于上一章推导的分析算法，但在误差统计的表达和时间变量的引入方面有所不同。我们使用一些简单的例子来说明这些方法的性质，并且指出将这些方法应用到非线性动力领域时存在的一些问题。

在第 5 章中，我们介绍了变分逆问题，讨论了模式作为一个弱或强约束时的应用，尤其是弱约束问题。同时，推导了欧拉-拉格朗日方程，并且介绍了如何应用代表函数方法求解此方程。

在第 6 章中，我们讨论了非线性变分逆问题，它可以利用多种替代方法(如梯度下降)求解。本章通过简单的例子说明了不同方法应用于非线性变分逆问题的特征。

在第 7 章中，我们应用贝叶斯统计理论，将数据同化或逆问题重新表达为状态与参数的联合估计问题。本章的一个基本结论是：如果不同时间的量测是独立的，它们可以根据时间进行顺序处理。因此，贝叶斯问题变成了一系列贝叶斯子问题。在下面的章节中，针对非线性同化问题推导顺序数据同化算法时，也会使用到这个结论。

在第 8 章中，我们根据贝叶斯公式，推导了广义逆公式，并且说明此公式的解是联合条件概率密度函数的极大似然估计。此外，基于广义逆我们推导了欧拉-拉格朗日方程，并且通过一个简单的例子阐述了参数估计的算法。

在第 9 章中，我们由贝叶斯公式重新推导，得出集合算法，并利用集合平滑(ES)和集合卡尔曼平滑(EnKS)等集合方法来解决广义逆问题。集合卡尔曼滤波(EnKF)是 EnKS 的特例，它的信息只随时间向前传递。最后，以随机 Lorenz 方程组为例验证了上述集合方法的有效性。

在第 10 章中，我们主要考虑了简单的非线性优化问题。结果表明，该问题可以通过基于 EnKS 的统计最小化方法解决。算例也说明了非高斯统计对集合分析校正的影响。

在第 11 章中，我们探讨了一些与集合实现采样相关的细节问题，提出了一种简单的对带有各向异性协方差特征的平滑伪随机场完成随机实现的方法。同时，提出了一种可用来产生具有更好秩属性的集合的改进采样方案，并通过试验说明了集合大小和改进采样方案的作用。

在第 12 章中，我们讨论了模式误差，特别是与时间相关的模式误差，并通过一个简单的例子说明如何利用 EnKF 和 EnKS 估计模式误差、模式偏差和模式参数。

在第 13 章中，我们讨论了新兴的一种能够避免测量值的摄动的平方根算法。首先，讨论了平方根算法的推导，结果表明集合校正需要额外的随机化过程。最后我们通过与 EnKF 方法所得结果的比较，对平方根算法进行评估。

在第 14 章中，我们讨论了当量测数量远远大于集合数量时，如何应用不同分析方法统一计算逆。不同的伪逆算法能够与传统分析校正或平方根分析方法结合，从而得到了 EnKF 分析方法的最终形式。特别是子空间逆的发展推动了适用于大数据集的算法的产生。

在第 15 章中，我们评估了有限集合大小引起的伪相关性的影响，并且量化了伪相关性的实际大小。同时，还介绍了局部化算子与膨胀算子，并将其用于减小伪相关性。

在第 16 章中，我们介绍了基于 EnKF 同化方法的业务化海洋预报系统，阐述了当前在实际应用中是如何将先进的海洋环流模式与数据同化方法结合的。

在第 17 章中，给出了 EnKF 在油藏模拟模式中的应用。在该应用中，模式状态和模式参数均用 EnKF 同化方法估计。

在附录 A 中，除了给出一般的集合方法，也给出了有关集合卡尔曼滤波(EnKF)在实际应用中的一些特殊问题，例如：非线性和非天气测量及时间差数据的使用。

最后在附录 B 中按时间顺序给出了以前有关 EnKF 和其他集合同化方法的出版物。

第 2 章　统计学定义

本章中将对其他章节中所使用的基本统计学定义进行说明，以便快速地查阅统计符号和定义。有关统计学定义的详细介绍需要查阅其他相应地教科书。

2.1　概率密度函数

对于连续随机变量Ψ，我们可以得到它的分布函数$F(\psi)$，它也被称为累积分布函数或概率分布函数，描述了Ψ的取值小于或等于ψ的概率，它可以通过连续的概率密度函数$f(\psi)$计算得到，即：

$$F(\psi)=\int_{-\infty}^{\psi} f(\psi')\mathrm{d}\,\psi' \tag{2.1}$$

其中$f(\psi)$是概率分布函数的导数：

$$f(\psi)=\frac{\partial F(\psi)}{\partial \psi} \tag{2.2}$$

概率密度函数$f(\psi)$表示当随机变量Ψ取值为ψ的概率，那么取值在无限小区间$(\psi，\psi+\mathrm{d}\psi)$范围内的概率表示为$f(\psi)\mathrm{d}\psi$。

对于所有的ψ，概率密度函数必须满足如下条件：

$$f(\psi)\geq 0 \tag{2.3}$$

它表明Ψ取值为ψ的概率必须是正数或零，且满足：

$$\int_{-\infty}^{+\infty} f(\psi)\mathrm{d}\,\psi=1 \tag{2.4}$$

也就是说，Ψ的取值在实数空间$\Re^1$内的概率等于 1。

此外，给定$f(\psi)$，当Ψ值在$[\psi_a,\psi_b]$范围内的概率为：

$$\mathrm{Pr}\,(\Psi\in[\psi_a,\psi_b])=\int_{\psi_a}^{\psi_b} f(\psi)\mathrm{d}\,\psi \tag{2.5}$$

最常见而且使用较多的分布是正态或高斯分布，它们通过均值和方差来定义，具有“钟”形或高斯形分布形式。它代表着一类具有相同形式的分布，且通过均值μ与方差σ^2表征各自的特征。标准正态分布是均值为0且方差为1的正态分布，正态分布的概率密度函数为：

$$f(\psi)=\frac{1}{\sigma\sqrt{2\pi}}\exp\left(-\frac{(\psi-\mu)^2}{2\sigma^2}\right) \tag{2.6}$$

遵守正态分布的数据最大优势就是能够应用如下的“经验法则”，即 68%的值分布在$\mu \pm \sigma$区间，95%的值分布在$\mu \pm 2\sigma$区间，99%的值分布在$\mu \pm 3\sigma$区间。

联合概率密度函数描述的是两个事件共同发生的概率，给定两个随机变量Ψ和Φ，则联合概率密度函数定义为$f(\psi,\phi)$。

而条件概率密度函数$f(\psi|\phi)$，表示假设事件Φ发生时，事件Ψ的发生概率，它被称为给定Φ条件下Ψ发生的概率密度函数，也被称为后验概率密度函数。

边缘概率密度函数是忽略其他事件，只表达单一事件发生的概率密度函数。它可以通过联合概率密度函数对忽略事件在全域的积分获得，例如随机变量Ψ的边缘密度函数为$f(\psi)=\int_{-\infty}^{\infty} f(\psi,\phi)\mathrm{d}\phi$。

我们还得到：

$$f(\psi|\phi)=\frac{f(\psi,\phi)}{f(\phi)} \tag{2.7}$$

或等价于：

$$f(\psi,\phi)=f(\psi|\phi)f(\phi)=f(\phi|\psi)f(\psi) \tag{2.8}$$

如果$f(\psi,\phi)=f(\psi)f(\phi)$，那么变量$\Psi$和$\Phi$是相互独立的。

从式(2.8)我们可知：

$$f(\psi|\phi)=\frac{f(\psi)f(\phi|\psi)}{f(\phi)} \tag{2.9}$$

这就是概率理论中最基本的定理——贝叶斯定理，它表示给定Φ条件下随机变量Ψ的条件概率分布与给定Ψ条件下随机变量Φ发生的条件概率分布(也经常被称为“似然”)以及随机变量Ψ的边缘概率分布相关。在贝叶斯概率理论中，对于单一随机变量Ψ的边缘概率分布称作先验概率分布，简称为先验。对于给定Φ条件下随机变量Ψ的条件分布被称为后验概率分布，简称为后验。这些都是一些基本结论，在下面的章节中我们将使用它们。

本书将在一些章节中利用贝叶斯统计理论去推导和解释数据同化方法及其属性。特别是我们将使用概率密度函数$f(\boldsymbol{\psi})$，$\boldsymbol{\psi} \in \Re^n$，它与随机变量$\boldsymbol{\Psi} \in \Re^n$和分布函数$F(\boldsymbol{\psi})$有相关，即：

$$F(\psi_1,\cdots,\psi_n)=\int_{-\infty}^{\psi_1}\cdots\int_{-\infty}^{\psi_n} f(\psi_1',\cdots,\psi_n')\mathrm{d}\psi_1'\cdots\mathrm{d}\psi_n' \tag{2.10}$$

同样概率密度函数被定义为分布函数的导数。

概率密度函数是一个n维正函数，它具有如下特性：

$$\int_{-\infty}^{\infty}\cdots\int_{-\infty}^{\infty}f(\psi_1,\cdots,\psi_n)\,\mathrm{d}\psi_1\cdots\mathrm{d}\psi_n=1 \tag{2.11}$$

因此，$\boldsymbol{\psi}$在$\Re^n$范围内的概率是 1，对于每一个$\boldsymbol{\psi}$值，都有相应的$f(\boldsymbol{\psi})$表示该状态下的概率，这个概率密度函数$f(\boldsymbol{\psi})$也被称为$(\psi_1,\cdots,\psi_n)$的联合概率密度函数。

上述联合概率密度可以分解为：

$$f(\psi_1,\cdots,\psi_n)=f(\psi_1)f(\psi_2|\psi_1)f(\psi_3|\psi_1,\psi_2)\cdots f(\psi_n|\psi_1,\cdots,\psi_{n-1}) \tag{2.12}$$

其中，$f(\psi_2|\psi_1)$表示给定ψ_1条件下ψ_2的似然，当$n=2$时则有$f(\psi_1,\psi_2)=f(\psi_1)f(\psi_2|\psi_1)$，即$\psi_1$的概率乘以在给定$\psi_1$条件下的$\psi_2$似然。

如果事件$(\psi_1,\cdots,\psi_n)$是相互独立的，则有：

$$f(\psi_1,\cdots,\psi_n)=f(\psi_1)f(\psi_2)f(\psi_3)\cdots f(\psi_n) \tag{2.13}$$

我们将会频繁使用模式状态$\boldsymbol{\psi}$的概率密度函数，以及给定模式状态$\boldsymbol{\psi}$条件下观测向量 $\boldsymbol{d}$ 的似然函数，即$f(\boldsymbol{d}|\boldsymbol{\psi})$，则模式状态和观测向量的联合概率密度函数表示为：

$$f(\boldsymbol{\psi},\boldsymbol{d})=f(\boldsymbol{\psi})f(\boldsymbol{d}|\boldsymbol{\psi})=f(\boldsymbol{d})f(\boldsymbol{\psi}|\boldsymbol{d}) \tag{2.14}$$

由贝叶斯定理，则有：

$$f(\boldsymbol{\psi}|\boldsymbol{d})=\frac{f(\boldsymbol{\psi})f(\boldsymbol{d}|\boldsymbol{\psi})}{f(\boldsymbol{d})} \tag{2.15}$$

其中分母只是用分子积分，用来归一化分子，使整个公式积分等于 1。这便是贝叶斯定理，在这里它表示给定一组测量条件下模式状态的概率密度函数同模式状态概率密度函数与量测的似然函数的乘积成正比。

2.2 统 计 矩

概率密度函数$f(\psi)$包含了大量的信息，特别是在高维系统中，实际上所含信息量要比正常需要多的多。因此在实际应用中为了方便，我们定义了密度的统计矩，从而避免应用全密度，它通过一个函数$h(\Psi)$的期望值来定义，即：

$$E[h(\Psi)]=\int_{-\infty}^{\infty}h(\psi)f(\psi)\mathrm{d}\,\psi \tag{2.16}$$

2.2.1 期望值

定义一个分布函数为$f(\psi)$的随机变量Ψ的期望值为：

$$\mu = E[\Psi] = \int_{-\infty}^{\infty} \psi f(\psi) \mathrm{d}\,\psi \tag{2.17}$$

若一个随机变量的样本数量无穷大，则其期望值表示一个平均的“期望”。一般来说随机变量本身不存在期望，它不依赖于$f(\psi)$的形状。

2.2.2 方差

如果Ψ是随机变量，那么其方差定义为：

$$\sigma^2 = E[(\Psi - E[\Psi])^2] = \int_{-\infty}^{\infty} (\psi - E[\Psi])^2 f(\psi) d\,\psi = E[\Psi^2] - E[\psi]^2 \tag{2.18}$$

也就是说，它是随机变量Ψ与其平均值之间的偏差平方的期望值。换句话说，方差是每个数据点与其平均值的距离的平方的平均值，也称为均方偏差。通常利用式(2.18)第三个等号后的表达式进行计算，它表示二阶矩减去一阶矩的平方。

但是由于方差的单位是数据单位的平方，在实际应用中会带来许多不便，因此，我们通常使用标准偏差σ，即为方差的平方根，来代替方差。另外，因为方差不依赖于平均值，所以$\Psi + b$的方差与Ψ的方差是相同的，而$a\Psi$的方差是$a^2\sigma^2$。

2.2.3 协方差

给定两个随机变量Ψ和Φ，它们各自的概率密度函数用$f(\psi)$和$f(\phi)$表示，则它们的联合概率密度函数为$f(\psi,\phi) = f(\psi|\phi)f(\phi) = f(\phi|\psi)f(\psi)$，它们的协方差定义为：

$$\begin{aligned} &E[(\Psi - E[\Psi])(\Phi - E[\Phi])] \\ &= \iint_{-\infty}^{\infty} (\psi - E[\Psi])(\phi - E[\Phi]) f(\psi,\phi) \mathrm{d}\psi \mathrm{d}\phi \\ &= \iint_{-\infty}^{\infty} \psi\phi f(\psi,\phi) \mathrm{d}\psi \mathrm{d}\phi - E[\Psi]E[\Phi] \end{aligned} \tag{2.19}$$

值得注意的是，在相同的条件下，式(2.3)和式(2.4)也适合$f(\psi,\phi)$。当随机变量Ψ和Φ相互独立时，$f(\psi,\phi) = f(\psi)\,f(\phi)$，则协方差为零。

2.3 样本统计

显然当一个概率函数的维数大于 3 或 4 维时，在规则网格上通过数值积分求密度函数的积分是一个非常复杂的过程，不利于实际应用。假设概率函数的维数为 10，为了合理表示密度函数，我们在每个方向上需要 10 个网格点。则需要存储一个带有10^{10}个节点的网格，相应的存储量是 40GB，并且为了计算积分，需要再存储10^{10}的增量。

在能够从概率密度函数$f(\psi)$的分布中获得大量实现样本的前提下提出的马尔科夫链蒙特卡洛(MCMC)方法(Robert and Casella，2004)是一种对高维系统非常有效的方法，可用来代替直接数值积分。

2.3.1 样本均值

从概率密度函数为$f(\psi)$的分布中抽取一些独立的样本，例如ψ_i，$i = 1 \cdots N$，那么这些样本均值$\bar{\psi}$为：

$$\mu = E[\psi] \simeq \bar{\psi} = \frac{1}{N}\sum_{i=1}^{N} \psi_i \tag{2.20}$$

$E[\Psi]$就是专业术语中的“期望值”，在通常意义下，它表示对Ψ可能结果的最佳“猜测”；换句话说，就是在Ψ的无穷多个取值当中我们最期望得到的那个值，它可以通过这些样本的平均值近似得到，这也就是为什么$E[\Psi]$经常被称作Ψ的均值。

2.3.2 样本方差

方差计算公式如下：

$$\sigma^2 = E[(\Psi - E[\Psi])^2] \simeq \overline{(\psi - \bar{\psi})^2} = \frac{1}{N-1}\sum_{i=1}^{N} (\psi_i - \bar{\psi})^2 \tag{2.21}$$

其中，分母用$N - 1$来代替N，是为了确保式(2.21)是对方差的一个无偏估计量。

2.3.3 样本协方差

协方差可以通过以下公式计算：

$$\begin{aligned} \mathrm{Cov}(\psi, \phi) &= E[(\Psi - E[\Psi])(\Phi - E[\Phi])] \\ &\simeq \overline{(\psi - \bar{\psi})(\phi - \bar{\phi})} = \frac{1}{N-1}\sum_{i=1}^{N} (\psi_i - \bar{\psi})(\phi_i - \bar{\phi}) \end{aligned} \tag{2.22}$$

2.4 随机场统计

本节着眼于随机场的$\Psi(\boldsymbol{x})$的统计数据，在这里Ψ是$\boldsymbol{x} = (x，y，z，\cdots)$的函数。

2.4.1 样本均值

给定具有$f(\psi(\boldsymbol{x}))$分布的独立样本集合$\psi_i(\boldsymbol{x}), i = 1,2, \cdots, N$，则其样本均值为：

$$\mu(\boldsymbol{x}) \simeq \overline{\psi(\boldsymbol{x})} = \frac{1}{N}\sum_{i=1}^{N}\psi_i(\boldsymbol{x}) \tag{2.23}$$

2.4.2 样本方差

具有$f\big(\psi(\boldsymbol{x})\big)$分布的独立样本集合的方差为：

$$\sigma^2(\boldsymbol{x}) \simeq \overline{\left(\psi(\boldsymbol{x}) - \overline{\psi(\boldsymbol{x})}\right)^2} = \frac{1}{N-1}\sum_{i=1}^{N}\left(\psi_i(\boldsymbol{x}) - \overline{\psi(\boldsymbol{x})}\right)^2 \tag{2.24}$$

2.4.3 样本协方差

对于随机场中两个不同的随机点$\boldsymbol{x}_1$和$\boldsymbol{x}_2$之间的协方差计算公式为：

$$\begin{aligned} \mathrm{C}_{\psi\psi}(\boldsymbol{x}_1,\boldsymbol{x}_2) &\simeq \overline{\left(\psi(\boldsymbol{x}_1) - \overline{\psi(\boldsymbol{x}_1)}\right)\left(\psi(\boldsymbol{x}_2) - \overline{\psi(\boldsymbol{x}_2)}\right)} \\ &= \frac{1}{N-1}\sum_{j=1}^{N}\left(\psi_j(\boldsymbol{x}_1) - \overline{\psi(\boldsymbol{x}_1)}\right)\left(\psi_j(\boldsymbol{x}_2) - \overline{\psi(\boldsymbol{x}_2)}\right) \end{aligned} \tag{2.25}$$

值得注意的是，当$\boldsymbol{x}_1 = \boldsymbol{x}_2$时，式(2.25)就变成方差的定义式。

对于随机场$\boldsymbol{\varPsi}$中不同点$\boldsymbol{x}_1$和$\boldsymbol{x}_2$之间的协方差定义了$\boldsymbol{x}_1$和$\boldsymbol{x}_2$两个位置处的$\boldsymbol{\varPsi}$值是如何“一起变化”或“共同变化”。例如，如果随机场$\boldsymbol{\varPsi}$是平滑的，那么邻近点会相关或共变。因此协方差可以用来衡量随机场的平滑性。

2.4.4 相关性

随机变量$\boldsymbol{\varPsi}(\boldsymbol{x}_1)$和$\boldsymbol{\varPsi}(\boldsymbol{x}_2)$的相关性定义为：

$$\mathrm{Cor}\big(\psi(\boldsymbol{x}_1),\psi(\boldsymbol{x}_2)\big) = \frac{C(\boldsymbol{x}_1,\boldsymbol{x}_2)}{\sigma(\boldsymbol{x}_1)\sigma(\boldsymbol{x}_2)} \tag{2.26}$$

因此，相关性是一个标准化的协方差。

2.5 偏　　差

在统计学中，偏差包含两类概念。一类是指有偏采样，即在采样过程中一些样本比其他样本更容易被选中，而这些样本的值比被估计的值偏大或偏小，那么获得的结果就会比真值偏高或偏低。

另一类偏差则不考虑有偏采样，而主要使用有偏估计，即这个估计量的平均值与被估计的值存在差异。假设我们利用估计量$\hat{\psi}$(它是观测数据的函数)去估计参数ψ的真值ψ^t，那么估计量$\hat{\psi}$的偏差被定义为：

$$E[\hat{\psi}]-\psi^{\mathrm{t}} \tag{2.27}$$

简而言之，就是估计量$\hat{\psi}$的期望值与真实值ψ^{t}之间的差，也可表示为：

$$E[\hat{\psi}-\psi^{\mathrm{t}}] \tag{2.28}$$

该公式可以表示为估计量与真值之差的期望。

例如，一个有偏估计的方差为：

$$\sigma_{biased}^2 = \frac{1}{N}\sum_{i=1}^{N}(\psi_i - \bar{\psi})^2 \tag{2.29}$$

与式(2.21)不同是分母用N表示而不是$N-1$，而对于有偏估计方差的证明将作为练习留给读者自行证明。

2.6 中心极限定理

中心极限定理可以用来解释当样本数量增加时样本矩的收敛性。

假设我们抽取大量随机变量Ψ的样本，每个样本的大小为N，可以得出：

- 根据式(2.23)得到的各个样本的均值$\mu(\psi)$呈正态分布，并独立于Ψ的分布。
- 样本均值$\mu(\psi)$的标准差趋近于$\sigma(\Psi)/\sqrt{N}$。

因此，如果从一个给定的样本中计算样本的平均值，则样本均值的误差服从正态分布，并且它由$\sigma(\Psi)/\sqrt{N}$给定。而且重要的是，误差与$1/\sqrt{N}$成正比减少。

中心极限定理惊人的反常理特性是：无论随机变量的分布是什么形状，样本均值分布都接近一个正态分布。而且，对于大多数分布来讲，随着N的增加，它会很快接近正态分布。

第3章 分 析 方 案

本章主要讨论如何将给定时间的状态变量的模式预报与在该特定时间下可得到的一组量测相结合。假定已知模式预报和观测的误差统计，并且可由各自的误差协方差来表征。基于此条件，本章将具体阐述线性数据同化方法中的分析方案。首先，推导出适用于标量的理论，然后再将其扩展至空间维度。本章给出了分析方案性质的广泛分析，并且引入相应的符号和概念，而这些符号和概念依然适用于其他章节的时间依赖问题的处理。

3.1 标　　量

首先，对于一个标量状态变量，结合单个量测得到它的最优线性无偏估计。我们首先推导结合单一量观测的标量状态变量的最优线性无偏估计。

3.1.1 状态-空间公式

给定真实状态的两个不同的估计(例如，特定位置和时间的温度)：

$$\psi^{\mathrm{f}} = \psi^{\mathrm{t}} + p^{\mathrm{f}} \tag{3.1}$$

$$d = \psi^{\mathrm{t}} + \epsilon \tag{3.2}$$

公式中ψ^{f}可以是模式预报值或初猜值，d为ψ^{t}的观测值。p^{f}表示预报的未知误差，ϵ表示未知观测误差。现在的问题在于，如何找到一种改进的ψ^{t}分析用于估计ψ^{a}。因此，对于必须提供的误差项的附加信息，做出如下假设：

$$\begin{aligned} &\overline{p^{\mathrm{f}}} = 0 \qquad\qquad \overline{(p^{\mathrm{f}})^2} = C^{\mathrm{f}}_{\psi\psi} \\ &\bar{\epsilon} = 0 \qquad\qquad \overline{(\epsilon)^2} = C_{\epsilon\epsilon} \\ &\qquad\overline{\epsilon p^{\mathrm{f}}} = 0 \end{aligned} \tag{3.3}$$

其中，上划线表示集合平均值或期望值。

现在寻求一个线性估计量：

$$\psi^{\mathrm{a}} = \psi^{\mathrm{t}} + p^{\mathrm{a}} = \alpha_1\psi^{\mathrm{f}} + \alpha_2 d \tag{3.4}$$

定义：

$$\overline{p^{\mathrm{a}}} = 0 \qquad\qquad \overline{(p^{\mathrm{a}})^2} = C^{\mathrm{a}}_{\psi\psi} \tag{3.5}$$

定义式(3.5)意味着在分析估计无偏的情况下假定的误差p^{a}。因此，分析估计本身变成了对真实状态的无偏估计ψ^{t}，即$\overline{\psi^{\mathrm{a}}} = \psi^{\mathrm{t}}$。

在式(3.4)中插入估计式(3.1)和式(3.2)，得：

$$\psi^{\mathrm{t}} + p^{\mathrm{a}} = \alpha_1(\psi^{\mathrm{t}} + p^{\mathrm{f}}) + \alpha_2(\psi^{\mathrm{t}} + \epsilon) \tag{3.6}$$

这个方程的期望是：

$$\psi^{\mathrm{t}} = \alpha_1\psi^{\mathrm{t}} + \alpha_2\psi^{\mathrm{t}} = (\alpha_1 + \alpha_2)\psi^{\mathrm{t}} \tag{3.7}$$

因此，必须有：

$$\alpha_1 + \alpha_2 = 1 \qquad \text{或}\ \alpha_1 = 1 - \alpha_2 \tag{3.8}$$

并且给出ψ^{t}的线性无偏估计量：

$$\psi^{\mathrm{a}} = (1 - \alpha_2)\psi^{\mathrm{f}} + \alpha_2 d = \psi^{\mathrm{f}} + \alpha_2(d - \psi^{\mathrm{f}}) \tag{3.9}$$

根据式(3.1)、式(3.2)和式(3.4)得出分析误差的表达式：

$$p^{\mathrm{a}} = p^{\mathrm{f}} + \alpha_2(\epsilon - p^{\mathrm{f}}) \tag{3.10}$$

然后，由式(3.3)得到误差方差：

$$\begin{aligned}\overline{(p^{\mathrm{a}})^2} = C_{\psi\psi}^{\mathrm{a}} &= \overline{\left(p^{\mathrm{f}} + \alpha_2(\epsilon - p^{\mathrm{f}})\right)^2} \\ &= \overline{(p^{\mathrm{f}})^2} + 2\alpha_2\overline{p^{\mathrm{f}}(\epsilon - p^{\mathrm{f}})} + \alpha_2{}^2\overline{\epsilon^2 - 2\epsilon p^{\mathrm{f}} + (p^{\mathrm{f}})^2} \\ &= C_{\psi\psi}^{\mathrm{f}} - 2\alpha_2 C_{\psi\psi}^{\mathrm{f}} + \alpha_2^2\left(C_{\epsilon\epsilon} + C_{\psi\psi}^{\mathrm{f}}\right)\end{aligned} \tag{3.11}$$

并且定义最小方差：

$$\mathrm{d}C_{\psi\psi}^{\mathrm{a}}\alpha_2 = -2C_{\psi\psi}^{\mathrm{f}} + 2\alpha_2\left(C_{\epsilon\epsilon} + C_{\psi\psi}^{\mathrm{f}}\right) = 0 \tag{3.12}$$

求解α_2，得：

$$\alpha_2 = \frac{C_{\psi\psi}^{\mathrm{f}}}{C_{\epsilon\epsilon} + C_{\psi\psi}^{\mathrm{f}}} \tag{3.13}$$

得分析估计为：

$$\psi^{\mathrm{a}} = \psi^{\mathrm{f}} + \frac{C_{\psi\psi}^{\mathrm{f}}}{C_{\epsilon\epsilon} + C_{\psi\psi}^{\mathrm{f}}}(d - \psi^{\mathrm{f}}) \tag{3.14}$$

此外，由式(3.11)和式(3.13)给出分析估计的误差方差为：

$$C_{\psi\psi}^{\mathrm{a}} = C_{\psi\psi}^{\mathrm{f}} - 2\frac{C_{\psi\psi}^{\mathrm{f}}}{C_{\epsilon\epsilon} + C_{\psi\psi}^{\mathrm{f}}}C_{\psi\psi}^{\mathrm{f}} + \left(\frac{C_{\psi\psi}^{\mathrm{f}}}{C_{\epsilon\epsilon} + C_{\psi\psi}^{\mathrm{f}}}\right)^2\left(C_{\epsilon\epsilon} + C_{\psi\psi}^{\mathrm{f}}\right) \tag{3.15}$$

$$= C_{\psi\psi}^{\mathrm{f}} - \frac{\left(C_{\psi\psi}^{\mathrm{f}}\right)^2}{C_{\epsilon\epsilon} + C_{\psi\psi}^{\mathrm{f}}} = C_{\psi\psi}^{\mathrm{f}}\left(1 - \frac{C_{\psi\psi}^{\mathrm{f}}}{C_{\epsilon\epsilon} + C_{\psi\psi}^{\mathrm{f}}}\right)$$

3.1.2 贝叶斯公式

给定初猜估计 ψ^f的概率密度函数$f(\psi)$，以及观测 d 的似然函数$f(d|\psi)$；由第 2 章的贝叶斯理论知：

$$f(\psi|d) \propto f(\psi)f(d|\psi) \tag{3.16}$$

因此，给定观测 d 的后验密度ψ，则ψ的先验密度和观测值 d 的似然函数成正比。

再考虑到真实状态 ψ^{t}的两个估计式(3.1)和式(3.2)。在高斯统计的情况下，定义先验和似然为：

$$f(\psi) \propto \exp\left[-\frac{1}{2}(\psi - \psi^{\mathrm{f}})\left(C_{\psi\psi}^{\mathrm{f}}\right)^{-1}(\psi - \psi^{\mathrm{f}})\right] \tag{3.17}$$

以及：

$$f(d|\psi) \propto \exp\left[-\frac{1}{2}(\psi - d){C_{\epsilon\epsilon}}^{-1}(\psi - d)\right] \tag{3.18}$$

因此，后验密度可以写成：

$$f(\psi|d) \propto \exp\left(-\frac{1}{2}\mathcal{J}[\psi]\right) \tag{3.19}$$

其中：

$$\mathcal{J}[\psi] = (\psi - \psi^{\mathrm{f}})(C_{\psi\psi}^{\mathrm{f}})^{-1}(\psi - \psi^{\mathrm{f}}) + (\psi - d){C_{\epsilon\epsilon}}^{-1}(\psi - d) \tag{3.20}$$

最小二乘解 ψ^{a}，既给出了$\mathcal{J}$的最小值，也给出了$f(\psi|d)$的最大值，即它是最大似然估计。只要所有的误差项均是正态分布，那么此结论成立。

$\mathcal{J}$的最小值可以从下式得到：

$$d\mathcal{J}\psi = 2(\psi - \psi^{\mathrm{f}})\left(C_{\psi\psi}^{\mathrm{f}}\right)^{-1} + 2(\psi - d){C_{\epsilon\epsilon}}^{-1} = 0 \tag{3.21}$$

求解ψ并再次给出式(3.14)中 ψ^{a}的结果。因此，最小方差估计也是在高斯先验的情况下的最大似然估计。

3.2 扩展到空间维度

现在我们将讨论扩展到涉及具有可以是一维或者更高维的空间维度的变量$\psi^{\mathrm{f}}(\boldsymbol{x})$，例如三维空间$\boldsymbol{x} = (x, y, z)$。在下面的讨论中，我们采用 Bennett (1992)给出的推导类似的时间依赖问题所使用的符号。

3.2.1 基本公式

现在假设一个多维变量(例如一个温度场)，以及一个通过观测函数$\boldsymbol{\mathcal{M}} \in \Re^M$

与真实状态相关的观测向量$d \in \Re^M$，M为观测次数：

$$\psi^{\mathrm{f}}(\boldsymbol{x}) = \psi^{\mathrm{t}}(\boldsymbol{x}) + p^{\mathrm{f}}(\boldsymbol{x}) \tag{3.22}$$

$$\boldsymbol{d} = \boldsymbol{\mathcal{M}}[\psi^{\mathrm{t}}(\boldsymbol{x})] + \boldsymbol{\epsilon} \tag{3.23}$$

其中，$p^{\mathrm{f}}(\boldsymbol{x})$表示相对于真值$\psi^{\mathrm{t}}(\boldsymbol{x})$的初猜场$\psi^{\mathrm{f}}(\boldsymbol{x})$的误差。此外，我们已经定义了观测误差向量$\boldsymbol{\epsilon} \in \Re^M$。观测误差可能是观测变量时引入的误差的组合，也可能是构建观测函数时引入的附加代表误差。这将在下面的章节中更详细地讨论。

直接观测可表示为函数的形式，测量函数形式如下所示：

$$\mathcal{M}_i[\psi(\boldsymbol{x})] = \int_{\mathcal{D}} \psi(\boldsymbol{x})\delta(\boldsymbol{x} - \boldsymbol{x}_i)\,\mathrm{d}\boldsymbol{x} = \psi(\boldsymbol{x}_i) \tag{3.24}$$

公式中$\boldsymbol{x}_i$为测量位置，$\delta(\boldsymbol{x} - \boldsymbol{x}_i)$表示狄拉克函数，并且下标i代表测量函数的第$i$个测量部分。注意，在下面的一些方程中，我们使用在测量函数向量上的下标。例如，$\boldsymbol{\mathcal{M}}_{(3)}[\delta\psi(\boldsymbol{x}_3)]$仅代表了对虚拟变量$\boldsymbol{x}_3$的积分，而不是在式(3.24)中对$\boldsymbol{x}$的积分。

误差$p^{\mathrm{f}}(\boldsymbol{x})$和$\boldsymbol{\epsilon}$的真实值是未知的。因此，为了继续计算，必须使用统计假设，并做出以下假设：

$$\overline{p^{\mathrm{f}}(\boldsymbol{x})} = 0$$

$$\overline{p^{\mathrm{f}}(\boldsymbol{x}_1)\, p^{\mathrm{f}}(\boldsymbol{x}_2)} = C_{\psi\psi}^{\mathrm{f}}(\boldsymbol{x}_1, \boldsymbol{x}_2)$$

$$\bar{\boldsymbol{\epsilon}} = \boldsymbol{0}$$

$$\overline{\boldsymbol{\epsilon}\boldsymbol{\epsilon}^{\mathrm{T}}} = \boldsymbol{C}_{\epsilon\epsilon}$$

$$\overline{p^f(\boldsymbol{x})\boldsymbol{\epsilon}} = \boldsymbol{0} \tag{3.25}$$

即初猜值和观测值的误差平均值为零，并且这些误差之间无交叉相关。此外，空间两点之间的预报值或初猜误差协方差为$C_{\psi\psi}^{\mathrm{f}}(\boldsymbol{x}_1, \boldsymbol{x}_2)$，以及观测误差协方差矩阵$\boldsymbol{C}_{\epsilon\epsilon} \in \Re^{M\times M}$。注意，式(2.22)中的误差协方差不同于样本协方差，它指真实的(未知)状态，而不是样本平均值。

定义一个变分泛函：

$$\begin{aligned}\mathcal{J}[\psi] = &\iint_{\mathcal{D}} \left(\psi^{\mathrm{f}}(\boldsymbol{x}_1) - \psi(\boldsymbol{x}_1)\right) W_{\psi\psi}^{\mathrm{f}}(\boldsymbol{x}_1, \boldsymbol{x}_2)\left(\psi^{\mathrm{f}}(\boldsymbol{x}_2) - \psi(\boldsymbol{x}_2)\right)\mathrm{d}\boldsymbol{x}_1\,\mathrm{d}\boldsymbol{x}_2 \\ &+ \left(\boldsymbol{d} - \boldsymbol{\mathcal{M}}_{(3)}[\psi_3]\right)^{\mathrm{T}} \boldsymbol{W}_{\epsilon\epsilon}\left(\boldsymbol{d} - \boldsymbol{\mathcal{M}}_{(4)}[\psi_4]\right)\end{aligned} \tag{3.26}$$

公式中$W_{\psi\psi}^{\mathrm{f}}(\boldsymbol{x}_1, \boldsymbol{x}_2)$是$C_{\psi\psi}^{\mathrm{f}}(\boldsymbol{x}_1, \boldsymbol{x}_2)$泛函逆的形式，即：

$$\int_{\mathcal{D}} C_{\psi\psi}^{\mathrm{f}}(\boldsymbol{x}_1, \boldsymbol{x}_2) W_{\psi\psi}^{\mathrm{f}}(\boldsymbol{x}_2, \boldsymbol{x}_3)\,\mathrm{d}\boldsymbol{x}_2 = \delta(\boldsymbol{x}_1 - \boldsymbol{x}_3) \tag{3.27}$$

$\boldsymbol{W}_{\epsilon\epsilon}$是观测误差协方差矩阵$\boldsymbol{C}_{\epsilon\epsilon}$的逆，这里我们对观测运算符及其参数使用下标，例如$\boldsymbol{\mathcal{M}}_{(3)}[\psi_3]$表示积分的虚拟变量是$\boldsymbol{x}_3$。在此表达式中没有影响，但将在下面的推导中起作用。

在加权意义上，变分泛函式(3.26)实现了对估计状态$\psi(\boldsymbol{x})$和预报或初猜值$\psi^{\mathrm{f}}(\boldsymbol{x})$之间的距离加上估计和观察$d$之间的距离的和的测量。使式(3.26)最小化的

$\psi(\boldsymbol{x})$场被称作$\psi^{\mathrm{a}}(\boldsymbol{x})$。用误差协方差的逆作为权重保证了高斯误差统计中最小方差估计等于最大似然估计。

3.2.2 欧拉-拉格朗日方程

为了最小化变分泛函式(3.26)，我们可以计算变分的导数$\mathcal{J}[\psi]$，并且要求当任意扰动$\delta\psi(\boldsymbol{x})$趋近于零时，变分的导数也趋于零。因此：

$$\delta\mathcal{J} = \mathcal{J}[\psi + \delta\psi] - \mathcal{J}[\psi] = \mathcal{O}(\delta\psi^2) \tag{3.28}$$

估计式(3.28)得出：

$$\begin{aligned}\delta\mathcal{J} = &-2\iint_{\mathcal{D}} \delta\psi(\boldsymbol{x}_1)\, W^{\mathrm{f}}_{\psi\psi}(\boldsymbol{x}_1,\boldsymbol{x}_2)\left(\psi^{\mathrm{f}}(\boldsymbol{x}_2) - \psi(\boldsymbol{x}_2)\right)\mathrm{d}\boldsymbol{x}_1\,\mathrm{d}\boldsymbol{x}_2 \\ &- 2\boldsymbol{\mathcal{M}}_{(3)}[\,\delta\psi(\boldsymbol{x}_3)]^{\mathrm{T}}\boldsymbol{W}_{\epsilon\epsilon}\left(\boldsymbol{d} - \boldsymbol{\mathcal{M}}_{(4)}[\,\psi(\boldsymbol{x}_4)]\right) \\ &+ \mathcal{O}(\delta\psi^2) = \mathcal{O}(\delta\psi^2)\end{aligned} \tag{3.29}$$

因此，为了使$\mathcal{J}$有一个极值，必须有：

$$\begin{aligned}&\iint_{\mathcal{D}} \delta\psi(\boldsymbol{x}_1)\, W^{\mathrm{f}}_{\psi\psi}(\boldsymbol{x}_1,\boldsymbol{x}_2)\left(\psi^{\mathrm{f}}(\boldsymbol{x}_2) - \psi^{\mathrm{a}}(\boldsymbol{x}_2)\right)\mathrm{d}\boldsymbol{x}_1\,\mathrm{d}\boldsymbol{x}_2 \\ &\quad + \boldsymbol{\mathcal{M}}_{(3)}[\,\delta\psi(\boldsymbol{x}_3)]^{\mathrm{T}}\boldsymbol{W}_{\epsilon\epsilon}\left(d - \boldsymbol{\mathcal{M}}_{(4)}[\psi^{\mathrm{a}}(\boldsymbol{x}_4)]\right) = 0\end{aligned} \tag{3.30}$$

继续进行，我们需要获得第二项的积分，所有项需要与$\delta\psi$成正比。

$$\boldsymbol{\mathcal{M}}_{(3)}[\,\delta\psi(\boldsymbol{x}_3)]^{\mathrm{T}} = \int_{\mathcal{D}} \delta\psi(\boldsymbol{x}_1)\,\boldsymbol{\mathcal{M}}^{\mathrm{T}}_{(3)}[\delta(\boldsymbol{x}_1 - \boldsymbol{x}_3)]\mathrm{d}\boldsymbol{x}_1 \tag{3.31}$$

先写出狄拉克函数$\delta(\boldsymbol{x}_1 - \boldsymbol{x}_3)$的测量：

$$\mathcal{M}_{i(3)}[\delta(\boldsymbol{x}_1 - \boldsymbol{x}_3)] = \int_{\mathcal{D}} \delta(\boldsymbol{x}_1 - \boldsymbol{x}_3)\delta(\boldsymbol{x}_3 - \boldsymbol{x}_i)\mathrm{d}\boldsymbol{x}_3 = \delta(\boldsymbol{x}_1 - \boldsymbol{x}_i) \tag{3.32}$$

其中，$i = 1,2,\cdots,M$，M代表量测数量，$\mathcal{M}_i$的下标(3)定义了泛函作用的变量，因此，积分变量是$\boldsymbol{x}_3$，方程乘以$\delta\psi(\boldsymbol{x}_1)$并对$\boldsymbol{x}_1$积分：

$$\begin{aligned}\int_{\mathcal{D}} \delta\psi(\boldsymbol{x}_1)\,\mathcal{M}_{i(3)}\delta(\boldsymbol{x}_1 - \boldsymbol{x}_3)\mathrm{d}\boldsymbol{x}_1 &= \int_{\mathcal{D}} \delta\psi(\boldsymbol{x}_1)\delta(\boldsymbol{x}_1 - \boldsymbol{x}_i)\mathrm{d}\boldsymbol{x}_1 \\ &= \mathcal{M}_{i(1)}[\delta\psi(\boldsymbol{x}_1)] \\ &= \mathcal{M}_{i(3)}[\delta\psi(\boldsymbol{x}_3)]\end{aligned} \tag{3.33}$$

在上式的最后一个等号处，我们将积分的虚拟变量更改为$\boldsymbol{x}_3$。。得到式(3.31)，同时有：

$$\begin{aligned}\int_{\mathcal{D}} C^{\mathrm{f}}_{\psi\psi}(\boldsymbol{x}_1,\boldsymbol{x}_2)\mathcal{M}^{\mathrm{T}}_{i(3)}[\delta(\boldsymbol{x}_2 - \boldsymbol{x}_3)]\,\mathrm{d}\boldsymbol{x}_2 &= C^{\mathrm{f}}_{\psi\psi}(\boldsymbol{x}_1,\boldsymbol{x}_i) \\ &= \mathcal{M}_{i(2)}[C^{\mathrm{f}}_{\psi\psi}(\boldsymbol{x}_1,\boldsymbol{x}_2)]\end{aligned} \tag{3.34}$$

注意，式(3.30)的第二部分即为测量项，它对$\boldsymbol{x}_2$的积分是恒定的。$i = 1,2,\cdots,M$时，方程(3.32)～方程(3.34)的可行性已证明，他们的研究结果可以推广和替换到式(3.30)，可以导出：

$$\begin{aligned}\int_{\mathcal{D}} \delta\psi(\boldsymbol{x}_1)\Big(W^{\mathrm{f}}_{\boldsymbol{\psi\psi}}(\boldsymbol{x}_1,\boldsymbol{x}_2)\left(\psi^{\mathrm{f}}(\boldsymbol{x}_2) - \psi^{\mathrm{a}}(\boldsymbol{x}_2)\right) + \boldsymbol{\mathcal{M}}^{\mathrm{T}}_{(3)}[\delta(\boldsymbol{x}_1 - \boldsymbol{x}_3)]\boldsymbol{W}_{\epsilon\epsilon}(\boldsymbol{d} - \\ \boldsymbol{\mathcal{M}}_{(4)}[\psi^{\mathrm{a}}(\boldsymbol{x}_4)])\Big)\mathrm{d}\boldsymbol{x}_1\mathrm{d}\boldsymbol{x}_2 = 0\end{aligned} \tag{3.35}$$

或者，因为对于所有的$\delta\psi$，这必须是真值，所以必须有：

$$W_{\psi\psi}^{\mathrm{f}}(\boldsymbol{x}_1,\boldsymbol{x}_2)\left(\psi^{\mathrm{f}}(\boldsymbol{x}_2)-\psi^{\mathrm{a}}(\boldsymbol{x}_2)\right) \\ +\boldsymbol{\mathcal{M}}_{(3)}^{\mathrm{T}}[\delta(\boldsymbol{x}_1-\boldsymbol{x}_3)]\boldsymbol{W}_{\epsilon\epsilon}\left(\boldsymbol{d}-\boldsymbol{\mathcal{M}}_{(4)}[\psi^{\mathrm{a}}(\boldsymbol{x}_4)]\right)=0 \tag{3.36}$$

这就是欧拉方程的变分问题，ψ^{a}的解必须是J的最小值。

现在将式(3.36)乘以$C_{\psi\psi}^{\mathrm{f}}(\boldsymbol{x},\boldsymbol{x}_1)$并对$\boldsymbol{x}_1$进行积分。由式(3.27)和式(3.34)，我们可以得到欧拉方程的形式：

$$\psi^{\mathrm{a}}(\boldsymbol{x})-\psi^{\mathrm{f}}(\boldsymbol{x})=\boldsymbol{\mathcal{M}}_{(3)}^{\mathrm{T}}[C_{\psi\psi}^{\mathrm{f}}(\boldsymbol{x},\boldsymbol{x}_3)]\boldsymbol{W}_{\epsilon\epsilon}\left(\boldsymbol{d}-\boldsymbol{\mathcal{M}}_{(4)}[\psi_4^{\mathrm{a}}]\right) \tag{3.37}$$

3.2.3 解决方案

欧拉方程(3.37)的问题在于方程的两边都包含着ψ^{a}。为了解决这个问题我们首先定义了向量$\boldsymbol{b}\in\Re^M$：

$$\boldsymbol{b}=\boldsymbol{W}_{\epsilon\epsilon}\left(\boldsymbol{d}-\boldsymbol{\mathcal{M}}_{(4)}[\psi_4^{\mathrm{a}}]\right) \tag{3.38}$$

然后再寻求一个解的形式：

$$\psi^{\mathrm{a}}(\boldsymbol{x})=\psi^{\mathrm{f}}(\boldsymbol{x})+\boldsymbol{b}^{\mathrm{T}}\boldsymbol{r}(\boldsymbol{x}) \tag{3.39}$$

将向量$\boldsymbol{r}(\boldsymbol{x})\in\Re^M$代入到式(3.37)中：

$$\psi^{\mathrm{a}}(\boldsymbol{x})-\psi^{\mathrm{f}}(\boldsymbol{x})+\boldsymbol{b}^{\mathrm{T}}\boldsymbol{r}(\boldsymbol{x})=\boldsymbol{\mathcal{M}}_{(3)}^{\mathrm{T}}[C_{\psi\psi}^{\mathrm{f}}(\boldsymbol{x},\boldsymbol{x}_3)]\boldsymbol{b} \tag{3.40}$$

定义影响函数或代表函数$\boldsymbol{r}(\boldsymbol{x})$为：

$$\boldsymbol{r}(\boldsymbol{x})=\boldsymbol{\mathcal{M}}_{(3)}[C_{\psi\psi}^{\mathrm{f}}(\boldsymbol{x},\boldsymbol{x}_3) \tag{3.41}$$

现在将式(3.39)代入到式(3.38)得：

$$\begin{aligned}\boldsymbol{b}&=\boldsymbol{W}_{\epsilon\epsilon}\left(\boldsymbol{d}-\boldsymbol{\mathcal{M}}_{(4)}\left[\psi_4^{\mathrm{f}}+\boldsymbol{b}^{\mathrm{T}}\boldsymbol{r}_4\right]\right)\\&=\boldsymbol{W}_{\epsilon\epsilon}\left(\boldsymbol{d}-\boldsymbol{\mathcal{M}}_{(4)}\left[\psi_4^{\mathrm{f}}\right]-\boldsymbol{W}_{\epsilon\epsilon}\boldsymbol{\mathcal{M}}_{(4)}[\boldsymbol{b}^{\mathrm{T}}\boldsymbol{r}_4]\right)\\&=\boldsymbol{W}_{\epsilon\epsilon}\left(\boldsymbol{d}-\boldsymbol{\mathcal{M}}_{(4)}\left[\psi_4^{\mathrm{f}}\right]-\boldsymbol{W}_{\epsilon\epsilon}\boldsymbol{b}^{\mathrm{T}}\boldsymbol{\mathcal{M}}_{(4)}[\boldsymbol{r}_4]\right)\end{aligned} \tag{3.42}$$

由于$\boldsymbol{\mathcal{M}}$的线性，重新表示得到：

$$\boldsymbol{b}+\boldsymbol{W}_{\epsilon\epsilon}\boldsymbol{b}^{\mathrm{T}}\boldsymbol{\mathcal{M}}_{(4)}[\boldsymbol{r}_4]=\boldsymbol{W}_{\epsilon\epsilon}\left(\boldsymbol{d}-\boldsymbol{\mathcal{M}}_{(4)}\left[\psi_4^{\mathrm{f}}\right]\right) \tag{3.43}$$

在方程的左边乘以$\boldsymbol{C}_{\epsilon\epsilon}$得到：

$$\boldsymbol{C}_{\epsilon\epsilon}\boldsymbol{b}+\boldsymbol{b}^{\mathrm{T}}\boldsymbol{\mathcal{M}}_{(4)}[\boldsymbol{r}_4]=\boldsymbol{d}-\boldsymbol{\mathcal{M}}_{(4)}\left[\psi_4^{\mathrm{f}}\right] \tag{3.44}$$

或者：

$$\left(\boldsymbol{\mathcal{M}}_{(4)}^{\mathrm{T}}[r_4]+\boldsymbol{C}_{\epsilon\epsilon}\right)\boldsymbol{b}=\boldsymbol{d}-\boldsymbol{\mathcal{M}}_{(4)}\left[\psi_4^{\mathrm{f}}\right] \tag{3.45}$$

上式为一个线性方程组，式(3.41)重写为：

$$\left(\boldsymbol{\mathcal{M}}_{(3)}\boldsymbol{\mathcal{M}}_{(4)}^{\mathrm{T}}\left[C_{\psi\psi}^{\mathrm{f}}(\boldsymbol{x}_3,\boldsymbol{x}_4)\right]+\boldsymbol{C}_{\epsilon\epsilon}\right)\boldsymbol{b}=\boldsymbol{d}-\boldsymbol{\mathcal{M}}_{(4)}\left[\psi^{\mathrm{f}}(x_4)\right] \tag{3.46}$$

从式(3.39)、式(3.41)和式(3.45)中可以获得一个解。

3.2.4 描述函数矩阵

根据式(3.24)直接给定测量，得到：

$$\mathcal{M}_{i(3)}\mathcal{M}_{j(4)}^{\mathrm{T}}\left[C_{\psi\psi}^{\mathrm{f}}(\boldsymbol{x}_3,\boldsymbol{x}_4)\right] = C_{\psi\psi}^{\mathrm{f}}(\boldsymbol{x}_i,\boldsymbol{x}_j) \tag{3.47}$$

矩阵$C_{\psi\psi}^{\mathrm{f}}(\boldsymbol{x}_i,\boldsymbol{x}_j)$通常被称作代表函数矩阵，它描述了测量的两个不同位置$\boldsymbol{x}_i$和$\boldsymbol{x}_j$的初猜值之间的协方差。

3.2.5 误差估计

我们可以从式(3.39)中得出一个误差估计的分析。最简单的是使用 Bennett (1992)过程中所衍生的与时间有关的问题。由误差协方差的定义式(3.25)可以写出：

$$C_{\psi\psi}^{\mathrm{a}}(\boldsymbol{x}_1,\boldsymbol{x}_2) = \overline{\left(\psi^{\mathrm{t}}(\boldsymbol{x}_1) - \psi^{\mathrm{a}}(\boldsymbol{x}_1)\right)\left(\psi^{\mathrm{t}}(\boldsymbol{x}_2) - \psi^{\mathrm{a}}(\boldsymbol{x}_2)\right)} \tag{3.48}$$

则有：

$$\begin{aligned} C_{\psi\psi}^{\mathrm{a}}(\boldsymbol{x}_1,\boldsymbol{x}_2) &= \overline{\left(\psi_1^{\mathrm{t}} - \psi_1^{\mathrm{f}} - \boldsymbol{b}^{\mathrm{T}}\boldsymbol{r}_1\right)\left(\psi_2^{\mathrm{t}} - \psi_2^{\mathrm{f}} - \boldsymbol{b}^{\mathrm{T}}\boldsymbol{r}_2\right)} \\ &= \overline{\left(\psi_1^{\mathrm{t}} - \psi_1^{\mathrm{f}}\right)\left(\psi_2^{\mathrm{t}} - \psi_2^{\mathrm{f}}\right)} - 2\overline{\left(\psi_1^{\mathrm{t}} - \psi_1^{\mathrm{f}}\right)\boldsymbol{b}^{\mathrm{T}}}\boldsymbol{r}_2 + \boldsymbol{r}_1^{\mathrm{T}}\overline{\boldsymbol{b}\boldsymbol{b}^{\mathrm{T}}}\boldsymbol{r}_2 \end{aligned} \tag{3.49}$$

$\boldsymbol{b}$ 是ψ的函数，代表 $\boldsymbol{r}$ 是协方差矩阵与$\bar{\psi}$的函数。下面我们应用$(AB)^{\mathrm{T}} = B^{\mathrm{T}}A^{\mathrm{T}}$，即矩阵和协方差在$\boldsymbol{x}_1$和$\boldsymbol{x}_2$处是对称的性质。

第一项是$C_{\psi\psi}^{\mathrm{f}}$，另外两项会在下面定义。简单定义：

$$\boldsymbol{\mathcal{P}} = \boldsymbol{\mathcal{M}}_{(3)}\boldsymbol{\mathcal{M}}_{(4)}^{\mathrm{T}}\left[C_{\psi\psi}^{\mathrm{f}}(\boldsymbol{x}_3,\boldsymbol{x}_4)\right] + \boldsymbol{C}_{\epsilon\epsilon} \tag{3.50}$$

残差或新息为：

$$\boldsymbol{h} = \boldsymbol{d} - \boldsymbol{\mathcal{M}}_{(4)}\left[\psi_4^{\mathrm{f}}\right] \tag{3.51}$$

把式(3.41)、式(3.50)和式(3.51)代入到式(3.45)中，得出$\boldsymbol{b} = \boldsymbol{\mathcal{P}}^{-1}\boldsymbol{h}$。此外，根据式(3.23)、式(3.25)、式(3.41)和式(3.45)，除了上面的两项定义，式(3.49)中的第二项为：

$$\begin{aligned} &-2\overline{\left(\psi_1^{\mathrm{t}} - \psi_1^{\mathrm{f}}\right)\boldsymbol{b}^{\mathrm{T}}}\boldsymbol{r}_2 \\ &= -2\overline{\left(\psi_1^{\mathrm{t}} - \psi_1^{\mathrm{f}}\right)(\boldsymbol{\mathcal{P}}^{-1}\boldsymbol{h})^{\mathrm{T}}}\boldsymbol{r}_2 \\ &= -2\overline{\left(\psi_1^{\mathrm{t}} - \psi_1^{\mathrm{f}}\right)\left(\boldsymbol{\mathcal{P}}^{-1}\left(\boldsymbol{d} - \boldsymbol{\mathcal{M}}_{(4)}[\psi_4^{\mathrm{f}}]\right)\right)^{\mathrm{T}}}\boldsymbol{r}_2 \\ &= -2\overline{\left(\psi_1^{\mathrm{t}} - \psi_1^{\mathrm{f}}\right)\left(\boldsymbol{\mathcal{P}}^{-1}\left(\boldsymbol{\mathcal{M}}_{(4)}[\psi_4^{\mathrm{t}}] + \boldsymbol{\epsilon} - \boldsymbol{\mathcal{M}}_{(4)}[\psi_4^{\mathrm{f}}]\right)\right)^{\mathrm{T}}}\boldsymbol{r}_2 \\ &= -2\overline{\left(\psi_1^{\mathrm{t}} - \psi_1^{\mathrm{f}}\right)\boldsymbol{\mathcal{M}}_{(4)}^{\mathrm{T}}\left[\psi_4^{\mathrm{t}} - \psi_4^{\mathrm{f}}\right]}\boldsymbol{\mathcal{P}}^{-1}\boldsymbol{r}_2 + 0 \\ &= -2\boldsymbol{\mathcal{M}}_{(4)}^{\mathrm{T}}\overline{\left[(\psi_1^{\mathrm{t}} - \psi_1^{\mathrm{f}})(\psi_4^{\mathrm{t}} - \psi_4^{\mathrm{f}})\right]}\boldsymbol{\mathcal{P}}^{-1}\boldsymbol{r}_2 \\ &= -2\boldsymbol{\mathcal{M}}_{(4)}^{\mathrm{T}}\left[C_{\psi\psi}^{\mathrm{f}}(\boldsymbol{x}_1,\boldsymbol{x}_4)\right]\boldsymbol{\mathcal{P}}^{-1}\boldsymbol{r}_2 \\ &= -2\boldsymbol{r}_1^{\mathrm{T}}\boldsymbol{\mathcal{P}}^{-1}\boldsymbol{r}_2 \end{aligned} \tag{3.52}$$

其中，我们使用了由式(3.25)得到的$\bar{\boldsymbol{\epsilon}} = 0$，$\boldsymbol{\mathcal{P}}$为协方差的一个对称函数，且可以移到求平均的算子之外。此外，应用$(\boldsymbol{\mathcal{P}}^{-1}\boldsymbol{h})^{\mathrm{T}} = \boldsymbol{h}^{\mathrm{T}}\boldsymbol{\mathcal{P}}^{-1}$，最后一项变成：

$$
\begin{aligned}
& \boldsymbol{r}_1^{\mathrm{T}}\overline{\boldsymbol{b}\boldsymbol{b}^{\mathrm{T}}}\boldsymbol{r}_2 \\
&= \boldsymbol{r}_1^{\mathrm{T}}\boldsymbol{\mathcal{P}}^{-1}\overline{\boldsymbol{h}\boldsymbol{h}^{\mathrm{T}}}\boldsymbol{\mathcal{P}}^{-1}\boldsymbol{r}_2 \\
&= \boldsymbol{r}_1^{\mathrm{T}}\boldsymbol{\mathcal{P}}^{-1}\overline{\left(\boldsymbol{d}-\boldsymbol{\mathcal{M}}_{(1)}\left[\psi_1^{\mathrm{f}}\right]\right)\left(\boldsymbol{d}-\boldsymbol{\mathcal{M}}_{(2)}\left[\psi_2^{\mathrm{f}}\right]\right)^{\mathrm{T}}}\boldsymbol{\mathcal{P}}^{-1}\boldsymbol{r}_2 \\
&= \boldsymbol{r}_1^{\mathrm{T}}\boldsymbol{\mathcal{P}}^{-1}\overline{\left(\boldsymbol{\mathcal{M}}_{(1)}\left[\psi_1^{\mathrm{f}}\right]+\boldsymbol{\epsilon}-\boldsymbol{\mathcal{M}}_{(1)}\left[\psi_1^{\mathrm{f}}\right]\right)\left(\boldsymbol{\mathcal{M}}_{(2)}\left[\psi_2^{\mathrm{t}}\right]+\boldsymbol{\epsilon}-\boldsymbol{\mathcal{M}}_{(1)}\left[\psi_2^{\mathrm{f}}\right]\right)^{\mathrm{T}}}\boldsymbol{\mathcal{P}}^{-1}\boldsymbol{r}_2 \\
&= \boldsymbol{r}_1^{\mathrm{T}}\boldsymbol{\mathcal{P}}^{-1}\overline{\left(\boldsymbol{\mathcal{M}}_{(1)}\left[\psi_1^{t}-\psi_1^{\mathrm{f}}\right]+\boldsymbol{\epsilon}\right)\left(\boldsymbol{\mathcal{M}}_{(2)}\left[\psi_2^{t}-\psi_2^{\mathrm{f}}\right]+\boldsymbol{\epsilon}\right)^{\mathrm{T}}}\boldsymbol{\mathcal{P}}^{-1}\boldsymbol{r}_2 \\
&= \boldsymbol{r}_1^{\mathrm{T}}\boldsymbol{\mathcal{P}}^{-1}\left(\boldsymbol{\mathcal{M}}_{(1)}\boldsymbol{\mathcal{M}}_{(2)}^{\mathrm{T}}\overline{\left(\psi_1^{\mathrm{t}}-\psi_1^{\mathrm{f}}\right)\left(\psi_2^{\mathrm{t}}-\psi_2^{\mathrm{f}}\right)}+\overline{\boldsymbol{\epsilon}\boldsymbol{\epsilon}^{\mathrm{T}}}\right)\boldsymbol{\mathcal{P}}^{-1}\boldsymbol{r}_2 \\
&= \boldsymbol{r}_1^{\mathrm{T}}\boldsymbol{\mathcal{P}}^{-1}\boldsymbol{\mathcal{P}}\boldsymbol{\mathcal{P}}^{-1}\boldsymbol{r}_2 \\
&= \boldsymbol{r}_1^{\mathrm{T}}\boldsymbol{\mathcal{P}}^{-1}\boldsymbol{r}_2
\end{aligned}
\tag{3.53}
$$

则误差估计为：

$$
\begin{aligned}
C_{\psi\psi}^{\mathrm{a}}(\boldsymbol{x}_1,\boldsymbol{x}_2) = {} & C_{\psi\psi}^{\mathrm{f}}(\boldsymbol{x}_1,\boldsymbol{x}_2) \\
& -\boldsymbol{r}^{\mathrm{T}}(\boldsymbol{x}_1)\left(\boldsymbol{\mathcal{M}}_{(3)}\boldsymbol{\mathcal{M}}_{(4)}^{\mathrm{T}}\left[C_{\psi\psi}^{\mathrm{f}}(\boldsymbol{x}_3,\boldsymbol{x}_4)\right]+\boldsymbol{C}_{\epsilon\epsilon}\right)^{-1}\boldsymbol{r}(\boldsymbol{x}_2)
\end{aligned}
\tag{3.54}
$$

这里使用了$\boldsymbol{\mathcal{P}}$的定义。

3.2.6 解的唯一性

并不是所有的任意函数都可以表示式(3.39) 的解。为了证明式(3.39)的解是唯一的线性最小方差解，我们使用几何公式进行论证，这些公式与 Bennett (1992) 时间相关问题中使用的公式一致。首先我们定义内积：

$$
\langle f(\boldsymbol{x}_1), g(\boldsymbol{x}_2)\rangle = \iint_{\mathcal{D}} f(\boldsymbol{x}_1)W_{\psi\psi}^{\mathrm{f}}(\boldsymbol{x}_1,\boldsymbol{x}_2)g(\boldsymbol{x}_2)\mathrm{d}\boldsymbol{x}_1\mathrm{d}\boldsymbol{x}_2
\tag{3.55}
$$

由于：

$$
\begin{aligned}
& \langle C_{\psi\psi}^{\mathrm{f}}(\boldsymbol{x}_3,\boldsymbol{x}_1),\psi(\boldsymbol{x}_2)\rangle \\
& \quad = \iint_{\mathcal{D}} C_{\psi\psi}^{\mathrm{f}}(\boldsymbol{x}_3,\boldsymbol{x}_1)\,W_{\psi\psi}^{\mathrm{f}}(\boldsymbol{x}_1,\boldsymbol{x}_2)\psi(\boldsymbol{x}_2)\mathrm{d}\boldsymbol{x}_1\mathrm{d}\boldsymbol{x}_2 \\
& \quad = \psi(\boldsymbol{x}_3)
\end{aligned}
\tag{3.56}
$$

因此，$C_{\psi\psi}^{\mathrm{f}}(\boldsymbol{x}_3,\boldsymbol{x}_1)$是式(3.55)和式(3.56)内积的“再生核”，ψ在区域中的任意一个点 x 都是真值。

回顾代表函数式(3.41)的定义，得到：

$$
\begin{aligned}
\langle r(\boldsymbol{x}_1),\psi(\boldsymbol{x}_2)\rangle &= \langle\boldsymbol{\mathcal{M}}_{(1)}\left[C_{\psi\psi}^{\mathrm{f}}(\boldsymbol{x}_3,\boldsymbol{x}_1)\right],\psi(\boldsymbol{x}_2)\rangle \\
&= \boldsymbol{\mathcal{M}}_{(1)}\left[\langle C_{\psi\psi}^{\mathrm{f}}(\boldsymbol{x}_3,\boldsymbol{x}_1),\psi(\boldsymbol{x}_2)\rangle\right] \\
&= \boldsymbol{\mathcal{M}}_{(1)}\left[\psi(\boldsymbol{x}_1)\right]
\end{aligned}
\tag{3.57}
$$

因此对于测量域$\psi(\boldsymbol{x})$相当于使用内积式(3.55)将场投影到代表上。

罚函数式(3.26)写成内积形式：

$$\mathcal{J}[\psi] = \langle \psi^{\mathrm{f}} - \psi, \psi^{\mathrm{f}} - \psi \rangle + (\boldsymbol{d} - \langle \psi, \boldsymbol{r} \rangle)^{\mathrm{T}} \boldsymbol{W}_{\epsilon\epsilon}(\boldsymbol{d} - \langle \psi, \boldsymbol{r} \rangle) \tag{3.58}$$

假设最小化的解为：

$$\psi^{\mathrm{a}}(\boldsymbol{x}) = \psi^{\mathrm{f}}(\boldsymbol{x}) + \boldsymbol{b}^{\mathrm{T}} \boldsymbol{r}(\boldsymbol{x}) + g(\boldsymbol{x}) \tag{3.59}$$

$g(\boldsymbol{x})$是一个与代表函数正交的任意函数，也就是：

$$\langle g, \boldsymbol{r} \rangle = \boldsymbol{0} \tag{3.60}$$

因为这种特性，所以g可能被视为不可观测的，将式(3.59)代入式(3.58)得到：

$$\begin{aligned} \mathcal{J}[\psi^{\mathrm{a}}] &= \langle \boldsymbol{r}^{\mathrm{T}}\boldsymbol{b} + g, \boldsymbol{r}^{\mathrm{T}}\boldsymbol{b} + g \rangle \\ &\quad + (\boldsymbol{d} - \langle \psi^{\mathrm{a}}, \boldsymbol{r} \rangle)^{\mathrm{T}} \boldsymbol{W}_{\epsilon\epsilon}(\boldsymbol{d} - \langle \psi^{\mathrm{a}}, \boldsymbol{r} \rangle) \\ &= \boldsymbol{b}^{\mathrm{T}} \langle \boldsymbol{r}, \boldsymbol{r}^{\mathrm{T}} \rangle \boldsymbol{b} + \boldsymbol{b}^{\mathrm{T}} \langle \boldsymbol{r}, g \rangle + \langle g, \boldsymbol{r}^{\mathrm{T}} \rangle \boldsymbol{b} + \langle g, g \rangle \\ &\quad + \left(\boldsymbol{d} - \langle \psi^{f}, \boldsymbol{r} \rangle - \boldsymbol{b}^{\mathrm{T}} \langle \boldsymbol{r}, \boldsymbol{r}^{\mathrm{T}} \rangle - \langle g, \boldsymbol{r} \rangle\right)^{\mathrm{T}} \\ &\quad \times \boldsymbol{W}_{\epsilon\epsilon}\left(\boldsymbol{d} - \langle \psi^{\mathrm{f}}, \boldsymbol{r} \rangle - \boldsymbol{b}^{\mathrm{T}} \langle \boldsymbol{r}, \boldsymbol{r}^{\mathrm{T}} \rangle - \langle g, \boldsymbol{r} \rangle\right) \end{aligned} \tag{3.61}$$

定义残差为：

$$\boldsymbol{h} = \boldsymbol{d} - \langle \psi^{\mathrm{f}}, \boldsymbol{r} \rangle \tag{3.62}$$

利用代表函数矩阵(2.1)的定义：

$$\boldsymbol{R} = \langle \boldsymbol{r}_3, \boldsymbol{r}_4^{\mathrm{T}} \rangle = \boldsymbol{\mathcal{M}}_{(3)}[\boldsymbol{r}_3^{\mathrm{T}}] \tag{3.63}$$

由式(3.41)和式(3.47)，得到罚函数：

$$\mathcal{J}[\psi^{\mathrm{a}}] = \boldsymbol{b}^{\mathrm{T}} \boldsymbol{R} \boldsymbol{b} + \langle g, g \rangle + (\boldsymbol{h} - \boldsymbol{R}\boldsymbol{b})^{\mathrm{T}} \boldsymbol{W}_{\epsilon\epsilon}(\boldsymbol{h} - \boldsymbol{R}\boldsymbol{b}) \tag{3.64}$$

最初的罚函数式(3.26)已经简化为紧凑形式，其中一次性参数为$\boldsymbol{b}$和$g(\boldsymbol{x})$。如果ψ 最小化 J，得到$\langle g, g \rangle = 0$。因此得到：

$$g(\boldsymbol{x}) \equiv 0 \tag{3.65}$$

难以观测的场g需忽略，将$\mathcal{J}$从无限维二次形式(3.26)减小到有限维二次形式：

$$\mathcal{B}[\boldsymbol{b}] = \boldsymbol{b}^{\mathrm{T}} \boldsymbol{R} \boldsymbol{b} + (\boldsymbol{h} - \boldsymbol{R}\boldsymbol{b})^{\mathrm{T}} \boldsymbol{W}_{\epsilon\epsilon}(\boldsymbol{h} - \boldsymbol{R}\boldsymbol{b}) \tag{3.66}$$

其中，$\mathcal{B}[\boldsymbol{b}] = \mathcal{J}[\psi^{\mathrm{a}}]$。

3.2.7 罚函数的最小化

$\boldsymbol{b}$ 的最小化解可以通过式(3.66)相对于$\boldsymbol{b}$的变分导数为零得到：

$$\boldsymbol{\mathcal{B}}[\boldsymbol{b} + \delta\boldsymbol{b}] - \boldsymbol{\mathcal{B}}[\boldsymbol{b}] = 2\delta\boldsymbol{b}^{\mathrm{T}} \boldsymbol{R}\boldsymbol{b} + 2\delta\boldsymbol{b}^{\mathrm{T}} \boldsymbol{R} \boldsymbol{W}_{\epsilon\epsilon}(\boldsymbol{R}\boldsymbol{b} - \boldsymbol{h}) + \mathcal{O}(\delta\boldsymbol{b}^2) = \mathcal{O}(\delta\boldsymbol{b}^2) \tag{3.67}$$

给出：

$$\delta\boldsymbol{b}^{\mathrm{T}}\left(\boldsymbol{R}\boldsymbol{b} + \boldsymbol{R}\boldsymbol{W}_{\epsilon\epsilon}(\boldsymbol{R}\boldsymbol{b} - \boldsymbol{h})\right) = 0 \tag{3.68}$$

或者：

$$\boldsymbol{R}\boldsymbol{b} + \boldsymbol{R}\boldsymbol{W}_{\epsilon\epsilon}(\boldsymbol{R}\boldsymbol{b} - \boldsymbol{h}) = 0 \tag{3.69}$$

因为$\delta\boldsymbol{b}$是任意的，方程可以写成：

$$\boldsymbol{R}(\boldsymbol{b} + \boldsymbol{W}_{\epsilon\epsilon}\boldsymbol{R}\boldsymbol{b} - \boldsymbol{W}_{\epsilon\epsilon}\boldsymbol{h}) = 0 \tag{3.70}$$

从而得到标准的线性方程组：

$$(\boldsymbol{R}+\ \boldsymbol{C}_{\epsilon\epsilon})\boldsymbol{b}=\boldsymbol{h} \tag{3.71}$$

或：

$$\boldsymbol{b}=\ \boldsymbol{\mathcal{P}}^{-1}\boldsymbol{h} \tag{3.72}$$

上式为 $\boldsymbol{b}$ 的解，值得注意的是对于所有的i，有$\boldsymbol{R}=\mathcal{M}_{(i)}[\boldsymbol{r}_i]$。

3.2.8 罚函数的先验与后验值

引入初猜值ψ^{f}，到罚函数式(3.58)中，得到：

$$\mathcal{J}[\psi^{\mathrm{f}}]=\left(\boldsymbol{d}-\langle\psi^{\mathrm{f}},\boldsymbol{r}\rangle\right)^{\mathrm{T}}\boldsymbol{W}_{\epsilon\epsilon}\left(\boldsymbol{d}-\langle\psi^{\mathrm{f}},\boldsymbol{r}\rangle\right)=\ \boldsymbol{h}^{\mathrm{T}}\boldsymbol{W}_{\epsilon\epsilon}\boldsymbol{h} \tag{3.73}$$

称为罚函数的先验值。同样，将最小化的解式(3.72)代入罚函数式(3.66)，得到：

$$\begin{aligned}
\mathcal{J}[\boldsymbol{\mathcal{P}}^{-1}\boldsymbol{h}]&=(\boldsymbol{\mathcal{P}}^{-1}\boldsymbol{h})^{\mathrm{T}}\boldsymbol{R}(\boldsymbol{\mathcal{P}}^{-1}\boldsymbol{h})+(\boldsymbol{h}-\ \boldsymbol{R}\boldsymbol{\mathcal{P}}^{-1}\boldsymbol{h})^{\mathrm{T}}\boldsymbol{W}_{\epsilon\epsilon}(\boldsymbol{h}-\ \boldsymbol{R}\boldsymbol{\mathcal{P}}^{-1}\boldsymbol{h})\\
&=\boldsymbol{h}^{\mathrm{T}}\boldsymbol{\mathcal{P}}^{-1}\boldsymbol{R}\boldsymbol{\mathcal{P}}^{-1}\boldsymbol{h}+\ \boldsymbol{h}^{\mathrm{T}}(\boldsymbol{R}\boldsymbol{\mathcal{P}}^{-1}-\boldsymbol{I})\boldsymbol{W}_{\epsilon\epsilon}(\boldsymbol{R}\boldsymbol{\mathcal{P}}^{-1}-\boldsymbol{I})\boldsymbol{h}\\
&=\boldsymbol{h}^{\mathrm{T}}\{\boldsymbol{\mathcal{P}}^{-1}\boldsymbol{R}\boldsymbol{\mathcal{P}}^{-1}+(\boldsymbol{R}\boldsymbol{\mathcal{P}}^{-1}-\boldsymbol{I})\boldsymbol{W}_{\epsilon\epsilon}(\boldsymbol{R}\boldsymbol{\mathcal{P}}^{-1}-\boldsymbol{I})\}\boldsymbol{h}\\
&=\boldsymbol{h}^{\mathrm{T}}\{\boldsymbol{\mathcal{P}}^{-1}\boldsymbol{R}\boldsymbol{\mathcal{P}}^{-1}+\boldsymbol{\mathcal{P}}^{-1}(\boldsymbol{R}-\boldsymbol{\mathcal{P}})\boldsymbol{W}_{\epsilon\epsilon}(\boldsymbol{R}-\boldsymbol{\mathcal{P}})\boldsymbol{\mathcal{P}}^{-1}\}\boldsymbol{h}\\
&=\boldsymbol{h}^{\mathrm{T}}\boldsymbol{\mathcal{P}}^{-1}\{\boldsymbol{R}+(\boldsymbol{R}-\boldsymbol{\mathcal{P}})\boldsymbol{W}_{\epsilon\epsilon}(\boldsymbol{R}-\boldsymbol{\mathcal{P}})\}\boldsymbol{\mathcal{P}}^{-1}\boldsymbol{h}\\
&=\boldsymbol{h}^{\mathrm{T}}\boldsymbol{\mathcal{P}}^{-1}\{\boldsymbol{R}+\boldsymbol{C}_{\epsilon\epsilon}\}\boldsymbol{\mathcal{P}}^{-1}\boldsymbol{h}\\
&=\boldsymbol{h}^{\mathrm{T}}\boldsymbol{\mathcal{P}}^{-1}\boldsymbol{\mathcal{P}}\boldsymbol{\mathcal{P}}^{-1}\boldsymbol{h}\\
&=\boldsymbol{h}^{\mathrm{T}}\boldsymbol{\mathcal{P}}^{-1}\boldsymbol{h}\\
&=\boldsymbol{h}^{\mathrm{T}}\boldsymbol{b}
\end{aligned} \tag{3.74}$$

只要$\boldsymbol{b}$由式(3.72)给出，这就是所谓罚函数的后验值。

Bennett (2002，第2.3节)中解释了这个约化的罚函数是一个$\mathcal{X}_M^2$的变量。因此，我们有一个方法来测试统计假设的有效性，其通过检查约化的罚函数值是否是一个均值为 M、方差为 $2M$ 的高斯变量来实现。这可以通过使用不同的数据集，对罚函数进行重复最小化。

3.3 离 散 形 式

当在数字网格上进行离散时，式(3.22)和式(3.23)可以写成：

$$\boldsymbol{\psi}^{\mathrm{f}}=\ \boldsymbol{\psi}^{\mathrm{t}}+\ \boldsymbol{p}^{\mathrm{f}} \tag{3.75}$$

$$\boldsymbol{d}=\boldsymbol{M}\boldsymbol{\psi}^{\mathrm{t}}+\ \boldsymbol{\epsilon} \tag{3.76}$$

其中$\boldsymbol{M}$称作测量矩阵，是$\boldsymbol{\mathcal{M}}$的离散化表示。

统计虚拟假设$\mathcal{H}_0$为：

$$\begin{aligned}
&\overline{\boldsymbol{p}^{\mathrm{f}}}=\boldsymbol{0}\qquad \overline{\boldsymbol{p}^{\mathrm{f}}(\boldsymbol{p}^{\mathrm{f}})^{\mathrm{T}}}=\boldsymbol{C}_{\psi\psi}^{\mathrm{f}}\\
&\overline{\boldsymbol{\epsilon}}=0,\quad \overline{\boldsymbol{\epsilon}\boldsymbol{\epsilon}^{\mathrm{T}}}=\ \boldsymbol{C}_{\epsilon\epsilon}\\
&\overline{\boldsymbol{p}^{\mathrm{f}}\boldsymbol{\epsilon}^{\mathrm{T}}}=0
\end{aligned} \tag{3.77}$$

通过使用与 3.1 节相同的统计方法，或者通过最小化变分泛函，得到：

$$\mathcal{J}[\boldsymbol{\psi}^{\mathrm{a}}] = \left(\boldsymbol{\psi}^{\mathrm{f}} - \boldsymbol{\psi}^{\mathrm{a}}\right)^{\mathrm{T}}\left(\boldsymbol{C}^{\mathrm{f}}_{\psi\psi}\right)^{-1}\left(\boldsymbol{\psi}^{\mathrm{f}} - \psi^{\mathrm{a}}\right) + (\boldsymbol{d} - \boldsymbol{M}\psi^{\mathrm{a}})^{\mathrm{T}}\boldsymbol{W}_{\epsilon\epsilon}(\boldsymbol{d} - \boldsymbol{M}\psi^{\mathrm{a}}) \quad (3.78)$$

对于$\boldsymbol{\psi}^{\mathrm{a}}$，得出：

$$\boldsymbol{\psi}^{\mathrm{a}} = \boldsymbol{\psi}^{\mathrm{f}} + \boldsymbol{r}^{\mathrm{T}}\boldsymbol{b} \quad (3.79)$$

它的影响函数(例如直接测量误差协方差函数)由下式给出：

$$\boldsymbol{r} = \boldsymbol{M}\boldsymbol{C}^{\mathrm{f}}_{\psi\psi} \quad (3.80)$$

例如，误差协方差矩阵$\boldsymbol{C}^{\mathrm{f}}_{\psi\psi}$的测量。因此，$\boldsymbol{r}$是在矩阵的每一行都包含一个特定的测量的矩阵。系数$\boldsymbol{b}$由线性方程组确定：

$$(\boldsymbol{M}\boldsymbol{C}^{\mathrm{f}}_{\psi\psi}\boldsymbol{M}^{\mathrm{T}} + \boldsymbol{C}_{\epsilon\epsilon})\boldsymbol{b} = \boldsymbol{d} - \boldsymbol{M}\boldsymbol{\psi}^{\mathrm{f}} \quad (3.81)$$

此外，误差估计式(3.54)变成：

$$\boldsymbol{C}^{\mathrm{a}}_{\psi\psi} = \boldsymbol{C}^{\mathrm{f}}_{\psi\psi} - \boldsymbol{r}^{\mathrm{T}}(\boldsymbol{M}\boldsymbol{C}^{\mathrm{f}}_{\psi\psi}\boldsymbol{M}^{\mathrm{T}} + \boldsymbol{C}_{\epsilon\epsilon})^{-1}\boldsymbol{r} \quad (3.82)$$

因此，逆估计$\boldsymbol{\psi}^{\mathrm{a}}$是初猜值$\boldsymbol{\psi}^{\mathrm{f}}$加上影响函数组$\boldsymbol{r}^{\mathrm{T}}\boldsymbol{b}$的线性组合的和，其中的每一个对应一个量测。如果初始猜测与数据信息很接近，则系数 $\boldsymbol{b}$ 会很小，反之，如果数据和初猜值之间残差很大，则系数会很大。

注意，前面的方程以更常见的方式写成：

$$\boldsymbol{\psi}^{\mathrm{a}} = \boldsymbol{\psi}^{\mathrm{f}} + \boldsymbol{K}(\boldsymbol{d} - \boldsymbol{M}\boldsymbol{\psi}^{\mathrm{f}}) \quad (3.83)$$

$$\boldsymbol{C}^{\mathrm{a}}_{\psi\psi} = (\boldsymbol{I} - \boldsymbol{K}\boldsymbol{M})\boldsymbol{C}^{\mathrm{f}}_{\psi\psi} \quad (3.84)$$

$$\boldsymbol{K} = \boldsymbol{C}^{\mathrm{f}}_{\psi\psi}\boldsymbol{M}^{\mathrm{T}}(\boldsymbol{M}\boldsymbol{C}^{\mathrm{f}}_{\psi\psi}\boldsymbol{M}^{\mathrm{T}} + \boldsymbol{C}_{\epsilon\epsilon})^{-1} \quad (3.85)$$

其中，矩阵 $\boldsymbol{K}$ 被称为卡尔曼增益。它的推导可以由式(3.79)～式(3.82)得到。这是标准的卡尔曼滤波器的分析方程，具体的内容将在第 4 章给出。然而，利用式(3.79)～式(3.82)表达这些方程的数值评估时将更简单有效。

第 4 章　顺序的数据同化

在前面的章节中我们研究了一个时间不相关问题和在给定先验估计和状态测量值的情况下的最优状态估计。

对于这个时间相关问题，利用上一章的解析方案，顺序数据同化方法能够不断地顺序更新模式状态。在气象学和海洋学上的应用已经证实此方法的可用性。在业务化的天气预报系统中，它能够把新的观测值不断地同化到模式中，当然，前提是这些状态是可观测的。

如果已知t_k时刻的模式预报值$\boldsymbol{\psi}^{\mathrm{f}}$和预报的误差协方差$\boldsymbol{C}_{\psi\psi}^{\mathrm{f}}$，且有有效的观测值$\boldsymbol{d}$和观测误差协方差阵$\boldsymbol{C}_{\epsilon\epsilon}$，那么，将有可能计算出一个改进的分析值$\boldsymbol{\psi}^{\mathrm{a}}$以及分析误差协方差$\boldsymbol{C}_{\psi\psi}^{\mathrm{a}}$。主要的问题在于如何估计或者预测$t_k$时刻的模式预报的误差协方差$\boldsymbol{C}_{\psi\psi}^{\mathrm{f}}$。

本章将简要地概述最初由 Kalman(1960)提出的卡尔曼滤波器(KF)，它介绍了误差协方差阵随时间演化的方程。关于非线性动力模型的 KF 的相关问题将被进一步说明。最后，对 Evensen(1994a)提出的集合卡尔曼滤波器(EnKF)进行基本介绍。

4.1　线性动力学

对于线性动力学，最佳顺序同化方法是卡尔曼滤波方法。在卡尔曼滤波方法中，二阶统计矩的附加方程向前积分可用于模式预报的误差统计。当具有有效观测时，误差统计将用于计算方差最小估计。

4.1.1　标量下的卡尔曼滤波

现假设标量ψ的真实状态的离散动力模式为：

$$\psi^{\mathrm{t}}(t_k) = G\psi^{\mathrm{t}}(t_{k-1}) + q(t_{k-1}) \tag{4.1}$$

$$\psi^{\mathrm{t}}(t_0) = \Psi_0 + a \tag{4.2}$$

其中，G 为线性模型算子，q 是上一时间步长的模式误差，Ψ_0是一个具有误差 a 的初始条件。

模式误差通常是未知的，因此这个数值模式将会根据下式演化：

$$\psi^{\mathrm{f}}(t_k) = G\psi^{\mathrm{a}}(t_{k-1}) \tag{4.3}$$

$$\psi^{\mathrm{a}}(t_0) = \Psi_0 \tag{4.4}$$

即，使用近似方程(4.3)给出在t_{k-1}时刻的最优估计，及t_k时刻的预报场。

式(4.1)减式(4.3)得：

$$\psi_k^{\mathrm{t}} - \psi_k^{\mathrm{f}} = G(\psi_{k-1}^{\mathrm{t}} - \psi_{k-1}^{\mathrm{a}}) + q_{k-1} \tag{4.5}$$

定义$\psi_{\mathrm{k}} = \psi(t_k)$，$q_k = q(t_k)$。$t_k$时刻预报的误差协方差矩阵为：

$$\begin{aligned} C_{\psi\psi}^{\mathrm{f}}(t_k) &= \overline{(\psi_k^{\mathrm{t}} - \psi_k^{\mathrm{f}})^2} \\ &= G^2\overline{(\psi_{k-1}^{\mathrm{t}} - \psi_{k-1}^{\mathrm{a}})^2} + \overline{q_{k-1}^2} + 2G\overline{(\psi_{k-1}^{\mathrm{t}} - \psi_{k-1}^{\mathrm{a}})q_{k-1}} \\ &= G^2 C_{\psi\psi}^{\mathrm{a}}(t_{k-1}) + C_{qq}(t_{k-1}) \end{aligned} \tag{4.6}$$

模式状态的误差协方差为：

$$C_{\psi\psi}^{\mathrm{a}}(t_{k-1}) = \overline{(\psi_{k-1}^{\mathrm{t}} - \psi_{k-1}^{\mathrm{a}})^2} \tag{4.7}$$

模式误差协方差为：

$$C_{qq}(t_{k-1}) = \overline{q_{k-1}^2} \tag{4.8}$$

初始误差协方差为：

$$C_{\psi\psi}(t_0) = C_{aa} = \overline{a^2} \tag{4.9}$$

假设状态误差$\psi_{k-1}^{\mathrm{t}} - \psi_{k-1}^{\mathrm{a}}$，模式误差$q_{k-1}$和初始误差$a$之间没有相关性。

因此，我们得到一组一致的关于模式进化的动力学方程式(4.3)和式(4.4)及误差协方差演变的动力学方程式(4.6)、式(4.8)和式(4.9)。当有可用的观测值时，可以用式(3.14)和式(3.15)计算出分析估计值；当没有可用的观测值时，即设置$\psi^{\mathrm{a}} = \psi^{\mathrm{f}}$和$C_{\psi\psi}^{\mathrm{a}} = C_{\psi\psi}^{\mathrm{f}}$并积分。这些方程定义了用于线性标量模式的卡尔曼滤波器，并构成了假定先验是高斯和无偏的最优顺序数据同化方法。

4.1.2 矢量下的卡尔曼滤波

如果一个真实状态$\psi^{\mathrm{t}}(\boldsymbol{x})$在数值网络上被离散，它能够表达成一个状态矢量$\boldsymbol{\psi}^{\mathrm{t}}$。假设根据动力模式的真实状态演变为：

$$\boldsymbol{\psi}_k^{\mathrm{t}} = \boldsymbol{G}\boldsymbol{\psi}_{k-1}^{\mathrm{t}} + \boldsymbol{q}_{k-1} \tag{4.10}$$

这里$\boldsymbol{G}$是一个线性模型算子(矩阵)，$\boldsymbol{q}$是上一时间步长的未知模式误差。这种情况下，数学模型将根据：

$$\boldsymbol{\psi}_k^{\mathrm{f}} = \boldsymbol{G}\boldsymbol{\psi}_{k-1}^{\mathrm{a}} \tag{4.11}$$

也就是说，给定t_{k-1}时刻$\boldsymbol{\psi}$的最佳可能估计，使用近似方程(4.11)可以估算t_k时刻的预报值。

使用类似于式(4.6)的过程导出误差的协方差方程：

$$\boldsymbol{C}_{\psi\psi}^{\mathrm{f}}(t_k) = \boldsymbol{G}\boldsymbol{C}_{\psi\psi}^{\mathrm{a}}(t_{k-1})\boldsymbol{G}^{\mathrm{T}} + \boldsymbol{C}_{qq}(t_{k-1}) \tag{4.12}$$

因此，标准卡尔曼滤波器包括动力学方程(4.11)和式(4.12)，分析方程(3.83)～式(3.85)或式(3.79)～式(3.82)。

4.1.3 具有线性平流方程的卡尔曼滤波

这里将阐述卡尔曼滤波在长度1000m的周期性域上的一维线性平流模型中应用

时的特性。该模型具有恒定的平流速度$u = 1\ \mathrm{m/s}$，网格间距1 m，时间步长1s。

给定初始条件且模式的解精确已知，这将允许我们运行零模式误差的试验来检验误差协方差的动力学演化的影响。

真实的初始状态是从分布$\mathcal{N}$中采样得到的，此分布的均值为 0，方差为 1，空间解相关长度为 20m。将$\mathcal{N}$中绘制的另一个样本添加至真实状态，进而生成初猜解。再将从$\mathcal{N}$中抽取的样本添加至初猜解，并生成初始集合。因此，假定初始状态的误差协方差为 1。

模型范围内规则分布的真实解的四个观测每 5 个时间步被同化一次。测量值存在方差为 0.01 的误差，并假定这些测量误差不相关。

积分时间长度是 300s，该时间比解从一个观测平流至下一个观测所需要的时间长 50s(即 250s)。

图 4.1 展示了一个模式误差为 0 的例子。曲线图阐述了试验期间不同时刻估计解的收敛性，并且展示了测量信息是如何以平流速度传播的，以及每当观测被同化时如何降低误差方差。

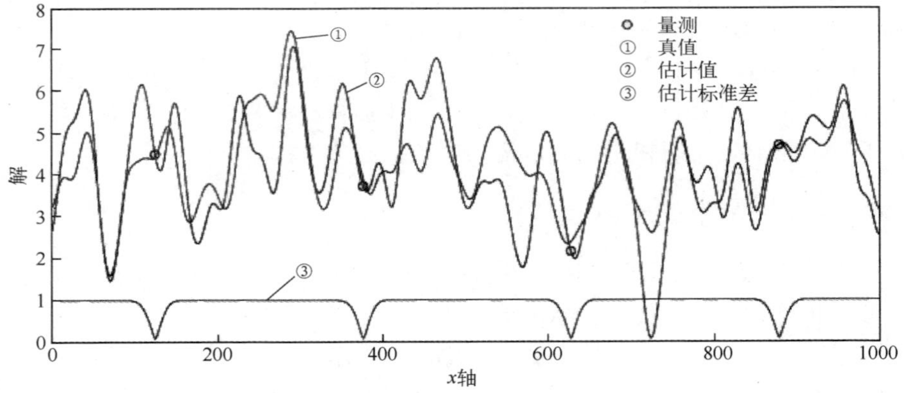

(a)

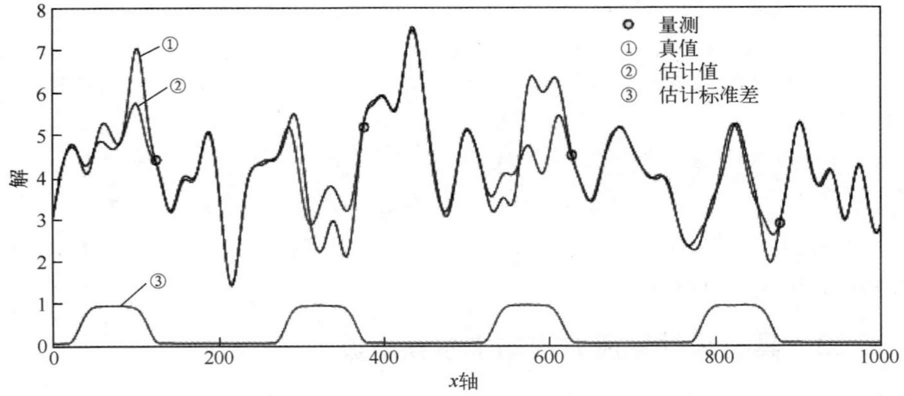

(b)

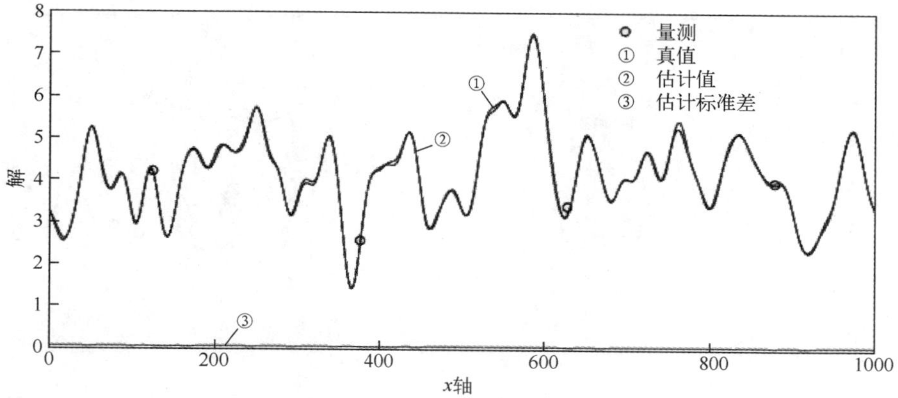

(c)

图 4.1　三个不同时刻(依次为 t=5s,t=150s,t=300s)的卡尔曼滤波试验的参考方案，测量值，估计偏差和标准偏差曲线图

图 4.1 中（a）展示了首次更新结果及四个测量值。在观测位置附近，估计解与真实解及观测一致，同时误差方差相应减小。（b）是在 t=150s，即在用观测值更新 30 次后的值。由估计值与真实解的比较以及估计方差可以看出，观测信息以平流速度向右传播。（c）是 t=300s 时，估计值与真实解在整个模式域上达成一致。注意，观测右侧的误差方差进一步减小。这是因为将来自观测的信息进一步引入已经准确的估计场中。在这种情况下，估计误差会收敛到 0，是由于通过每 250s 的积分，可以实现进一步的信息积累和误差减小。

模型误差的影响如图 4.2 所示。这里应当注意的是，观测右侧的误差方差的线性增加是由每步额外的模式误差造成的。清楚地，估计解远离平流方向上的观测，收敛的误差方差大于前一种情况。事实证明，在固定的位置具有规则测量的和固定误差统计条件的线性模式，其误差方差收敛到一个估计值，其中模式误差的方差的增加量平衡了测量更新值的减少量。

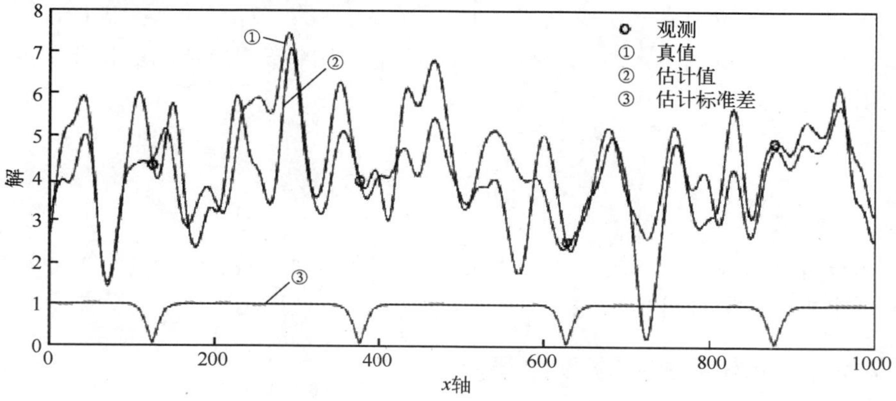

(a)

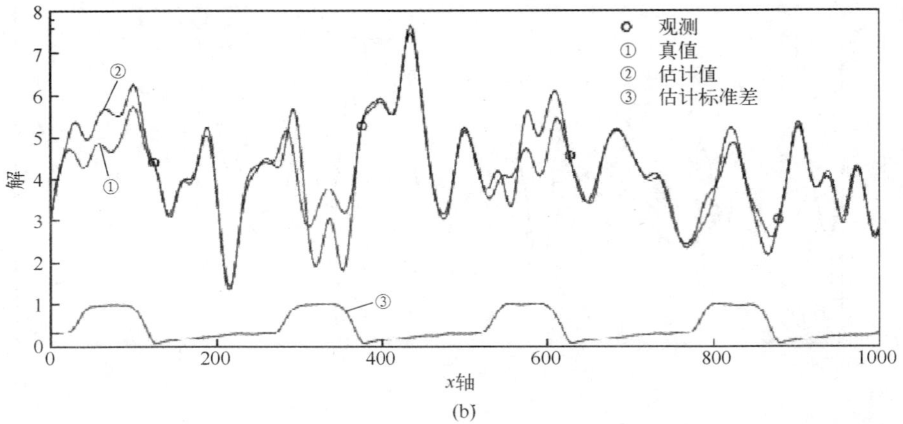

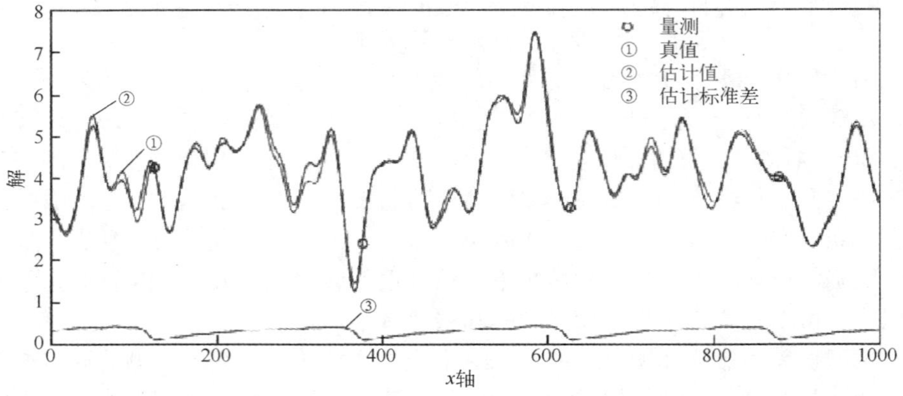

图 4.2 卡尔曼滤波试验中系统噪声包括：在三个不同时刻(依次为 t=5s,t=150s,t=300s)的参考方案的测量值，估计和标准的偏差

事实上，采用集合卡尔曼滤波器(EnKF)的实际的运行将在下面讨论，但是对于线性模式，集合卡尔曼滤波器将会随着集合大小的增加而精确地收敛到卡尔曼滤波(KF)。

4.2 非线性动力学

对于非线性动力学来说，将会采用扩展卡尔曼滤波(EKF)，其中近似线性方程被用来描述误差统计的预测。

4.2.1 标量下的扩展卡尔曼滤波

假定一个非线性标量模式：

$$\psi_k^{\mathrm{t}} = G(\psi_{k-1}^{\mathrm{t}}) + q_{k-1} \tag{4.13}$$

其中，$G(\psi)$是一个非线性模型算子，q 是一个时间步长的未知模型误差。这个数值模式将会根据下面的近似方程来演化：

$$\psi_k^{\mathrm{f}} = G(\psi_{k-1}^{\mathrm{a}}) \tag{4.14}$$

式(4.13)减去式(4.14)可以得到：

$$\psi_k^{\mathrm{t}} - \psi_k^{\mathrm{f}} = G(\psi_{k-1}^{\mathrm{t}}) - G(\psi_{k-1}^{\mathrm{a}}) + q_{k-1} \tag{4.15}$$

泰勒展开，得：

$$\begin{aligned} G(\psi_{k-1}^{\mathrm{t}}) = {} & G(\psi_{k-1}^{\mathrm{a}}) + G'(\psi_{k-1}^{\mathrm{a}})(\psi_{k-1}^{\mathrm{t}} - \psi_{k-1}^{\mathrm{a}}) \\ & + \frac{1}{2}G''(\psi_{k-1}^{\mathrm{a}})(\psi_{k-1}^{\mathrm{t}} - \psi_{k-1}^{\mathrm{a}})^2 + \cdots \end{aligned} \tag{4.16}$$

上式代入式(4.15)可以得到：

$$\begin{aligned} \psi_k^{\mathrm{t}} - \psi_k^{\mathrm{f}} = {} & G'(\psi_{k-1}^{\mathrm{a}})(\psi_{k-1}^{\mathrm{t}} - \psi_{k-1}^{\mathrm{a}}) \\ & + \frac{1}{2}G''(\psi_{k-1}^{\mathrm{a}})(\psi_{k-1}^{\mathrm{t}} - \psi_{k-1}^{\mathrm{a}})^2 + \cdots + q_{k-1} \end{aligned} \tag{4.17}$$

通过平方和取期望值，误差方差$C_{\psi\psi}^{\mathrm{f}}(t_k)$的演化方程可写成：

$$\begin{aligned} C_{\psi\psi}^{\mathrm{f}}(t_k) & = \overline{(\psi_k^{\mathrm{t}} - \psi_k^{\mathrm{f}})^2} \\ & = \overline{(\psi_{k-1}^{\mathrm{t}} - \psi_{k-1}^{\mathrm{a}})^2}(G'(\psi_{k-1}^{\mathrm{a}}))^2 \\ & + \overline{(\psi_{k-1}^{\mathrm{t}} - \psi_{k-1}^{\mathrm{a}})^3}G'(\psi_{k-1}^{\mathrm{a}})G''(\psi_{k-1}^{\mathrm{a}}) \\ & + \frac{1}{4}\overline{(\psi_{k-1}^{\mathrm{t}} - \psi_{k-1}^{\mathrm{a}})^4}(G''(\psi_{k-1}^{\mathrm{a}}))^2 + \cdots + C_{qq}(t_{k-1}) \end{aligned} \tag{4.18}$$

舍去上述方程的三阶和更高阶项来闭合方程，得到一个近似的误差方差方程：

$$C_{\psi\psi}^{\mathrm{f}}(t_k) \simeq C_{\psi\psi}^{\mathrm{a}}(t_{k-1})(G'(\psi_{k-1}^{\mathrm{a}}))^2 + C_{qq}(t_{k-1}) \tag{4.19}$$

分析估计方程(3.14)，误差方差方程(3.15)和动力学方程(4.14)与式(4.19)共同构成了一个标量状态变量情况下的扩展卡尔曼滤波方程。

很显然，线性化和封闭性假设是得到描述误差协方差演化的近似方程的前提。因此，扩展卡尔曼滤波方程的有效性取决于动力学模式的性质。

扩展卡尔曼滤波方程也可以用非线性算子归结为与状态变量相关的测量。(参见 Gelb，1974)

4.2.2 扩展卡尔曼滤波器的矩阵形式

扩展卡尔曼滤波器的矩阵形式是基于标量情况下的原理推导出来的，并且这些推导过程可以参见许多控制理论方面的书籍(例如参见 Jazwinski，1970，Gelb，1974)。我们再次假设这个非线性模式，当前时刻t_k的真实状态向量可以从下式计算出来：

$$\boldsymbol{\psi}_k^{\mathrm{t}} = \boldsymbol{G}(\boldsymbol{\psi}_{k-1}^{\mathrm{t}}) + \boldsymbol{q}_{k-1} \tag{4.20}$$

同时预测状态可以从下边的近似方程计算得出：

$$\boldsymbol{\psi}_k^{\mathrm{f}} = \boldsymbol{G}(\boldsymbol{\psi}_{k-1}^{\mathrm{a}}) \tag{4.21}$$

这里的模型依赖于时间和空间。误差统计可以通过误差协方差矩阵$\boldsymbol{C}_{\psi\psi}^{\mathrm{f}}(t_k)$描述，$\boldsymbol{C}_{\psi\psi}^{\mathrm{f}}(t_k)$可以根据下面的方程演化得来：

$$\begin{aligned}
\boldsymbol{C}_{\psi\psi}^{\mathrm{f}}(t_k) &= \boldsymbol{G}'_{k-1}\boldsymbol{C}_{\psi\psi}^{\mathrm{a}}(t_{k-1})\boldsymbol{G}'^{\mathrm{T}}_{k-1} + \boldsymbol{C}_{qq}(t_{k-1}) \\
&+\boldsymbol{G}'_{k-1}\boldsymbol{\Theta}_{\psi\psi\psi}(t_{k-1})\boldsymbol{\mathcal{H}}_{k-1}^{\mathrm{T}} + \frac{1}{4}\boldsymbol{\mathcal{H}}_{k-1}\boldsymbol{\Gamma}_{\psi\psi\psi\psi}(t_{k-1})\boldsymbol{\mathcal{H}}_{k-1}^{\mathrm{T}} \\
&+\frac{1}{3}\boldsymbol{G}'_{k-1}\boldsymbol{\Gamma}_{\psi\psi\psi\psi}(t_{k-1})\boldsymbol{\mathcal{T}}_{k-1}^{\mathrm{T}} \\
&+\frac{1}{4}\boldsymbol{\mathcal{H}}_{k-1}\boldsymbol{C}_{\psi\psi}^{\mathrm{a}}(t_{k-1})\,\boldsymbol{C}_{\psi\psi}^{\mathrm{aT}}(t_{k-1})\boldsymbol{\mathcal{H}}_{k-1}^{\mathrm{T}} \\
&+\frac{1}{6}\boldsymbol{\mathcal{H}}_{k-1}\boldsymbol{C}_{\psi\psi}^{\mathrm{a}}(t_{k-1})\boldsymbol{\Theta}_{\psi\psi\psi}^{\mathrm{T}}(t_{k-1})\boldsymbol{\mathcal{T}}_{k-1}^{\mathrm{T}} \\
&+\frac{1}{36}\boldsymbol{\mathcal{T}}_{k-1}\boldsymbol{\Theta}_{\psi\psi\psi}(t_{k-1})\boldsymbol{\Theta}_{\psi\psi\psi}^{\mathrm{T}}(t_{k-1})\boldsymbol{\mathcal{T}}_{k-1}^{\mathrm{T}} + \cdots
\end{aligned} \tag{4.22}$$

其中，$\boldsymbol{\Theta}_{\psi\psi\psi}$代表三阶统计矩，$\boldsymbol{\Gamma}_{\psi\psi\psi\psi}$代表四阶统计矩，$\boldsymbol{\mathcal{H}}$是 Hessian 矩阵，由非线性模型运算符的二阶导数组成，$\boldsymbol{\mathcal{T}}$是一个包含了模型预算符的三阶导数算子，$\boldsymbol{C}_{qq}(t_{k-1})$是模式误差协方差矩阵，$\boldsymbol{G}'_{k-1}$是雅可比矩阵或者说是切线性算子：

$$\boldsymbol{G}'_{k-1} = \frac{\partial \boldsymbol{G}(\boldsymbol{\psi})}{\partial \boldsymbol{\psi}}\Big|_{\psi_{k-1}} \tag{4.23}$$

假设式(4.22)中所有的高阶项忽略不计。舍弃这些高阶项后，所剩下的近似的误差协方差方程为：

$$\boldsymbol{C}_{\psi\psi}^{\mathrm{f}}(t_k) \approx \boldsymbol{G}'_{k-1}\boldsymbol{C}_{\psi\psi}^{\mathrm{a}}(t_{k-1})\boldsymbol{G}'^{\mathrm{T}}_{k-1} + \boldsymbol{C}_{qq}(t_{k-1}) \tag{4.24}$$

矢量和标量之间的类比是显而易见的。

Miller 在 1994 年给出了有关误差方差演化中高阶项的近似情况的讨论。

图 4.3（a）显示了一个平稳漩涡的速度场的流函数。图 4.3（b）显示了模式域从 0s 到 25s 积分后的误差方差结果，这里应注意到在高速处的误差是很大的。图 4.3（c）说明了整个模式域的平均估计误差随时间增长呈现指数规律的变化。

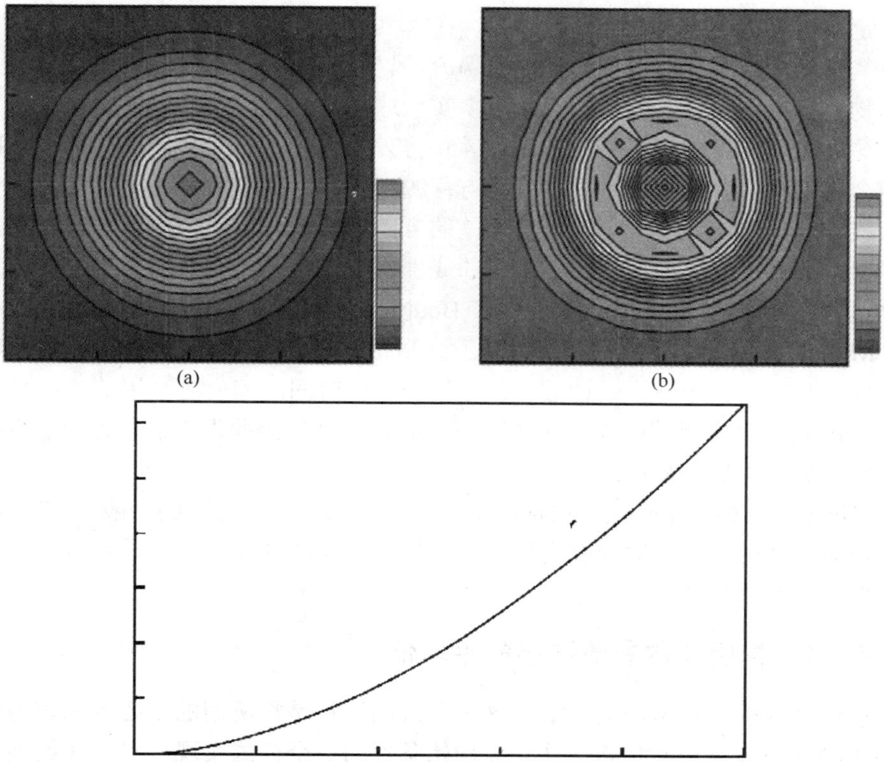

图 4.3　Evenson 的扩展卡尔曼滤波试验(1992)

4.2.3　扩展卡尔曼滤波举例

Evensen(1992)首次将非线性海洋环流模式下的 EKF 应用到实际系统。该模式是一个多层的准地转模式，能够很好地描绘多尺度海洋的变化。它解了位涡守恒方程。

Evensen(1992)通过试验检验了 EKF 与该模式的特性，发现误差协方差矩阵的线性演化方程导致了无界线性不稳定。该结果在图 4.3（a）中得到证实。因此，涡流只是沿流线并具有流函数定义的速度。

特殊流函数导致速度剪切，进而支持标准剪切流的不稳定性。因此，如果我们添加扰动，同时用线性化方程进行平流，扰动将会呈现指数增长。这一点由图 4.3（b）和（c）呈现。所有模式均以初始方差为 1 作为初始条件，同时我们观察到误差协方差在具有强流和强流剪切的涡流位置呈现强增长趋势。$\boldsymbol{C}_{\psi\psi}$的轨迹除以网格点的数目得到估计的均方误差，表明了误差方差也呈指数性增长趋势。

这种线性不稳定是不现实的。在现实世界中，我们期望这种不稳定性能在某个确定的气候态中幅度会饱和。比如，在大气中总可以定义不可能逾越的最大和最小气压值，这同样适用于海洋中的涡流场。其他情况下，我们得不到表示变率的非物理振幅的一个方差估计解，而事实上这却是 EKF 可能得到的。

这项工作的主要结果是发现了误差协方差演化方程中明显的闭合问题。EKF 在闭合方案中舍弃了误差协方差演化方程的三阶和更高阶矩。这导致在某些动力学模式中误差协方差方程中的无界误差的方差增长或线性不稳定。如果可以使用精确误差协方差演化方程，那么所有的线性不稳定性在非线性的影响下将达到饱和。Miller 等(1994)、Gauthier 等(1993)和 Bouttier(1994)证实了 EKF 缺少这种饱和。

Miller(1994)等全面地讨论了具有混沌洛伦兹模式的 EKF 的应用。他发现过于简化的封闭问题导致了估计方案仅在相当短的时间区间内是可用的，但是之后就不再可靠。由于衰减模式反映了吸引子的稳定性，因此误差协方差$\boldsymbol{C}_{\psi\psi}^{\mathrm{f}}$的不准确预报，导致了增益$\boldsymbol{K}$值不足。

Miller 等(1994)还研究了包括三阶、四阶矩以及演化方程的一般 EKF，结果表明，更复杂的闭合方案能够提供一个更好的误差统计的演变，导致有足够的增益来保证正确的估计。

4.2.4 扩展卡尔曼滤波器的平均值

前面推导的是最常用的 EKF。这个公式的缺点是将所谓的中心预测作为估计。中心预测是用最佳初始状态估计作为初始条件的单个模式实现。对于非线性动力学，中心预测不等于期望值。

与此不同的方法是，利用初始时刻或平均值的演化来推导模式。通过在$\bar{\psi}$周围扩展$G(\psi)$围绕，获得：

$$G(\psi) = G(\bar{\psi}) + G'(\bar{\psi})(\psi - \bar{\psi}) + \frac{1}{2}G''(\bar{\psi})(\psi - \bar{\psi})^2 + \cdots \tag{4.25}$$

将式(4.25)代入式(4.13)，并采用期望值或集合平均值，得到：

$$\overline{\psi_k} = G(\overline{\psi_{k-1}}) + \frac{1}{2}G''(\overline{\psi_{k-1}})C_{\psi\psi}(t_{k-1}) + \cdots \tag{4.26}$$

将上述方程写成向量的形式：

$$\overline{\boldsymbol{\psi}_k} = \boldsymbol{G}(\overline{\boldsymbol{\psi}_{k-1}}) + \frac{1}{2}\boldsymbol{\mathcal{H}}_{k-1}\boldsymbol{C}_{\psi\psi}(t_{k-1}) + \cdots \tag{4.27}$$

有人可能会争辩说，对于统计估计，使用平均值比中心预测更加有意义，毕竟，中心预测没有任何统计学解释。运行一个无同化更新的大气模式可以说明这一点。中心预测将是无限多可能实现中的一个，同时并不清楚如何将其与气候误差协方差估计相关联。另一方面，平均值方程将会提供收敛于气候平均值的估计，因此，协方差估计描述了气候平均值的误差方差。直到现在，在海洋和大气模式中扩展卡尔曼滤波的所有应用都用到了这个中心值预测的方程。然而，平均值方程的解释将在后面支持集合卡尔曼滤波的发展。

4.2.5 讨论

在高维和非线性动力学模式中，卡尔曼滤波数据同化有两个主要的缺点。

第一个是存储和计算问题。如果动力模式的状态向量中有 n 个未知数，那么误差协方差阵$\boldsymbol{C}_{\psi\psi}$将会有 n^2 个未知数。另外，误差协方差阵的演化将会耗费 $2n$ 个模式积分的时间。因此，目前 KF 和 EKF 显然只能用于低维的动力学模式。

第二个问题涉及 EKF 与非线性动力学模式的应用，当导出误差协方差的演化方程时，需要线性化。这个线性化过程将会导致不良的误差协方差演化，同时对于某些模式来说，不稳定的误差协方差将会增加。这可以通过高阶闭合方案解决。然而，该方法对于高阶模式是不实用的，因为四阶矩就需要 n^4 个元件的存储空间。一般来说，误差协方差方程需要更加一致的封闭性。

4.3 集合卡尔曼滤波

另一个已经得到广泛关注的顺序数据同化的方法为集合卡尔曼滤波(EnKF)。这个方法最初由 Evensen(1994a)提出，对确定性扩展卡尔曼滤波器而言，是一种随机性方法或蒙特卡洛式的替代法。集合卡尔曼滤波主要用来解决与 EKF 应用有关的两大问题，且此 EKF 在大的状态空间中具有非线性模式，两个问题分别为近似闭合方案的应用以及误差协方差矩阵的存储和向前积分所带来的巨大的计算需求。

集合卡尔曼滤波由于其简单的概念公式且相对容易实现而得到普及。例如，它不需要切线性算子或伴随方程，同时没有时间上的向后积分。此外，它的计算需求是可负担的，并且与其他流行的复杂同化方法相当，例如 Bennett(1992)，Bennett 等(1993)，Bennett 和 Chua (1994)，Bennett 等 (1996)的表示法，还有被气象界大量研究的 4DVAR 方法(参见 Talagrand 和 Courtier，1987；Courtier 和 Talagrand，1987；Courtier 等，1994；Courtier 等，1997)。

我们将会分三个阶段对其进行介绍，首先是用模式状态的集合描述误差统计，再者提出用误差统计的预报替代传统的误差协方差方程，最终提出一个一致性分析方案。

4.3.1 误差统计的表述

在卡尔曼滤波中定义误差协方差矩阵的预报$\boldsymbol{C}_{\psi\psi}^{\mathrm{f}}$和分析估计$\boldsymbol{C}_{\psi\psi}^{\mathrm{a}}$的真正状态为：

$$C_{\psi\psi}^{f} = \overline{(\boldsymbol{\psi}^{f} - \boldsymbol{\psi}^{t})(\boldsymbol{\psi}^{f} - \boldsymbol{\psi}^{t})^{T}} \tag{4.28}$$

$$C_{\psi\psi}^{a} = \overline{(\boldsymbol{\psi}^{a} - \boldsymbol{\psi}^{t})(\boldsymbol{\psi}^{a} - \boldsymbol{\psi}^{t})^{T}} \tag{4.29}$$

在无限大集合的情况下，由上划线定义的集合平均收敛到期望值。然而，真实的状态是未知的，因此定义围绕集合均值的集合协方差阵$\overline{\boldsymbol{\psi}}$：

$$(C_{\psi\psi}^{e})^{f} = \overline{(\boldsymbol{\psi}^{f} - \overline{\boldsymbol{\psi}^{f}})(\boldsymbol{\psi}^{f} - \overline{\boldsymbol{\psi}^{f}})^{T}} \tag{4.30}$$

$$(C_{\psi\psi}^{e})^{a} = \overline{(\boldsymbol{\psi}^{a} - \overline{\boldsymbol{\psi}^{a}})(\boldsymbol{\psi}^{a} - \overline{\boldsymbol{\psi}^{a}})^{T}} \tag{4.31}$$

其中，上划线表示集合的平均值。因此，也可以说集合均值就是最优估计，集合扩展是集合均值中误差的自然定义。

式(4.30)和式(4.31)中的误差协方差被定义为集合的均值，所以将会存在一个误差协方差等于$C_{\psi\psi}^{e}$的无限集合。因此我们提出用模式状态的近似集合替代存储完整的协方差矩阵的方法，从而代表同样的误差统计信息。给定误差协方差矩阵，有限大小的集合将会提供一个误差协方差阵的近似值。然而，当集合大小增加时，蒙特卡洛抽样中的误差将会成比例地减少到$1/\sqrt{N}$。

现在假设集合中有 N 个模式状态，且每个状态的维数是 n。每个模式状态都可以被表示为 n 维状态空间中的一个点。所有的集合成员将会在状态空间中构成一个点云。当 N 趋于无穷时，这样的一个点云可以用一个概率密度函数来描述。

$$f(\boldsymbol{\psi}) = \frac{\mathrm{d}N}{N} \tag{4.32}$$

其中，$\mathrm{d}N$指的是单位体积空间内点的数目，N是点的总数。无论已知$f(\boldsymbol{\psi})$还是集合代表$f(\boldsymbol{\psi})$，我们都可以计算出任何时刻的任何统计项信息(例如均值、协方差等)。

目前得到的结论是一个包含完整概率密度函数的信息能够精确地代表一个模式状态的无限集合。

4.3.2　误差统计的预测

Evensen(1994a)指出蒙特卡洛方法能够用来解模式状态的概率密度的时间演化方程，并替代 EKF 中的误差协方差方程。

假设非线性模式包含模式误差，我们可以将其写为随机微分方程：

$$\mathrm{d}\boldsymbol{\psi} = \boldsymbol{G}(\boldsymbol{\psi})\mathrm{d}t + \boldsymbol{h}(\boldsymbol{\psi})\mathrm{d}\boldsymbol{q} \tag{4.33}$$

时间的增长将导致此方程的状态$\boldsymbol{\psi}$的增加，且方程的状态会受到来自随机强迫项$\boldsymbol{h}(\boldsymbol{\psi})\mathrm{d}\boldsymbol{q}$的随机干扰的影响，$\boldsymbol{h}(\boldsymbol{\psi})\mathrm{d}\boldsymbol{q}$表示模式误差。$\mathrm{d}\boldsymbol{q}$项表示协方差$C_{qq}\mathrm{d}t$的矢量布朗运动过程。非线性模式算子$\boldsymbol{G}$不是随机变量$\mathrm{d}\boldsymbol{q}$的显式函数，因此随机微分方程的 Ito 解释能够替代 Stratonovich 解释(见 Jazwinski，1970)。

利用高斯模式误差形成马尔科夫过程，可以导出能够描述模式状态的概率密度$f(\psi)$时间演化的 Fokker-Planck 方程(又称为 Kolmogorov 方程)：

$$\frac{\partial f}{\partial t}+\sum_i \frac{\partial(g_i f)}{\partial \psi_i}=\frac{1}{2}\sum_{i,j}\frac{\partial^2 f(\boldsymbol{h}\boldsymbol{C}_{qq}\boldsymbol{h}^{\mathrm{T}})_{i,j}}{\partial \psi_i \partial \psi_j} \tag{4.34}$$

其中，g_i是模式算子 $\boldsymbol{G}$ 的第 i 部分，$\boldsymbol{h}\boldsymbol{C}_{qq}\boldsymbol{h}^{\mathrm{T}}$是模式误差的协方差矩阵。

这个方程不适用于任何重要的近似，并可以认为是误差统计的时间演化基本方程。Jazwinski(1970)给出了详细的推导过程。该方程描述局部“体积”中概率密度的变化，其取决于进入局部“体积”的概率通量的发散项(受动力方程的影响)以及由于随机模式误差的影响而趋向于使概率密度变平的扩散项。如果式(4.34)可以求解概率密度函数，则可以计算统计矩，例如在模式预报的分析方案中的均值和误差。

假设高斯-马尔科夫过程线性模式的初始条件为正态分布，同时这个正态分布的概率密度在所有时刻的特征都体现在均值和协方差上。得到用于平均值和协方差演化的精确方程，要比解全 Kolmogorov 方程更简单。包含误差协方差式(4.12)的 Kolmogorov 方程易于推导，Jazwinski 提到的几种方法(1970，例 4.19～4.21)在 EKF 中都已得到解决。

对于非线性模式来说，均值和协方差矩阵通常并不能描述$f(\boldsymbol{\psi})$的时间演化。然而，它们决定了平均路径和路径的扩散，并用于求解矩的近似方程，同时也描述了 EKF 的计算过程。

EnKF 采用所谓的马尔科夫链蒙特卡洛(MCMC)方法求解式(4.34)。概率密度由前面章节提出的模式状态的集合表示。如随机微分方程式(4.33)，根据模式动力学向前积分模式状态，这个集合预报等价于使用 MCMC 方法解 Fokker-Planck 方程。

不同的动力学模式嵌入非线性模式算子的随机项不同，因此相关的 Fokker-Planck 方程推导将会变得非常复杂。然而，无需 Fokker-Planck 方程，只需知道它的存在并且能够用 MCMC 方法去解决就足够了。

4.3.3 分析方案

KF 分析方案使用了式(4.28)和式(4.29)中对$\boldsymbol{C}_{\psi\psi}^{\mathrm{f}}$和$\boldsymbol{C}_{\psi\psi}^{\mathrm{a}}$的定义。现在，我们将使用式(4.30)和式(4.31)定义的集合协方差来推导分析方案。

如 Burgers 等(1998)所示，将观测值作为随机变量处理，此随机变量的期望为第一猜想观测值且协方差为$\boldsymbol{C}_{\epsilon\epsilon}$的分布。首先定义一个观测集合：

$$\boldsymbol{d}_j=\boldsymbol{d}+\boldsymbol{\epsilon}_j \tag{4.35}$$

其中，j的取值从 1 到集合元素总数 N。它确保模拟的随机测量值误差的均值等于 0。接下来，我们定义集合的测量值误差的协方差矩阵为：

$$\boldsymbol{C}_{\epsilon\epsilon}^{\mathrm{e}}=\overline{\boldsymbol{\epsilon}\boldsymbol{\epsilon}^{\mathrm{T}}} \tag{4.36}$$

在集合无限的情况下，这个矩阵将会收敛到规定的误差协方差矩阵$\boldsymbol{C}_{\epsilon\epsilon}$，$\boldsymbol{C}_{\epsilon\epsilon}$还被用于标准的卡尔曼滤波。

下面用一个精确规定的$\boldsymbol{C}_{\epsilon\epsilon}$及其集合表达$\boldsymbol{C}_{\epsilon\epsilon}^{\mathrm{e}}$来进行讨论。当实施分析方案时，$\boldsymbol{C}_{\epsilon\epsilon}^{\mathrm{e}}$很容易引入一个额外的近似值。这个近似值是合理的，因为通常真实观测值的误差协方差矩阵是很难知道的，同时集合表示所引入的误差比选择足够大尺寸的集合的真实场$\boldsymbol{C}_{\epsilon\epsilon}$的不确定性更小。另外，使用$\boldsymbol{C}_{\epsilon\epsilon}$的集合表示比使用$\boldsymbol{C}_{\psi\psi}^{\mathrm{f}}$的影响小。更重要的是，$\boldsymbol{C}_{\epsilon\epsilon}$只出现在影响函数$\boldsymbol{C}_{\psi\psi}^{\mathrm{f}}\boldsymbol{M}^{\mathrm{T}}$系数的计算过程中，而$\boldsymbol{C}_{\psi\psi}^{\mathrm{f}}$不仅出现在系数的计算中，同时它还决定了影响函数。然而，当测量结果数目非常大的时候，将会出现和$\boldsymbol{C}_{\epsilon\epsilon}^{\mathrm{e}}$的秩有关的特殊问题，这些问题将在第 14 章中讨论。

EnKF 的分析步骤包括对每个模式状态集合成员进行以下更新：

$$\boldsymbol{\psi}_j^{\mathrm{a}} = \boldsymbol{\psi}_j^{\mathrm{f}} + (\boldsymbol{C}_{\psi\psi}^{\mathrm{e}})^{\mathrm{f}}\boldsymbol{M}^{\mathrm{T}}(\boldsymbol{M}(\boldsymbol{C}_{\psi\psi}^{\mathrm{e}})^{\mathrm{f}}\boldsymbol{M}^{\mathrm{T}} + \boldsymbol{C}_{\epsilon\epsilon}^{\mathrm{e}})^{-1}(\boldsymbol{d}_j - \boldsymbol{M}\boldsymbol{\psi}_j^{\mathrm{f}}) \tag{4.37}$$

在有限集合的情况下，这个方程是近似的。此外，如果观量值的数目大于集合元素的数目，那么矩阵$\boldsymbol{M}(\boldsymbol{C}_{\psi\psi}^{\mathrm{e}})^{\mathrm{f}}\boldsymbol{M}^{\mathrm{T}}$和$\boldsymbol{C}_{\epsilon\epsilon}^{\mathrm{e}}$将会是奇异的，同时必须用到伪逆(参见第 14 章)。

方程(4.37)蕴含着：

$$\overline{\boldsymbol{\psi}^{\mathrm{a}}} = \overline{\boldsymbol{\psi}^{\mathrm{f}}} + (\boldsymbol{C}_{\psi\psi}^{\mathrm{e}})^{\mathrm{f}}\boldsymbol{M}^{\mathrm{T}}(\boldsymbol{M}(\boldsymbol{C}_{\psi\psi}^{\mathrm{e}})^{\mathrm{f}}\boldsymbol{M}^{\mathrm{T}} + \boldsymbol{C}_{\epsilon\epsilon}^{\mathrm{e}})^{-1}(\overline{\boldsymbol{d}} - \boldsymbol{M}\overline{\boldsymbol{\psi}^{\mathrm{f}}}) \tag{4.38}$$

其中，$\overline{\boldsymbol{d}} = \boldsymbol{d}$是观测的初猜矢量。因此，除了用$(\boldsymbol{C}_{\psi\psi}^{\mathrm{e}})^{\mathrm{f,a}}$和$\boldsymbol{C}_{\epsilon\epsilon}^{\mathrm{e}}$去替代$\boldsymbol{C}_{\psi\psi}^{\mathrm{f,a}}$和$\boldsymbol{C}_{\epsilon\epsilon}$，分析和预测的集合均值之间的关系与分析和预测的状态之间的关系是一样的。注意，观测集合的引入对集合均值的更新式(4.38)无影响。

如果认为均值$\overline{\boldsymbol{\psi}^{\mathrm{a}}}$是最优估计，那么无论是用最初估计观测结果 $\boldsymbol{d}$ 更新均值，还是用扰动观测式(4.35)更新每个集合元素都是可以的。然而，在用扰动观测信息更新每个集合元素的同时，分析方案利用修正误差的统计信息来创造出一个新的集合。更新后的集合可以在时间上向前积分至下一个观测时间。

应用分析方程的标准卡尔曼滤波形式，导出由上面给出的分析方案得到的分析误差协方差估计。首先，由式(4.37)和式(4.38)，得到：

$$\boldsymbol{\psi}_j^{\mathrm{a}} - \overline{\boldsymbol{\psi}^{\mathrm{a}}} = (\boldsymbol{I} - \boldsymbol{K}_{\mathrm{e}}\boldsymbol{M})(\boldsymbol{\psi}_j^{\mathrm{f}} - \overline{\boldsymbol{\psi}^{\mathrm{f}}}) + \boldsymbol{K}_{\mathrm{e}}(\boldsymbol{d}_j - \overline{\boldsymbol{d}}) \tag{4.39}$$

定义卡尔曼增益：

$$\boldsymbol{K}_{\mathrm{e}} = (\boldsymbol{C}_{\psi\psi}^{\mathrm{e}})^{\mathrm{f}}\boldsymbol{M}^{\mathrm{T}}(\boldsymbol{M}(\boldsymbol{C}_{\psi\psi}^{\mathrm{e}})^{\mathrm{f}}\boldsymbol{M}^{\mathrm{T}} + \boldsymbol{C}_{\epsilon\epsilon}^{\mathrm{e}})^{-1} \tag{4.40}$$

推导过程如下：

$$\begin{aligned}
(\boldsymbol{C}_{\psi\psi}^{\mathrm{e}})^{\mathrm{a}} &= \overline{(\boldsymbol{\psi}^{\mathrm{a}} - \overline{\boldsymbol{\psi}^{\mathrm{a}}})(\boldsymbol{\psi}^{\mathrm{a}} - \overline{\boldsymbol{\psi}^{\mathrm{a}}})^{\mathrm{T}}} \\
&= \overline{((\boldsymbol{I} - \boldsymbol{K}_{\mathrm{e}}\boldsymbol{M})(\boldsymbol{\psi}^{\mathrm{f}} - \overline{\boldsymbol{\psi}^{\mathrm{f}}}) + \boldsymbol{K}_{\mathrm{e}}(\boldsymbol{d} - \overline{\boldsymbol{d}}))(\cdots)^{\mathrm{T}}} \\
&= (\boldsymbol{I} - \boldsymbol{K}_{\mathrm{e}}\boldsymbol{M})\overline{(\boldsymbol{\psi}^{\mathrm{f}} - \overline{\boldsymbol{\psi}^{\mathrm{f}}})(\boldsymbol{\psi}^{\mathrm{f}} - \overline{\boldsymbol{\psi}^{\mathrm{f}}})^{\mathrm{T}}}(\boldsymbol{I} - \boldsymbol{K}_{\mathrm{e}}\boldsymbol{M})^{\mathrm{T}} \\
&\quad + \boldsymbol{K}_{\mathrm{e}}\overline{(\boldsymbol{d} - \overline{\boldsymbol{d}})(\boldsymbol{d} - \overline{\boldsymbol{d}})^{\mathrm{T}}}\boldsymbol{K}_{\mathrm{e}}^{\mathrm{T}}
\end{aligned}$$

$$
\begin{aligned}
&= (\boldsymbol{I}-\boldsymbol{K}_{\mathrm{e}}\boldsymbol{M})(\boldsymbol{C}_{\psi\psi}^{\mathrm{e}})^{\mathrm{f}}(\boldsymbol{I}-\boldsymbol{M}^{\mathrm{T}}\boldsymbol{K}_{\mathrm{e}}^{\mathrm{T}}) + \boldsymbol{K}_{\mathrm{e}}\boldsymbol{C}_{\epsilon\epsilon}^{\mathrm{e}}\boldsymbol{K}_{\mathrm{e}}^{\mathrm{T}} \\
&= (\boldsymbol{C}_{\psi\psi}^{\mathrm{e}})^{\mathrm{f}} - \boldsymbol{K}_{\mathrm{e}}\boldsymbol{M}(\boldsymbol{C}_{\psi\psi}^{\mathrm{e}})^{\mathrm{f}} - (\boldsymbol{C}_{\psi\psi}^{\mathrm{e}})^{\mathrm{f}}\boldsymbol{M}^{\mathrm{T}}\boldsymbol{K}_{\mathrm{e}}{}^{\mathrm{T}} \\
&\quad + \boldsymbol{K}_{\mathrm{e}}\left(\boldsymbol{M}(\boldsymbol{C}_{\psi\psi}^{\mathrm{e}})^{\mathrm{f}}\boldsymbol{M}^{\mathrm{T}} + \boldsymbol{C}_{\epsilon\epsilon}^{\mathrm{e}}\right)\boldsymbol{K}_{\mathrm{e}}{}^{\mathrm{T}} \\
&= (\boldsymbol{I}-\boldsymbol{K}_{\mathrm{e}}\boldsymbol{M})(\boldsymbol{C}_{\psi\psi}^{\mathrm{e}})^{\mathrm{f}}
\end{aligned} \tag{4.41}
$$

这个方程最后一个表达式是在传统卡尔曼滤波分析方案中得到的最小误差协方差。这意味着，在集合无限的情况下，EnKF 将给出同 KF 和 EKF 完全相同的结果。注意，这个推导清楚地表明观测值 $\boldsymbol{d}$ 必须被当做随机变量以获得表达式中的观测误差协方差矩阵$\boldsymbol{C}_{\epsilon\epsilon}^{e}$。这里已假设用于生成模式状态集合和观测集合的分布是独立的。在第 13 章将会看到，导出确定性的分析方案可以避免观测扰动，还会减少采样误差，但是可能会引入其他问题。

最后，应当指出的是 EnKF 分析方案在某种意义上来说是近似的，因为它并未考虑$\boldsymbol{\psi}$的先验非高斯分布的情况。换句话说，它没有解决非高斯概率密度函数的贝叶斯更新方程。另一方面，它并不是一个高斯后验分布的纯重采样。这些更新仅仅是线性的，并加入到先验的非高斯集合。因此，更新集合将会从预测集合中继承一些非高斯特性。总之，我们有能够避免传统后验重采样的高效计算分析方案，并且这个方法介于线性高斯更新和完整贝叶斯计算之间。这将会在后面的章节中详细阐述。

4.3.4 讨论

我们现在有一套完整方程组构成的集合卡尔曼滤波(EnKF)，它与标准卡尔曼滤波在误差协方差的预测和分析方案方面是相似的。对于线性动力学来说，EnKF 的解将会随着集合数的增加准确地收敛于 KF 解。

现在我们将进一步验证预测步骤。EnKF 中每个集合成员会根据随机模式动力学在时间上演变。模式方程的误差集合协方差阵为：

$$
\boldsymbol{C}_{qq}^{\mathrm{e}} = \overline{\mathrm{d}\boldsymbol{q}_k \mathrm{d}\boldsymbol{q}_k{}^{\mathrm{T}}} \tag{4.42}
$$

在集合无限的情况下收敛于$\boldsymbol{C}_{qq}$。

集合的均值将会根据下面的方程演化：

$$
\begin{aligned}
\overline{\boldsymbol{\psi}_{k+1}} &= \overline{\boldsymbol{G}(\boldsymbol{\psi}_k)} \\
&= \boldsymbol{G}(\overline{\boldsymbol{\psi}_k}) + \mathrm{n.l.}
\end{aligned} \tag{4.43}
$$

其中，n.l.表示 $\boldsymbol{G}$ 的非线性项。将此方程和 EKF 中仅包括第一修正项的均值近似方程进行比较。由于集合中每个成员均通过完全非线性模式积分，所以集合卡尔曼滤波用均值建立精确的方程，并且没有使用闭合假设，这是它的优点之一。其中唯一的近似是集合是有限的。

集合的误差协方差会根据下式演化：

$$
(\boldsymbol{C}_{\psi\psi}^{\mathrm{e}})^{k+1} = \boldsymbol{G}'(\boldsymbol{C}_{\psi\psi}^{\mathrm{e}})^{k}\boldsymbol{G}'^{\mathrm{T}} + \boldsymbol{C}_{qq}^{\mathrm{e}} + \mathrm{n.l.} \tag{4.44}
$$

其中，G'是计算当前时间步ψ的切线性算子。若无 n.l.项，则与标准卡尔曼滤波具有相同形式。即集合卡尔曼滤波保留了所有的误差协方差演化项，同时没有使用封闭性近似。

对于线性动力模式来说，当集合无限大时，$\boldsymbol{C}_{\psi\psi}^{\mathrm{e}}$收敛于$\boldsymbol{C}_{\psi\psi}$，同时模式无关条件下，$\boldsymbol{C}_{\epsilon\epsilon}^{\mathrm{e}}$收敛于$\boldsymbol{C}_{\epsilon\epsilon}$，$\boldsymbol{C}_{qq}^{\mathrm{e}}$收敛于$\boldsymbol{C}_{qq}$。因此，在这个极限条件下 KF 和 EnKF 是等价的。

对于非线性动力学，EnKF 包含了这些项的全部影响，同时未使用线性化或封闭性假设。此外，并不需要切线性算子或伴随，这样会使该方法在实际应用中非常容易实现。

将 EnKF 解释为纯的统计学蒙特卡洛方法，其中模式状态集合在状态空间中以均值作为最优估计，并将集合扩展作为误差方差。在测量时每次观测均由另一个集合表示，其中均值是真实观测，集合的方差表示了观测误差。于是随机预测步骤和随机分析步骤便有机地结合起来。

4.3.5 QG 模式的应用实例

Evensen 和 van Leeuwen(1996)在应用实例中证明了 EnKF 解决非线性动力学的能力。其中，将 Geosat 雷达高度计数据同化为准地转(QG)模式，研究沿南非东南海岸流动的 Agulhas 流的环流脱落过程。这是第一个真正将先进的顺序同化方法应用到海洋环流估计的实例。它证明了存在完整的非线性误差统计演化的 EnKF 能够用于非线性不稳定的动力模式。此外，它表明低计算消耗的 EnKF 允许使用合适大小的模式网格。

图 4.4 中给出了针对不同时间步长的上层流函数分析估计的一系列曲线图。试验结果和同化数据非常吻合。

数据同化能够补偿模式中被忽略的物理学。数据同化使得 QG 模式缺乏非地转效果，造成了过慢的最终波陡峭和环流脱落。

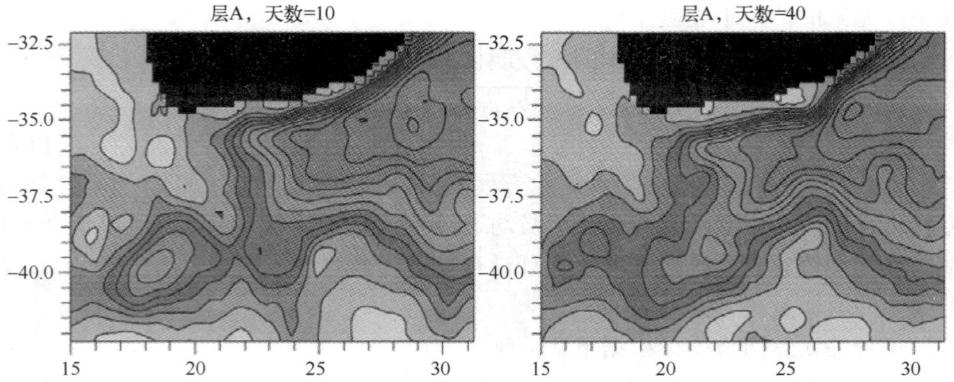

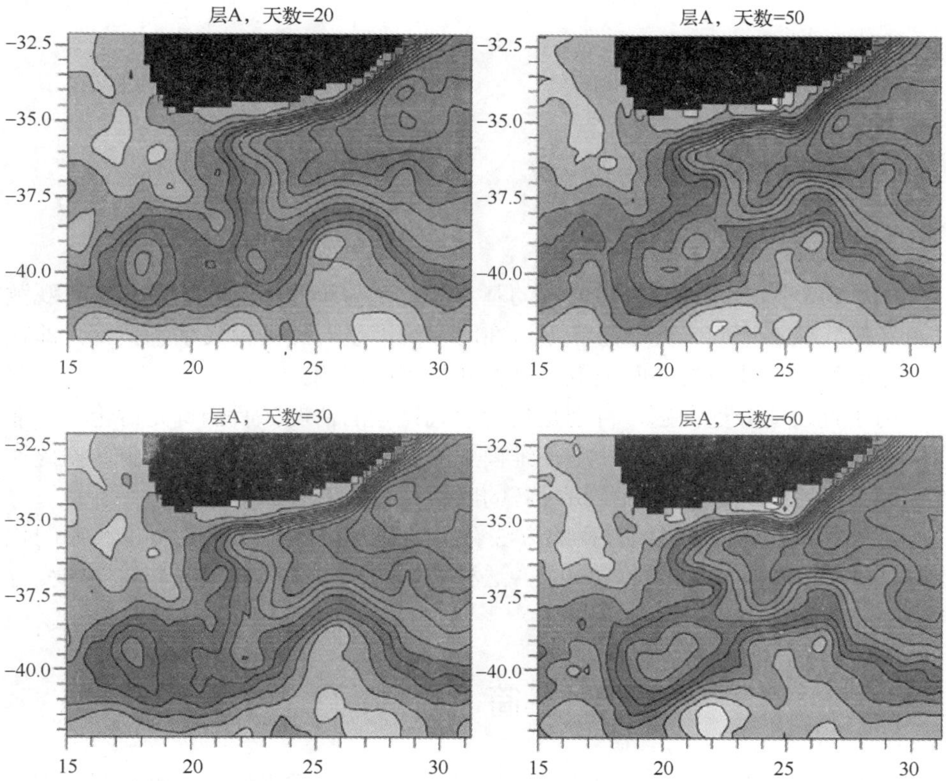

图 4.4　Evensen 和 van Leeuwen (1996)的厄加勒斯洋流的集合卡尔曼滤波试验实例

试验中集合数为 500。数值网络由两层 51 × 65 的网格点组成，未知点的数目共有 6630 个，是集合成员数目的 13 倍。500 个集合成员足以很好地代表网格 Geosat 数据和可能的模式解的空间。

第 5 章　变分逆问题

本章将介绍解线性变分逆问题的基本公式。与顺序估计方法只有在有观测时才更新模式状态不同，变分方法寻求在时空维度里一致的模式状态估计，即在某个特定时间的估计值会同时依赖于过去和将来的观测。

为了描述变分逆问题，特别是包含模式误差的情况，我们首先讨论一个非常简单的例子；其次，我们将一个一维模式应用于一个更典型的例子中，据此讨论逆问题的广义公式并导出确定最优解的欧拉-拉格朗日方程。

虽然解欧拉-拉格朗日方程的方法有很多种，但我们仅简要讨论经典的代表函数法(参见 Bennet，1992，2002)，这种方法对于求解线性和弱非线性的变分逆问题非常有用。

5.1 简单例子

我们利用一个非常简单的例子来说明变分问题的数学性质，以及弱约束与强约束公式之间的区别。首先，定义下面的一个简单模式：

$$\mathrm{d}\psi t = 1 \tag{5.1}$$

$$\psi(0) = 0 \tag{5.2}$$

$$\psi(1) = 2 \tag{5.3}$$

它有一个初始条件和一个终止条件。显然，这是一个无解的超定问题。但是如果在两个边界条件分别引入未知误差：

$$\mathrm{d}\psi t = 1 + q \tag{5.4}$$

$$\psi(0) = 0 + a \tag{5.5}$$

$$\psi(1) = 2 + b \tag{5.6}$$

此时，通过选择不同的误差项，我们可以得到任何想得到的解，因此系统是欠定的。为了检验上述误差项，进行如下统计假设检验：

$$\begin{gathered}\overline{q(t)} = 0 \quad \overline{q(t_1)q(t_2)} = C_0\delta(t_1 - t_2) \quad \overline{q(t)a} = 0 \\ \bar{a} = 0 \quad \overline{a^2} = C_0 \quad \overline{ab} = 0 \\ \bar{b} = 0 \quad \overline{b^2} = C_0 \quad \overline{q(t)b} = 0\end{gathered} \tag{5.7}$$

上述检验假定通过误差项的一阶和二阶矩，我们能够知道它们的统计特性。为简单起见，这个例子中的方差项均设为C_0。

此时，以弱约束条件为罚函数，通过最小化误差项，我们可以找到尽可能接近初始和结束条件且同时满足模式方程的解：

$$\mathcal{J}[\psi] = W_0 \int_0^1 (\mathrm{d}\psi t - 1)^2 \mathrm{d}t + W_0(\psi(0) - 0)^2 + W_0(\psi(1) - 2)^2 \tag{5.8}$$

其中，W_0是误差方差C_0的倒数。如果当时$\delta\psi \to 0$，下述条件成立，那么ψ就是上述罚函数的一个极值：

$$\delta\mathcal{J}[\psi] = \mathcal{J}[\psi + \delta\psi] - \mathcal{J}[\psi] = \mathcal{O}(\delta\psi^2) \tag{5.9}$$

此时，将下式代入式(5.9)：

$$\begin{aligned}\mathcal{J}[\psi + \delta\psi] = W_0 \int_0^1 (\mathrm{d}\psi t - 1 + \mathrm{d}\delta\psi t)^2 \mathrm{d}t \\ + W_0\big(\psi(0) - 0 + \delta\psi(0)\big)^2 + W_0\big(\psi(1) - 2 + \delta\psi(1)\big)^2\end{aligned} \tag{5.10}$$

舍去常数非零因子 $2W_0$，以及所有等比于的项$\mathcal{O}(\delta\psi^2)$，可以得到：

$$\int_0^1 \mathrm{d}\delta\psi t(\mathrm{d}\psi t - 1)\mathrm{d}t + \delta\psi(0)(\psi(0) - 0) + \delta\psi(1)(\psi(1) - 2) = 0 \tag{5.11}$$

通过分步积分，可以得到：

$$\begin{aligned}\delta\psi(\mathrm{d}\psi t - 1)\Big|_0^1 - \int_0^1 \delta\psi \frac{\mathrm{d}^2\psi}{\mathrm{d}t^2}\mathrm{d}t \\ + \delta\psi(0)(\psi(0) - 0) + \delta\psi(1)(\psi(1) - 2) = 0\end{aligned} \tag{5.12}$$

据此，可以得到下面的系统方程：

$$\delta\psi(0)(-\mathrm{d}\psi t + 1 + \psi)|_{t=0} = 0 \tag{5.13}$$

$$\delta\psi(1)(\mathrm{d}\psi t - 1 + \psi - 2)|_{t=1} = 0 \tag{5.14}$$

$$\delta\psi\left(\frac{\mathrm{d}^2\psi}{\mathrm{d}t^2}\right) = 0 \tag{5.15}$$

由于$\delta\psi$ 的任意性，我们可以得到：

$$\mathrm{d}\psi t - \psi = 1 \quad t = 0 \tag{5.16}$$

$$\mathrm{d}\psi t + \psi = 3 \quad t = 1 \tag{5.17}$$

$$\frac{\mathrm{d}^2\psi}{\mathrm{d}t^2} = 0 \tag{5.18}$$

这是一个 Dirichlet 与 Neumann 混合边界条件的时间维椭圆边值问题，其广义解是：

$$\psi = c_1 t + c_2 \tag{5.19}$$

其中，c_1= 4/3，c_2= 1/3。

如果令动力模式的模式误差趋近于零，那么上述弱约束条件将变为强约束条件，动力模式也将趋于完美。根据式(5.4)，强约束条件下的模式解为$\psi = t + c_2$，即斜率由没有偏差的原始模式决定。自由常数c_2位于 0 和 1 之间，取决于两个条件的权重的相对大小。在这个例子里，我们采用等权重c_2=0.5。

通过引入模式误差来解释模式的不完美性，弱约束变分公式得到的解与准确的模式解之间是存在一定偏差的。这对于变分问题很重要，后面我们将看到弱约束问题可以像强约束问题一样容易得到解决。图 5.1 给出了这个例子的结果。其中，上下两条曲线分别表示终值和初值问题的解，弱约束逆问题的解比准确解的斜率更大。为了方便比较，这里也给出了强约束逆问题的解。

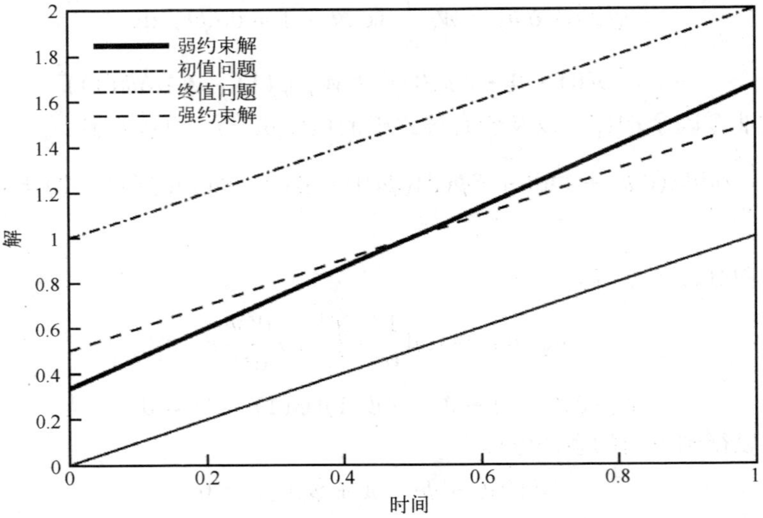

图 5.1　简单例子中的逆问题

最后，我们来看看在这个例子中 KF 解是什么样的。KF 从求解初值问题开始直到$t = 1$，对于$t \in [0,1)$，解是$\psi(t) = t$。我们将初始误差的方差设为C_0，且将模式积分一个时间单位时的误差方差的增长也设为C_0。因此，对于$t = 1$时的预测值，误差方差为$2C_0$。此时，更新方程(3.14)则变为：

$$\psi^{\mathrm{a}} = \psi^{\mathrm{f}} + \frac{C_{\psi\psi}^{\mathrm{f}}}{C_{\epsilon\epsilon} + C_{\psi\psi}^{\mathrm{f}}}\left(d - \psi^{\mathrm{f}}\right) = 1 + \frac{2C_0}{C_0 + 2C_0}(2 - 1) = 5/3 \tag{5.20}$$

这与$t = 1$时刻的弱约束变分问题的解是一样的。因此，变分法与 KF 之间是否存在某种联系？后面我们将给出：对于线性逆问题，当 KF 和弱约束变分法采用一致的公式和相同的先验误差统计时，在最后的时刻它们的解是一样的。因此，对于预测问题，采用哪种方法都是可以的。

5.2 线性逆问题

本节我们将定义一个简单的线性模式的逆问题，并推导出一个弱约束变分公式的欧拉-拉格朗日方程。

5.2.1 模式和观测

假设一个简单的一维模式，它有一个初始条件和一组观测，误差为：

$$\mathrm{d}\psi t = \psi + q \tag{5.21}$$

$$\psi(0) = \Psi_0 + a \tag{5.22}$$

$$\boldsymbol{\mathcal{M}}[\psi] = \boldsymbol{d} + \boldsymbol{\epsilon} \tag{5.23}$$

那么，我们可以将这个逆问题定义为，寻找一个接近于初始条件和观测设定且同时满足模式方程的估计值。

5.2.2 观测函数

线性观测算子$\boldsymbol{\mathcal{M}}[\psi]$的维数为$M$，其等于观测的数量。$\boldsymbol{\mathcal{M}}[\psi]$将观测$\boldsymbol{d}$和模式状态变量$\psi(t)$联系起来。

例如，ψ的直接观测的观测函数为：

$$\mathcal{M}_i[\psi(t)] = \int_0^T \psi(t)\delta(t-t_i)\mathrm{d}t = \psi(t_i) \tag{5.24}$$

其中，t是观测时间；下标i表示观测函数的分量。

注意，为了后续使用方便，狄拉克$-\delta$函数的观测变为：

$$\mathcal{M}_{i(2)}[\delta(t_1-t_2)] = \int_0^T \delta(t_1-t_2)\delta(t_2-t_i)\mathrm{d}t_2 = \delta(t_1-t_i) \tag{5.25}$$

$\mathcal{M}_i$的下标中的(2)定义了函数作用于哪个变量。将上式乘以$\delta\psi(t_1)$并对t_1进行积分得到：

$$\int_0^T \delta\psi(t_i)\,\mathcal{M}_{i(2)}[\delta(t_1-t_2)]\mathrm{d}t_1 = \delta\psi(t_i) = M_{i(1)}[\delta\psi(t_1)] \tag{5.26}$$

5.2.3 观测方程的说明

在式(3.2)和式(3.23)中，定义观测方程，其将观测值和真实状态联系起来。此时，$\boldsymbol{\epsilon}$则变成真实的观测误差。令：

$$\boldsymbol{d} = \boldsymbol{d}^{\mathrm{t}} + \boldsymbol{\epsilon}_d \tag{5.27}$$

其中，$\boldsymbol{\epsilon}_d$为真实的观测误差。在某些情况下，有：

$$\mathcal{M}[\psi^{\mathrm{t}}] = \boldsymbol{d}^{\mathrm{t}} + \epsilon_{\mathcal{M}} \tag{5.28}$$

即观测算子$\mathcal{M}$存在一个额外误差。例如，当观测位置位于一个网格单元的中心时，在数值网格上进行的插值可能引起上述误差。因此，我们可以得到：

$$\boldsymbol{d} = \mathcal{M}[\psi^{\mathrm{t}}] + \boldsymbol{\epsilon}_d - \boldsymbol{\epsilon}_{\mathcal{M}} = \mathcal{M}[\psi^{\mathrm{t}}] + \boldsymbol{\epsilon} \tag{5.29}$$

观测是通过式(5.29)与真实状态联系起来的，其中$\boldsymbol{\epsilon} = \boldsymbol{\epsilon}_d - \boldsymbol{\epsilon}_{\mathcal{M}}$同时解释了观测误差和观测算子中的误差。

在观测方程(5.23)中，我们没有引入真实值ψ^{t}。事实上，式(5.23)将估计值ψ与观测值$\boldsymbol{d}$关联起来，并允许存在一个随机误差$\boldsymbol{\epsilon}$。因此，我们使用这个方程来给由式(5.21)和式(5.22)定义的模式施加一个额外的约束条件。与随机误差a和q定义了模式方程和初始条件的准确度一样，同时代表了观测误差和观测算子误差的随机误差$\boldsymbol{\epsilon}$定义了观测方程(5.23)的准确度。

5.2.4 统计假设

为了描述未知误差项，我们需要一个统计假设$\mathcal{H}_0$，将其表述成：

$$\begin{gathered}\overline{q(t)} = 0 \quad \overline{q(t_1)q(t_2)} = C_{qq}(t_1, t_2) \quad \overline{q(t)a} = 0 \\ \bar{a} = 0 \ \overline{a^2} = C_{aa} \ \overline{a\boldsymbol{\epsilon}} = 0 \\ \bar{\boldsymbol{\epsilon}} = 0 \ \overline{\boldsymbol{\epsilon}\boldsymbol{\epsilon}^{\mathrm{T}}} = \boldsymbol{C}_{\epsilon\epsilon} \ \overline{q(t)\boldsymbol{\epsilon}} = \boldsymbol{0}\end{gathered} \tag{5.30}$$

此外，我们根据下面的积分公式定义模式误差协方差C_{qq}的逆W_{qq}：

$$\int_0^T C_{qq}(t_1, t_2) W_{qq}(t_2, t_3) \mathrm{d}t_2 = \delta(t_1 - t_3) \tag{5.31}$$

并且W_{aa}为C_{aa}的逆。

5.2.5 弱约束变分公式

弱约束的代价函数公式为：

$$\begin{aligned}\mathcal{J}[\psi] = &\iint_0^T \big(\mathrm{d}\psi(t_1)t_1 - \psi(t_1)\big) W_{qq}(t_1, t_2) \big(\mathrm{d}\psi(t_2)t_2 - \psi(t_2)\big) \mathrm{d}t_1 \mathrm{d}t_2 \\ &+ W_{aa}(\psi(0) - \Psi_0)^2 + (\boldsymbol{d} - \mathcal{M}[\psi])^{\mathrm{T}} \boldsymbol{W}_{\epsilon\epsilon} (\boldsymbol{d} - \mathcal{M}[\psi])\end{aligned} \tag{5.32}$$

注意：包括初始条件在内的所有初始猜测都以惩罚项的形式出现在式(5.32)中。正如 Bennett 和 Miller(1990)所述，为了得到一个有唯一解的适定性变分问题，需要引入上述约束条件。

在模式权重中的时间相关性是有积极影响的。一般来讲，模式误差是时间相关的，忽略这个相关性会导致估计值在观测位置处的时间导数是不连续的。

5.2.6 罚函数的极值

根据标准的变分演算，如果当$\delta\psi \to 0$时，下式成立，那么ψ就是一个极值：

$$\delta\mathcal{J}[\psi]=\mathcal{J}[\psi+\delta\psi]-\mathcal{J}[\psi]=\mathcal{O}(\delta\psi^2) \tag{5.33}$$

对$\mathcal{J}[\psi+\delta\psi]$进行展开，可得：

$$\begin{aligned}\mathcal{J}[\psi+\delta\psi]=&\iint_0^T(\mathrm{d}\psi t-\psi+\mathrm{d}\delta\psi t-\delta\psi)_1 W_{qq}(t_1,t_2)\\ &\times(\mathrm{d}\psi t-\psi+\mathrm{d}\delta\psi t-\delta\psi)_2\mathrm{d}t_1\mathrm{d}t_2+W_{aa}(\psi(0)+\delta\psi(0)-\Psi_0)^2\\ &+(\boldsymbol{d}-\boldsymbol{\mathcal{M}}[\psi]-\boldsymbol{\mathcal{M}}[\delta\psi])^{\mathrm{T}}\boldsymbol{W}_{\epsilon\epsilon}(\boldsymbol{d}-\boldsymbol{\mathcal{M}}[\psi]-\boldsymbol{\mathcal{M}}[\delta\psi])\end{aligned} \tag{5.34}$$

其中，下标 1 和 2 表示t_1和t_2的函数。上式可以重写为：

$$\begin{aligned}\mathcal{J}[\psi+\delta\psi]=&\mathcal{J}[\psi]\\ &+2\iint_0^T(\mathrm{d}\delta\psi t-\delta\psi)_1 W_{qq}(t_1,t_2)(\mathrm{d}\psi t-\psi)_2\mathrm{d}t_1\mathrm{d}t_2\\ &+2W_{aa}\delta\psi(0)(\psi(0)-\Psi_0)\\ &-2\boldsymbol{\mathcal{M}}^{\mathrm{T}}[\delta\psi]\boldsymbol{W}_{\epsilon\epsilon}(\boldsymbol{d}-\boldsymbol{\mathcal{M}}[\psi])+\mathcal{O}(\delta\psi^2)\end{aligned} \tag{5.35}$$

计算变分导数式(5.33)并令余项与$\delta\psi^2$成比例，可以得到：

$$\begin{aligned}&\iint_0^T(\mathrm{d}\delta\psi t-\delta\psi)_1 W_{qq}(t_1,t_2)(\mathrm{d}\psi t-\psi)_2\mathrm{d}t_1\mathrm{d}t_2\\ &+W_{aa}\delta\psi(0)(\psi(0)-\Psi_0)\\ &-\boldsymbol{\mathcal{M}}^{\mathrm{T}}[\delta\psi]\boldsymbol{W}_{\epsilon\epsilon}(\boldsymbol{d}-\boldsymbol{\mathcal{M}}[\psi])=0\end{aligned} \tag{5.36}$$

该方程定义了罚函数的一个极值。

5.2.7 欧拉–拉格朗日方程

根据式(5.36)，我们定义“伴随”变量λ为：

$$\lambda(t_1)=\int_0^T W_{qq}(t_1,t_2)(\mathrm{d}\psi t-\psi)_2\mathrm{d}t_2 \tag{5.37}$$

将上式代入式(5.36)中，并用分步积分消除变化项的导数，即：

$$\int_0^T\mathrm{d}\delta\psi t\lambda\mathrm{d}t=\delta\psi\lambda|_{t=0}^{t=T}-\int_0^T\delta\psi\mathrm{d}\lambda t\mathrm{d}t \tag{5.38}$$

然后，利用式(5.26)，得到积分条件下和$\delta\psi$成比例的观测项。

此时，式(5.36)变为：

$$\begin{aligned}&-\int_0^T\delta\psi\left(\mathrm{d}\lambda t+\lambda+\boldsymbol{\mathcal{M}}_{(2)}^{\mathrm{T}}[\delta(t_1-t_2)]\boldsymbol{W}_{\epsilon\epsilon}(\boldsymbol{d}-\boldsymbol{\mathcal{M}}[\psi])\right)_1\mathrm{d}t_1\\ &+\delta\psi(0)(W_{aa}(\psi(0)-\Psi_0)-\lambda(0))\\ &+\delta\psi(T)\lambda(T)=0\end{aligned} \tag{5.39}$$

为了获得欧拉-拉格朗日方程的最终形式，我们先将方程(5.37)的左边乘以$W_{qq}(t,t_1)$，然后对t_1进行积分，并引入式(5.31)，就可以得到下面的方程(5.40)。

进一步，我们假设式(5.39)中的变化项$\delta\psi$是任意的，则可以得到λ和$t=0$及$t=T$时刻的边界条件的一组方程。从而，我们得到了下面的欧拉-拉格朗日方程：

$$\mathrm{d}\psi t-\psi=\int_0^T C_{qq}(t,t_1)\lambda(t_1)\mathrm{d}t_1 \tag{5.40}$$

$$\psi(0)=\Psi_0+C_{aa}\lambda(0) \tag{5.41}$$

$$\mathrm{d}\lambda t+\lambda=-\boldsymbol{\mathcal{M}}_{(2)}^{\mathrm{T}}[\delta(t_1-t_2)]\boldsymbol{W}_{\epsilon\epsilon}(\boldsymbol{d}-\boldsymbol{\mathcal{M}}[\psi]) \tag{5.42}$$

$$\lambda(T)=0 \tag{5.43}$$

上述欧拉-拉格朗日方程组定义了$\mathcal{J}$的极值ψ。该系统由原始正模式组成，而这个正模式的强迫项与式(5.40)中的伴随变量λ成比例。强迫项的大小取决于模式误差协方差C_{qq}。因此，大的模式误差通过强迫项会对模式产生大的影响。正模式的初始条件也包含了一个与伴随变量λ成比例的类似校正项。从一个“末尾条件”出发，λ的方程可以在时间维进行向后积分，强迫项为一组被观测值和正模式在每个观测位置的估计值ψ之间的余差所归一化的 delta 函数。因此，正模式需要知道待积分的伴随变量，而反模式则需要使用观测位置的前向变量。因此，上述问题在时间维上存在一个耦合边界值问题，在时间边界上我们必须同时解出正模式和反模式。上述系统由一个适定问题组成，并且只要模式是线性的，它就有一个唯一的解ψ。

求解欧拉-拉格朗日方程的最简单方法，可能是定义一个迭代算法。系统式(5.40)～式(5.43)的一个迭代算法是在积分正模式时使用上一迭代得到的λ。然而，Bennett(1992)曾指出一般情况下，上述迭代算法是不收敛的。

5.2.8 强约束逼近

常用的方法假设模式是完美的，即假定式(5.40)中$C_{qq}=0$。据此 Talagrand 和 Courtier(1987)以及 Courtier 和 Talagrand(1987)最先提出了所谓的伴随方法。之后，许多文献讨论了这个方法，例如 Courtier 等(1994)和 Courtier (1997)。模式假设使得正模式中不存在与λ的耦合项。然而，由于λ项出现在初始条件中，该系统仍然是耦合的。进而，人们试图寻找使得模式轨迹与观测最接近的初始条件。所谓的伴随方法即是采用上面的思想，并定义了一种求解的方法，即该系统可以进行如下的迭代：

$$\mathrm{d}\psi^l t-\psi^l=0 \tag{5.44}$$

$$\psi^l(0)=\psi^{l-1}(0)-\gamma\left(\psi^{l-1}(0)-\Psi_0-C_{aa}\lambda^{l-1}(0)\right) \tag{5.45}$$

$$\mathrm{d}\lambda^l t+\lambda^l=-\boldsymbol{\mathcal{M}}_{(2)}^{\mathrm{T}}[\delta(t_1-t_2)]\boldsymbol{W}_{\epsilon\epsilon}\left(\boldsymbol{d}-\boldsymbol{\mathcal{M}}_{(4)}\left[\psi_4^l\right]\right) \tag{5.46}$$

$$\lambda^l(T)=0 \tag{5.47}$$

初始条件的迭代使用式(5.41)，或者方程(5.45)中括号里的表达式作为罚函数关于初始条件的梯度。因此，迭代公式(5.45)是一个标准的梯度下降法，其中γ是梯度方向上的步长。应当指出的是，当$\psi = \psi(\boldsymbol{x})$时，问题的维数则变为无穷大，而如果将$\psi(\boldsymbol{x})$离散到一组数值网格上，问题的维数则为有限的，并等于网格点的数目。

还需注意的是，如果知道误差统计量的一些信息，弱约束公式则定义了一个适定的估计问题，即估计值将位于初猜场的统计不确定性的范围内，然而由于人们假定模式要比实际情况好，因此强约束假设会和逆问题的上述特性相冲突。

5.2.9 代表函数展开获得的解

对于线性动力学问题，无需通过迭代就可以准确地求解欧拉-拉格朗日方程(式(5.40)～式(5.43))。采用和求解方程(3.39)中的时间独立问题一样的方法，假设存在一个如下形式的解：

$$\psi(t) = \psi_F(t) + \boldsymbol{b}^{\mathrm{T}}\boldsymbol{r}(t) \tag{5.48}$$

$$\lambda(t) = \lambda_F(t) + \boldsymbol{b}^{\mathrm{T}}\boldsymbol{s}(t) \tag{5.49}$$

向量$\boldsymbol{b}$，$\boldsymbol{r}$，$\boldsymbol{s}$的维数均等于观测的数目M。上述解的形式等价于对每个观测，假定最小化解由模式的一个初测解ψ_F和时间相关影响函数或者代表函数$\boldsymbol{r}(t)$的一个线性组合组成。Bennet(1992，2002)全面地讨论了这种方法。Chua 和 Bennett(2001)则详细地讨论了实际的执行步骤。

将式(5.48)和式(5.49)代入欧拉-拉格朗日方程(式(5.40)～式(5.43))，并选择满足如下没有强迫项的方程组的初猜场ψ_F和λ_F：

$$\mathrm{d}\psi_F t - \psi_F = 0 \tag{5.50}$$

$$\psi_F(0) = \Psi_0 \tag{5.51}$$

$$\mathrm{d}\lambda_F t - \lambda_F = 0 \tag{5.52}$$

$$\lambda_F(0) = 0 \tag{5.53}$$

可以得到代表函数$\boldsymbol{r}(t)$向量与相应的伴随向量$\boldsymbol{s}(t)$的下述系统方程组：

$$\boldsymbol{b}^{\mathrm{T}}\left(\mathrm{d}\boldsymbol{r}t - \boldsymbol{r} - C_{qq}\boldsymbol{s}\right) = 0 \tag{5.54}$$

$$\boldsymbol{b}^{\mathrm{T}}(\boldsymbol{r}(0) - C_{aa}\boldsymbol{s}) = 0 \tag{5.55}$$

$$\boldsymbol{b}^{\mathrm{T}}(\mathrm{d}\boldsymbol{s}t + \boldsymbol{s}) = -\boldsymbol{\mathcal{M}}_{(2)}^{\mathrm{T}}[\delta(t - t_2)]\boldsymbol{W}_{\epsilon\epsilon}(\boldsymbol{d} - \boldsymbol{\mathcal{M}}[\psi_F + \boldsymbol{b}^{\mathrm{T}}\boldsymbol{r}]) \tag{5.56}$$

$$\boldsymbol{b}^{\mathrm{T}}\boldsymbol{s}(\mathrm{T}) = 0 \tag{5.57}$$

定义$\boldsymbol{b}$为：

$$\boldsymbol{b} = \boldsymbol{W}_{\epsilon\epsilon}(\boldsymbol{d} - \boldsymbol{\mathcal{M}}[\psi_F + \boldsymbol{b}^{\mathrm{T}}\boldsymbol{r}]) \tag{5.58}$$

则式(5.56)变为：

$$\boldsymbol{b}^{\mathrm{T}}\left(\mathrm{d}\boldsymbol{s}t + \boldsymbol{s} + \boldsymbol{\mathcal{M}}_{(2)}[\delta(t - t_2)]\right) = 0 \tag{5.59}$$

并且与方程(5.56)的右边的解的耦合项也不存在。

方程(5.58)与式(3.38)是完全相同的，并且根据方程(3.42)～式(3.45)中的推导，可以得出系数向量$\boldsymbol{b}$的相同的线性系统：

$$(\boldsymbol{\mathcal{M}}^{\mathrm{T}}[\boldsymbol{r}] + \boldsymbol{C}_{\epsilon\epsilon})\boldsymbol{b} = \boldsymbol{d} - \boldsymbol{\mathcal{M}}[\psi_F] \tag{5.60}$$

由于一般情况下$\boldsymbol{b}$是非零的，因此除了方程(5.50)～式(5.53)，对于代表函数，根据方程(5.54)和式(5.55)，还有下面的方程组：

$$\mathrm{d}\boldsymbol{r}t - \boldsymbol{r} = C_{qq}\boldsymbol{s} \tag{5.61}$$

$$\boldsymbol{r}(0) = C_{aa}\boldsymbol{s} \tag{5.62}$$

对于代表函数的伴随，根据方程(5.59)和式(5.57)还有下面的方程组：

$$\mathrm{d}\boldsymbol{s}t + \boldsymbol{s} = -\boldsymbol{\mathcal{M}}_{(2)}[\delta(t_1 - t_2)] \tag{5.63}$$

$$\boldsymbol{s}(T) = 0 \tag{5.64}$$

由于代表函数的伴随的方程没有与代表函数的正向方程耦合，其可以看作终值问题来求解。只要找到$\boldsymbol{s}$，那么代表函数也就可以求解。进而，与方程组(5.50)～(5.53)的初猜场的解ψ_F一起，可以得到求解$\boldsymbol{b}$的方程(5.60)所需的信息。通过解下述形式的欧拉–拉格朗日方程，可以得到最终的解：

$$\mathrm{d}\psi t - \psi = \int_0^T C_{qq}(t, t_1)\lambda(t_1)\mathrm{d}t_1 \tag{5.65}$$

$$\psi(0) = \Psi_0 + C_{aa}\lambda(0) \tag{5.66}$$

$$\mathrm{d}\lambda t + \lambda = -\boldsymbol{\mathcal{M}}_{(1)}^{\mathrm{T}}[\delta(t - t_1)]\boldsymbol{b} \tag{5.67}$$

$$\lambda(T) = 0 \tag{5.68}$$

相应的计算量是$2M+3$个模式积分，但只需要存储两个模式状态的时空值。如果从方程(5.48)直接构造解，那么所有的代表函数都需要存储。

因此，代表函数展开法可以使得弱约束问题的欧拉–拉格朗日方程不发生耦合，从而不需要任何迭代而得到精确解。并且，问题的维数是观测的数目，通常情况下它要远小于离散状态向量中的未知量的数目。

5.3 使用埃克曼模式的代表函数法

Eknes 和 Evensen(1997)中的代表函数法是通过 Ekman 流模式实现的，并用来解具有长时间速度实测值的逆问题。此外，他们也讨论了参数估计问题，我们将在后面进行阐述。本节使用的模式很简单，便于对上述方法进行简单的理解和检验。

5.3.1 逆问题

埃克曼模式的无量纲形式为：

$$\frac{\partial \boldsymbol{u}}{\partial t} + \boldsymbol{k} \times \boldsymbol{u} = \frac{\partial}{\partial z}\left(A\frac{\partial \boldsymbol{u}}{\partial z}\right) + \boldsymbol{q} \tag{5.69}$$

其中，$\boldsymbol{u}(z,t)$是水平速度向量，$A = A(z)$是扩散系数，$\boldsymbol{q}(z,t)$是随机模式误差。初始条件为：

$$\boldsymbol{u}(z,0)=\boldsymbol{u}_0+\boldsymbol{a} \tag{5.70}$$

其中，$\boldsymbol{a}$包含初始猜想的初始条件$\boldsymbol{u}_0$中的随机误差。模式的边界条件为：

$$A\frac{\partial \boldsymbol{u}}{\partial z}\bigg|_{z=0}=\left(c_d\sqrt{u_a^2+v_a^2}\right)\boldsymbol{u}_{\mathrm{a}}+\boldsymbol{b}_0 \tag{5.71}$$

$$A\frac{\partial \boldsymbol{u}}{\partial z}\bigg|_{z=-H}=\boldsymbol{0}+\boldsymbol{b}_H \tag{5.72}$$

其中，$z=0$表示海面，下边界是$z=-H$，c_d是风应力拖曳系数，$\boldsymbol{u}_{\mathrm{a}}$是大气风速，$\boldsymbol{b}_0$和$\boldsymbol{b}_H$是边界条件里的随机误差。

假定有一组真实解的观测值$\boldsymbol{d}$，观测与模式变量通过以下观测方程线性相关：

$$\boldsymbol{\mathcal{M}}[\boldsymbol{u}]=\boldsymbol{d}+\boldsymbol{\epsilon} \tag{5.73}$$

5.3.2 变分公式

一种简便的变分公式是：

$$\begin{aligned}
\mathcal{J}[\boldsymbol{u}]=&\int_0^T \mathrm{d}t_1\int_0^T \mathrm{d}t_2\int_{-H}^0 \mathrm{d}z_1\int_{-H}^0 \mathrm{d}z_2\, \boldsymbol{q}^{\mathrm{T}}(z_1,t_1)\boldsymbol{W}_{qq}(z_1,t_1,z_2,t_2)\boldsymbol{q}(z_2,t_2)\\
&+\int_{-H}^0 \mathrm{d}z_1\int_{-H}^0 \mathrm{d}z_2\, \boldsymbol{a}^{\mathrm{T}}(z_1)\boldsymbol{W}_{aa}(z_1,z_2)\boldsymbol{a}(z_2)\\
&+\int_0^T \mathrm{d}t_1\int_0^T \mathrm{d}t_2\, \boldsymbol{b}_0^{\mathrm{T}}(t_1)\boldsymbol{W}_{\boldsymbol{b}_0\boldsymbol{b}_0}(t_1,t_2)\boldsymbol{b}_0(t_2)\\
&+\int_0^T \mathrm{d}t_1\int_0^T \mathrm{d}t_2\, \boldsymbol{b}_H^{\mathrm{T}}(t_1)W_{b_Hb_H}(t_1,t_2)\boldsymbol{b}_H(t_2)\\
&+\boldsymbol{\epsilon}^{\mathrm{T}}\boldsymbol{W}_{\boldsymbol{\epsilon\epsilon}}\boldsymbol{\epsilon}
\end{aligned} \tag{5.74}$$

简单表述为：

$$\begin{aligned}
\mathcal{J}[\boldsymbol{u}]=&\boldsymbol{q}^{\mathrm{T}}\cdot\boldsymbol{W}_{qq}\cdot\boldsymbol{q}\\
&+\boldsymbol{a}^{\mathrm{T}}\circ\boldsymbol{W}_{aa}\circ\boldsymbol{a}\\
&+\boldsymbol{b}_0^{\mathrm{T}}*\boldsymbol{W}_{\boldsymbol{b}_0\boldsymbol{b}_0}*\boldsymbol{b}_0\\
&+\boldsymbol{b}_H^{\mathrm{T}}*W_{b_Hb_H}*\boldsymbol{b}_H\\
&+\boldsymbol{\epsilon}^{\mathrm{T}}\boldsymbol{W}_{\boldsymbol{\epsilon\epsilon}}\boldsymbol{\epsilon}
\end{aligned} \tag{5.75}$$

其中，实心点表示对时间和空间进行积分，圆圈表示对空间进行积分，星号表示对时间进行积分。这里，$\boldsymbol{W}_{\boldsymbol{\epsilon\epsilon}}$是观测误差协方差矩阵$\boldsymbol{C}_{\boldsymbol{\epsilon\epsilon}}$的逆，而其余的权重矩阵是各自协方差的泛函逆。模式的权重矩阵的逆可以写成$\boldsymbol{C}_{qq}\cdot\boldsymbol{W}_{qq}=\delta(z_1-z_3)\delta(t_1-t_3)\boldsymbol{I}$，或者展开为：

$$\int_0^T \mathrm{d}t_2 \int_{-H}^0 \mathrm{d}z_2\, \boldsymbol{C}_{qq}(z_1,t_1,z_2,t_2)\boldsymbol{W}_{qq}(z_2,t_2,z_3,t_3) = \delta(z_1 - z_3)\delta(t_1 - t_3)\boldsymbol{I} \tag{5.76}$$

这些权重矩阵决定了实际问题的空间和时间的尺度，并保证观测的影响是平滑的。

5.3.3 欧拉-拉格朗日方程

遵循前几节的步骤，我们可以推导出欧拉-拉格朗日方程，进而得到下面的正模式：

$$\frac{\partial \boldsymbol{u}}{\partial t} + \boldsymbol{k} \times \boldsymbol{u} = \frac{\partial}{\partial z}\left(A\frac{\partial \boldsymbol{u}}{\partial Z}\right) + \boldsymbol{C}_{qq} \cdot \boldsymbol{\lambda} \tag{5.77}$$

其初始条件为：

$$\boldsymbol{u}|_{t=0} = \boldsymbol{u}_0 + \boldsymbol{C}_{aa} \circ \boldsymbol{\lambda} \tag{5.78}$$

边界条件为：

$$A\frac{\partial \boldsymbol{u}}{\partial Z}\bigg|_{z=0} = c_d\sqrt{u_a^2 + v_a^2}\boldsymbol{u}_a + \boldsymbol{C}_{b_0b_0} * \boldsymbol{\lambda} \tag{5.79}$$

$$A\frac{\partial \boldsymbol{u}}{\partial Z}\bigg|_{z=-H} = -\boldsymbol{C}_{b_Hb_H} * \boldsymbol{\lambda} \tag{5.80}$$

此外，我们获得如下伴随模式：

$$-\frac{\partial \boldsymbol{\lambda}}{\partial t} - \boldsymbol{k} \times \boldsymbol{\lambda} = \frac{\partial}{\partial z}\left(A\frac{\partial \boldsymbol{\lambda}}{\partial Z}\right) + \boldsymbol{\mathcal{M}}^{\mathrm{T}}[\delta(z - z_2)\delta(t - t_2)]\boldsymbol{W}_{\epsilon\epsilon}(\boldsymbol{d} - \boldsymbol{\mathcal{M}}[\boldsymbol{u}]) \tag{5.81}$$

其终值条件为：

$$\boldsymbol{\lambda}|_{t=T} = \boldsymbol{0} \tag{5.82}$$

边界条件为：

$$\frac{\partial \boldsymbol{\lambda}}{\partial Z}\bigg|_{z=0,z=-H} = \boldsymbol{0} \tag{5.83}$$

系统式(5.77)～式(5.83)是由时空维两点边界值问题组成的欧拉-拉格朗日方程。由于这些方程是耦合在一起的，因此必须同时求解。

5.3.4 代表函数的解

假设解有下面的标准形式：

$$\boldsymbol{u}(z,t) = \boldsymbol{u}_F(z,t) + \sum_{i=1}^{M} b_i\boldsymbol{r}_i(z,t) \tag{5.84}$$

$$\boldsymbol{\lambda}(z,t) = \boldsymbol{\lambda}_F(z,t) + \sum_{i=1}^{M} b_i \boldsymbol{s}_i(z,t)$$

(5.85)

我们试图找到代表变量及其伴随的方程。通过解下面的初值问题，可以得到$\boldsymbol{M}$个代表变量的解：

$$\frac{\partial \boldsymbol{r}_i}{\partial t} + \boldsymbol{k} \times \boldsymbol{r}_i = \frac{\partial}{\partial z}\left(A \frac{\partial \boldsymbol{r}_i}{\partial z}\right) + \boldsymbol{C}_{qq} \cdot \boldsymbol{s}_i$$

(5.86)

初始条件为：

$$\boldsymbol{r}_i|_{t=0} = \boldsymbol{C}_{aa} \circ \boldsymbol{s}_i \tag{5.87}$$

边界条件为：

$$A \frac{\partial \boldsymbol{r}_i}{\partial z}\bigg|_{z=0} = \boldsymbol{C}_{b_0 b_0} * \boldsymbol{s}_i$$

(5.88)

$$A \frac{\partial \boldsymbol{r}_i}{\partial z}\bigg|_{z=-H} = -\boldsymbol{C}_{b_H b_H} * \boldsymbol{s}_i$$

(5.89)

这些方程是和代表变量的伴随$\boldsymbol{s}_i$耦合在一起的，$\boldsymbol{s}_i$满足下面的终值问题：

$$-\frac{\partial \boldsymbol{s}_i}{\partial t} - \boldsymbol{k} \times \boldsymbol{s}_i = \frac{\partial}{\partial z}\left(A \frac{\partial \boldsymbol{s}_i}{\partial z}\right) + \boldsymbol{\mathcal{M}}_i[\delta(z - z_2)\delta(t - t_2)]$$

(5.90)

终值条件为：

$$\boldsymbol{s}_i|_{t=T} = 0 \tag{5.91}$$

边界条件为：

$$\frac{\partial \boldsymbol{s}_i}{\partial z}\bigg|_{z=0,z=-H} = 0$$

(5.92)

同样，系数$\boldsymbol{b}$可以通过求解式(5.60)得到。

5.3.5 范例试验

这里通过一个简单的例子来阐述这个方法。从初始条件$\boldsymbol{u}(z,0) = \boldsymbol{0}$开始，用恒风$\boldsymbol{u}_a = (10\mathrm{m/s}, 10\mathrm{m/s})$强迫初始条件中的垂直速度结构，积分 50h，可以得到参考试验的结果，并从中提取速度数据。

通过对参考试验进行抽样观测，并叠加高斯噪声，我们得到$\boldsymbol{u}$的 9 个模拟观测值，即共计使用了u和v的 18 个观测值。图 5.2 给出了观测的位置。

所有速度图的等值线间隔均是 0.05m/s。实心点表示观测位置。v分量的结构与此类似，故没有展示。上述图来自 Eknes 和 Evensen(1997)。

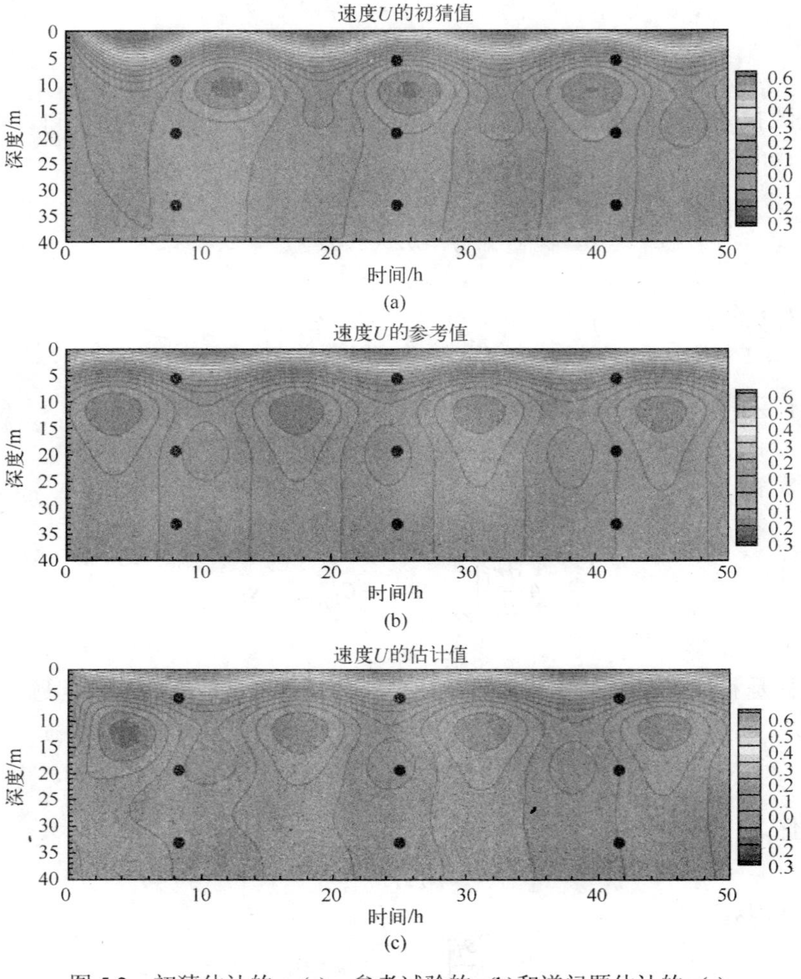

图 5.2　初猜估计的$\boldsymbol{u}_F$(a)，参考试验的$\boldsymbol{u}$(b)和逆问题估计的$\boldsymbol{u}$(c)

假定所有的误差项是无偏且不相关的，误差协方差由下式确定：

$$\boldsymbol{C}_{aa}(z_1,\ z_2) = \sigma_a^2 \exp\left(-\left(\frac{z_1 - z_2}{l_a}\right)^2\right)\boldsymbol{I} \tag{5.93}$$

$$\boldsymbol{C}_{b_0 b_0}(t_1, t_2) = \sigma_{b_0}^2 \delta(t_1 - t_2)\boldsymbol{I} \tag{5.94}$$

$$\boldsymbol{C}_{b_H b_H}(t_1, t_2) = \sigma_{b_H}^2 \delta(t_1 - t_2)\boldsymbol{I} \tag{5.95}$$

$$\boldsymbol{C}_{qq}(z_1, t_1, z_2, t_2) = \sigma_q^2 \exp\left(-\left(\frac{z_1 - z_2}{l_q}\right)^2\right)\delta(t_1 - t_2)\boldsymbol{I} \tag{5.96}$$

$$C_{\epsilon\epsilon} = \sigma_0^2 I \tag{5.97}$$

为了计算方便，我们假定模式误差和边界误差在时间维是不相关的。但是对于更实际的应用问题，应适当考虑这个相关性。变量及其误差项的误差方差占标准偏差的 5%～10%。这意味着假设了所有初猜值和动力模式都是准确的，并且它们对逆问题的解有相似的影响。权重的小扰动仅是逆问题估计值中的小扰动。但是大的扰动可能会导致问题。例如，如果将一些初始猜想的权重设为零，逆问题可能会变为欠定的。去相关的长度与动力系统的特征长度尺度类似。这确保了当代表函数具有与动力解相似的长度尺度时，它们也平稳。

图 5.2 给出了初始猜想，参考试验的解和逆问题的估计解。尽管初始猜想的相位与参考试验不一致，并且观测值不能分辨振荡的时间周期，但参考试验的结果能够得到很好的再现。实际上，虽然较少的观测会引入更大的误差，但是由于单个观测的代表变量同时携带时间维的前向和后向信息，足以用于重构正确的相位。然而在初始时间附近，逆问题的估计值的质量是最差的。这可能是由于相对于实际使用的初始条件，权重的选择不佳。

为了更加详细地阐述使用代表函数法求解的过程，图 5.3 给出了变量$\boldsymbol{s}_5$，$\boldsymbol{r}_5$，$\boldsymbol{\lambda}$和$\boldsymbol{C}_{qq}\cdot\boldsymbol{s}_5$，$\boldsymbol{C}_{qq}\cdot\boldsymbol{\lambda}_5$的$u$分量。这些图说明了如何考虑观测信息，并利用其影响估计值。第五个观测对应位置$(z,t)=(-20.0,25.0)$处的u分量。

图 5.3（a）给出了$\boldsymbol{s}_5$的u分量。从式(5.90)可以清楚地看出，其强迫场为观测位置的δ函数。对方程进行积分，可以将上述信息沿着时间维向后传播，且u和v分量会发生相互作用。

此后，将$\boldsymbol{s}_i$代入代表变量的前向积分方程的右边，并用来生成初始条件和边界条件。从图 5.3（b）可以看出，根据$\boldsymbol{C}_{qq}$中的协方差函数，卷积$\boldsymbol{C}_{qq}\cdot\boldsymbol{s}_5$是$\boldsymbol{s}_5$的平滑结果。

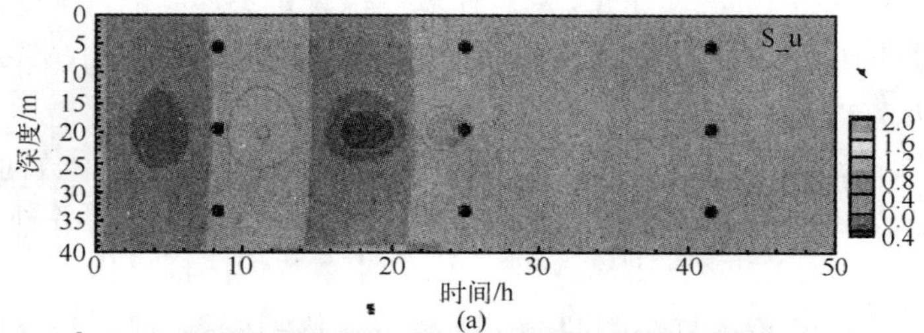

(a)

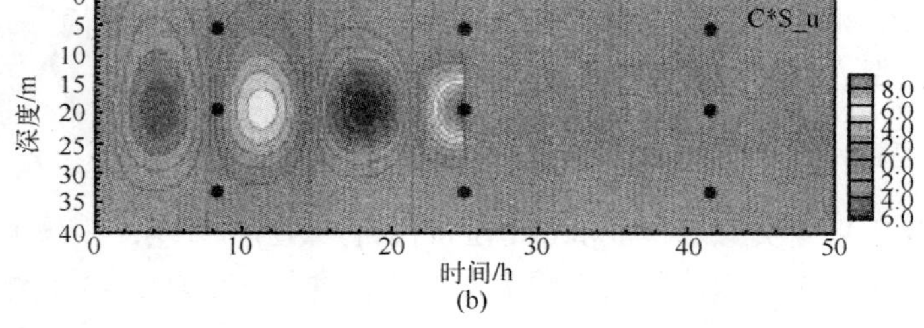

(b)

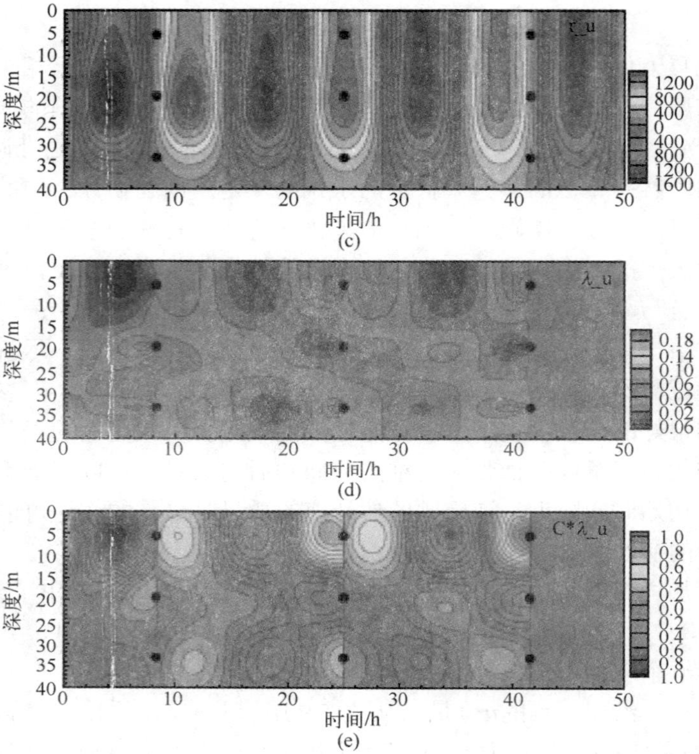

图 5.3　从上到下依次是$\boldsymbol{s}_5$，$\boldsymbol{C}_{qq}\cdot\boldsymbol{s}_5$，$\boldsymbol{r}_5$、伴随变量$\boldsymbol{\lambda}$和$\boldsymbol{C}_{qq}\cdot\boldsymbol{\lambda}$的$u$分量图

实心点表示观测位置。$\boldsymbol{v}$分量的结构与此相似，因此不做展示。上图来自 Eknes 和 Evensen(1997)。

代表变量$\boldsymbol{r}_5$是平滑的，且以某个周期震荡。这个周期反映了动力模式描述的惯性振荡。注意，由于右手边的$\boldsymbol{C}_{qq}\cdot\boldsymbol{s}_5$在观测位置是不连续的，因此代表变量在观测位置处的时间导数是不连续的。但是，如果$\boldsymbol{C}_{qq}$是时间相关的，那么$\boldsymbol{C}_{qq}\cdot\boldsymbol{s}_5$就是连续的，并且$\boldsymbol{r}_5$是平滑的。

在完成代表变量的计算并生成代表矩阵后，我们可以解出系数向量$\boldsymbol{b}$，并用于式(5.81)，以分离欧拉–拉格朗日方程。$\boldsymbol{\lambda}$的u分量(图 5.3)阐述了各种观测是怎样通过$\boldsymbol{b}$中的系数值来产生不同的影响的。而上述系数值同样是由初猜解的质量、观测质量以及观测和初猜解之间的残差决定的。找到$\boldsymbol{\lambda}$后，前向积分模式方程的右侧可以通过卷积$\boldsymbol{C}_{qq}\cdot\boldsymbol{\lambda}$来构造，图 5.3（e）给出了上述场的结果。显然，这一项的作用是使得方程的解趋向于观测值。

5.3.6　真实观测的同化

这里，我们采用类似于 Yu 和 O`Brien(1991,1992)的方法，使用 LOTUS-3 数据集(Bowers 等，1986)来检验代表函数法的执行过程。LOTUS-3 观测是 1982 年夏天在马尾藻海(34°N，70° W)的西北部收集的。测流计安置在 5，10，15，20，25，35，50，65，75 和 100m 的水深上以观测现场海流。安装在 LOTUS-3 塔顶部的测风仪用来观测风速。采样间隔是 15min，Yu 和 O`Brien(1991,1992)使用的数据的时间范围是 1982 年 6 月 30 日到 7 月 9 日。这里，我们使用相同时间段的数据。但是，Yu 和 O`Brien(1991,1992)使用了 10 天内收集的全部数据，而我们仅使用其中的一个子样本数据，即 5，25，35，50 和 75m 层上每隔 5h 的观测值。为了降低代表矩阵$\boldsymbol{\mathcal{M}}^{\mathrm{T}}[\boldsymbol{r}]$的维数，不使用全部观测，从而降低计算代价。上述观测仍旧能够分辨惯性周期和垂向长度尺度。可以预期，观测的二次抽样能够屏蔽主要的小尺度噪声。

模式的初始场为 1982 年 6 月 30 日第一组观测值。速度观测的小尺度变率的标准偏差约为 0.025m/s，我们用此确定观测和初始条件的误差方差。通过检查风观测的小尺度变率，我们采用类似的方法来确定表面边界条件的误差方差。经过几次测试试验，我们确定了模式误差方差，以获得一个相对平滑的逆问题估计解，该解与模式动力几乎是一致的且同时能够逼近观测而不过度拟合。

Ekman 模式仅能刻画风生流和惯性振荡，而观测则包含了其他值，比如压力驱动的海流。因此，与 Yu 和 O`Brien(1991,1992)的做法一样，我们忽略最深的锚系浮标观测的海流中的漂移信号。

图 5.4（a）、（b）、（c）分别给出了 5m，25m 和 50m 深度上速度u分量的逆问题估计(线 1)、观测时间序列(线 2)和二次取样的观测(实点)。

图 5.4 以时间序列给出了不同深度层上速度u分量的逆问题解。我们将逆问题解和观测的时间序列画在了一起。图中实心点表示观测。

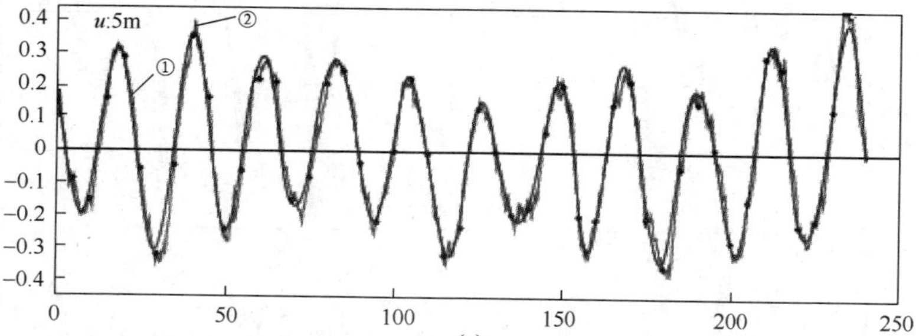

(a)

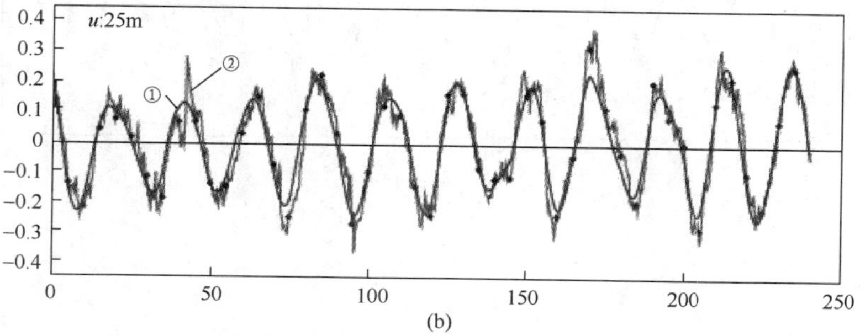

(b)

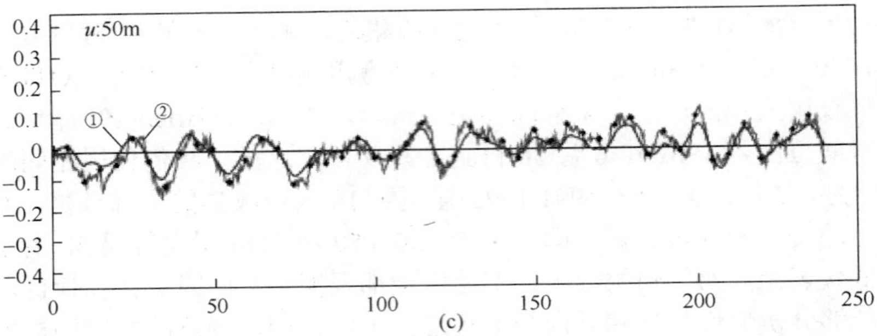

(c)

图 5.4　Eknes 和 Evensen(1997)中 LOTUS-3 同化试验的弱约束结果

首先，可以清楚地看出逆问题估计解的振幅和相位在所有时间和深度层上的观测都吻合得很好。注意，逆问题估计解是平滑的，因此它不与准确的采样观测对比。通过对逆问题估计解进行一个更仔细的检查，我们可以看到逆问题估计解的时间导数在观测位置是不连续的。这是忽略了模式误差协方差中的时间相关性导致的。

为了方便比较，我们也进行了一个强约束试验，结果见图 5.5。注意对于线性模式来说，无需任何迭代，模式误差协方差设为零，然后计算代表变量的解就可很容易地求出强约束逆问题的解。

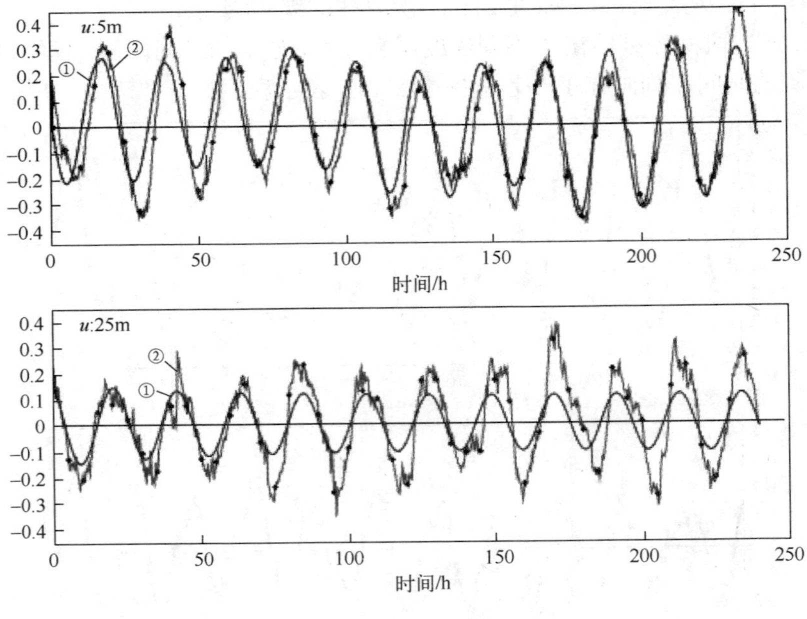

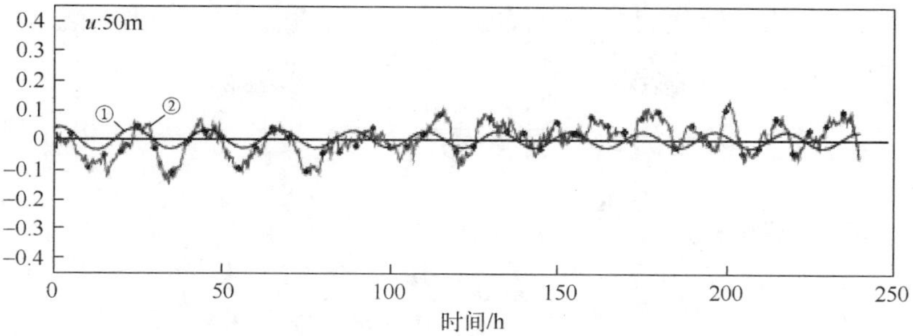

图 5.5 Eknes 和 Evensen(1997)的 LOTUS-3 同化试验得到的强约束结果

图 5.5（a）、（b）、（c）分别表示 5m、25m 和 50m 层上速度 u 分量的逆问题估计解(线 1)，观测的时间序列(线 2)和二次取样的观测(实点)。

根据对比结果，可以清晰地看出在海洋上层的强约束解的相位与观测可以很好的吻合，这是由初始条件确定的，但是振幅的结果却没有弱约束解好。当假定模式是完美时，唯一能够改变振幅的方法是将动量从海面垂直地向下传。在近海面这看上去很合理，但在深层海洋，风应力几乎没有影响，强约束逆问题的解也偏离观测很远。实际上，上述解更接近于描述纯惯性振荡的正弦曲线。Yu 和 O`Brien(1992)的强约束结果与我们的相似，并且振幅和相位也存在相同的问题。这些结果表明模式缺陷比如忽略的物理过程应通过弱约束变分公式来保证逆问题解与观测一致。

5.4 对代表函数法的评价

我们应该对代表函数法做出一些重要的评价。Bennett(1992,2002)给出了详细内容。

（1）就像式(3.55)，对于当前时间相关的问题，我们可以定义一个内积。对于状态估计的初猜值，上述内积的再生核则变成时间维的误差协方差。因此，第 3 章使用的理论也可以用来证明上述问题的特性。

（2）代表函数解给出了线性逆问题的最优解。Bennett(1992)指出，通过假定存在下面的解：

$$\psi(t) = \psi_F(t) + \boldsymbol{b}^{\mathrm{T}}\boldsymbol{r}(t) + g(t) \tag{5.98}$$

其中，$g(t)$是任意一个与代表变量的空间相正交的函数，使用与 3.2.6 节中求解时间独立问题类似的步骤，我们必有$g(t)$恒为 0。这也说明了上述方法是在由代表变量张成的 M 维空间内搜索解的。因此，我们将由罚函数定义的无穷维问题变成了一个 M 维问题。

（3）代表函数法只能用来解线性逆问题。然而，对于非线性动力模式，如果我们可以定义非线性模式的线性迭代的一个收敛结果，那么它仍然能适用，应用代表函数法求解每个线性迭代。例如，我们考虑下面的方程：

$$\frac{\partial u}{\partial t}+u\frac{\partial u}{\partial x}=\cdots \tag{5.99}$$

如果这个方程的解可以通过下面的迭代得到：

$$\frac{\partial u^i}{\partial t}+u^{i-1}\frac{\partial u^i}{\partial x}=\cdots \tag{5.100}$$

那么我们也可以定义线性逆问题的一个收敛结果。该逆问题可以使用代表函数展开法得到准确解。Bennett 和他的同事已经将这个方法应用到许多实际海洋和大气环流模式中，并证明了当非线性不是很强时该方法的效果也很好。事实上，Bennett 等(1996)已经将这个方法应用于一个全球大气原始方程模式中。

（4）根据上述算法，我们似乎需要对每个观测求解其代表变量，而且对于每一个观测需要两个模式积分。然而，事实证明我们可以不需要首先构造矩阵$\boldsymbol{\mathcal{M}}^{\mathrm{T}}[\boldsymbol{r}]$而求解系统式(5.60)。如果使用一种迭代求解法(比如共轭梯度法)，由于仅需要使用任意向量$\boldsymbol{v}$来计算$\boldsymbol{\mathcal{M}}^{\mathrm{T}}[\boldsymbol{r}]$的乘积，上述方法是可行的。上述乘积可以使用 Egbert 等(1994)和 Bennett(2002)提出的智能算法，利用两个模式积分来评估。如果我们将式(5.61)、式(5.62)、式(5.63)和式(5.64)的转置乘以$\boldsymbol{v}$，可以得到：

$$\frac{\partial \boldsymbol{r}^{\mathrm{T}}\boldsymbol{v}}{\partial t}+\gamma^{\mathrm{T}}\boldsymbol{v}=\boldsymbol{C}_{qq}\cdot(\boldsymbol{s}^{\mathrm{T}}\boldsymbol{v}) \tag{5.101}$$

$$(\boldsymbol{\gamma}^{\mathrm{T}}\boldsymbol{v})(0)=\boldsymbol{C}_{aa}\cdot(\boldsymbol{s}^{\mathrm{T}}\boldsymbol{v})(\boldsymbol{0}) \tag{5.102}$$

$$\frac{\partial \boldsymbol{s}^{\mathrm{T}}\boldsymbol{v}}{\partial t}+\boldsymbol{s}^{\mathrm{T}}\boldsymbol{v}=-\boldsymbol{\mathcal{M}}^{\mathrm{T}}[\delta]\boldsymbol{v} \tag{5.103}$$

$$(\boldsymbol{s}^{\mathrm{T}}\boldsymbol{v})(t_k)=0 \tag{5.104}$$

这里我们发现上述情形下，$\boldsymbol{s}^{\mathrm{T}}\boldsymbol{v}=\boldsymbol{v}^{\mathrm{T}}\boldsymbol{s}$是时间的一个标量函数，类似于原始的模式状态。对由式(5.103)和式(5.104)定义的终值问题进行后向积分可以得到解$(\boldsymbol{s}^{\mathrm{T}}\boldsymbol{v})$，并用来求解由式(5.101)和式(5.102)定义的函数$(\boldsymbol{r}^{\mathrm{T}}\boldsymbol{v})$的初值问题。由于观测算子是线性的，我们可以得到：

$$\boldsymbol{\mathcal{M}}[(\boldsymbol{r}^{\mathrm{T}}\boldsymbol{v})]=\boldsymbol{\mathcal{M}}^{\mathrm{T}}[\boldsymbol{r}]\boldsymbol{v} \tag{5.105}$$

它在迭代求解中是必需的。

因此，对于每一个线性迭代，通过使用在找$\boldsymbol{b}$时两倍于共轭梯度迭代次数的模式积分，可以找到代表函数的解。如果预条件很好，那么共轭梯度迭代法则收敛很快，且构造预条件通常仅需要计算和观测几个选择好的代表变量(Bennett，2002)。

（5）最后，如果使用特定的协方差函数，那么我们也可以很高效地计算欧拉-拉格朗日方程中的卷积。Bennett(2002)解释了怎样利用 Derber 和 Rosati(1989)以及 Egbert(1994)提出的方法，通过求解简单的微分方程来计算上面的卷积。

（6）注意，***b***的方程(5.60)类似于标准卡尔曼滤波中的分析方程。此外，卡尔曼滤波中的代表变量或者影响函数是某个特定时刻的误差协方差矩阵的观测值，然而代表函数法中的代表变量是时间和空间的函数。可以证明，它代表变量对应于初猜解的时空误差协方差的观测。因此，卡尔曼滤波中的分析步和代表函数法之间存在相似点。

综上所述，代表函数法是一个十分有效的求解线性逆问题的方法，而且它也适用于很多非线性动力模式。注意，该方法需要知道动力方程和数值代码，以便推导出伴随方程。此外，对一些模式来说，伴随模式的实际推导和执行可能比较麻烦。这与后续将讨论的集合方法相反。集合方法只需将动力模式看作一个黑盒子，只要能向前积分就行。

第 6 章　非线性变分逆问题

本章简要介绍强非线性变分逆问题及其特点，后面的章节将深入探讨更多非线性动力模式的广义逆公式。本章重点研究一些不能简单地用代表函数法解决的强非线性问题。同时给出了代替所谓的直接最小化方法的实例。

6.1　非线性动力的延伸

我们在上一章曾指出，对于非线性模式方程，人们首先会定义线性迭代的一个收敛顺序，然后采用代表函数法解每次迭代的线性逆问题，而不是直接求解非线性逆问题。

另一方面，我们也可以定义一个非线性模式的变分逆问题。例如，当我们将式(5.21)的等号右边用一个非线性函数$G(\psi)$替换，则根据系统式(5.21)～式(5.23)，就可以得到下面的欧拉-拉格朗日方程：

$$\mathrm{d}\psi t - G(\psi) = \int_0^T C_{qq}(t, t_1)\lambda(t_1)\mathrm{d}t_1 \tag{6.1}$$

$$\psi(0) = \Psi_0 + C_{aa}\lambda(0) \tag{6.2}$$

$$\mathrm{d}\lambda t + G^*(\psi)\lambda = -\boldsymbol{\mathcal{M}}_{(2)}^{\mathrm{T}}[\delta(t - t_2)]\boldsymbol{W}_{\epsilon\epsilon}(\boldsymbol{d} - \boldsymbol{\mathcal{M}}[\psi]) \tag{6.3}$$

$$\lambda(T) = 0 \tag{6.4}$$

其中，$G^*(\psi)$是在ψ处的切线性算符$G(\psi)$的转置。因此，与应用扩展卡尔曼滤波时一样，我们需要使用线性化的模式算符，但这里是对反模式或伴随模式而言。因此，此方法可能会出现与应用扩展卡尔曼滤波时类似的问题。

注意，对于非线性动力学而言，由于惩罚函数不再定义希尔伯特空间(Hilbert space)中的内积，所以伴随算符(或伴随方程)是不存在的。此问题可以通过应用切线性算符的伴随来解决。

下面，我们将讨论强非线性混沌洛伦兹方程的一个变分逆问题，并由此来阐述非线性动力学中可能会碰到的典型问题。

6.1.1 洛伦兹方程的广义逆

一些文章使用混沌不稳定动力系统来检验同化方法的效果。尤其是洛伦兹模式(Lorenz，1963)被用于检验很多同化方法。所得结果可以用来说明实际应用中的特点以及适用性，例如在强非线性混沌海洋和大气模式中的应用。

Lorenz 模式是一个由三个一阶耦合非线性微分方程组成的系统，它的变量为x、y和z：

$$\mathrm{d}xt = \sigma(y - x) + q_x \tag{6.5}$$

$$\mathrm{d}yt = \rho x - y - xz + q_y \tag{6.6}$$

$$\mathrm{d}zt = xy - \beta z + q_z \tag{6.7}$$

初始条件是：

$$x(0) = x_0 + a_x \tag{6.8}$$

$$y(0) = y_0 + a_y \tag{6.9}$$

$$z(0) = z_0 + a_z \tag{6.10}$$

这里，$x(t), y(t)$ 和$z(t)$是因变量。方程中的参数采用下面的常用值：$\sigma = 10, \rho = 28, \beta = 8/3$。我们也定义了误差项$\boldsymbol{q}(t)^{\mathrm{T}} = (q_x(t); q_y(t), q_z(t))$和$\boldsymbol{a}^{\mathrm{T}} = (a_x, a_y, a_z)$，它们的误差协方差矩阵为$\boldsymbol{C}_{qq}(t_1, t_2)$和$\boldsymbol{C}_{aa}$。上述混沌系统的初始条件存在小扰动时，该系统经过一段时间的积分会出现完全不同的混沌解。

解的度量是通过下面的观测方程来描述的：

$$\boldsymbol{\mathcal{M}}[\boldsymbol{x}] = \boldsymbol{d} + \boldsymbol{\epsilon} \tag{6.11}$$

若进一步允许动力模式方程(6.5)～方程(6.7)包含误差，我们可以得到下面的标准弱约束变分公式：

$$\mathcal{J}[x, y, z] = \iint_0^T \boldsymbol{q}(t_1)^{\mathrm{T}} \boldsymbol{W}_{qq}(t_1, t_2) \boldsymbol{q}(t_2) \mathrm{d}t_1 \mathrm{d}t_2 + \boldsymbol{a}^{\mathrm{T}} \boldsymbol{W}_{aa} \boldsymbol{a} + \boldsymbol{\epsilon}^{\mathrm{T}} \boldsymbol{W}_{\epsilon\epsilon} \boldsymbol{\epsilon} \tag{6.12}$$

我们根据式(6.13)将权重矩阵$\boldsymbol{W}_{qq}(t_1, t_2) \in \Re^{3*3}$定义为模式误差协方差矩阵$\boldsymbol{C}_{qq}(t_2，t_3) \in \Re^{3*3}$的逆：

$$\int_0^T \boldsymbol{W}_{qq}(t_1, t_2) \boldsymbol{C}_{qq}(t_2, t_3) \mathrm{d}t_2 = \delta(t_1 - t_3) \boldsymbol{I} \tag{6.13}$$

此外，权重矩阵$\boldsymbol{W}_{aa} = \boldsymbol{C}_{aa}^{-1} \in \Re^{3*3}$，$\boldsymbol{W}_{\varepsilon\varepsilon} = \boldsymbol{C}_{\varepsilon\varepsilon}^{-1} \in \Re^{M*M}$。

6.1.2 强约束假设

如果强约束假设有效，那么可以证明此假定条件下的伴随方法对于线性动力系统是有效的。

伴随法所能求解的强约束假设已经广泛应用于大气和海洋领域。4DVAR(四维变分法)是应用于天气预报系统中较有效的一种伴随方法。如今，4DVAR 已经在一些大气天气预报中心实现了业务化或准业务化运行。然而这些同化系统仅对一天或者更短的同化时间间隔能得到好的结果。这可能与切线性近似以及动力模式的混沌特性有关。

在假设模式是完美的，定义 Lorenz 方程的强约束逆问题，即$q(t) \equiv 0$，并且只有初始条件包含误差。许多论文研究了 Lorenz 模式的伴随法，例如 Gauthier (1992)，Stensrud 和 Bao (1992)，Miller 等 (1994)，Pires 等(1996)。这些研究表明，罚函数关于初始条件是非常敏感的。尤其当同化时间间隔超过模式的可预报时间的特定倍数时，就会出现问题。

Miller 等 (1994)发现，当同化时间间隔较短时，罚函数在全局极小值附近为近似抛物线形；当同化时间间隔逐渐增大时，罚函数在全局极小值附近则类似于白噪声过程。

图 6.1 给出了当$y(0) = y_0, z(0) = z_0$并保持它们的先验估计值不变时，代价函数关于$x(0)$的变化趋势。我们进一步假定$x(t)$的所有元素在规则的时间间隔$t_j = j\Delta t_{obs}$内都是可以观测的，其中$j = 1, 2, \cdots, m$，$\Delta t_{obs} = 1$。这样，在每个观测时间t_j上，可以定义下面的观测方程：

$$\mathcal{M}_j[\boldsymbol{x}] = \boldsymbol{d}_j + \boldsymbol{\epsilon}_j \tag{6.14}$$

其中，$\boldsymbol{\epsilon}_j$代表观测中的随机误差。

罚函数可以用下式进行估计：

$$\begin{aligned}\mathcal{J}_J[\boldsymbol{x}(0)] &= (\boldsymbol{x}(0) - \boldsymbol{x}_0)^{\mathrm{T}} \boldsymbol{W}_{aa} (\boldsymbol{x}(0) - \boldsymbol{x}_0) \\ &\quad + \sum_{i=1}^{J} \left(\boldsymbol{d}_j - \mathcal{M}_j[\boldsymbol{x}]\right)^{\mathrm{T}} \boldsymbol{W}_{\epsilon\epsilon}(j) \left(\boldsymbol{d}_j - \mathcal{M}_j[\boldsymbol{x}]\right)\end{aligned} \tag{6.15}$$

其中，下标J定义了同化时间间隔的长度，表示应用了从第 1 到第J个观测时间的全部量测。权重$\boldsymbol{W}_{aa}$和$\boldsymbol{W}_{\varepsilon\varepsilon}(j)$是 3×3 的矩阵，意义和上一节相同。

图 6.1（a）表示了当同化时间间隔很短，$t \in [0,2]$时，即只有模式动力的特征时间尺度的两倍时的结果。显然，即使对于这么短的时间间隔，代价函数仍然存在局部极小值，并且对于基于梯度的算法来说，需要一个好的初始状态的先验估计，以便收敛到全局极小点$x(0) = 1.5$附近。图 6.1（b）将同化间隔延长到$t \in [0, 4]$。我们看到即使基本形状与上图一样，但是在代价函数中出现了一些额外的尖峰和局部极小值。当我们将同化时间间隔延长到图 6.1(c)中的$t \in [0,8]$时，代价函数的形状看上去几乎像一个白噪声过程。显然，传统的基于梯度的方法无

法得到这些代价函数的最小值，而且不管采用什么方法，对于长的同化时间间隔而言，Lorenz 方程的强约束问题实际上是无法求解的。

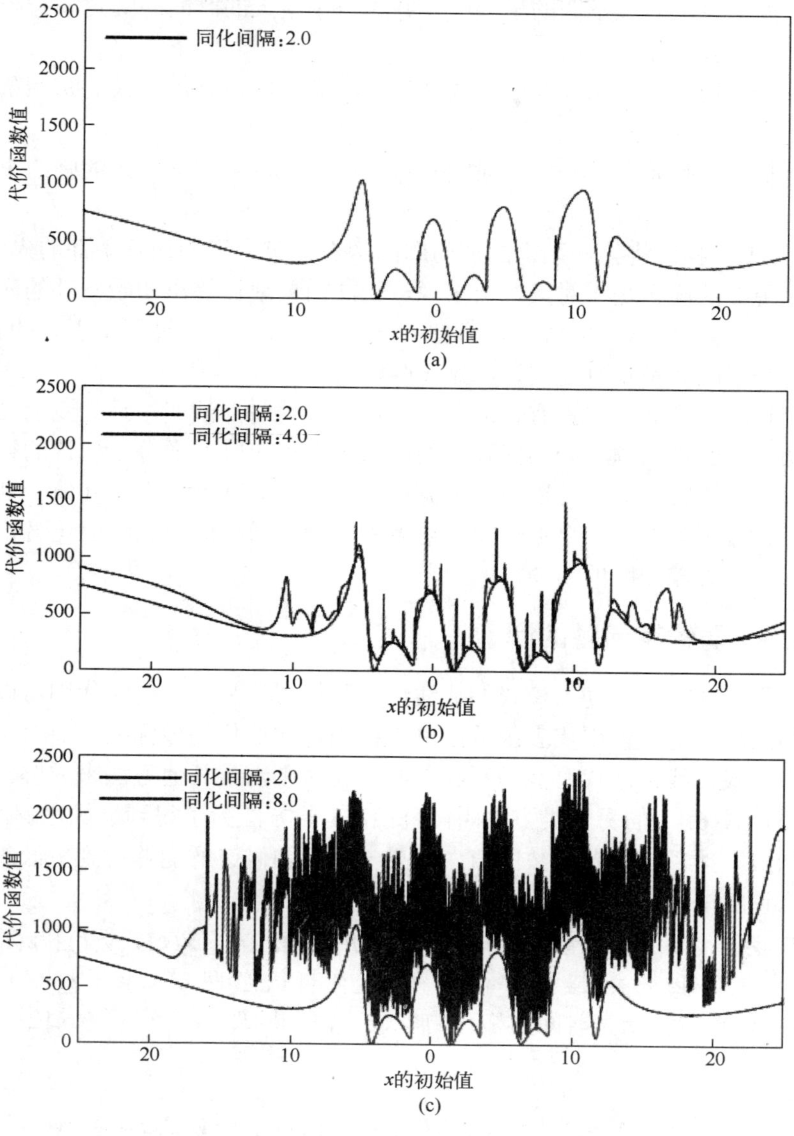

图 6.1　当同化时间间隔为$t \in [0,2]$(a)，$t \in [0,4]$(b)，$t \in [0,8]$(c)时，Lorenz 模式的强约束罚函数关于初始x值的变化，其中y和z为常数保持不变

上述问题是由于模式被简化，而我们却假设模式能够准确地描述混沌不稳定的动力过程而产生。类似的问题同样可能出现在能分辨混沌中尺度环流的海洋和大气模式中。这就是 4DVAR 在这些应用中仅局限于短的同化时间间隔的原因之一。

在大气领域中解决此问题的方法，可以用于求解一组强约束逆问题式(6.15)，这些逆问题是针对时间维独立的子区间而言的。为了说明这一点，我们把同化时间间隔以天为单位分成不同的子区间，并对每个单天的时间间隔定义一个强约束逆问题式(6.15)。因此：

（1）从解第一天的第一个子问题开始，我们可以得到第一天的初始条件的估计值。

（2）从这个初始条件开始，对模式进行积分可以得到第一天的强约束逆问题的解。

（3）然后，我们将第一天末的逆问题的解看作第二天的初始条件的先验估计。

（4）现在的问题是，对第二天来说，无法简单地计算出初始条件的先验误差统计$\boldsymbol{W}_{aa}$的更新值，这个更新值表示着上一个逆问题的计算过程中引入的新信息。因此，每个子区间都重复使用了原始先验$\boldsymbol{W}_{aa}$。

使用这个程序时，并没有合适的误差协方差的时间演变，因此我们要解决一个与最初的强约束问题不同的问题。罚函数的海森矩阵的逆等于估计的初始条件的误差协方差矩阵，因此可以用于计算误差协方差矩阵的合理估计值。利用与扩展卡尔曼滤波中类似的一个近似误差协方差方程，通过同化间隔的更替，可以实现上述误差协方差矩阵的演变。

6.1.3 弱约束问题的解

由前文可知，如果动力模式的非线性不是很强，那么线性迭代则可以得到一个收敛的结果，并且使用代表函数法可以得到每次迭代的最优解。而对于强非线性的动力模式，线性迭代可能是不收敛的，此时则需要其他方法来求解。

最小化式(6.12)的另一类方法叫做替换法。此方法为了得到最优化解，首先猜测一个初解，然后估计罚函数的值。如果一个新的候选解能够得到更低的罚函数值，那么该算法将以一个确定的概率接受这个解。

现在我们需要一个离散形式的罚函数，并将模式变量$x(t)$，$y(t)$和$z(t)$离散到时间格点上。再将这些变量存储在$\Re^n$中的状态向量$\boldsymbol{x},\boldsymbol{y}$和$\boldsymbol{z}$中，即$\boldsymbol{x}^{\mathrm{T}}=(x_1,x_2,\cdots,x_n)$，其中$n$是时间网格点的个数，$\boldsymbol{y}$和$\boldsymbol{z}$同理。那么，式(6.12)的离散形式则变成：

$$\mathcal{J}[\boldsymbol{x},\boldsymbol{y},\boldsymbol{z}]=\Delta t^2\sum_{i=1}^{n}\sum_{j=1}^{n}\boldsymbol{q}(i)^{\mathrm{T}}\boldsymbol{W}_{qq}(i,j)\boldsymbol{q}(j)+\boldsymbol{a}^{\mathrm{T}}\boldsymbol{W}_{aa}\boldsymbol{a}+\boldsymbol{\epsilon}^{\mathrm{T}}\boldsymbol{W}_{\epsilon\epsilon}\boldsymbol{\epsilon} \tag{6.16}$$

其中，$\boldsymbol{q}(i)^{\mathrm{T}}=(q_x(t_i),q_y(t_i),q_z(t_i))$。此外，替换法不需要对模式方程进行积分，只需要应用如下基于二阶中心差分的简单数值离散：

$$\frac{x_{i+1}-x_{i-1}}{2\Delta t}=\sigma(y_i-x_i)+q_x(t_i)$$

$$\frac{y_{i+1}-y_{i-1}}{2\Delta t}=\rho x_i-y_i-x_i z_i+q_y(t_i)$$

(6.17)

$$\frac{z_{i+1}-z_{i-1}}{2\Delta t}=x_i y_i-\beta z_i+q_z(t_i)$$

其中，$i=2,\cdots,n-1$表示时步的索引，n是总的时间步数。

注意，式(6.16)中双重求和的计算量是很大的。因此可以使用一种与代表函数法中计算卷积类似的方法。

Evensen 和 Fario (1997)使用了一种更有效的方法。他们假设模式权重可以写成：

$$\boldsymbol{W}_{qq}(t_1,t_2)=\boldsymbol{W}_{qq}\delta(t_1-t_2) \tag{6.18}$$

其中，$\boldsymbol{W}_{qq}$是一个 3×3 的常数矩阵。这样就省略了式(6.16)中的求和号，从而可以应用更有效的计算算法。然而，这也使模式误差的时间相关性对逆问题估计解的时间正则化的影响减小。

为了保证解在时间维的平滑性，我们用下面的平滑项来代替上面的正则化：

$$\mathcal{J}_S[\boldsymbol{x},\boldsymbol{y},\boldsymbol{z}]=\Delta t\sum_{i=1}^{n}\boldsymbol{\eta}_i{}^{\mathrm{T}}\boldsymbol{W}_{\eta\eta}\boldsymbol{\eta}_i$$

(6.19)

其中，$\boldsymbol{\eta}_i{}^{\mathrm{T}}=(\eta_x(t_i),\eta_y(t_i),(\eta_z(t_i))$，且：

$$\eta_x(t_i)=\frac{x_{i+1}-2x_i+x_{i-1}}{\Delta t^2}$$

(6.20)

$\boldsymbol{W}_{\eta\eta}$是一个权重矩阵，用来确定平滑项的相对影响。

实际上，由于平滑约束与模式误差的惩罚项一同时对应于一个范数，因此为了保持一致性，我们应该平滑模式误差，而不是逆问题的解。并且，McIntosh (1990)也指出，上述平滑范数与协方差矩阵存在一一对应关系。另外，由于我们仅搜索平滑函数，因此这里包括的平滑项将会改善上述方法的条件数。

罚函数现在变成：

$$\mathcal{J}[\boldsymbol{x},\boldsymbol{y},\boldsymbol{z}]=\Delta t\sum_{i=1}^{n}\boldsymbol{q}_i{}^{\mathrm{T}}\boldsymbol{W}_{qq}\boldsymbol{q}_i+\boldsymbol{a}^{\mathrm{T}}\boldsymbol{W}_{aa}\boldsymbol{a}+\boldsymbol{\epsilon}^{\mathrm{T}}\boldsymbol{\omega}\boldsymbol{\epsilon}+\Delta t\sum_{i=1}^{n}\boldsymbol{\eta}_i{}^{\mathrm{T}}\boldsymbol{W}_{\eta\eta}\boldsymbol{\eta}_i$$

(6.21)

对于$\boldsymbol{q}_1$，$\boldsymbol{q}_n$，$\boldsymbol{\eta}_1$和$\boldsymbol{\eta}_n$，我们使用二阶单侧差分公式。

6.1.4 梯度下降法的最小化

一种非常简单的最小化罚函数(6.21)的方法是 Evensen(1997)，Evensen 和 Fario(1997)提出的梯度下降算法。我们可以很容易地推导出罚函数关于全状态向量$(\boldsymbol{x},\boldsymbol{y},\boldsymbol{z})$在时间维的梯度$\nabla(\boldsymbol{x},\boldsymbol{y},\boldsymbol{z})\mathcal{J}[\boldsymbol{x},\boldsymbol{y},\boldsymbol{z}]$。一旦有了梯度值，我们可以将它用于下降算法中以便搜索最小化解。因此，对于 Lorenz 模式，我们利用下述迭代来求解：

$$\begin{pmatrix}\boldsymbol{x}\\\boldsymbol{y}\\\boldsymbol{z}\end{pmatrix}^{i+1}=\begin{pmatrix}\boldsymbol{x}\\\boldsymbol{y}\\\boldsymbol{z}\end{pmatrix}^{i}-\gamma\begin{pmatrix}\nabla(\boldsymbol{x})\mathcal{J}[\boldsymbol{x},\boldsymbol{y},\boldsymbol{z}]\\\nabla(\boldsymbol{y})\mathcal{J}[\boldsymbol{x},\boldsymbol{y},\boldsymbol{z}]\\\nabla(\boldsymbol{z})\mathcal{J}[\boldsymbol{x},\boldsymbol{y},\boldsymbol{z}]\end{pmatrix}^{i} \tag{6.22}$$

其中γ表示步长。在给定一个初猜估计的条件下，首先计算代价函数的梯度，然后沿着梯度的方向上搜索一个新的状态估计。

和伴随法与代表函数法一样，梯度下降算法需要的存储量量级为状态向量在时空维的维数。

注意，使用梯度下降法不需要任何模式积分。这与代表函数法、伴随法和卡尔曼滤波法相反，代表函数法和伴随法需要积分正模式和伴随模式，而卡尔曼滤波需要积分正模式。

只要罚函数不包含任何局部极小值，梯度法最终将收敛于最小化的解。然而，明显的缺陷是对于高维度问题，问题的维度变得十分巨大，即因变量的个数乘以时空维的网格点数。对于 Lorenz 模式来说，维数为 $3n$。这通常比观测的个数大得多，而观测的个数则定义了用代表函数法求解问题的维度。因此，为了保证高维度问题能够在可接受的迭代步数内收敛，可能需要一个合适的条件数。

6.1.5 遗传算法最小化

由于式(6.21)的第一项包含模式残差，带有非线性动力的罚函数一般情况下不具有凸性。然而，观测惩罚项和平滑项对罚函数的贡献表现为二次型。如果权重矩阵$\boldsymbol{W}_{\epsilon\epsilon}$和$\boldsymbol{W}_{\eta\eta}$与动力权重矩阵$\boldsymbol{W}_{qq}$相比足够大，那么罚函数则接近二次型。相反地，如果模式残差项是罚函数的主导项，显然，纯粹的下降算法可能会陷入局部极小点，而且通过迭代找到的解可能会依赖于初猜场。

遗传算法是一类较特殊的替换法。它是典型的统计方法。为了得到最优解，首先随机地猜测新的估计值或者用某种智能算法选择估计值。然后，采用一种接受算法来决定是否接受新的估计值。该接受算法不仅取决于惩罚函数的值，而且有一个随机量使其能够逃离局部极小值。

若从统计学的角度理解遗传算法，则最小化解可以理解为概率密度函数的最大似然估计：

$$f(\boldsymbol{x},\boldsymbol{y},\boldsymbol{z})\propto\exp\left(-\mathcal{J}[\boldsymbol{x},\boldsymbol{y},\boldsymbol{z}]\right) \tag{6.23}$$

对从某个分布随机选择的点，采用基于蒙特卡洛方法的标准数值积分可以估计$f(\boldsymbol{x},\boldsymbol{y},\boldsymbol{z})$的矩。然而，对于许多高维模式，比如海洋和大气模式，由于状态空间的维数也非常巨大，上述计算方法的效率非常低。

1. Metropolis 算法

Metropolis 等(1953)提出一种可以替换遗传算法的方法，本章通过变量$\boldsymbol{\psi}^{\mathrm{T}}=(\boldsymbol{x},\boldsymbol{y},\boldsymbol{z})$来阐述该方法。该算法通过在目标空间以随机游走的方式对一个概率密度函数进行采样。在每一个取样位置$\boldsymbol{\psi}$上，叠加一个扰动来产生一个新的估计值$\boldsymbol{\psi}_1$，并且根据以下概率来决定是否接受该估计值：

$$p=\min\left(1,\frac{f(\boldsymbol{\psi}_1)}{f(\boldsymbol{\psi})}\right) \tag{6.24}$$

以概率p来接受估计值的机制为：首先，生成一个服从[0,1]区间均匀分布的随机数ξ；其次，如果$\xi\leq p$，那么接受$\boldsymbol{\psi}_1$。Metropolis 等(1953) 中提出了基于p和ξ值的条件的爬坡算法，故命名为 Metropolis 算法。文章也证明了该方法是遍历的，即任何状态都可由其他状态得到，并且试验从概率分布$f(\boldsymbol{\psi})$取样。显然，在强非线性动力的高维空间中，随机采样的随机性太高，并且多数会得到概率很低的估计值$\boldsymbol{\psi}_1$，被接受的概率很小。因此，这种算法变得十分低效。

2. 混合蒙特卡洛算法

Bennett 和 Chua (1994)在求解非线性开阔大洋浅水模式的逆问题时，使用了随机游走的替代方案，该方案的收敛速度更快。该算法起源于 Duane 等(1987)，它能构建具有可接受概率的估计值。该算法的基础是如下哈密顿函数的构造：

$$\mathcal{H}[\boldsymbol{\psi},\boldsymbol{\pi}]=\mathcal{J}[\boldsymbol{\psi}]+\frac{1}{2}\boldsymbol{\pi}^{\mathrm{T}}\boldsymbol{\pi} \tag{6.25}$$

然后在$(\boldsymbol{\psi},\boldsymbol{\pi})$相空间中推导关于伪时间变量$\tau$的规范化运动方程：

$$\frac{\partial\psi_i}{\partial\tau}=\frac{\partial\mathcal{H}}{\partial\pi_i}=\pi_i \tag{6.26}$$

$$\frac{\partial\pi_i}{\partial\tau}=-\frac{\partial\mathcal{H}}{\partial\psi_i}=-\frac{\partial\mathcal{J}}{\partial\psi_i} \tag{6.27}$$

使用先前接受的$\boldsymbol{\psi}$值和$\boldsymbol{\pi}(0)$的随机猜测来作为初始条件，对这个系统在一个伪时间间隔$\tau\in[0,\tau_1]$上进行积分。然后，使用 Metropolis 算法得到新的猜测值$\boldsymbol{\psi}(\tau_1)$。Duane 等(1987)证明了此算法也能保持平衡，即：

$$f(\boldsymbol{\psi}_1,\boldsymbol{\psi}_2)=f(\boldsymbol{\psi}_2|\boldsymbol{\psi}_1)f(\boldsymbol{\psi}_1)=f(\boldsymbol{\psi}_1|\boldsymbol{\psi}_2)f(\boldsymbol{\psi}_2) \tag{6.28}$$

它是证明随机试验的长序列收敛于分布式(6.23)的必需条件。

这种方法的思路是很清晰的。在哈密顿函数式(6.25)中，罚函数定义了势能，而最后一项则代表了动能。正则方程描述了总能量恒定的直线运动。因此，在一个有限且随机的初始动量条件下，一段伪时间区间内正则方程的积分将会产生一个新的具有不同势能和动能分布的估计值。除非初始动量非常大，否则总可以得到一个具有合理概率的估计值。如果初始动量是零，那么它将产生一个具有更少势能和更高概率的估计值。如果初始估计值是一个局部极小值，那么初始的随机动量便可以提供足够的能量来逃离局部极小值。

注意，一旦找到变分问题的最小值后，我们可以通过收集附近状态的样本来估计后验误差统计量。因此，通过使用混合蒙特卡洛方法来生成一个马尔可夫链以对概率函数进行抽样，我们可以得到一个统计方差估计。该方法可用于生成与求解弱约束问题的最小化技术相独立的误差估计。因此，它也可以与不容易给出误差统计的代表函数法相结合。

3. 模拟退火法

考虑到模拟退火技术具有逃离局部极小值的能力，当我们遇到具有许多局部极小点的罚函数时，该方法可以用来改善算法的收敛性。

模拟退火法(Kirkpatrick 等，1983；Azencott，1992)的基本公式非常简单。我们用下面的例子对它进行阐述，对罚函数$\mathcal{J}[\boldsymbol{\psi}]$关于变量$\boldsymbol{\psi}$进行最小化，其中罚函数可能是非线性且不连续的：

$\boldsymbol{\Psi}$初猜值

for i=1:…

$$\boldsymbol{\psi}_1 = \boldsymbol{\psi} + \Delta\boldsymbol{\psi}$$

if($\mathcal{J}[\boldsymbol{\psi}_1] < \mathcal{J}[\boldsymbol{\psi}]$) then

$$\boldsymbol{\psi} = \boldsymbol{\psi}_1$$

else

$\zeta \in [0,1]$随机数

$$p = \exp\left((\mathcal{J}[\boldsymbol{\psi}] - \mathcal{J}[\boldsymbol{\psi}_1]/\theta\right) \in [0,1]$$

if $p > \zeta$ then $\boldsymbol{\psi} = \boldsymbol{\psi}_1$

end

$$\theta = f(\theta,\ i,\ \mathcal{J}_{\min})$$

end

这里，$\Delta\boldsymbol{\psi}$可以是一个正态分布随机向量，但使用前面描述的混合蒙特卡洛技术可以更高效地模拟它。

温度方案$\theta = \theta(\theta, i, \mathcal{J}_{\min})$用于对系统进行冷却或者松弛，它通常是迭代计数器$i$的一个下降函数。

试验将收敛到以下分布：

$$f(\boldsymbol{\psi}) \propto \exp\left(-\mathcal{J}[\boldsymbol{\psi}]/\theta\right) \tag{6.29}$$

通过缓慢减小θ值，上述分布在$\boldsymbol{\psi}$的极小值处将逼近 delta 函数。然后，利用这个想法来选择一个温度方案，此方案应避免迭代过多以免陷入局部极小点，或者接受过多的爬坡运动。Bohachevsky 等(1986)指出，温度应该以概率$p \in [0.5,0.9]$来

选择。他们也提出了一种广义算法，其中p是根据$p = \exp(\beta(\mathcal{J}[\boldsymbol{\psi}] - \mathcal{J}[\boldsymbol{\psi}_1])/(\mathcal{J}[\boldsymbol{\psi}] - \mathcal{J}_{\min})$来计算，这里$\beta$近似为 3.5，$\mathcal{J}_{\min}$是罚函数未知最小值的一个估计。然后，当随机游走接近全局极小值时，接受错误学习步的概率则趋向零。如果发现代价函数的一个值比$\mathcal{J}_{\min}$小，那么就用这个值代替$\mathcal{J}_{\min}$。

Barth 和 Wunsch (1990)曾用模拟退火算法来优化海洋资料采集方案。Neal(1992，1993)在后向传播网络的贝叶斯训练背景下，深入讨论了如何将混合蒙特卡洛方法与模拟退火方法相结合。Bennett 和 Chua(1994)采用该方法在一个区域内解具有欠定开边界的原始方程模式的逆问题。Evensen 和 Fario(1997)讨论了上述方法在洛伦兹方程中的应用，在下面的章节中我们将对上述方法进行阐述。

6.2 洛伦兹方程的范例

这里我们给出一个将梯度下降法和模拟退火法用于洛伦兹方程的算例。此算例与 Evensen 和 Fario(1997)中讨论的例子相似。

6.2.1 估计模式误差协方差

在孪生试验中，可以对模式误差协方差进行准确估计。首先，利用一个高精度常微分方程求解器来计算参考解或真实解。然后，唯一对动力误差项$\boldsymbol{q}_n$有显著贡献的是近似时间离散方程(6.17)引入的误差。我们可以估计这些不正确的拟合，并用于确定逆问题求解所需的权重矩阵$\boldsymbol{W}_{qq}$和$\boldsymbol{W}_{\eta\eta}$。

另一种方法是计算离散模式方程(6.17)中的中心一阶导数近似的一阶误差项，即将$x(t)$的时间导数写成：

$$\frac{\partial x}{\partial t} = \frac{x(t+\Delta t) - x(t-\Delta t)}{2\Delta t} + \frac{1}{6}\frac{\partial^3 x}{\partial t^3}\Delta t^2 + \cdots \tag{6.30}$$

并在已知真实解的条件下计算误差项。

$\Delta t = 0.033$的两条相似曲线用来比较实际计算的拟合曲线和离散时间导数中的最低阶误差项（摘自 Evensen 和 Fario(1997)）。

图 6.2 给出了使用两个不同的时间步长得到的动力拟合结果。显然，误差随着时间步长的增加而增大，最大的误差位于参考解的顶点。$\Delta t = 0.033$时的两个几乎相同的曲线是使用上面描述的两种不同的方法生成的。

根据这些误差的长时间序列，可以估计协方差矩阵$\boldsymbol{C}_{qq}$，其显然依赖于所使用的时间步长。在这个试验中，我们将时间步长设为$\Delta t = 0.01667$，那么相应的误差协方差矩阵则为：

$$\boldsymbol{C}_{qq} = \begin{bmatrix} 0.1491 & 0.1505 & 0.0007 \\ 0.1505 & 0.9048 & 0.0014 \\ 0.0007 & 0.0014 & 0.9180 \end{bmatrix} \tag{6.31}$$

其中，我们进行了一个长时间区间$t \in [0, 1667]$，即 100000 个时间步的积分。该矩阵的逆将用于罚函数式(6.21)中的$\boldsymbol{W}_{qq}$。

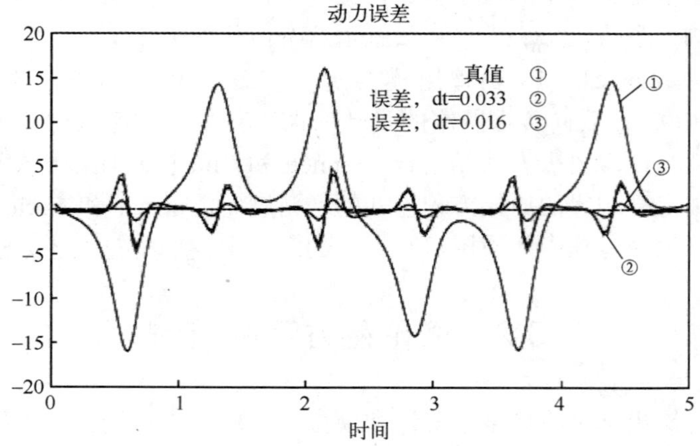

图 6.2　时间导数的差分近似的误差，这里也画出了计算误差使用的参考解

6.2.2　模式误差协方差的时间相关性

误差在时间维存在明显的相关性。图 6.3 给出了动力误差的x，y和z分量的自相关函数。由于不便使用全空间和时间协方差矩阵，我们引入平滑项(6.19)，以对最小化解进行调节。

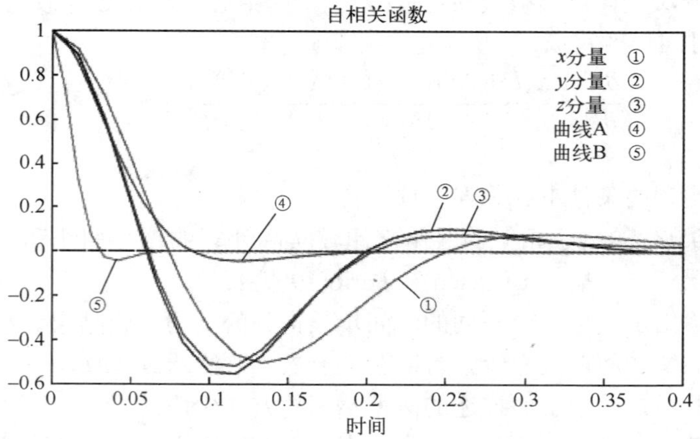

图 6.3　用于计算解的x，y和z分量的动力拟合结果的自相关函数，
以及当$\gamma = 0.0008$(曲线④)和$\gamma = 0.00001$(曲线⑤)时，与平滑项相对应的
两个自相关函数（摘自 Evensen 和 Fario(1997)）

可以证明具有下述形式的平滑范数：

$$||\psi|| = \int_0^T \psi^2 + \gamma\psi_{tt}^2 \, \mathrm{d}t \tag{6.32}$$

有如下傅里叶变换：

$$\hat{\psi} = (1 + \gamma\omega^4)^{-1} \tag{6.33}$$

增加频率ω的限制行为与$(\gamma\omega^4)^{-1}$成正比。因此，平滑范数中高频部分惩罚最强。为了方便阐述，我们增加ψ^2项作为初猜的惩罚。如果没有这一项，$\omega \to 0$时的限制行为将变得异常，且相应的自相关函数将变得非常平坦。在实际的逆问题公式中，动力和初始残差将提供初始猜想惩罚，以确保$f \to 0$时的良好限制行为。

图 6.3 给出了$\gamma = 0.0008$(曲线 4)和$\gamma = 0.00001$(曲线 5)时，利用频谱式(6.33)进行傅里叶逆变换计算的自相关函数。对于$\gamma = 0.0008$，上述自相关函数的宽度大约为动力误差自相关函数的一半。然而，结果证明此时的逆问题估计解变得太平滑，即解的峰值与参考解相比太低。我们决定使用$\gamma = 0.00001$，它能给出与参考解更相符的逆问题估计解。基于图 6.2 中动力拟合的时间序列，可以清楚地看到大多数时间误差是很平滑的，而当它们接近参考解的峰值时会突然发生变化。计算出的自相关函数描述了动力拟合的一个“平均”平滑效果，而动力拟合在参考解的峰值附近非常平滑。这可以证明使用较小的平滑权重$\gamma = 0.00001$是合适的。

假定初始条件中误差的误差协方差矩阵$\boldsymbol{C}_{aa}$和观测误差协方差矩阵$\boldsymbol{C}_{\varepsilon\varepsilon}$都是对角阵，且具有相同的误差方差为 0.5。模式误差协方差矩阵由式(6.31)给出，平滑权重矩阵假设为对角阵，且$\boldsymbol{W}_{\eta\eta} = \gamma\boldsymbol{I}$，其中$\gamma = 0.00001$。

6.2.3 示例试验

对于所有试验，参考试验的初始条件为$(x_0, y_0, z_0) = (1.508870, -1.531271, 25.46091)$，观测和初始条件的初猜值通过在参考解上叠加服从均值为零、方差为 0.5 的正态分布随机数产生。这些值比 Miller 等(1994)、Evensen 和 Fario(1997)用的 2.0 方差更低。

梯度下降法中的初猜值首先选择参考解的均值，约为(0,0,23)。然而，局部极小值可能接近零解，此时不存在动力惩罚项和平滑惩罚项。因此，在下降算法中，使用接近零解的估计值作为初猜值并不明智。为了降低陷入局部极小点的概率，下降算法使用一个与观测一致的客观分析估计值作为初猜值。该客观分析估计值的计算方法是与客观分析法(Mc Intosh，1990)等价的平滑样条最小化算法。该方法可以通过将动力拟合项替换为逆问题公式(6.21)中的初猜估计的惩罚项来实现。举例如下。

实例 A

这种情况可以看作是一种基本情况，除了较小的观测误差，它与 Miller 等(1994)讨论的情况相似，即时间区间是$t \in [0,20]$，观测间隔是$\Delta t_{obs} = 0.25$。客观分析估计，本例中的梯度下降法能够找到全局极小点。图 6.4 和图 6.5 给出了三个变量的最小化解，以及作为迭代步函数的罚函数中的各项。我们惊奇地发现逆问题估计解是如此地接近参考解。这个逆问题估计解的质量明显优于先前使用扩展卡尔曼滤波或强约束公式计算的逆问题估计解。根据图 6.4 给出的罚函数中的各项可以看出，初猜场接近观测且很平滑，而动力残差很大且占据代价函数总体值的 99%以上。在迭代过程中，动力拟合的误差降低了，而平滑项和观测项则存在一个初始增加，这表明最终的逆问题估计解偏离观测很远且没有初猜场平滑。

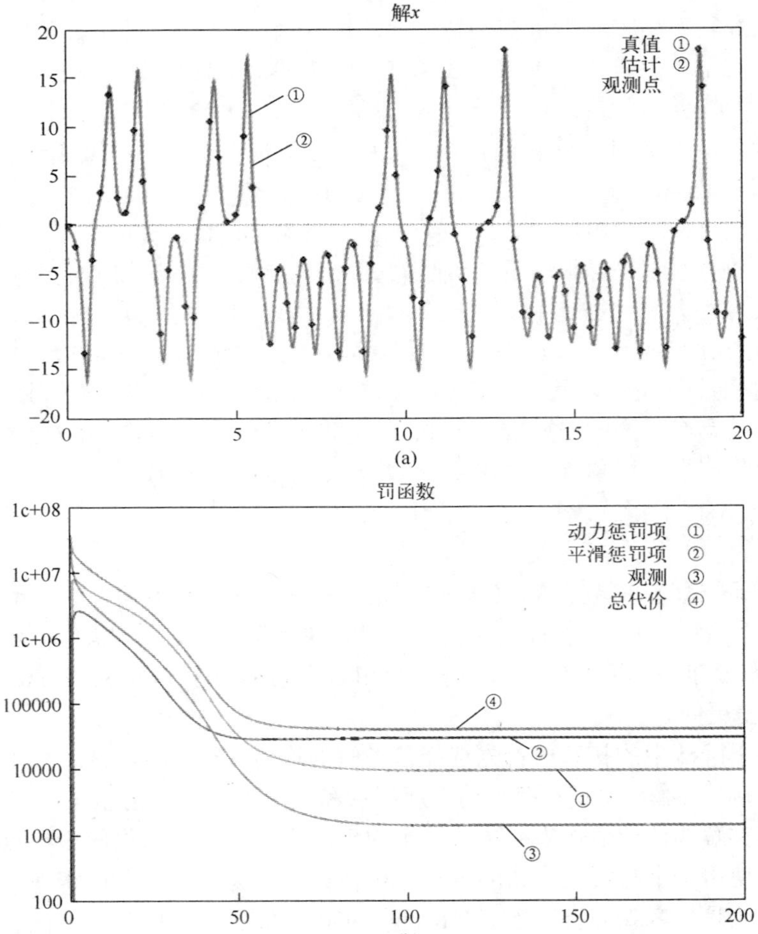

(a)

(b)

图 6.4 实例 A：x的逆问题估计(a)和罚函数中的各项(b)

实线表示估计解，虚线表示真实的参考解，方块表示模拟的观测。
在以下图形中将使用同样的线条类型（摘自 Evensen 和 Fario(1997)）

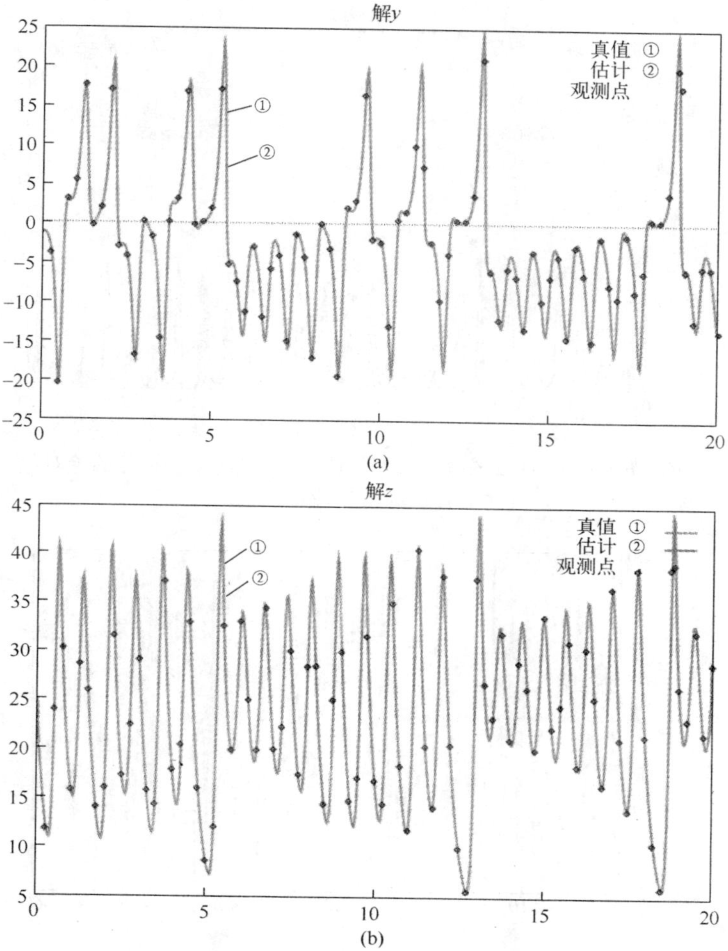

图 6.5　实例 A：y(a)和z(b)的逆问题估计解

（摘自 Evensen 和 Fario(1997)）

采用混合 Monte Carlo 方法来估计最小化解中误差的标准差。图 6.6 给出了x分量的误差标准差以及估计解和参考解之间的真实差异。最大误差发生在解的峰值附近，统计误差与真实误差相似。

实例 B

这里，为了检验逆问题估计对长时间区间的敏感性，我们将时间区间延长至$T = 60$。为了得到与实例 A 中相同的观测密度，观测的数量增加为原来的 3 倍。注意，代价函数的值也增大为原来的 3 倍左右。这个试验的结果与实例 A 类似，收敛于全局极小值的速度也与实例 A 中的相似。图 6.7 给出了解的x分量以及罚函数中的各项。

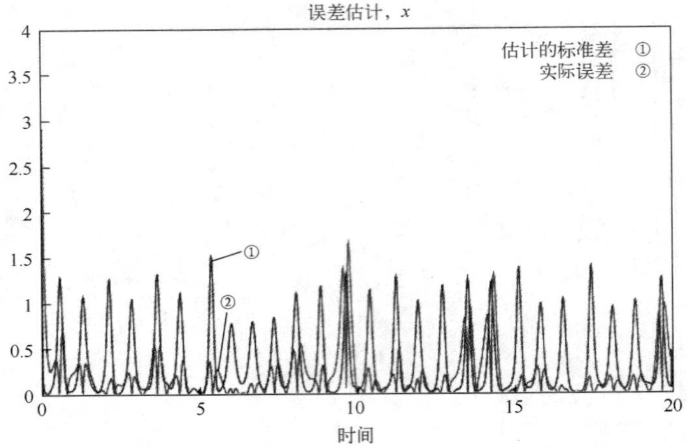

图 6.6 实例 A：x的统计误差估计(标准差)与实际误差的绝对值

（摘自 Evensen 和 Fario(1997)）

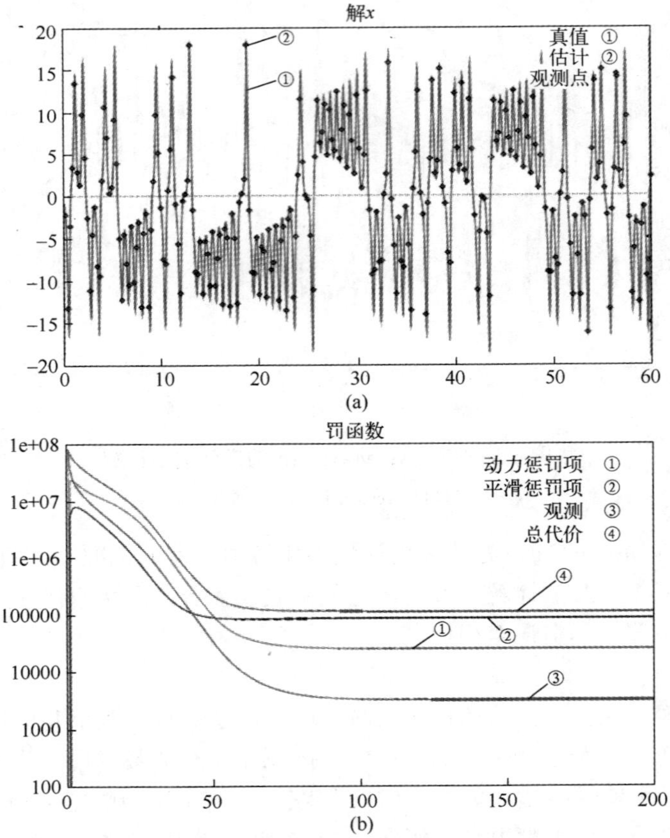

图 6.7 实例 B：x的逆问题估计解(a)和惩罚函数(b)

（摘自 Evensen 和 Fario(1997)）

从这个例子可以得出一个重要结论：通过在逆问题中使用弱约束变分公式，可以完全消除估计解对初始条件的扰动的强敏感性，而这种敏感性存在于强约束变分公式中。弱约束公式允许动力模式“忘记”很久前和未来的信息。因此，逆问题计算的收敛性有“局部”性，即两个相距很远的点的当前估计相互之间没有影响。

实例 C

图 6.8 给出了当观测间隔增加到Δt_{obs}= 0.50 时，x分量的解以及罚函数的各项，其中x的解漏掉了几个转换的过程。这表明梯度算法收敛到了一个局部极小点。我们可以运行另一个极小化程序，它使用真实参考解作为梯度方法的初猜场，来证实上述结论的正确性。图 6.9 给出了这个试验的结果，在对初始场进行一个较小的调整后，算法收敛于全局极小点，该点有一个更低的代价函数值且能抓住所有的转换过程。因此，我们可以得出结论，当观测密度降低时，观测项对代价函数的贡献将是一个较小的二次型，且在某个情形下会出现局部极小点。

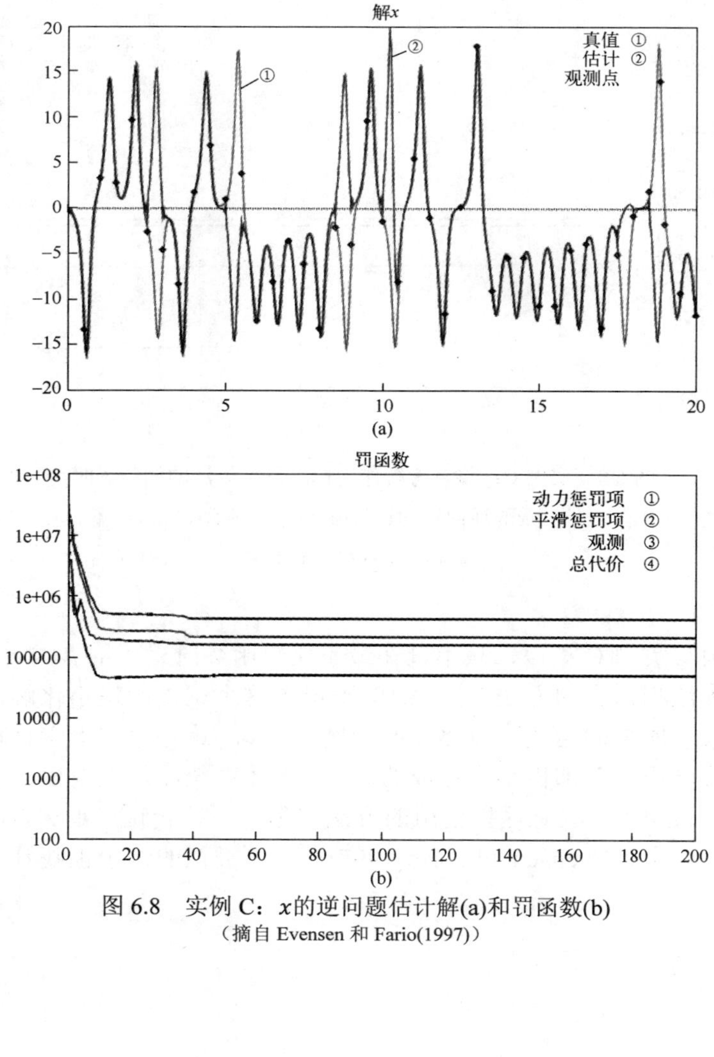

图 6.8 实例 C：x的逆问题估计解(a)和罚函数(b)
（摘自 Evensen 和 Fario(1997)）

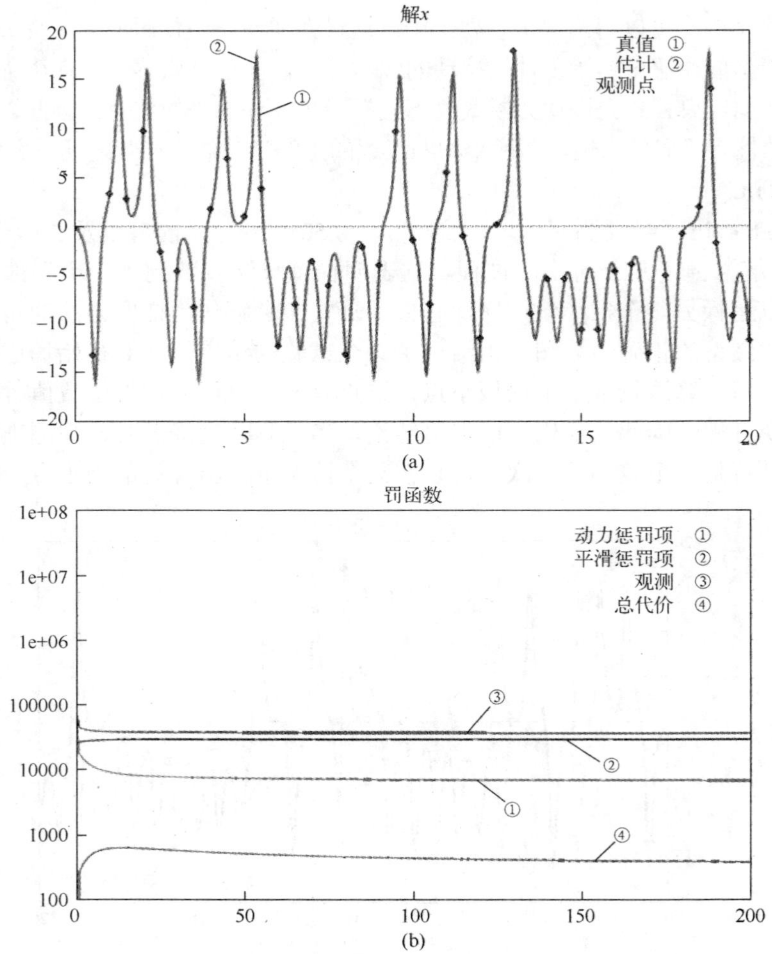

图 6.9 实例 C：将参考解作为梯度下降算法的初猜场时，x的逆问题估计解(a)和惩罚函数(b)

（摘自 Evensen 和 Fario(1997)）

实例 C1

该实例与实例 C 相似，只不过在最小化罚函数时采用混合 Monte Carlo 法与模拟退火法相结合的方法。图 6.10 给出了这个试验的最小化解。注意，这个试验中收敛所需的迭代次数比前面的例子都高。这是允许上游移动的退火过程引起的扰动逃离局部极小点造成的。由于上述系统冷却太快以至于无法保证能找到全局极小点，因此这里使用的方法实际上不适合说成退火，而应该表示为冷却。实际上，Evensen 和 Fario(1997)有一个类似的例子也找到了一个局部极小点。

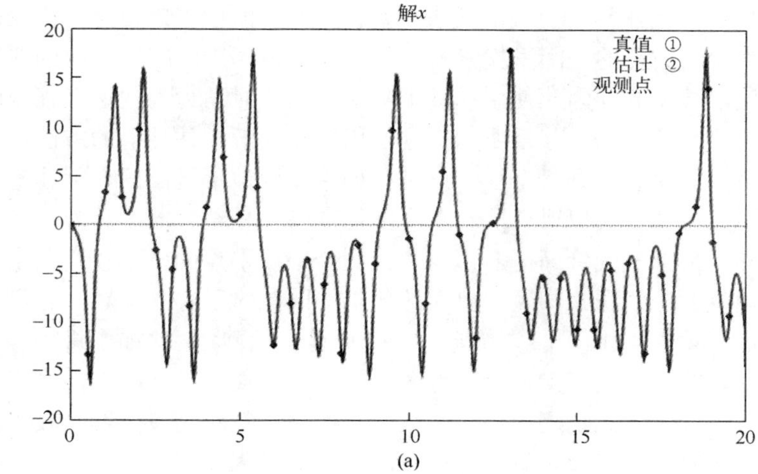

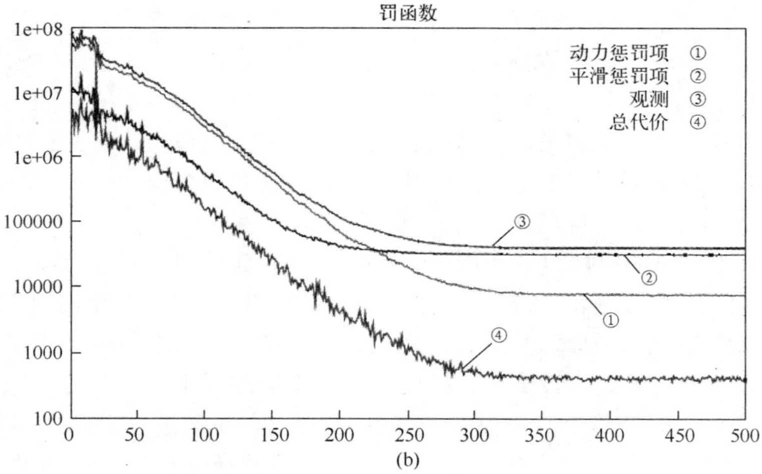

图 6.10 实例 C1：使用基于模拟退火法的遗传算法时，x的逆问题估计解(a)和惩函数(b)

（摘自 Evensen 和 Fario(1997)）

6.2.4 讨论

利用梯度下降法，本节对洛伦兹模式的弱约束变分公式进行了最小化。

结果表明：通过将动力模式作为弱约束，并允许动力过程包含误差，可以得到比强约束公式更适定的问题。由于允许模式误差的存在，估计解可以偏离准确的模式轨迹，从而忘记很久前和将来的信息，因此弱约束公式消除了问题关于初始条件的敏感性。此外，弱约束问题对同化区间的长度没有限制。

将“空间”和时间维的全状态视为控制变量，从而计算逆问题的解。使用梯度下降法求解弱约束逆问题的主要缺陷是与上述公式相关的巨大状态空间。我们可以把它与数学上非常吸引人的代表函数法(Bennett，1992)相比。代表函数法在一个维数为观测数目的空间里搜索解。另一方面，由于时空维的解的新估计值是在每次迭代中替换的，因此使用梯度下降法不需要对动力方程进行任何的积分。这就产生了符号替代法，其重要的问题是用来建议解的估计值的方法。

梯度下降法总会得到一个解。但是，如果罚函数不是凸的，上述解可能是一个局部极小点。基于模拟退火法和混合蒙特卡洛法相结合的统计方法在生成估计值方面比梯度下降法代价高得多，但是找到全局极小点的概率较高。由于遗传算法仅能解稍复杂的问题，却需要更大的代价，因此对于实际问题，它们仅能带来很小的改进。因此，我们宁愿尝试定义一个更适定的问题，比如引进额外的观测。

需要注意的是，当观测覆盖良好时，罚函数本质上是凸的，但当观测数量减少或观测质量较差时，观测项对罚函数的二次型贡献对结果的影响较小，而且动力过程中的非线性可能会导致局部极小点的产生。因此，替代法能否成功非常依赖于观测密度。当观测数量充足多时，算法便会收敛到弱约束问题的全局极小点。当观测数量减少时，罚函数将会包含多个局部极小点，且梯度下降算法无法收敛到全局极小点。

此外，还需要指出的是，梯度下降法并不直接给出最小化解的误差估计。然而，如果我们首先利用梯度下降法寻找解，然后利用混合蒙特卡洛法对后验分布函数进行采样，那么就可以计算误差方差的估计值。

Natvik 等(2001)将该方法应用到一个简单但非线性的三变量海洋生态模式。在这个例子中，问题的维数等于三个变量乘以时间维的格点数。结果与 Evensen(1997)发现的类似，且只有在那些包含足够观测密度的例子中，才能找到全局极小点。当观测数量较少时，梯度法收敛于局部极小点。

替代法对由时空维的模式状态向量组成的状态向量进行求解。显然，对于实际模式来说，这是非常大的，且我们注意到线性逆问题的实际维数等于观测数量，因此它并不实用。且上述研究结果表明，如果格点数很大，那么收敛速度将会很慢。

在最后一个与实例 A 类似的例子中，我们仅使用解的x分量的观测，利用梯度下降法仍然能找到全局极小点。在这个例子中，y和z的估计值完全由模式误差协方差矩阵和动力方程的相互作用来决定。但是，这个例子中收敛速度较低。由于当只对解的x分量进行观测时，观测项的二次型贡献较低，因此可以预期，上述结果是由差的条件数造成的。这也表明，当把该方法用于高维度问题或稀疏观测时，收敛问题可能变得至关重要。

第7章　概 率 公 式

在前面的章节中我们讨论了一些传统的数据同化方法，并通过一些简单的例子进行了说明。本章将考虑联合参数与状态估计的问题，给出数学与统计一致的公式。本章以贝叶斯定理为基础，其中贝叶斯定理定义了未知参数和观测约束下模型解之间的后验概率密度函数。

在下面章节中，我们可以看到，无论是广义逆公式还是集合卡尔曼滤波或者集合平滑器，都可以由贝叶斯定理推导得到。此外，贝叶斯定理还可以帮助解释不同的同化方法并理解它们的假设与近似条件，并且理解所要解决的问题。

引进未知参数并没有使研究更加复杂。参数估计问题和状态估计问题密切相关，事实上这两个问题应该被视为参数和状态的联合估计问题。实际上，许多参数估计的工作已被忽视，可能是因为这些问题的理论基础及其解决方法不够完善。

7.1　参数与状态联合估计

动力模式的参数估计问题可以定义为“在给定一组观测数据和带有不确定性的动力模型的条件下，如何去寻找参数和模式状态的联合概率密度函数”。

这与传统的方法完全不同，这个问题通常可以归结为如何寻找参数的估计值，使模式结果尽可能接近给定的一组测量数据；简而言之，就是如何寻找能使模式结果尽可能接近给定观测值的参数估计值。在这些定义下，若忽略未知参数的误差，则可以认为动力模型是完美的。在考虑参数的情况下将代价函数最小化，该代价函数表示模型结果和观测值之间的加权距离，并加上待估参数与其先验估计值之间的加权距离的和。

另外，对前面章节中提到的纯状态估计问题做如下定义：在给定若干与模式结果相关的观测数据的条件下，搜索模式结果的概率密度函数。

7.2　模式方程和量测

我们在空间域$\mathcal{D}$和其边界 $\partial\mathcal{D}$上定义一个与初始和边界条件相关的模式和一组观测值：

$$\frac{\partial \boldsymbol{\psi}(\boldsymbol{x},t)}{\partial t} = \boldsymbol{G}\big(\boldsymbol{\psi}(\boldsymbol{x},t),\boldsymbol{\alpha}(\boldsymbol{x})\big) + \boldsymbol{q}(\boldsymbol{x},t) \tag{7.1}$$

$$\boldsymbol{\psi}(\boldsymbol{x},t_0) = \boldsymbol{\Psi}_0(\boldsymbol{x}) + \boldsymbol{a}(\boldsymbol{x}) \tag{7.2}$$

$$\boldsymbol{\psi}(\boldsymbol{x},t)|_{\partial\mathcal{D}} = \boldsymbol{\Psi}_b(\boldsymbol{\xi},t) + \boldsymbol{b}(\boldsymbol{\xi},t) \tag{7.3}$$

$$\boldsymbol{\alpha}(\boldsymbol{x}) = \boldsymbol{\alpha}_0(\boldsymbol{x}) + \boldsymbol{\alpha}'(\boldsymbol{x}) \tag{7.4}$$

$$\mathcal{M}[\boldsymbol{\psi},\boldsymbol{\alpha}] = \boldsymbol{d} + \epsilon \tag{7.5}$$

模式的状态$\boldsymbol{\psi}(\boldsymbol{x},t) \in \Re^{n_\psi}$是由$n_\psi$个模式变量组成，每个变量都是时间和空间的函数。非线性模式通过式(7.1)定义，$\boldsymbol{G}(\boldsymbol{\psi},\boldsymbol{\alpha}) \in \Re^{n_\psi}$是非线性模式算子。非线性模式算子具有更一般的形式，但本章中所应用的表达方式足以满足需求。

该模式的状态，假定在式(7.3)定义的边界条件$\boldsymbol{\Psi}_0(\boldsymbol{x}) \in \Re^{n_\psi}$约束之下，由式(7.2)定义的初始状态$\boldsymbol{\Psi}_b(\boldsymbol{\xi},t) \in \Re^{n_\psi}$开始随时间演变，坐标$\boldsymbol{\xi}$在定义了边界条件的表面$\partial\mathcal{D}$上运动。

我们定义$\boldsymbol{\alpha}(\boldsymbol{x}) \in \Re^{n_\alpha}$为模式中一组未知的参数。这些参数可以是空间向量，如本文所示，也可以是标量，它们被假定为不随时间变化的常数。在式(7.4)中引入参数向量$\boldsymbol{\alpha}(\boldsymbol{x}) \in \Re^{n_\alpha}$的初猜值$\boldsymbol{\alpha}_0(\boldsymbol{x}) \in \Re^{n_\alpha}$。

附加条件以量测$\boldsymbol{d} \in \Re^M$的形式呈现。这些附加条件直接指向模式解的量测，或更为复杂的相对模式状态为非线性的参数。本章只研究线性量测。直接测量函数定义为：

$$\mathcal{M}i[\boldsymbol{\psi}] = \iint \boldsymbol{\psi}^{\mathrm{T}}(\boldsymbol{x},t)\boldsymbol{\delta}_{\psi_i}\delta(t-t_i)\delta(\boldsymbol{x}-\boldsymbol{x}_i)\mathrm{d}t\mathrm{d}x \tag{7.6}$$

上式中的积分是在模式的时间和空间域中定义的。与模式状态变量相关的测量d_i，由矢量$\boldsymbol{\delta}_{\psi_i}$选择，并在空间和时间位置$(\boldsymbol{x}_i,t_i)$上求值。如果使用三变量模型，第二个变量是可测的，那么当$\delta(t-t_i)$和$\delta(\boldsymbol{x}-\boldsymbol{x}_i)$为狄拉克函数时，$\boldsymbol{\delta}_{\psi i}$表达为向量$(0,1,0)^{\mathrm{T}}$。

在式(7.1)～式(7.5)中，我们还考虑了未知的误差项，表示模式方程、初始条件和边界条件、模式参数的初猜值以及测量的误差。若没有这些误差项，上面给出的系统则是超定的，无解。然而，在没有附加条件的情况下引入这些误差项，会使该系统有无穷多个解。通过引入误差的统计假设来解决上述问题，例如假设误差项的均值为零且协方差呈正态分布。

7.3 贝叶斯公式

现在我们将模式变量、未知参数、初始条件和边界条件以及测量值看作随机变量，这些变量均可以通过概率密度函数描述。

模式状态的联合概率密度函数$f(\boldsymbol{\psi},\boldsymbol{\alpha})$是空间、时间的函数。且根据量测定义

似然函数为$f(\boldsymbol{d}|\boldsymbol{\psi},\boldsymbol{\alpha})$，因此，我们可以测量模式的状态和参数。应用贝叶斯定理，表示参数估计问题：

$$f(\boldsymbol{\psi},\boldsymbol{\alpha}|\boldsymbol{d}) \propto f(\boldsymbol{\psi},\boldsymbol{\alpha})f(\boldsymbol{d}|\boldsymbol{\psi},\boldsymbol{\alpha}) \tag{7.7}$$

上式中没有引入能够使右手边标准化的分母，因此将其表示为正比关系，而非相等关系。

参数估计问题中通常模式状态不作为被估计的变量。通常先独立估计参数，然后带回到模式中寻找模式最优解。此方法假设包含参数估计的模式不存在误差，然而此假设在实际问题中并不适用。

动力模式中，将特定的初始条件和边界条件作为随机变量，其中包含有关参数的先验信息。因此，对初始和边界条件$\boldsymbol{\psi}_0,\boldsymbol{\psi}_b$以及参数$\boldsymbol{\alpha}$的估计，我们定义了概率密度函数$f(\boldsymbol{\psi}_0)$，$f(\boldsymbol{\psi}_b)$和$f(\boldsymbol{\alpha})$。并用这些函数代替$f(\boldsymbol{\psi},\boldsymbol{\alpha})$：

$$\begin{aligned} f(\boldsymbol{\psi},\boldsymbol{\alpha},\boldsymbol{\psi}_0,\boldsymbol{\psi}_b) &= f(\boldsymbol{\psi},\boldsymbol{\alpha}|\boldsymbol{\psi}_0,\boldsymbol{\psi}_b)f(\boldsymbol{\psi}_0)f(\boldsymbol{\psi}_b) \\ &= f(\boldsymbol{\psi}|\boldsymbol{\alpha},\boldsymbol{\psi}_0,\boldsymbol{\psi}_b)f(\boldsymbol{\psi}_0)f(\boldsymbol{\psi}_b)f(\boldsymbol{\alpha}) \end{aligned} \tag{7.8}$$

相应地，式(7.7)可写成：

$$f(\boldsymbol{\psi},\boldsymbol{\alpha},\boldsymbol{\psi}_0,\boldsymbol{\psi}_b|\boldsymbol{d}) \propto f(\boldsymbol{\psi}|\boldsymbol{\alpha},\boldsymbol{\psi}_0,\boldsymbol{\psi}_b)f(\boldsymbol{\psi}_0)f(\boldsymbol{\psi}_b)f(\boldsymbol{\alpha})f(\boldsymbol{d}|\boldsymbol{\psi},\boldsymbol{\alpha}) \tag{7.9}$$

上式还要假设边界条件和初始条件是相互独立的，然而在t_0时刻，初值与边界值相交时，该假设不成立。这里的概率密度函数$f(\boldsymbol{\psi}|\boldsymbol{\alpha},\boldsymbol{\psi}_0,\boldsymbol{\psi}_b)$是给定初始条件、边界条件和参数下模式解的先验密度。

时间间隔离散成$k+1$个节点，在t_0到t_k中，模式状态向量$\boldsymbol{\psi}_i=\boldsymbol{\psi}(t_i)$被重新定义。测量载体的$\boldsymbol{d}_j$可在次离散子集$t_{i(j)}$中，其中$j=1,2,\cdots,J$。

7.3.1 离散形式

为了方便讨论，下面仅考虑模式状态在时间上离散的情况，例如，在固定的时间间隔下，$\boldsymbol{\psi}(\boldsymbol{x},t)$可表示为$\boldsymbol{\psi}_i(x)=\boldsymbol{\psi}(\boldsymbol{x},t_i)$，其中$i=0,1,\cdots,k$。进一步的阐述请参考图 7.1。

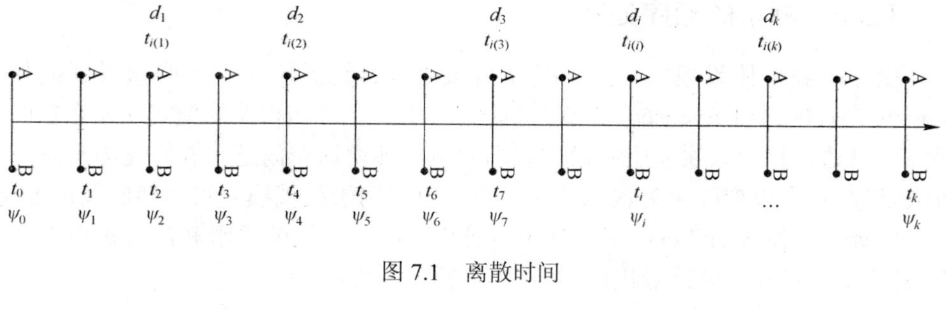

图 7.1　离散时间

此外，我们定义一个模式的概率密度函数，它从t_{i-1}时刻到t_i时刻的积分为

$f(\boldsymbol{\psi}_i|\boldsymbol{\psi}_{i-1},\boldsymbol{\alpha},\boldsymbol{\psi}_b(t_i))$，并且假设该模式是一阶马尔可夫过程。一般情况下，在当模式误差是时间相关的，便可表示为$f(\boldsymbol{\psi}_i|\boldsymbol{\psi}_k,\cdots,\boldsymbol{\psi}_{i+1},\boldsymbol{\psi}_{i-1},\cdots,\boldsymbol{\psi}_0,\boldsymbol{\alpha},\boldsymbol{\psi}_b(t_i))$，为简单起见表示成$f(\boldsymbol{\psi}_i|\{\boldsymbol{\psi}_{l\neq i}\},\boldsymbol{\alpha},\boldsymbol{\psi}_b(t_i))$。

式(7.8)中模式和参数的联合概率密度函数可写为：

$$f(\boldsymbol{\psi}_i,\ldots,\boldsymbol{\psi}_k,\boldsymbol{\alpha},\boldsymbol{\psi}_0,\boldsymbol{\psi}_b)\propto f(\boldsymbol{\alpha})f(\boldsymbol{\psi}_b)f(\boldsymbol{\psi}_0)\prod_{i=1}^{k}f(\boldsymbol{\psi}_i|\boldsymbol{\psi}_{i-1},\boldsymbol{\alpha},\boldsymbol{\psi}_b) \tag{7.10}$$

假设量测$d\in\Re^M$可以按时间$t_{i(j)}$分为观测向量的子集$d_j\in\Re^{M_j}$，其中$j=1,2,\cdots,J$，$0<i(1)<i(2)\cdots<i(J)<k$。该子集$\boldsymbol{d}_j$仅依赖于$\boldsymbol{\psi}(t_{i(j)})=\boldsymbol{\psi}_{i(j)}$或$\boldsymbol{\alpha}$。另外，假设观测误差与时间不相关。那么：

$$f(\boldsymbol{d}|\boldsymbol{\psi},\boldsymbol{\alpha})=\prod_{j-1}^{J}f(\boldsymbol{d}_j|\boldsymbol{\psi}_{i(j)},\boldsymbol{\alpha}) \tag{7.11}$$

由贝叶斯定理可知：

$$f(\boldsymbol{\psi}_1,\cdots,\boldsymbol{\psi}_k,\boldsymbol{\alpha},\boldsymbol{\psi}_0,\boldsymbol{\psi}_b|\boldsymbol{d})\propto f(\boldsymbol{\alpha})f(\boldsymbol{\psi}_0)f(\boldsymbol{\psi}_b)\prod_{i=1}^{k}f(\boldsymbol{\psi}_i|\boldsymbol{\psi}_{i-1},\boldsymbol{\alpha})\prod_{j=1}^{J}f(\boldsymbol{d}_j|\boldsymbol{\psi}_{i(j)},\boldsymbol{\alpha}) \tag{7.12}$$

一般情况下，当模式不是一阶马尔可夫过程，则：

$$f(\boldsymbol{\psi}_1,\cdots,\boldsymbol{\psi}_k,\boldsymbol{\alpha},\boldsymbol{\psi}_0,\boldsymbol{\psi}_b|\boldsymbol{d})$$
$$\propto f(\boldsymbol{\alpha})f(\boldsymbol{\psi}_0)f(\boldsymbol{\psi}_b)\prod_{i=1}^{k}f(\boldsymbol{\psi}_i|\{\boldsymbol{\psi}_{l\neq i}\},\boldsymbol{\alpha})\prod_{j=1}^{J}f(\boldsymbol{d}_j|\boldsymbol{\psi}_{i(j)},\boldsymbol{\alpha}) \tag{7.13}$$

即在t_i时刻的模式状态取决于所有其他时刻的模式状态。这是使用时间相关的模式误差的情况。上述的方程构成了状态和参数估计问题的最一般形式。

7.3.2 测量的顺序处理

现在，我们假设模式为一阶马尔可夫过程，这并不是一个强假设或简化。Reichle 等(2002)和 Evensen (2003)的研究表明，在时间相关的模式误差存在时，仍然可以通过将模式误差引入模式状态向量，使得这个问题重新转化为一阶马尔可夫过程。一个以白噪声为输入的简单方程可以用于模拟模式误差随时间的变化。

Evensen 和 van Leeuwen(2000)的研究表明，一般的平滑和滤波都可以由式(7.12)给出的贝叶斯公式导出。式(7.12)重新表示为：

$$f(\boldsymbol{\psi}_1,\cdots,\boldsymbol{\psi}_k,\boldsymbol{\alpha},\boldsymbol{\psi}_0,\boldsymbol{\psi}_b|\boldsymbol{d})\propto f(\boldsymbol{\alpha})f(\boldsymbol{\psi}_0)f(\boldsymbol{\psi}_b)$$

$$\prod_{i=1}^{i(1)} f(\boldsymbol{\psi}_i|\boldsymbol{\psi}_{i-1},\boldsymbol{\alpha})\, f(\boldsymbol{d}_1|\boldsymbol{\psi}_{i(1)},\boldsymbol{\alpha})$$

$$\vdots \tag{7.14}$$

$$\prod_{i=i(J-1)+1}^{i(J)} f(\boldsymbol{\psi}_i|\boldsymbol{\psi}_{i-1},\boldsymbol{\alpha})\, f(\boldsymbol{d}_J|\boldsymbol{\psi}_{i(J)},\boldsymbol{\alpha})$$

$$\prod_{i=i(J)+1}^{k} f(\boldsymbol{\psi}_i|\boldsymbol{\psi}_{i-1},\boldsymbol{\alpha})$$

上式可以依时间顺序估计，如下所示，其估计结果与对式(7.12)直接估计所得结果一致：

$$f\left(\boldsymbol{\psi}_1,\cdots,\boldsymbol{\psi}_{i(1)},\boldsymbol{\alpha},\boldsymbol{\psi}_0,\boldsymbol{\psi}_b\middle|\boldsymbol{d}_1\right) \propto f(\boldsymbol{\alpha})f(\boldsymbol{\psi}_0)f(\boldsymbol{\psi}_b) \prod_{i=1}^{i(1)} f(\boldsymbol{\psi}_i|\boldsymbol{\psi}_{i-1},\boldsymbol{\alpha})\, f(\boldsymbol{d}_1|\boldsymbol{\psi}_{i(1)},\boldsymbol{\alpha}) \tag{7.15}$$

$$f\left(\boldsymbol{\psi}_1,\cdots,\boldsymbol{\psi}_{i(2)},\boldsymbol{\alpha},\boldsymbol{\psi}_0,\boldsymbol{\psi}_b\middle|\boldsymbol{d}_1,\boldsymbol{d}_2\right) \propto f\left(\boldsymbol{\psi}_1,\cdots,\boldsymbol{\psi}_{i(1)},\boldsymbol{\alpha},\boldsymbol{\psi}_0,\boldsymbol{\psi}_b\middle|\boldsymbol{d}_1\right) \prod_{i=i(1)+1}^{i(2)} f(\boldsymbol{\psi}_i|\boldsymbol{\psi}_{i-1},\boldsymbol{\alpha})\, f(\boldsymbol{d}_2|\boldsymbol{\psi}_{i(2)},\boldsymbol{\alpha}) \tag{7.16}$$

$$\vdots$$

$$f\left(\boldsymbol{\psi}_1,\cdots,\boldsymbol{\psi}_{i(J)},\boldsymbol{\alpha},\boldsymbol{\psi}_0,\boldsymbol{\psi}_b\middle|\boldsymbol{d}_1,\cdots,\boldsymbol{d}_J\right) \propto f\left(\boldsymbol{\psi}_1,\cdots,\boldsymbol{\psi}_{i(J-1)},\boldsymbol{\alpha},\boldsymbol{\psi}_0,\boldsymbol{\psi}_b\middle|\boldsymbol{d}_1,\cdots,\boldsymbol{d}_{J-1}\right) \prod_{i=i(J-1)+1}^{i(J)} f(\boldsymbol{\psi}_i|\boldsymbol{\psi}_{i-1},\boldsymbol{\alpha})\, f(\boldsymbol{d}_J|\boldsymbol{\psi}_{i(J)},\boldsymbol{\alpha}) \tag{7.17}$$

$$f\left(\boldsymbol{\psi}_1,\cdots,\boldsymbol{\psi}_k,\boldsymbol{\alpha},\boldsymbol{\psi}_0,\boldsymbol{\psi}_b\middle|\boldsymbol{d}_1,\cdots,\boldsymbol{d}_J\right) \propto f\left(\boldsymbol{\psi}_1,\cdots,\boldsymbol{\psi}_{i(J)},\boldsymbol{\alpha},\boldsymbol{\psi}_0,\boldsymbol{\psi}_b\middle|\boldsymbol{d}_1,\cdots,\boldsymbol{d}_{J-1}\right) \prod_{i=i(J)+1}^{k} f(\boldsymbol{\psi}_i|\boldsymbol{\psi}_{i-1},\boldsymbol{\alpha}) \tag{7.18}$$

可以看出，只要模式满足一阶马尔可夫过程，并且观测误差在时间上不相关，而且在离散时间点上可以获取观测，那么我们就可以按时间顺序处理观测结果。

在式(7.15)中，我们计算了在$[t_i, t_{i(1)}]$时间间隔内，在量测$\boldsymbol{d}_1$给定的条件下，参数$\boldsymbol{\alpha}$和初始边界条件的联合条件概率密度。

式(7.16)表示的联合条件概率密度是先验的，其中引入了量测信息$\boldsymbol{d}_2$且时间间隔延长至$[t_i, t_{i(2)}]$。因此，在给定测量值d_1和d_2条件下，可以求解$[t_i, t_{i(2)}]$区间内模式解的联合条件概率密度、参数$\boldsymbol{\alpha}$和初始边界条件。

按照上述方法顺次更新，直到所有的观测值都被处理，便可以得到式(7.17)的概率分布函数。此后，式(7.18)是对由式(7.17)联合条件概率密度开始的$\boldsymbol{\psi}_{i(m)+1}, \cdots, \boldsymbol{\psi}_k$的预测。

这些方程没有引入任何重要的近似，因此可以描述完整的反问题。此外，我们可以表明，对于很多问题而言，这种顺次处理方式相比于变分公式中常用的同时处理所有观测量的方法，可以更有效地解决反问题。对于典型的预测问题，顺序处理也是十分方便的，在得到新观测量的同时就可以处理，而不用重新计算完全反演。

7.4 小　　结

我们通过贝叶斯统计公式给出了参数和状态的联合估计问题，在观测误差不依赖于时间且动力学模式为一阶马尔可夫过程的条件下，通过基于贝叶斯理论的递推公式，可以对观测量依时间顺序进行处理。

定义一个关于模型误差的一阶自回归公式，并在模式状态中考虑模型误差，就可以放松马尔可夫过程模式的假设。在这种情况下，贝叶斯公式求解该模型的误差。

可以看出，通过在模式状态中增加未知参数，我们能够得到同时求解模式状态和参数的公式。因此，我们可以进行参数和状态的联合估计。

下一章，我们将使用由式(7.12)或式(7.13)给出的标准贝叶斯公式推导出参数和状态联合估计的广义变分逆公式。

第 9 章中的集合平滑器(ES)也是基于标准贝叶斯公式导出的，同时可以由贝叶斯理论的递归形式(式(7.15)～式(7.18))推导出集合卡尔曼平滑器和集合卡尔曼滤波器。

第 8 章　广　义　逆

在第 5 章讨论的变分逆问题可以通过在前面的章节中假设先验高斯统计的贝叶斯公式导出。Leeuwen 和 Evensen(1996)曾利用 Jazwinski(1970)的结果对此进行阐述。现在，我们得到由贝叶斯定理推导参数与状态联合估计问题的广义逆公式。此外，对所产生的欧拉-拉格朗日方程进行推导，同时我们讨论一些求解方法，这些方法也允许对未知模式参数进行估计。

8.1　广义逆公式

我们从式(7.13)开始，并定义式(7.13)右侧的所有的先验、过渡密度以及似然满足的高斯统计特性。

8.1.1　未知参数的先验密度

假设我们有一个用式(7.4)定义的可用的先验估计$\boldsymbol{\alpha}_0(\boldsymbol{x}) \in \Re^{n_\alpha}, \boldsymbol{\alpha}(\boldsymbol{x}) \in \Re^{n_\alpha}$。此外，假定未知参数$\boldsymbol{\alpha}(\boldsymbol{x})$为空间坐标系下具有高斯分布的误差的平滑函数。由于它们可以有效地减少问题的自由度，所以这些条件对逆问题有影响。

所估计的参数的平滑性由误差协方差$\boldsymbol{C}_{\alpha\alpha}(\boldsymbol{x}_1, \boldsymbol{x}_2) \in \Re^{n_\alpha \times n_\alpha}$控制。指标$\boldsymbol{x}$，即$\boldsymbol{x}_1, \boldsymbol{x}_2, \cdots$，表示区域$\mathcal{D}$内的虚拟变量。我们可以再定义$\boldsymbol{C}_{\alpha\alpha}(\boldsymbol{x}_1, \boldsymbol{x}_2)$的逆，如$\boldsymbol{W}_{\alpha\alpha}(\boldsymbol{x}_1, \boldsymbol{x}_2)$，其中$\boldsymbol{I} \in \Re^{n_\alpha \times n_\alpha}$是对角单位阵：

$$\int_{\mathcal{D}} \boldsymbol{C}_{\alpha\alpha}(\boldsymbol{x}_1, \boldsymbol{x}_3) \boldsymbol{W}_{\alpha\alpha}(\boldsymbol{x}_3, \boldsymbol{x}_2) \mathrm{d}\boldsymbol{x}_3 = \delta(\boldsymbol{x}_1 - \boldsymbol{x}_2) \boldsymbol{I} \tag{8.1}$$

注意在空间网格的参数离散化导致了矩阵$\boldsymbol{C}_{\alpha\alpha}$和$\boldsymbol{W}_{\alpha\alpha}$的使用。当定义$\boldsymbol{C}_{\alpha\alpha}$作为$\boldsymbol{W}_{\alpha\alpha}$的逆矩阵时，式(8.1)可由一个矩阵乘法代替。

对于$\boldsymbol{\alpha}$的先验概率分布函数就变成：

$$f(\boldsymbol{\alpha}) \propto \exp\left(-\frac{1}{2} \iint_{\mathcal{D}} \left(\boldsymbol{\alpha}(\boldsymbol{x}_1) - \boldsymbol{\alpha}_0(\boldsymbol{x}_1)\right)^{\mathrm{T}} \boldsymbol{W}_{\alpha\alpha}(\boldsymbol{x}_1, \boldsymbol{x}_2) (\boldsymbol{\alpha}(\boldsymbol{x}_2) - \boldsymbol{\alpha}_0(\boldsymbol{x}_2)) \mathrm{d}\boldsymbol{x}_1 \mathrm{d}\boldsymbol{x}_2\right) \tag{8.2}$$

8.1.2　初始条件的先验密度

初始条件的误差也假定为具有高斯分布，其中$\boldsymbol{\Psi}_0(\boldsymbol{x}) \in \Re^{n_\psi}$是初始状态的先

验值，$\boldsymbol{C}_{\alpha\alpha}(\boldsymbol{x}_1,\boldsymbol{x}_2)\in\Re^{n_\psi\times n_\psi}$定义为初始条件的误差协方差。如上述，我们定义误差协方差的逆矩阵为$\boldsymbol{W}_{\alpha\alpha}(\boldsymbol{x}_1,\boldsymbol{x}_2)$：

$$\int_{\mathcal{D}}\boldsymbol{C}_{\alpha\alpha}(\boldsymbol{x}_1,\boldsymbol{x}_3)\boldsymbol{W}_{\alpha\alpha}(\boldsymbol{x}_3,\boldsymbol{x}_2)\mathrm{d}\boldsymbol{x}_3=\delta(\boldsymbol{x}_1-\boldsymbol{x}_2)\boldsymbol{I} \tag{8.3}$$

其中，$\boldsymbol{I}\in\Re^{n_\psi\times n_\psi}$。

初始状态的概率密度函数则变为：

$$f(\boldsymbol{\psi}_0)\propto\exp\left(-\frac{1}{2}\iint_D\left(\boldsymbol{\psi}_0(\boldsymbol{x}_1)-\Psi_0(\boldsymbol{x}_1)\right)^{\mathrm{T}}\boldsymbol{W}_{\alpha\alpha}(\boldsymbol{x}_1,\boldsymbol{x}_2)(\boldsymbol{\psi}_0(\boldsymbol{x}_2)-\Psi_0(\boldsymbol{x}_2))\mathrm{d}\boldsymbol{x}_1\mathrm{d}\boldsymbol{x}_2\right) \tag{8.4}$$

8.1.3 边界条件的先验密度

对于定义在所有时间$t\in[t_0,t_k]$的$\partial\mathcal{D}$上的边界条件，我们定义协方差$\boldsymbol{C}_{bb}(\boldsymbol{\xi}_1,t_1,\boldsymbol{\xi}_2,t_2)\in\Re^{n_\psi\times n_\psi}$，即为下式定义的$\boldsymbol{W}_{bb}(\boldsymbol{\xi}_1,t_1,\boldsymbol{\xi}_2,t_2)$的逆：

$$\int_{t_0}^{t_k}\int_{\partial\mathcal{D}}\boldsymbol{C}_{bb}(\boldsymbol{\xi}_1,t_1,\boldsymbol{\xi}_3,t_3)\boldsymbol{W}_{bb}(\boldsymbol{\xi}_3,t_3,\boldsymbol{\xi}_2,t_2)\mathrm{d}\boldsymbol{\xi}_3\mathrm{d}t_3=\delta(\boldsymbol{\xi}_1-\boldsymbol{\xi}_2)\boldsymbol{\delta}(t_1-t_2)\boldsymbol{I} \tag{8.5}$$

其中，$\boldsymbol{x}_b$为定义在表面$\partial\mathcal{D}$和$\boldsymbol{I}\in\Re^{n_\psi\times n_\psi}$的坐标。边界条件的先验概率分布函数则变为：

$$f(\boldsymbol{\psi}_b)\propto\exp\Big(-\frac{1}{2}\iint_{\delta D}\iint_{t_0}^{t_k}\left(\boldsymbol{\psi}(\boldsymbol{\xi}_1,t_1)-\boldsymbol{\psi}_b(\boldsymbol{\xi}_1,t_1)\right)^{\mathrm{T}}\boldsymbol{W}_{bb}(\boldsymbol{\xi}_1,t_1,\boldsymbol{\xi}_2,t_2)\big(\boldsymbol{\psi}(\boldsymbol{\xi}_2,t_2)-\boldsymbol{\psi}_b(\boldsymbol{\xi}_2,t_2)\big)\mathrm{d}t_1\mathrm{d}t_2\mathrm{d}\boldsymbol{\xi}_1\mathrm{d}\boldsymbol{\xi}_2\Big) \tag{8.6}$$

8.1.4 测量的先验密度

虽然在变分公式中这个假设是不必要的，仍然假设测量误差在时间上不相关。$\boldsymbol{C}_{\epsilon\epsilon}\left(t_{i(j)}\right)=\boldsymbol{W}^{-1}{}_{\epsilon\epsilon}(t_{i(j)})\in\Re^{m_j\times m_j}$，其中$m_j$是在时间$t_{i(j)}$的观测数量，对于量测的先验信息，我们可以写为：

$$f(\boldsymbol{d}_j|\boldsymbol{\psi}_{i(j)},\boldsymbol{\alpha})\propto\exp\left(-\frac{1}{2}\left(\boldsymbol{d}_j-\mathcal{M}_j[\boldsymbol{\psi}_{i(j)},\boldsymbol{\alpha}]\right)^{\mathrm{T}}\boldsymbol{W}_{\epsilon\epsilon}(t_{i(j)})(\boldsymbol{d}_j-\mathcal{M}_j[\boldsymbol{\psi}_{i(j)},\boldsymbol{\alpha}])\right) \tag{8.7}$$

在这里使用了观测函数向量$\mathcal{M}_j\in\Re^{m_j}$，这相当于测量$\boldsymbol{d}_j\in\Re^{m_j}$的向量，将$\boldsymbol{t}_{i(j)}$时刻的模式状态和参数$\boldsymbol{\alpha}$作为参数。

进一步写为：

$$
\begin{aligned}
f(\boldsymbol{d}|\boldsymbol{\psi},\boldsymbol{\alpha}) &\propto \prod_{j=1}^{m} f\left(\boldsymbol{d}_j|\boldsymbol{\psi}_{i(j)},\boldsymbol{\alpha}\right) \\
&= \exp\left(-\frac{1}{2}\sum_{j=1}^{m}\left(\boldsymbol{d}_j-\mathcal{M}_j\left[\boldsymbol{\psi}_{i(j)},\boldsymbol{\alpha}\right]\right)^{\mathrm{T}}\boldsymbol{W}_{\epsilon\epsilon}(t_{i(j)})\left(\boldsymbol{d}_j-\mathcal{M}_j\left[\boldsymbol{\psi}_{i(j)},\boldsymbol{\alpha}\right]\right)\right) \\
&= \exp\left(-\frac{1}{2}((\boldsymbol{d}-\mathcal{M}[\boldsymbol{\psi},\boldsymbol{\alpha}])^{\mathrm{T}}\boldsymbol{W}_{\epsilon\epsilon}((\boldsymbol{d}-\mathcal{M}[\boldsymbol{\psi},\boldsymbol{\alpha}])\right)
\end{aligned}
\tag{8.8}
$$

其中，$\boldsymbol{W}_{\epsilon\epsilon}$由$J$个对角子矩阵$\boldsymbol{W}_{\epsilon\epsilon}(t_{i(j)})$组成。

8.1.5 模式误差的先验密度

给定一个动力模式，其中我们使用高斯统计假设定义了模式误差的概率密度函数。该模式余项可由简单推导得到，为了方便起见，我们使用一个标量模式，将其扩展至式(7.1)的形式。

我们首先去定义离散的标量动力模式：

$$\psi_{i+1} = \psi_i + G(\psi_i,\alpha)\Delta t + q_i \tag{8.9}$$

其中，函数$G(\psi_i,\alpha)$是一个非线性模式算子，q_i是附加的随机噪声过程。更一般的噪声过程，如$G(\psi_i,q_i)$，可以看作附加项，如果我们把q_i增加到状态向量中，并定义一个模拟q_i作为加性噪声过程的额外的方程。

噪声表示为：

$$q_i = \sigma\sqrt{\Delta t}w_i \tag{8.10}$$

其中，$\overline{w_i w_j} = \Omega_{i,j}$有单位方差，并可在时间上进一步定义相关性。然后$\sigma$是随机噪声的标准偏差，$\sqrt{\Delta t}$确保方差随时间的增加是独立于时间步长的。

定义模式噪声的误差协方差为：

$$C_{qq}(i,j) = \overline{q_i q_j} = \sigma^2\Delta t\overline{w_i w_j} \tag{8.11}$$

或：

$$\boldsymbol{C}_{qq} = \sigma^2\Delta t\boldsymbol{\Omega} \tag{8.12}$$

即对于白噪声模式，方差在一个时间单位上增加σ^2。有色噪声干扰的情况将在第12章中阐述。

定义$\boldsymbol{C}_{qq}$的逆$\boldsymbol{W}_{qq}$为$\boldsymbol{C}_{qq}\boldsymbol{W}_{qq} = \boldsymbol{I}$，从而：

$$\boldsymbol{W}_{qq} = \sigma^{-2}\Delta t^{-1}\boldsymbol{\Omega}^{-1} \tag{8.13}$$

可以定义平方加权的模式残差项$q_i W_{qq}(i,j)q_j$，与总模式的度量的总和超过i和j定义总的模式不匹配的测量。在极限情况下，当$\Delta t \to 0$时，有：

$$\sum_{ij}\frac{q_i}{\Delta t}\Delta t W_{qq}(i,j)\Delta t\frac{q_i}{\Delta t}$$

$$= \sum_{ij} \left(\frac{\psi_{i+1} - \psi_i}{\Delta t} - G_i \right) \Delta t W_{qq}(i,j) \Delta t \left(\frac{\psi_{i+1} - \psi_i}{\Delta t} - G_i \right)$$

$$\to \iint_{t_0}^{t_k} \left(\frac{\partial \psi}{\partial t} - G(\psi, \alpha) \right)_{t_1} W_{qq}(t_1, t_2) \left(\frac{\partial \psi}{\partial t} - G(\psi, \alpha) \right)_{t_2} \mathrm{d}t_1 \mathrm{d}t_2 \tag{8.14}$$

其中，$G_i = G(\psi_i, \alpha)$。如果模式误差在时间上是不相关的，那么$W_{qq}(i,j) = \sigma^{-2} \Delta t^{-1} \delta(i-j)$，则总和将超过$q_i W_{qq}(i) q_i$，因此，我们得到：

$$\sum_i q_i W_{qq}(\mathrm{i}) q_i \to \int_{t_0}^{t_k} \left(\frac{\partial \psi}{\partial t} - G(\psi) \right) W_{qq}(t) \left(\frac{\partial \psi}{\partial t} - G(\psi) \right) \mathrm{d}t \tag{8.15}$$

在式(7.12)和式(7.13)过渡密度的关系中，假定高斯统计：

$$f(\boldsymbol{\psi}_i | \{\boldsymbol{\psi}_{l \neq i}\}, \boldsymbol{\alpha}) \propto \exp\left(-\frac{1}{2} \sum_j q_i W_{ij} q_j\right) \tag{8.16}$$

和

$$\prod_{i=1}^{k} f(\boldsymbol{\psi}_i | \{\boldsymbol{\psi}_{l \neq i}\}, \boldsymbol{\alpha}) \propto \exp\left(-\frac{1}{2} \sum_{ij} q_i W_{ij} q_j\right) \tag{8.17}$$

可以从$\Delta t \to 0$的限制条件下对式(8.14)和式(8.15)积分来代替求和。

8.1.6 条件联合密度

引进标量乘积：

$$\bullet \equiv \int_{t_0}^{t_k} \int_{\mathcal{D}} \mathrm{d}\boldsymbol{x} \mathrm{d}t, \quad \circ \equiv \int_{\mathcal{D}} \mathrm{d}\boldsymbol{x}, * \equiv \int_{t_0}^{t_k} \int_{\partial \mathcal{D}} \mathrm{d}\boldsymbol{\xi} \mathrm{d}t \tag{8.18}$$

可以写出条件概率分布函数式(7.13)：

$$f(\boldsymbol{\psi}_1, \dots, \boldsymbol{\psi}_k, \boldsymbol{\alpha}, \boldsymbol{\psi}_0, \boldsymbol{\psi}_b | \boldsymbol{d}) \propto \exp\left(-\frac{1}{2} \mathcal{J}[\boldsymbol{\psi}, \boldsymbol{\alpha}]\right) \tag{8.19}$$

定义函数：

$$\begin{aligned} \mathcal{J}[\boldsymbol{\psi}, \boldsymbol{\alpha}] = & \left(\frac{\partial \boldsymbol{\psi}}{\partial t} - \boldsymbol{G}(\boldsymbol{\psi}, \boldsymbol{\alpha}) \right)^{\mathrm{T}} \bullet \boldsymbol{W}_{qq} \bullet \left(\frac{\partial \boldsymbol{\psi}}{\partial t} - \boldsymbol{G}(\boldsymbol{\psi}, \boldsymbol{\alpha}) \right) + (\boldsymbol{\psi}_0 - \boldsymbol{\Psi}_0)^{\mathrm{T}} \\ & \circ \boldsymbol{W}_{aa} (\boldsymbol{\psi}_0 - \boldsymbol{\Psi}_0) + (\boldsymbol{\psi} - \boldsymbol{\psi}_b)^{\mathrm{T}} * \boldsymbol{W}_{bb} * (\boldsymbol{\psi} - \boldsymbol{\psi}_b) + (\boldsymbol{\alpha} - \boldsymbol{\alpha}_0)^{\mathrm{T}} \\ & \circ \boldsymbol{W}_{aa} (\boldsymbol{\alpha} - \boldsymbol{\alpha}_0) + (\boldsymbol{d} - \mathcal{M}[\boldsymbol{\psi}])^{\mathrm{T}} \boldsymbol{W}_{\epsilon\epsilon} (\boldsymbol{d} - \mathcal{M}[\boldsymbol{\psi}]) \end{aligned} \tag{8.20}$$

因此，对于高斯的先验值，式(7.13)条件联合密度的最大值等同于式(8.20)定义的$\mathcal{J}$的最小值。$\mathcal{J}$的最小值也是条件联合概率在式(8.19)中定义的$\boldsymbol{\psi}$和$\boldsymbol{\alpha}$的最大似然解。

通过$\mathcal{J}$定义的惩罚函数有全局最小值，但如果该模式是非线性的，则最小值可能不唯一。它也可以具有几个局部极小且有可能收敛于其中之一。在没有观测的情况下，有一个特解。这是个先验的模式解或中心预测，是将式(7.1)～式(7.4)中所有误差项设置为零，并令$\mathcal{J} \equiv 0$求得的值。它对应于事先联合概率密度的最大似然解。因此，也被称为模式的轨迹(参见 Jazwinski，1970)。

广义逆问题式(8.20)起初看起来很复杂。除了状态变量外，即使动力学模式是线性的，参数估计的引入会导致强非线性问题。然而，Eknes 和 Evensen(1997)和近期 Muccino 和 Bennett(2001)的代表函数方法通过迭代方案产生联系。下面的章节通过 Eknes 和 Evensen(1997)的例子，做进一步讨论。同时，Evensen 等人(1998)也讨论了联合的参数和状态估计问题。

由研究结果可以看出，由于固有非线性的存在，很难使用标准的最小化算法进行参数估计。也可以使用第 6 章中的直接迭代方法令罚函数式(8.20)最小化，并产生候选解，例如，使用相对于参数和状态变量$\mathcal{J}$的梯度，或者使用一般的算法。这些常见的方法非常耗时。梯度方法可能会陷入局部极小。遗传算法可能会收敛到全局最小，但量级比梯度法更大。正因为如此，其他方法都引入了零模式误差假设，有时也为初始或边界条件的零误差假设。下面要解决比最初提出的更为困难的问题，除非这些近似的解决方案是有效的，否则不能找到正确的解。实际上，可以找出非物理的参数值来补偿模式或边界条件被忽视的误差。

与变量$\boldsymbol{\psi}(\boldsymbol{x})$和$\boldsymbol{\alpha}(\boldsymbol{x})$的相关联的状态空间可以很大。这促进了参数估计方法的发展，其中$\boldsymbol{\alpha}(\boldsymbol{x})$被具有更小的有效维数的一套参数所近似。像式(8.2)定义的先验值以统计学一致的方式有效降低了$\boldsymbol{\alpha}(\boldsymbol{x})$的实际尺寸，大状态空间的问题被显著减少。

8.2 广义逆问题的求解方法

现在，我们将使用简单的标量模式函数说明一些可能被用于最小化式(8.20)的方法。使用一个标量模式简化符号，我们避免了特定的边界条件。

8.2.1 标量模式的广义逆

随着$\psi(t)$是一个标量模式的状态，方程组现在成为：

$$\frac{\partial \psi}{\partial t} = G(\psi, \alpha) + q \tag{8.21}$$

$$\psi(t_0) = \Psi_0 + \alpha \tag{8.22}$$

$$\alpha = \alpha_0 + \alpha \tag{8.23}$$

$$\mathcal{M}[\psi] = \boldsymbol{d} + \boldsymbol{\varepsilon} \tag{8.24}$$

罚函数简化为：

$$\begin{aligned}\mathcal{J}[\psi, \alpha] = &\left(\frac{\partial \psi}{\partial t} - G(\psi, \alpha)\right) \bullet W_{qq} \bullet \left(\frac{\partial \psi}{\partial t} - G(\psi, \alpha)\right) \\ &+ (\psi(t_0) - \Psi_0)W_{\alpha\alpha}(\psi(t_0) - \Psi_0) + (\alpha - \alpha_0)W_{\alpha\alpha}(\alpha - \alpha_0) \\ &+ (\boldsymbol{d} - \mathcal{M}[\psi])^{\mathrm{T}} \boldsymbol{W}_{\epsilon\epsilon}(\boldsymbol{d} - \mathcal{M}[\psi])\end{aligned} \tag{8.25}$$

注意，由于没有空间维度，已知：

$$\bullet \equiv \int_{t_0}^{t_k} \mathrm{d}t \tag{8.26}$$

乘积∘由标量乘法所代替。

8.2.2 欧拉-拉格朗日方程

ψ是α的一个函数，因此改变α会导致ψ的变化。从标准变分学我们知道$(\psi(\alpha), \alpha)$当$\delta\alpha \to 0, \delta\psi' \to 0$时会有一个极值：

$$\delta\mathcal{J} = \mathcal{J}[\psi(\alpha + \delta\alpha) + \delta\psi', \alpha + \delta\alpha] - \mathcal{J}[\psi(\alpha), \alpha] = \mathcal{O}(\delta\alpha^2, \delta\psi'^2) \tag{8.27}$$

其中，$\delta\alpha$是参数的一个微小扰动，它同样导致ψ变化$\psi(\alpha + \delta\alpha) - \psi(\alpha)$。微扰$\delta\psi'$是独立于任何$\alpha$扰动的$\psi$扰动。

注意：

$$\psi(\alpha + \delta\alpha) + \delta\psi' = \psi(\alpha) + \psi_\alpha\delta\alpha + \delta\psi' + \mathcal{O}(\delta\alpha^2, \delta\psi'^2) = \psi(\alpha) + \delta\psi + \mathcal{O}(\delta\alpha^2, \delta\psi'^2) \tag{8.28}$$

其中，定义：

$$\psi_\alpha = \frac{\partial \psi}{\partial \alpha} \tag{8.29}$$

和ψ 的扰动总数：

$$\delta\psi = \psi_\alpha\delta\alpha + \delta\psi' \tag{8.30}$$

非线性模式算子可以展开为：

$$\begin{aligned}G&\left(\psi(\alpha + \delta\alpha) + \delta\psi', \alpha + \delta\alpha\right) \\ &= G(\psi(\alpha), \alpha) + \frac{\partial G}{\partial \psi}\left(\psi_\alpha\delta\alpha + \delta\psi'\right) + \frac{\partial G}{\partial \alpha}\delta\alpha + \mathcal{O}(\delta\alpha^2, \delta\psi'^2) \\ &= G(\psi(\alpha), \alpha) + \frac{\partial G}{\partial \psi}\delta\psi + \frac{\partial G}{\partial \alpha}\delta\alpha + \mathcal{O}(\delta\alpha^2, \delta\psi'^2)\end{aligned} \tag{8.31}$$

根据式(8.27)的$\delta\mathcal{J}$估计我们可以得到：

$$\frac{\delta\mathcal{J}}{2}=\delta\alpha W_{\alpha\alpha}(\alpha-\alpha_0)+\delta\psi(t_0)W_{\alpha\alpha}(\psi(t_0)-\Psi_0)+\mathcal{M}^{\mathrm{T}}[\delta\psi]\boldsymbol{W}_{\epsilon\epsilon}(\boldsymbol{d}-\mathcal{M}[\psi])$$
$$+\int_{t_0}^{t_k}(\frac{\partial\delta\psi}{\partial t}-\frac{\partial G}{\partial\psi}\delta\psi-\delta\alpha\frac{\partial G}{\partial\alpha})\lambda(t)\mathrm{d}t+\mathcal{O}(\delta\alpha^2,\delta\psi'^2) \tag{8.32}$$

其中，定义“伴随”变量：

$$\lambda(t_1)=\int_{t_0}^{t_k}W_{qq}(t_1,t_2)\left(\frac{\partial\psi}{\partial t}-G(\psi,\alpha)\right)_2\mathrm{d}t_2 \tag{8.33}$$

这里下标 2 表示t_2的函数。将等式的左边乘以$\int_{t_0}^{t_k}\mathrm{d}t_1C_{qq}(t,t_1)$得到等式：

$$\frac{\partial\psi}{\partial t}-G(\psi,\alpha)=C_{qq}\bullet\lambda \tag{8.34}$$

等式右边是一个可代表模式误差的原始模式，它是一个介于模式误差协方差和伴随变量之间的结果。

现在我们根据分部积分法，即：

$$\int_{t_0}^{t_k}\frac{\partial\delta\psi}{\partial t}\lambda\mathrm{d}t=\delta\psi\lambda|_{t_0}^{t_k}-\int_{t_0}^{t_k}\delta\psi\frac{\partial\lambda}{\partial t}\mathrm{d}t \tag{8.35}$$

得到：

$$\mathcal{M}^{\mathrm{T}}[\delta\psi]=\int_{t_0}^{t_k}\delta\psi\,\mathcal{M}^{\mathrm{T}}[\delta(t-t_1)]\mathrm{d}t_1 \tag{8.36}$$

这很容易证明。若使用一个直接测量函数：

$$\mathcal{M}_i[\delta(t-t_1)]=\int_{t_0}^{t_k}\delta(t-t_1)\delta(t_1-t_i)\mathrm{d}t_1=\delta(t-t_i) \tag{8.37}$$

我们可以把式(8.32)化为：

$$\frac{\delta J}{2}=\delta\alpha W_{\alpha\alpha}(\alpha-\alpha_0)+\delta\psi(t_0)W_{aa}(\psi(t_0)-\Psi_0)+\delta\psi(t_k)\lambda(t_k)-\delta\psi(t_0)\lambda(t_0)$$
$$-\int_{t_0}^{t_k}\delta\psi\frac{\partial\lambda}{\partial t}+\delta\psi\frac{\partial G}{\partial\psi}\lambda+\delta\alpha\frac{\partial G}{\partial\alpha}\lambda+\delta\psi\mathcal{M}^T[\delta]\boldsymbol{W}_{\epsilon\epsilon}(\boldsymbol{d}-\mathcal{M}[\psi])\mathrm{d}t$$
$$+\mathcal{O}(\delta\alpha^2,\delta\psi'^2) \tag{8.38}$$

然后我们整理等式，使之正比于$\delta\alpha$，$\delta\psi$，$\delta\psi(t_0)$以及$\delta\psi(t_k)$，得到：

$$\frac{\delta J}{2} = \delta\alpha\left(W_{\alpha\alpha}(\alpha - \alpha_0) - \int_{t_0}^{t_k} \frac{\partial G}{\partial \alpha}\lambda \mathrm{d}t\right) + \delta\psi(t_0)(W_{aa}(\psi(t_0) - \Psi_0) - \lambda(t_0))$$
$$+ \delta\psi(t_k)\lambda(t_k) - \int_{t_0}^{t_k} \delta\psi\left(\frac{\partial \lambda}{\partial t} + \frac{\partial G}{\partial \psi}\lambda + \mathcal{M}^T[\delta]\boldsymbol{W}_{\epsilon\epsilon}(\boldsymbol{d} - \mathcal{M}[\psi])\right)\mathrm{d}t$$
$$+ \mathcal{O}(\delta\alpha^2, \delta\psi'^2) \tag{8.39}$$

如果要求$\delta \mathcal{J} = \mathcal{O}(\delta\alpha^2, \delta\psi'^2)$，则必须有：

$$\frac{\partial \psi}{\partial t} = G(\psi, \alpha) + C_{qq} \bullet \lambda \tag{8.40}$$

$$\psi(t_0) = \Psi_0 + C_{aa}\lambda(t_0) \tag{8.41}$$

$$\frac{\partial \lambda}{\partial t} = -\frac{\partial G}{\partial \psi}\lambda - \mathcal{M}^{\mathrm{T}}[\delta]\boldsymbol{W}_{\epsilon\epsilon}(\boldsymbol{d} - \mathcal{M}[\psi]) \tag{8.42}$$

$$\lambda(t_k) = 0 \tag{8.43}$$

$$\alpha = \alpha_0 + C_{\alpha\alpha}\int_{t_0}^{t_k} \frac{\partial G}{\partial \alpha}\lambda \mathrm{d}t \tag{8.44}$$

这些方程定义了弱约束问题的欧拉-拉格朗日方程。它们构成了时间和ψ与λ的耦合两点边值问题。前向模式由模式误差项驱动，而后向模式由量测点的脉冲驱动。后向模式的模式运算符是切线性前向模式的伴随。

8.2.3 α迭代

定义α迭代如下：

$$\alpha_{l+1} = \alpha_l - \gamma\left(\alpha_l - \alpha_0 - C_{\alpha\alpha}\int_{t_0}^{t_k} \left.\frac{\partial G}{\partial \alpha}\right|_{\substack{\psi_l \\ \alpha_l}} \lambda_l \mathrm{d}t\right) \tag{8.45}$$

其中，括号中的表达式是相对于α的罚函数的梯度，γ是一个步长。因此，迭代式(8.45)是梯度下降法。

8.2.4 强约束问题

大多数的以前的工作解决了由式(8.20)或式(8.25)定义的参数估计的变分问题。参数仍然在式(8.45)中迭代，假设动力学模式具有零模式误差，即现有模式的误差协方差C_{qq}设置为零。要求动力模式的权重为无限。从欧拉-拉格朗日方程（式(8.40)～式(8.43)）可以看出，虽然初始条件仍取决于λ，但动态模式和伴随变量λ已解耦。这种初始迭代的伴随方法解决了这个强约束问题，步长λ可以与式(8.45)中不同。也可以选择同时迭代式(8.45)和式(8.46)，或者同时使用一个外部循环式(8.45)和内循环式(8.46)：

$$\psi_{l+1}(t_0)=\psi_l(t_0)-\gamma(\psi_l(t_0)-\Psi_0+C_{aa}\lambda_l(t_0)) \tag{8.46}$$

假定初始条件也是完美的，进一步进行简化，即$C_{aa}\equiv 0$。这相当于在式(8.20)的初始条件项引入无限权重。这种额外的简化完全解耦了伴随变量与动力学模式。然后这个解是给定待估参数α的条件下的精确模式轨迹。这是在参数估计问题上通常使用的一种形式，它对应于包含数据偏离项和参数的先验项的代价函数最小化。它使用的是伴随方法和参数迭代，即设置C_{qq}与$C_{\alpha\alpha}$为零来解决式(8.40)～式(8.44)。强约束问题的欧拉-拉格朗日方程最常从拉格朗日函数导出，其中使用拉格朗日乘子，模式和初始条件被包括，即：

$$\begin{aligned}\mathcal{L}[\alpha,\lambda,\mu]=&(\alpha-\alpha_0)W_{\alpha\alpha}(\alpha-\alpha_0)+(\psi(t_0)-\Psi_0)\mu\\&+(\boldsymbol{d}-\mathcal{M}[\psi])^{\mathrm{T}}\boldsymbol{W}_{\epsilon\epsilon}(\boldsymbol{d}-\mathcal{M}[\psi])+\int_{t_0}^{t_k}(\frac{\partial\psi}{\partial t}-G(\psi,\alpha))\lambda\mathrm{d}t\end{aligned} \tag{8.47}$$

当λ返回模式时，μ返回初始状态。对于上述的强约束问题，关于α的变分返回到欧拉-拉格朗日方程。即式(8.40)～式(8.44)中的C_{qq}与$C_{\alpha\alpha}$等于 0。这样，欧拉-拉格朗日方程被解耦，如果迭代式(8.45)收敛，则能够找到α的解，这种方法通常被命名为参数估计伴随方法或 4-DVAR 方法。

用于解决强约束问题的一个替代方法可如下导出。令ψ为α的函数，估计式(8.47)对α的变分如下：

$$\begin{aligned}\frac{\delta\mathcal{L}}{2}=&\delta\alpha\mathrm{W}_{\alpha\alpha}(\alpha-\alpha_0)+\delta\alpha\psi_\alpha(t_0)\mu+\delta\alpha\mathcal{M}^{\mathrm{T}}[\psi_\alpha]\boldsymbol{W}_{\epsilon\epsilon}(\boldsymbol{d}-\mathcal{M}[\psi])\\&+\delta\alpha\int_{t_0}^{t_k}(\frac{\partial\psi_\alpha}{\partial t}-\frac{\partial G}{\partial\psi}\psi_\alpha-\frac{\partial G}{\partial\alpha})\lambda\mathrm{d}t+\mathcal{O}(\delta\alpha^2)\end{aligned} \tag{8.48}$$

其中，$\delta\alpha$是时间独立的，测量算子是线性的。因为除了λ和μ是任意的乘数，我们有：

$$\frac{\partial\psi}{\partial t}=G(\psi,\alpha) \tag{8.49}$$

$$\psi(t_0)=\Psi_0 \tag{8.50}$$

$$\frac{\partial\psi_\alpha}{\partial t}=\frac{\partial G}{\partial\psi}\psi_\alpha-\frac{\partial G}{\partial\alpha} \tag{8.51}$$

$$\psi_\alpha(t_0)=0 \tag{8.52}$$

$$\alpha=\alpha_0+C_{\alpha\alpha}\mathcal{M}^{\mathrm{T}}[\psi_\alpha]\boldsymbol{W}_{\epsilon\epsilon}(\boldsymbol{d}-\mathcal{M}[\psi]) \tag{8.53}$$

因此，我们得出系统的方程，该系统由具有初始条件的一个方程和原始动态模式的初始条件相对于α的敏感性ψ_α组成。关于α的方程包括初猜值和更新项，这其中还包括观测量的影响。定义α迭代为：

$$\alpha_{l+1} = \alpha_l - \gamma(\alpha_l - \alpha_0 - C_{\alpha\alpha})\mathcal{M}^{\mathrm{T}}[\psi_{\alpha l}]\boldsymbol{W}_{\epsilon\epsilon}(\boldsymbol{d} - \mathcal{M}[\psi_l]) \tag{8.54}$$

每次α迭代，都可通过向前积分求解系统（式(8.49)～式(8.52)）。没有涉及伴随方程或者向后积分。既然切线性算子式(8.51)在当前ψ的估计下被评估，向前模式(8.49)和式(8.51)应进行并行积分。需要注意的是ψ_α的大小和求解式(8.51)的值，正比于参数的数目。在这个例子中，我们只有单一的参数，ψ_α为标量。因此，解决强约束参数估计问题，具有更少的数目的参数是比伴随方法更为有效方法。另一方面，伴随方法通过向前的积分和向后的积分寻找梯度，与所涉及的参数数目无关，但要求该模式解作为空间和时间的函数被存储和使用作为伴随方法的评价。

8.3 埃克曼流模式中的参数估计

5.3 节中，用代表函数法求解埃克曼流模式的广义逆问题。Eknes 和 Evensen(1997)中考虑了模式中的未知参数。特别是允许风拖曳系数c_{d_0}和垂直扩散系数$A_0(z)$的初猜值包含误差，即：

$$c_d = c_{d_0} + p_{c_d} \tag{8.55}$$

$$A(z) = A_0(z) + p_A(z) \tag{8.56}$$

其中，p_{c_d}和$p_A(z)$是未知的误差项。因此，联合状态估计和参数估计问题被公式化，并且式(5.75)中状态估计的罚函数被扩展至包括两项，其中包括从初猜值得到被估计参数的导数。使用 5.3 节的符号，联合的状态-参数估计问题的广义逆公式为：

$$\begin{aligned}\mathcal{J}[\boldsymbol{u}, c_d, A] = {} & \boldsymbol{q}^{\mathrm{T}} \bullet \boldsymbol{W}_{qq} \bullet \boldsymbol{q} + \boldsymbol{a}^{\mathrm{T}} \circ \boldsymbol{W}_{aa} \circ \boldsymbol{a} + \boldsymbol{b}_0^{\mathrm{T}} * \boldsymbol{W}_{b_0 b_0} * \boldsymbol{b}_0 + \boldsymbol{b}_H^{\mathrm{T}} * \boldsymbol{W}_{b_H b_H} * \\ & \boldsymbol{b}_H + p_A \circ W_{AA} \circ p_A + p_{c_d} W_{c_d c_d} p_{c_d} + \boldsymbol{\epsilon}^{\mathrm{T}} \boldsymbol{W}_{\epsilon\epsilon} \boldsymbol{\epsilon}\end{aligned} \tag{8.57}$$

其中，权重$W_{c_d c_d}$是误差方差$C_{c_d c_d}$的逆，W_{AA}是误差协方差$C_{\alpha\alpha}$的逆。由于风拖曳系数和垂直扩散允许存在误差，则需要考虑关于这些参数的罚函数变分。额外的风拖曳和垂直扩散参数的方程：

$$c_d = c_{d_0} + C_{c_d c_d} \int_0^T \boldsymbol{\lambda}^{\mathrm{T}}(0, t) \boldsymbol{u}_a \mathrm{d}t \tag{8.58}$$

$$A = A_0 - C_{AA} \bullet \frac{\partial \boldsymbol{\lambda}^{\mathrm{T}}}{\partial z} \frac{\partial \boldsymbol{u}}{\partial z} \tag{8.59}$$

方程(8.58)和式(8.59)与欧拉-拉格朗日方程系统式(5.77)与式(5.83)共同构成了完整的非线性逆问题。

5.3 节举例说明了已知$A(z)$和c_d时，利用代表函数法精确求解弱约束反演问题中的欧拉-拉格朗日方程的方法。当参数允许误差存在时，反问题变成非线性，因此使用式(8.58)和式(8.59)中$A(z)$和c_d的迭代。在每次迭代中，使用代表函数法来求解逆估计问题。

利用梯度下降法对方程(8.58)和式(8.59)进行迭代，即：

$$c_d^{l+1} = c_d^1 - \gamma(c_d^l - c_{d0} - C_{c_dc_d}\int_{t_0}^{t_k}(\boldsymbol{\lambda}^l)^{\mathrm{T}}\sqrt{u_a^2+v_a^2}\boldsymbol{u}_a\mathrm{d}t) \tag{8.60}$$

$$A^{l+1}(z) = A^l(z) - \gamma(A^l(z) - A_0(z) + C_{AA}\bullet(\frac{\partial \boldsymbol{u}^t}{\partial z})^T\frac{\partial \boldsymbol{\lambda}^t}{\partial z}) \tag{8.61}$$

圆括号内的表达式是在梯度下降算法中使用的实际梯度。这个常数γ决定了在参数空间中的梯度的方向的步长，并对收敛产生重要影响。现在通过迭代方程(8.60)和式(8.61)以得到新预测c_d^{l+1}以及A^{l+1}，并使用代表函数法求解u^{l+1}和λ^{l+1}。

Eknes 和 Evensen(1997)孪生试验的参数估计如图 8.1 和图 8.2 所示。参考 Eknes 和 Evensen(1997)，在试验中使用统计先验值。该扩散参数$A(z)$的估计在图 8.1 中给出，其中包括初猜值$A_0(z)$、参考值$A(z)$与对$A(z)$的估计。由于 Ekman 层以下的微弱信号，使得纠正深海扩散参数的误差变得困难。另外$A(z)$的估计与参考扩散参数不一致，但在大多数深度上位于初猜值$A_0(z)$和精确$A(z)$中间的某个位置。在一些深度上，估计值位于初猜值和参考值的左侧。对于非线性问题来说这个结果不是很理想，其中罚函数的最小值同时确定逆问题的解和被估计的参数，这些都是相互依存的。风拖曳系数c_d的估计如图 8.2 所示。它收敛于初猜值和参考值之间。

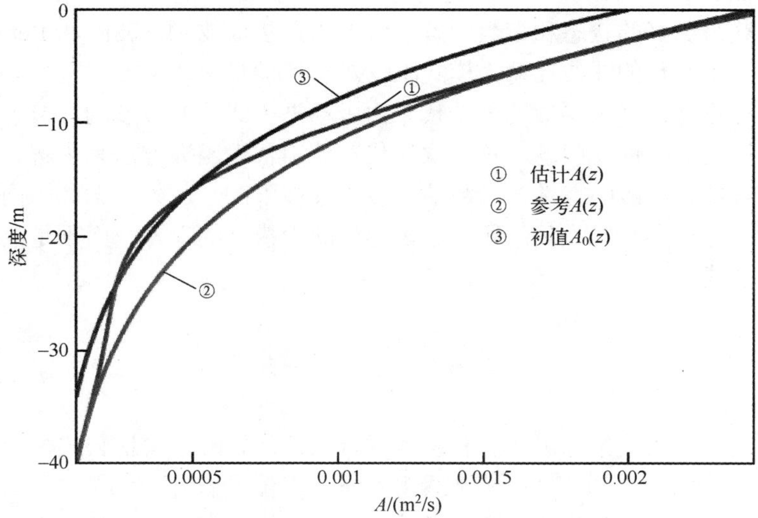

图 8.1　孪生试验中对涡黏性系数$A(z)$的估计

（该图转载于 Eknes 和 Evensen(1997)）

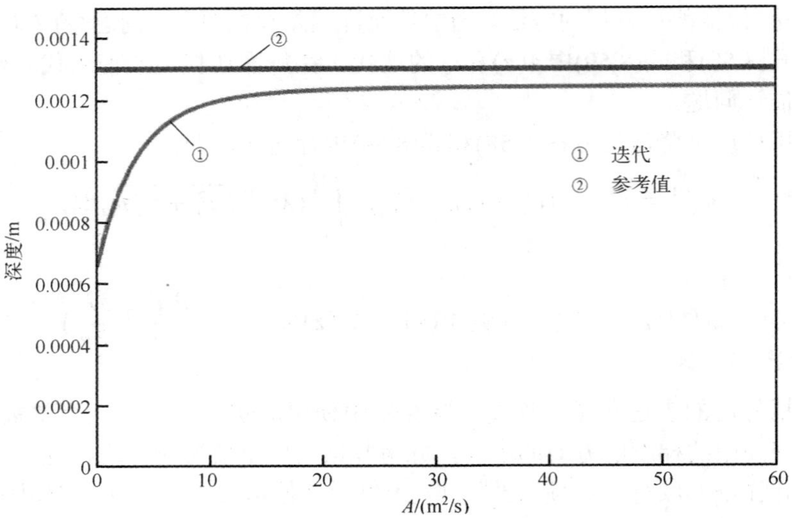

图 8.2　孪生试验中对风拖曳系数c_d的估计。沿 x 轴给出迭代的次数
（转自 Eknes 和 Evensen(1997)）

Bennett(1992)和 Yu and O’Brien(1991)指出，如果没有对扩散系数$A(z)$进行平滑正则化，在 $A(z)$可能会变得不连续情况下，不清楚边界条件式(5.79)中不同的$A(0)$或c_d是否有差异。然而在这里，非对角权重会确保一个平滑的$A(z)$。因此，与测量一致，u垂直廓线的解决定$A(z)$廓线，通过调整c_d以提供正确的表面强迫。

求解联合状态和参数估计问题的方法中，考虑了一个相当简单的动力模式，于是可以获得更好的状态和参数的解。后来此方法也被 Muccino 和 Bennett(2001)通过包含几个参数的非线性动力模式(KDV 方程)验证。

他们还重新定义了参数的外迭代。由于动态模式是非线性的，接下来定义每一次参数迭代的线性反问题，每一次迭代都使用代表函数方法来求解。由于动力系统的非线性和耗散的特性，参数估计技术会被限制。此外，尤其当同时估计几个参数时，存在参数的收敛问题。建议容许动力模式的误差，而不是改变动力模式的经验公式。

8.4　小　　结

在本章中，我们推导出状态和参数联合估计问题的广义逆公式。出发点是式(7.13)贝叶斯理论，同时引入所有观测数据先验分布呈高斯分布的假设。从而一个罚函数形式的广义逆公式，这个罚函数是误差的二次型。由这个广义逆公式，我们推导了欧拉-拉格朗日方程，在参数估计的情况下提出一个非线性问题，即动力学模式是非线性的。我们说明了通过定义被估计参数的迭代来求解非线性问题的方法，然后使用代表函数法来求解每次参数迭代时的状态。

对于式(7.15)～式(7.18)，可以定义一个变分问题序列，变分问题的解作为下一次估计的先验值。可以应用代表函数方法和伴随方法，但变分方法不容易提供误差估计的统计信息，这些估计信息能作为下一次求逆过程的先验信息。集合滤波方法可克服这方面的不足。

第9章 集合方法

本章重点讨论三种方法，即集合平滑(Ensemble Smoother，ES)，集合卡尔曼平滑(Ensemble Kalman Smoother，EnKS)和集合卡尔曼滤波(Ensemble Kalman Filter，EnKF)。它们属于粒子方法，即使用 Monte Carlo 或集合来描述概率密度函数(PDF)，采用随机模式的集合积分来模拟概率密度函数的时间演变，以及给定观测时用来条件化预报概率密度函数。

ES、EnKS 和 EnKF 的一个特点是都引入了模式预报所需的高斯概率密度函数假设。这使得我们可以仅使用概率密度函数的均值与协方差来描述模式预测所需的概率密度函数，而且更新方程则变成线性的。下面的讨论也涉及未知模式参数的估计。

9.1 引 言

回到式(7.12)或式(7.13)所示的原始贝叶斯问题，假设所有的先验密度是已知的。式(7.10)给出了直到t_k时刻模式预报的联合概率密度函数。

在 4.3 节中，假设误差统计可以由误差协方差描述，并推导得到 EnKF，其中误差协方差可以用模式状态的集合来评估。对于一般的概率密度函数也可以使用该方法。

给定每个先验概率密度函数的大样本抽样，联合概率密度函数式(7.10)可以由使用随机模式方程对每个样本进行时间积分的结果来估计。先验概率密度函数可以是非高斯型的。对每个概率密度函数，通过使用足够大的样本量N，可以得到期望精度的概率密度。

动力模式方程(7.1)可以改写为类似于式(4.33)的随机模式：

$$\mathrm{d}\boldsymbol{\psi} = \boldsymbol{G}(\boldsymbol{\psi}, \boldsymbol{\alpha})\mathrm{d}t + \boldsymbol{h}(\boldsymbol{\psi}, \boldsymbol{\alpha})\mathrm{d}\boldsymbol{q} \tag{9.1}$$

其中，引入未知参数$\boldsymbol{\alpha}$。因此，小的时间增量$\mathrm{d}t$与代表模式误差的随机增量$\mathrm{d}\boldsymbol{q}$是相关的，而$\mathrm{d}\boldsymbol{q}$导致了模式状态增量$\mathrm{d}\boldsymbol{\psi}$。模式误差由$f(\boldsymbol{\psi}_i|\boldsymbol{\psi}_{i-1}, \boldsymbol{\alpha})$的样本来描述。

由 4.3 节，我们可以推导概率密度函数随时间演变的 Kolmogorov 方程。随机模式(9.1)对模式状态的集合进行时间前向积分等价于用蒙特卡洛方法求解 Kolmogorov 方程。结果表明，对于高维非线性问题，解析解不存在，且由于计算量巨大，也无法直接进行数值积分，因此上述方法是求解方程最有效的方法。此外，使用蒙特卡洛方法除了需要使用有限个集合外，不需要任何近似。因此，先验概率密度函数的集合表征和随机集合积分会生成以用于模式演变的联合概率密度函数的一致集合表征。

将模式演化(7.10)的联合概率密度函数代入贝叶斯更新方程(7.12)，得到：

$$f(\psi_1,\cdots,\psi_k,\boldsymbol{\alpha},\psi_0,\psi_b|\boldsymbol{d})$$
$$\propto f(\psi_1,\cdots,\psi_k,\boldsymbol{\alpha},\psi_0,\psi_b)\prod_{j=1}^{m}f\left(\boldsymbol{d}_j|\psi_{i(j)},\boldsymbol{\alpha}\right) \tag{9.2}$$

对于任意分布和高维情况来说，贝叶斯分析式(9.2)的计算比较复杂。然而，使用重要性采样可以评估式(9.2)中后验分布的均值和协方差。

为简单起见，我们用$\boldsymbol{\psi}$表示所有时刻的模式解，初始数据和边界数据以及模式参数。给定式(9.2)的后验分布，函数$h(\boldsymbol{\psi})$的期望值为：

$$\begin{aligned}E[h(\boldsymbol{\psi})]&=\int h(\boldsymbol{\psi})f(\boldsymbol{\psi}|\boldsymbol{d})\mathrm{d}\boldsymbol{\psi}\\&=\frac{\int h(\boldsymbol{\psi})f(\boldsymbol{d}|\boldsymbol{\psi})f(\boldsymbol{\psi})\mathrm{d}\boldsymbol{\psi}}{f(\boldsymbol{d})}\\&=\frac{\int h(\boldsymbol{\psi})f(\boldsymbol{d}|\boldsymbol{\psi})f(\boldsymbol{\psi})\mathrm{d}\boldsymbol{\psi}}{\int f(\boldsymbol{d}|\boldsymbol{\psi})f(\boldsymbol{\psi})\mathrm{d}\boldsymbol{\psi}}\\&\approx\frac{\sum_i h(\boldsymbol{\psi}_i)f(\boldsymbol{d}|\boldsymbol{\psi}_i))}{\sum_i f(\boldsymbol{d}|\boldsymbol{\psi}_i)}\end{aligned} \tag{9.3}$$

上述求和公式是针对集合成员进行的。因此，对于模式预报，我们可以使用集合来估计$\boldsymbol{\psi}$的函数期望值。令$h(\boldsymbol{\psi})=\boldsymbol{\psi}$，将会得到方差的最小化估计值，此估计值是式(9.2)中$\boldsymbol{\psi}$的后验分布的期望值。此外，令$s(\boldsymbol{\psi})=(\boldsymbol{\psi}-E[\boldsymbol{\psi}])(\boldsymbol{\psi}-E[\boldsymbol{\psi}])^{\mathrm{T}}$，将会得到后验误差协方差。

van Leeuwen 和 Evensen(1996)使用式(9.3)，对包含 6400 个未知数的非线性海洋环流模式的逆问题进行检验。人们发现，大部分集合成员的权重可忽略，只有很少的集合成员对总和有贡献。因此，得出的结论是：为了正确地表示完整的后验概率密度函数，需要使用非常大的集合样本量。

另一类称为粒子滤波的方法使用重要性重采样技术来求解全贝叶斯更新方程。它们引入一个重采样步骤，以生成一个能正确模拟后验分布的新集合。Chen 等(2004)和 Doucet 等(2001)讨论了一些重采样方法。这些方法都忽略了权重较低的集合成员，并复制了那些权重较大的集合成员。使得只使用少数大权重的集合成员而导致的粒子退化问题的影响降低。在一些应用中，这些方法适用于低维系统，但都需要大量的集合成员，对后验联合概率密度函数的重采样以及高维模式都需要非常大的计算成本。

其他一些非线性滤波器是基于核近似（Miller 等(1999)，Anderson 和 Anderson(1999a)以及 Miller 和 Ehret(2002)），或粒子的解释（Pham(2001)，van Leeuwen(2003)以及 Chen 等(2004)）来实现的，在将它们应用于实际的高维系统之前，需要更进一步的研究。www-sigproc.eng.cam.ac.uk/smc.上有更多的关于序贯蒙特卡洛粒子滤波的信息。

9.2 线性集合分析更新

对于线性动力学模式和高斯先验概率密度函数，式(7.10)中模式预报的概率函数也是高斯型的。这种情况下的方差最小化分析也等价于最大似然估计(MLH)。

作为空间和时间的函数，我们可以估计集合预报的平均值$\overline{\boldsymbol{\psi}^{\mathrm{f}}}(\boldsymbol{x},t)$，以及与其相关的集合误差协方差$\boldsymbol{C}^{\mathrm{f}}_{\psi\psi}(\boldsymbol{x_1},t_1,\boldsymbol{x_2},t_2)$。假定观测向量$\boldsymbol{d}$的误差协方差为$\boldsymbol{C}_{\epsilon\epsilon}$。根据式(9.2)，利用式(8.8)可知线性方差最小化分析或最大似然估计可对下式进行最小化：

$$\mathcal{J}[\boldsymbol{\psi}^{\mathrm{a}}]=\left(\boldsymbol{\psi}^{\mathrm{a}}-\overline{\boldsymbol{\psi}^{\mathrm{f}}}\right)^{\mathrm{T}}\cdot\left(\boldsymbol{C}^{\mathrm{f}}_{\psi\psi}\right)^{-1}\cdot\left(\boldsymbol{\psi}^{\mathrm{a}}-\overline{\boldsymbol{\psi}^{\mathrm{f}}}\right)$$
$$+(\boldsymbol{d}-\mathcal{M}[\boldsymbol{\psi}^{\mathrm{a}}])^{\mathrm{T}}\boldsymbol{C}^{-1}_{\epsilon\epsilon}(\boldsymbol{d}-\mathcal{M}[\boldsymbol{\psi}^{\mathrm{a}}]) \tag{9.4}$$

上式定义了时间-空间的高斯-马尔可夫插值，并且其给出了下式的最小化解及相应的误差协方差估计：

$$\boldsymbol{\psi}^{\mathrm{a}}=\boldsymbol{\psi}^{\mathrm{f}}+\mathcal{M}^{\mathrm{T}}[\boldsymbol{C}^{\mathrm{f}}_{\psi\psi}]\left(\mathcal{M}^{\mathrm{T}}\left[\mathcal{M}[\boldsymbol{C}^{\mathrm{f}}_{\psi\psi}]\right]+\boldsymbol{C}_{\epsilon\epsilon}\right)^{-1}(\boldsymbol{d}-\mathcal{M}[\boldsymbol{\psi}^{\mathrm{f}}]) \tag{9.5}$$

$$\boldsymbol{C}^{\mathrm{a}}_{\psi\psi}=\boldsymbol{C}^{\mathrm{f}}_{\psi\psi}-\mathcal{M}^{\mathrm{T}}[\boldsymbol{C}^{\mathrm{f}}_{\psi\psi}]\left(\mathcal{M}^{\mathrm{T}}\left[\mathcal{M}[\boldsymbol{C}^{\mathrm{f}}_{\psi\psi}]\right]+\boldsymbol{C}_{\epsilon\epsilon}\right)^{-1}\mathcal{M}[\boldsymbol{C}^{\mathrm{f}}_{\psi\psi}] \tag{9.6}$$

将上述方程与第 3 章中关于时间独立问题的分析方程进行比较，特别是定义了时间独立问题的方程(3.26)以及给出解和误差估计的式(3.39)、式(3.46)和式(3.54)，可以发现式(9.5)和式(9.6)的推导与时间独立问题的推导相同。

从这些方程也可以看出，对于模式预报而言，如果我们定义代表函数为随时空变化的误差协方差的观测值，即：

$$\boldsymbol{r}=\mathcal{M}[\boldsymbol{C}^{\mathrm{f}}_{\psi\psi}] \tag{9.7}$$

那么，分析方程(9.5)和式(9.6)则变为：

$$\boldsymbol{\psi}^{\mathrm{a}}=\boldsymbol{\psi}^{\mathrm{f}}+\boldsymbol{r}^{\mathrm{T}}(\mathcal{M}^{\mathrm{T}}[\boldsymbol{r}]+\boldsymbol{C}_{\epsilon\epsilon})^{-1}(\boldsymbol{d}-\mathcal{M}[\boldsymbol{\psi}^{\mathrm{f}}]) \tag{9.8}$$

$$\boldsymbol{C}^{\mathrm{a}}_{\psi\psi}=\boldsymbol{C}^{\mathrm{f}}_{\psi\psi}-\boldsymbol{r}^{\mathrm{T}}(\mathcal{M}^{\mathrm{T}}[\boldsymbol{r}]+\boldsymbol{C}_{\epsilon\epsilon})^{-1}\boldsymbol{r} \tag{9.9}$$

将式(9.8)和式(5.60)进行比较可以发现，代表函数法和高斯-马尔可夫插值在时间和空间上存在相似性。McIntosh(1990)和 Bennett(1992，2002)给出了更详细的讨论。实际上，Bennett(1992)指出了代表函数的值等于随时空变化的误差协方差矩阵的观测值。因此，对于线性动力学模式和高斯先验假定，当集合样本量无穷大时，代表函数法与式(9.5)将得到相同的结果。

对于非线性动力学模式，即使先验的概率密度函数为高斯型，描述模式演化的概率密度函数也会变为非高斯型的。在这种情况下，式(9.5)和式(9.6)只能提供一个近似解。如果先验概率密度函数是准高斯型的，那么这些公式则可以提供一个有用的解。由于只有更新方程是线性的，所以更新的集合将继承先验集合中包含的一部分非高斯信息。因此，该方法不仅仅是对高斯后验概率密度函数的重采样。下一节以及集合平滑方法的结果给出了式(9.5)的实际的集合实现。

9.3 误差统计的集合表征

集合协方差的计算公式为

$$\boldsymbol{C}_{\psi\psi} = \overline{(\boldsymbol{\psi} - \overline{\boldsymbol{\psi}})(\boldsymbol{\psi} - \overline{\boldsymbol{\psi}})^{\mathrm{T}}} \tag{9.10}$$

集合平均$\overline{\boldsymbol{\psi}}$即为最佳猜测的估计，而集合扩展定义了误差方差。协方差是由集合成员的平滑性决定的。协方差矩阵可以用模式状态的集合表示，且这种表述不是唯一的。

在 Evensen(2003)中，我们定义了在t_i时刻包含集合成员$\boldsymbol{\psi}(\boldsymbol{x}, t_i) \in \Re^{n_\psi}$的矩阵，其中$n_\psi$表示状态向量中变量的数目。此外，我们利用未知参数$\boldsymbol{\alpha}(\boldsymbol{x}) \in \Re^{n_\alpha}$对状态向量进行扩充，其中$n_\alpha$是参数向量$\boldsymbol{\alpha}$中参数的数量，并用$\boldsymbol{A}(\boldsymbol{x}, t_i) \in \Re^{n \times N}$来表示包括$t_i$时刻$\boldsymbol{\psi}$和$\boldsymbol{\alpha}$的$N$个集合式(3.38)成员的矩阵，其中$n = n_\psi + n_\alpha$，即：

$$\boldsymbol{A}_i = \boldsymbol{A}(\boldsymbol{x}, t_i) = \begin{pmatrix} \boldsymbol{\psi}^1(\boldsymbol{x}, t_i)\boldsymbol{\psi}^2(\boldsymbol{x}, t_i) \cdots \boldsymbol{\psi}^N(\boldsymbol{x}, t_i) \\ \boldsymbol{\alpha}^1(\boldsymbol{x}, t_i)\boldsymbol{\alpha}^2(\boldsymbol{x}, t_i) \cdots \boldsymbol{\alpha}^N(\boldsymbol{x}, t_i) \end{pmatrix} \tag{9.11}$$

注意，尽管我们通常假定参数是不随时间变化的，但这里我们仍然对$\boldsymbol{\alpha}$定义了时间参数。这能够区分不同时间$\boldsymbol{\alpha}$的估计值，且在 EnKF 和 EnKS 使用观测对参数进行更新时，估计值是变化的。

集合平均值存储在$\overline{\boldsymbol{A}}(\mathbf{x}, t_i)$的每一列，定义为：

$$\overline{\boldsymbol{A}}(\boldsymbol{x}, t_i) = \boldsymbol{A}(\boldsymbol{x}, t_i)\boldsymbol{1}_N \tag{9.12}$$

其中，$\boldsymbol{1}_N \in \Re^{N \times N}$，它的每个元素都等于$1 / N$。然后，我们定义集合扰动矩阵为：

$$\boldsymbol{A}'(\boldsymbol{x}, t_i) = \boldsymbol{A}(\boldsymbol{x}, t_i) - \overline{\boldsymbol{A}}(\boldsymbol{x}, t_i) = \boldsymbol{A}(\boldsymbol{x}, t_i)(\boldsymbol{I} - \boldsymbol{1}_N) \tag{9.13}$$

集合协方差$\boldsymbol{C}^{\mathrm{e}}_{\psi\psi}(\boldsymbol{x}_1, \boldsymbol{x}_2, t_i) \in \Re^{n \times n}$定义为：

$$\boldsymbol{C}^{\mathrm{e}}_{\psi\psi}(\boldsymbol{x}_1, \boldsymbol{x}_2, t_i) = \frac{\boldsymbol{A}'(\boldsymbol{x}_1, t_i)(\boldsymbol{A}'(\boldsymbol{x}_2, t_i))^{\mathrm{T}}}{N - 1} \tag{9.14}$$

现在，给定不同时刻的集合矩阵$\boldsymbol{A}(\boldsymbol{x},t_{i'})$，其中$i'=1,2,\cdots,i$。我们可以将从$t_0$到$t_i$时刻的联合状态的集合矩阵定义为：

$$\widetilde{\boldsymbol{A}}_i=\begin{pmatrix}\boldsymbol{A}(\boldsymbol{x},t_0)\\ \vdots \\ \boldsymbol{A}(\boldsymbol{x},t_i)\end{pmatrix} \tag{9.15}$$

所以，任意两个时刻t_1和t_2的模式状态之间的时空集合协方差为：

$$\widetilde{\boldsymbol{C}}^{\mathrm{e}}_{\psi\psi}(\boldsymbol{x}_1,t_1,\boldsymbol{x}_2,t_2)=\frac{\widetilde{\boldsymbol{A}}'_i(\boldsymbol{x}_1,t_1)(\widetilde{\boldsymbol{A}}'_i(\boldsymbol{x}_2,t_2))^{\mathrm{T}}}{N-1} \tag{9.16}$$

9.4 观测的集合表征

在观测时刻$t_{i(j)}$，我们定义了观测向量$\boldsymbol{d}_j\in\Re^{m_j}$，其中$m_j$为此时观测的数量。我们定义$N$个扰动观测向量为：

$$\boldsymbol{d}_j^l=\boldsymbol{d}_j+\boldsymbol{\epsilon}_j^l,\ \ l=1,2,\cdots,N \tag{9.17}$$

上式可以写成列矩阵形式：

$$\boldsymbol{D}_j=(\boldsymbol{d}_j^1,\boldsymbol{d}_j^2,\cdots,\boldsymbol{d}_j^N)\in\Re^{m_j\times N} \tag{9.18}$$

均值为零的观测扰动集合可以写成下面的矩阵：

$$\boldsymbol{E}_j=(\boldsymbol{\epsilon}_j^1,\boldsymbol{\epsilon}_j^2,\cdots,\boldsymbol{\epsilon}_j^N)\in\Re^{m_j\times N} \tag{9.19}$$

据此，我们可以构造观测误差协方差矩阵的集合表征，为：

$$\boldsymbol{C}^{\mathrm{e}}_{\epsilon\epsilon}(t_{i(j)})=\frac{\boldsymbol{E}_j\boldsymbol{E}_j^{\mathrm{T}}}{N-1} \tag{9.20}$$

9.5 集合平滑(ES)

ES 是 van Leeuwen 和 Evensen(1996)在进行线性最小方差平滑分析时提出的。它使用线性更新方程(9.5)来计算式(9.2)的近似更新值。事实证明，如果每个集合成员是利用式(9.18)的扰动观测，并且由式(9.5)独立进行更新，那么更新的集合将有形如式(9.5)和式(9.6)的正确的均值和协方差。Burgers 等(1998)指出，需要知道观测的扰动以获得正确的协方差。

如式(9.15)所定义，$\widetilde{\boldsymbol{A}}_k^a$的线性 ES 分析方程为：

$$\widetilde{\boldsymbol{A}}_k^{\mathrm{a}}=\widetilde{\boldsymbol{A}}_k+\mathcal{M}^T[\widetilde{\boldsymbol{C}}^{\mathrm{e}}_{\psi\psi}]\left(\mathcal{M}^{\mathrm{T}}\left[\mathcal{M}[\widetilde{\boldsymbol{C}}^{\mathrm{e}}_{\psi\psi}]\right]+\boldsymbol{C}^{\mathrm{e}}_{\epsilon\epsilon}\right)^{-1}(\boldsymbol{D}-\mathcal{M}[\widetilde{\boldsymbol{A}}_k]) \tag{9.21}$$

这里，我们使用：

$$\boldsymbol{D} = \begin{pmatrix} \boldsymbol{D}_1 \\ \vdots \\ \boldsymbol{D}_m \end{pmatrix}, \quad \mathcal{M} = \begin{pmatrix} \mathcal{M}_1 \\ \vdots \\ \mathcal{M}_m \end{pmatrix} \tag{9.22}$$

和：

$$\boldsymbol{C}_{\epsilon\epsilon}^{\mathrm{e}} = \begin{pmatrix} \boldsymbol{C}_{\epsilon\epsilon}^{\mathrm{e}}(t_{i(1)}) & & \\ & \ddots & \\ & & \boldsymbol{C}_{\epsilon\epsilon}^{\mathrm{e}}(t_{i(m)}) \end{pmatrix} \tag{9.23}$$

图 9.1 中，水平轴表示时间，观测位于规则的时间间隔上。垂直轴表示利用观测进行的更新次数。箭头 1 表示前向集合积分，箭头 2 表示引入观测。

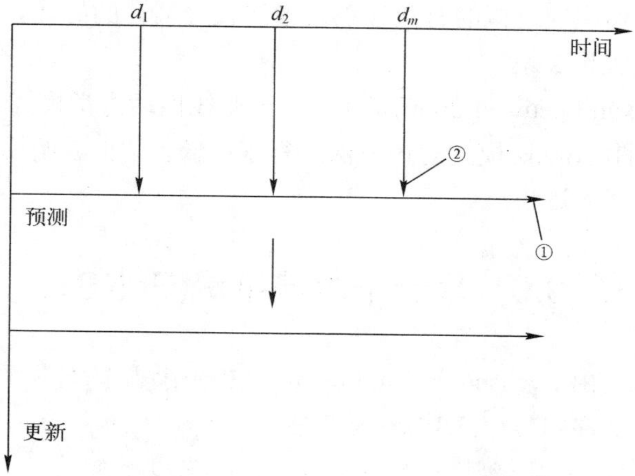

图 9.1　ES 的更新过程图例

观测的总数是$M = \sum_{j=1}^{m} m_j$。因此，$\boldsymbol{D} \in \Re^{M \times N}$，$\mathcal{M} \in \Re^{M}$和$\boldsymbol{C}_{\epsilon\epsilon}^{\mathrm{e}} \in \Re^{N \times M}$。

我们现在定义革新向量集合为：

$$\boldsymbol{D}' = \boldsymbol{D} - \mathcal{M}[\widetilde{\boldsymbol{A}}_k] \tag{9.24}$$

集合扰动的观测值$S \in \Re^{M \times N}$为：

$$\boldsymbol{S} = \mathcal{M}[\widetilde{\boldsymbol{A}}_k'] \tag{9.25}$$

以及矩阵$\boldsymbol{C} \in \Re^{M \times M}$为：

$$\boldsymbol{C} = \boldsymbol{S}\boldsymbol{S}^{\mathrm{T}} + (N-1)\boldsymbol{C}_{\epsilon\epsilon}^{\mathrm{e}} \tag{9.26}$$

利用式(9.24)～式(9.26)以及式(9.16)和式(9.20)定义的集合误差协方差矩阵，即式 (9.13)，分析方程(9.21)可以表示为：

$$\begin{aligned} \widetilde{\boldsymbol{A}}_k^{\mathrm{a}} &= \widetilde{\boldsymbol{A}}_k + \widetilde{\boldsymbol{A}}_k' \mathcal{M}^{\mathrm{T}}[\widetilde{\boldsymbol{A}}_k'] \left(\mathcal{M}[\widetilde{\boldsymbol{A}}_k'] \mathcal{M}^{\mathrm{T}}[\widetilde{\boldsymbol{A}}_k'] + (N-1)\boldsymbol{C}_{\epsilon\epsilon}^{\mathrm{e}}\right)^{-1} \boldsymbol{D}' \\ &= \widetilde{\boldsymbol{A}}_k + \widetilde{\boldsymbol{A}}_k (\boldsymbol{I} - \boldsymbol{1}_N) \boldsymbol{S}^{\mathrm{T}} \boldsymbol{C}^{-1} \boldsymbol{D}' \\ &= \widetilde{\boldsymbol{A}}_k (\boldsymbol{I} + (\boldsymbol{I} - \boldsymbol{1}_N) \boldsymbol{S}^{\mathrm{T}} \boldsymbol{C}^{-1} \boldsymbol{D}') \end{aligned}$$

$$=\widetilde{\boldsymbol{A}}_k(\boldsymbol{I}+\boldsymbol{S}^{\mathrm{T}}\boldsymbol{C}^{-1}\boldsymbol{D}')$$
$$=\widetilde{\boldsymbol{A}}_k\boldsymbol{X} \tag{9.27}$$

其中，$1_N\boldsymbol{S}^{\mathrm{T}}\equiv 0$。因此，更新的集合可以视为预报集合成员的组合。

如果高斯统计的假设是正确的，方程(9.27)会随着集合样本量的增大而收敛于贝叶斯公式的精确解。这要求所有的先验是高斯的并且模式是线性的。在这种线性的情况下，它也会收敛于代表函数解。

在非线性动力学的情况下，代表函数解和 ES 解是不同的。使用 ES 时，我们应该关注高斯近似的有效性和所需的集合大小。使用代表函数法时，需要考虑迭代的收敛性、正切线性近似的有效性以及模态轨迹估计的好坏。此外，代表函数法无法直接计算后验误差。

Evensen 和 van Leeuwen(2000)指出，对于非线性动力学模式，ES 可能存在问题。他们用非线性 Lorenz 模式对该方法进行了检验，结果表明模式演化的概率密度函数的高斯近似太过粗略。

9.6 集合卡尔曼平滑(EnKS)

我们现在给出由 Evensen 和 van Leeuwen(2000)提出的替换方法，其用误差统计的集合表征求解递归方程(7.15)～式(7.18)。

在式(7.15)中，$t_{i(1)}$时刻模式预报的联合概率密度函数是：

$$f(\boldsymbol{\psi}_1,\cdots,\boldsymbol{\psi}_{i(1)},\boldsymbol{\alpha},\boldsymbol{\psi}_0,\boldsymbol{\psi}_b)\propto$$
$$f(\boldsymbol{\alpha})f(\boldsymbol{\psi}_0)f(\boldsymbol{\psi}_b)\prod_{i=1}^{i(1)}f(\boldsymbol{\psi}_i|\boldsymbol{\psi}_{i-1},\boldsymbol{\alpha}) \tag{9.28}$$

与 ES 的更新过程类似，这个联合概率密度函数可以使用每个先验概率密度函数的大样本集合来估计，且使用随机模式方程可以对其进行前向积分。

随机积分会生成模式解$\boldsymbol{\psi}_1,\cdots,\boldsymbol{\psi}_{i(1)}$，初始条件$\boldsymbol{\psi}_0$，边界条件$\boldsymbol{\psi}_b$以及未知参数$\boldsymbol{\alpha}$的联合概率密度函数的集合表征。

给定式(9.28)的集合表征，现在主要的问题是如何在已知观测向量$\boldsymbol{d}_1$的条件下，高效计算联合概率分布函数，即我们需要解式(7.15)，其可以改写为：

$$f(\boldsymbol{\psi}_1,\cdots,\boldsymbol{\psi}_{i(1)},\boldsymbol{\alpha},\boldsymbol{\psi}_0,\boldsymbol{\psi}_b|\boldsymbol{d}_1)\propto$$
$$f(\boldsymbol{\psi}_1,\cdots,\boldsymbol{\psi}_{i(1)},\boldsymbol{\alpha},\boldsymbol{\psi}_0,\boldsymbol{\psi}_b)f(\boldsymbol{d}_1|\boldsymbol{\psi}_{i(1)},\boldsymbol{\alpha}) \tag{9.29}$$

根据$t_{i(1)}$时刻的第一组观测，可以得到更新结果。

除了按时间顺序处理观测外，EnKS 和 ES 是类似的。从存储在$\boldsymbol{A}_0$的初始集合出发，直到第一组观测，进行前向随机积分，可以得到下面的集合预报：

$$\widetilde{\boldsymbol{A}}_{i(1)}^{\mathrm{f}} = \begin{pmatrix} \boldsymbol{A}_0 \\ \boldsymbol{A}_1^{\mathrm{f}} \\ \vdots \\ \boldsymbol{A}_{i(1)}^{\mathrm{f}} \end{pmatrix} \tag{9.30}$$

利用 ES 的更新方程(9.27)和由第一组观测$\boldsymbol{d}_1$得到的式(9.30)，它们在预报集合的高斯概率密度函数的假设下求解式(9.29)，我们得到

$$\begin{aligned}
\widetilde{\boldsymbol{A}}_{i(1)}^{\mathrm{a}} &= \widetilde{\boldsymbol{A}}_{i(1)}^{\mathrm{f}} + \widetilde{\boldsymbol{A}}_{i(1)}^{\mathrm{f}'} \mathcal{M}_1^T [\widetilde{\boldsymbol{A}}_{i(1)}^{\mathrm{f}'}] \\
&\times \left(\mathcal{M}_1\left[\widetilde{\boldsymbol{A}}_{i(1)}^{\mathrm{f}'}\right]\mathcal{M}_1^{\mathrm{T}}\left[\widetilde{\boldsymbol{A}}_{i(1)}^{\mathrm{f}'}\right] + (N-1)\boldsymbol{C}_{\epsilon\epsilon}^{\mathrm{e}}(t_{i(1)})\right)^{-1}\boldsymbol{D}_1' \\
&= \widetilde{\boldsymbol{A}}_{i(1)}^{\mathrm{f}} + \widetilde{\boldsymbol{A}}_{i(1)}^{\mathrm{f}}(\boldsymbol{I} - \boldsymbol{1}_N)\boldsymbol{S}_1^{\mathrm{T}}\boldsymbol{C}_1^{-1}\boldsymbol{D}_1' \\
&= \widetilde{\boldsymbol{A}}_{i(1)}^{\mathrm{f}}\left(\boldsymbol{I} + (\boldsymbol{I} - \boldsymbol{1}_N)\boldsymbol{S}_1^{\mathrm{T}}\boldsymbol{C}_1^{-1}\boldsymbol{D}_1'\right) \\
&= \widetilde{\boldsymbol{A}}_{i(1)}^{\mathrm{f}}(\boldsymbol{I} + \boldsymbol{S}_1^{\mathrm{T}}\boldsymbol{C}_1^{-1}\boldsymbol{D}_1') \\
&= \widetilde{\boldsymbol{A}}_{i(1)}^{\mathrm{f}}\boldsymbol{X}_1
\end{aligned} \tag{9.31}$$

这里，我们使用了革新向量的下述定义：

$$\boldsymbol{D}_j' = \boldsymbol{D}_j - \mathcal{M}_j[\widetilde{\boldsymbol{A}}_{i(j)}^{\mathrm{f}}] \tag{9.32}$$

集合扰动的观测$\boldsymbol{S}_j \in \Re^{m_j \times N}$为：

$$\boldsymbol{S}_j = \mathcal{M}_j[\widetilde{\boldsymbol{A}}_{i(j)}^{\mathrm{f}'}] \tag{9.33}$$

以及矩阵$\boldsymbol{C}_j \in \Re^{m_j \times m_j}$：

$$\boldsymbol{C}_j = \boldsymbol{S}_j\boldsymbol{S}_j^{\mathrm{T}} + (N-1)\boldsymbol{C}_{\epsilon\epsilon}\left(t_{i(j)}\right) \tag{9.34}$$

当时间区间覆盖$t \in [t_0, t_{i(1)}]$时，更新方程(9.31)和 ES 更新过程是一样的，并且观测数据都包含在$\boldsymbol{d}_1$中。EnKS 给出了式(9.29)中$\boldsymbol{d}_1$条件下联合概率密度函数的近似集合表征，当测量可用时，积分至下一观测时刻的集合先验场，以便进行下一同化步的更新。

对$t_{i(j)}$时刻的观测，广义更新方程可以写成：

$$\begin{aligned}
&f(\psi_1, \dots, \psi_{i(j)}, \alpha, \psi_0, \psi_b | d_1, \cdots, d_j) \propto \\
&f(\psi_1, \dots, \psi_{i(j)}, \alpha, \psi_0, \psi_b | d_1, \cdots, d_{j-1}) f(d_j | \psi_{i(j)}, \alpha)
\end{aligned} \tag{9.35}$$

图 9.2 中，水平轴表示时间，观测位于规则时间区间上。垂直轴表示用观测进行的更新次数。箭头①表示前向集合积分，箭头②表示引入观测，箭头③表示更新。因此，箭头①表示作为时间函数的 EnKF 的解，每次有观测时则更新该解。箭头②表示 EnKS 的更新，其是随时间逆向进行的，每次有观测时先计算 EnKF 的更新，然后计算 EnKS 的更新。

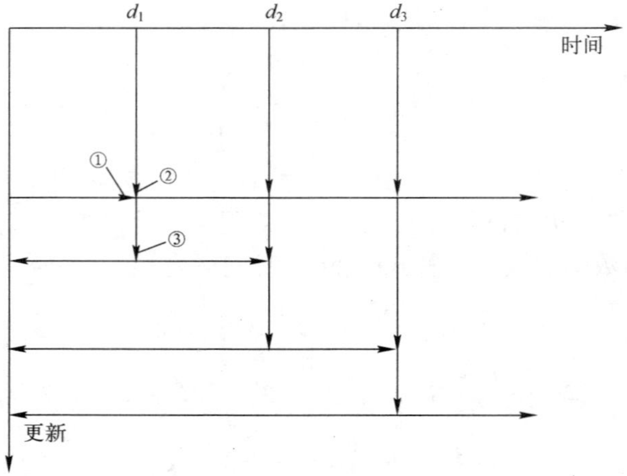

图 9.2　EnKS 的更新过程图例

现在，定义集合预报矩阵：

$$\widetilde{\boldsymbol{A}}_{i(j)}^{\mathrm{f}}=\begin{pmatrix}\widetilde{\boldsymbol{A}}_{i(j-1)}^{\mathrm{a}}\\ \boldsymbol{A}_{i(j-1)+1}^{\mathrm{f}}\\ \vdots\\ \boldsymbol{A}_{i(j)}^{\mathrm{f}}\end{pmatrix}\tag{9.36}$$

其中，集合预报量$\boldsymbol{A}_{i(j-1)+1}^{\mathrm{f}},\cdots,\boldsymbol{A}_{i(j)}^{\mathrm{f}}$是从$\widetilde{\boldsymbol{A}}_{i(j-1)}^{\mathrm{a}}$中的最终分析结果开始进行集合积分得到的。利用$t_{i(j)}$时刻的观测，我们可以基于式(9.35)计算 EnKS 的如下更新：

$$\widetilde{\boldsymbol{A}}_{i(j)}^{\mathrm{a}}=\widetilde{\boldsymbol{A}}_{i(j)}^{\mathrm{f}}\boldsymbol{X}_j\tag{9.37}$$

其中，$\boldsymbol{X}_j$的定义为：

$$\boldsymbol{X}_j=\boldsymbol{I}+\boldsymbol{S}_j^{\mathrm{T}}\boldsymbol{C}_j^{-1}\boldsymbol{D}_j'\tag{9.38}$$

这里，预报集合$\widetilde{\boldsymbol{A}}_{i(j)}^{\mathrm{f}}$由以前的所有观测$\boldsymbol{d}_1,\cdots,\boldsymbol{d}_{j-1}$进行更新。$t_{i(j)}$时刻观测中包含的增量信息使得$t_{i(j)}$时刻的观测引入更新。此外，在观测点处，组合$\boldsymbol{X}_j$只依赖$t_{i(j)}$时刻的集合。因此，更新结果可以视为先验集合的一个弱非线性组合。

9.7　集合卡尔曼滤波(EnKF)

EnKF 可以看做 EnKS 的简化版，仅在观测时刻对集合进行分析。因此，EnKF 不存在 EnKS 中信息后向传播的情况。

我们现在只考虑在$t_{i(j)}$时刻的分析步骤，此时分析方程(9.37)可以写为：

$$\boldsymbol{A}_{i(j)}^{\mathrm{a}}=\boldsymbol{A}_{i(j)}^{\mathrm{f}}\boldsymbol{X}_j\tag{9.39}$$

这里忽略了所有先验时刻的集合。

9.7.1　线性无噪声模式的应用

参考图 7.1 中的符号，我们用没有模式误差的线性模式来检验 EnKF，即：

$$\boldsymbol{A}_{i+1} = \boldsymbol{F}\boldsymbol{A}_i \tag{9.40}$$

Evensen(2004)指出，给定初始集合$\boldsymbol{A}_0$，t_k时刻的集合预报为

$$\boldsymbol{A}_k = \boldsymbol{F}^k\boldsymbol{A}_0 \tag{9.41}$$

如果用 EnKF 更新每一时刻t_j的解，其中$j = 1,2,\cdots,J$，那么t_k时刻的集合的解为：

$$\boldsymbol{A}_k = \boldsymbol{F}^k\boldsymbol{A}_0\prod_{j=1}^{J}\boldsymbol{X}_j \tag{9.42}$$

其中，$\boldsymbol{X}_j$是由式(9.38)定义的矩阵，将其与$t_{i(j)}$时刻的集合预报矩阵相乘时，可以得到$t_{i(j)}$时刻的分析集合。因此，从$\boldsymbol{A}_0$出发，$t_{i(1)}$时刻的同化解是通过将$\boldsymbol{A}_0$与$\boldsymbol{F}^{i(1)}$相乘得到$t_{i(1)}$时刻的预报结果，然后与$\boldsymbol{X}_1$相乘得到的。

注意，表达式$\boldsymbol{A}_0\prod_{j=1}^{J}\boldsymbol{X}_j$是$t_0$时刻的 EnKS 解。因此，对于线性无噪声模式来说，式(9.42)可以理解为从初始时刻t_0到产生$\boldsymbol{A}_k$的时刻t_k的平滑器解的前向积分。

这意味着对于没有模式误差的线性模式来说，所有时刻的 EnKF 解是初始集合成员的组合，并且只要$\boldsymbol{F}$和$\boldsymbol{X}_j$是满秩的，那么由初始集合生成的仿射空间的维数将不随时间变化。因此，EnKF 解的质量依赖于初始集合矩阵$\boldsymbol{A}_0$的条件数和秩。

图 9.3 中，水平轴表示时间，观测位于规则时间间隔上。垂直轴表示利用观测进行的更新次数。箭头①表示前向集合积分，箭头②表示引入观测，箭头③表示 EnKF 算法更新。因此，箭头①表示作为时间函数的 EnKF 解，当每次有观测时进行更新。

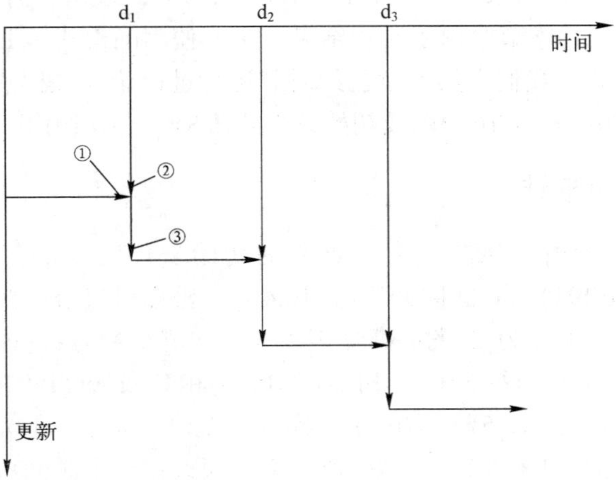

图 9.3　EnKF 的更新过程图例

9.7.2 利用 EnKF 作为先验的 EnKS

EnKS 是 EnKF 的一个延伸。EnKF 利用空间的集合协方差将观测信息传播出去，而 EnKS 使用空间和时间的集合协方差将观测信息传播出去，同时也在时间维向后传播。

因此，根据后面某个$t_{i(j)}$时刻的观测，我们可以将t_l时刻的分析方程写为

$$\boldsymbol{A}^{\mathrm{a}}(x,t_l)=\boldsymbol{A}(x,t_l)+\boldsymbol{A}'(x,t_l)\boldsymbol{S}_j^{\mathrm{T}}\boldsymbol{C}_j^{-1}\boldsymbol{D}_j' \tag{9.43}$$

其中，$\boldsymbol{D}_j'$来自式(9.32)，$\boldsymbol{S}_j$来自式(9.33)，$\boldsymbol{C}_j$来自式(9.34)，它们都是通过$t_{i(j)}$时刻的集合和观测估计得到的。

可以看到，t_l时刻的更新方程使用了与 EnKF 在$t_{i(j)}$时刻的分析方程(9.38)中定义的$\boldsymbol{X}_j$相同的集合成员的组合。因此，我们可以将某个时刻$t_i\in[t_{i(j-1)},t_{i(j)}]$的 EnKS 分析方程写为：

$$\boldsymbol{A}_{\mathrm{EnKS}}(\boldsymbol{x},t_i)=\boldsymbol{A}_{\mathrm{EnKF}}(\boldsymbol{x},t_i)\prod_{l=j}^{J}\boldsymbol{X}_l \tag{9.44}$$

因此，一旦得到 EnKF 的解，通过简单的步骤就可以计算 EnKS 的分析解。这仅需要存储系数矩阵$\boldsymbol{X}_j(j=1,2,\cdots,J)$，以及前面我们想要计算 EnKS 分析解的那些时刻的 EnKF 集合矩阵。注意，EnKF 集合矩阵很大，但我们可以只存储计算 EnKS 解所需的那些位置的变量。图 9.2 给出了顺序处理观测的示意图。

9.8 Lorenz 方程的应用

Evensen (1997)使用来自 Evensen 和 van Leeuwen(2000)的例子，对 ES、EnKS 和 EnKF 进行比较，本节给出了比较结果。本节使用的模式是 Lorenz (1963)提出的洛伦兹混沌模式。我们在第 6 章已经对其进行过讨论，该模式由三个耦合的非线性常微分方程(6.5)～式(6.7)以及初始条件式(6.8)～式(6.10)组成。

9.8.1 试验描述

对本节讨论的所有试验，参考试验的初始条件为$(x_0,y_0,z_0)=(1.508870,-1.531271,25.46091)$，时间区间为$t\in[0,40]$。观测和初始条件是通过在参考解上叠加均值为零、方差为 2 的高斯噪声生成。观测变量为x，y和z。假定初始条件的方差与观测相同。这些值与 Miller 等(1994)和 Evensen(1997)使用的相同。

对于三个方程（式(6.5)～式(6.7)），模式误差协方差矩阵假定为对角矩阵，方差分别为 2.000，12.13 和 12.31。这些值定义了模式在一个时间单位内预期的误差方差增长量。参考试验是通过使用与上述模式误差方差相对应的随机强迫，对模式方程进行积分产生的。通过引入类似于$\sqrt{\Delta t}\sqrt{\sigma^2}\mathrm{d}\omega$的项来引入随机强迫，其中$\sigma^2$

和$d\omega$分别表示模式误差方差和服从$N(0,1)$分布的随机数。

在集合统计量的计算中，采用 1000 个集合成员。这是一个相当大的集合，但是这样可以防止因使用太少集合而得出错误结论的可能性。通过使用多个集合样本量来运行相同的模拟试验，发现即使使用 50 个集合样本，运行结果之间的差异也可以忽略不计。

9.8.2 同化试验

这里对以上三种方法进行检验，并利用观测间隔为$\Delta t_{\text{obs}} = 0.5$的试验对其进行比较，该试验类似于 Evensen(1997)中的试验 B。

图 9.4～图 9.7 的（a）中的线①表示估计值，线②表示参考解；（b）中线①表示由集合统计量估计的标准差，线②表示相对于参考解的真实偏差。

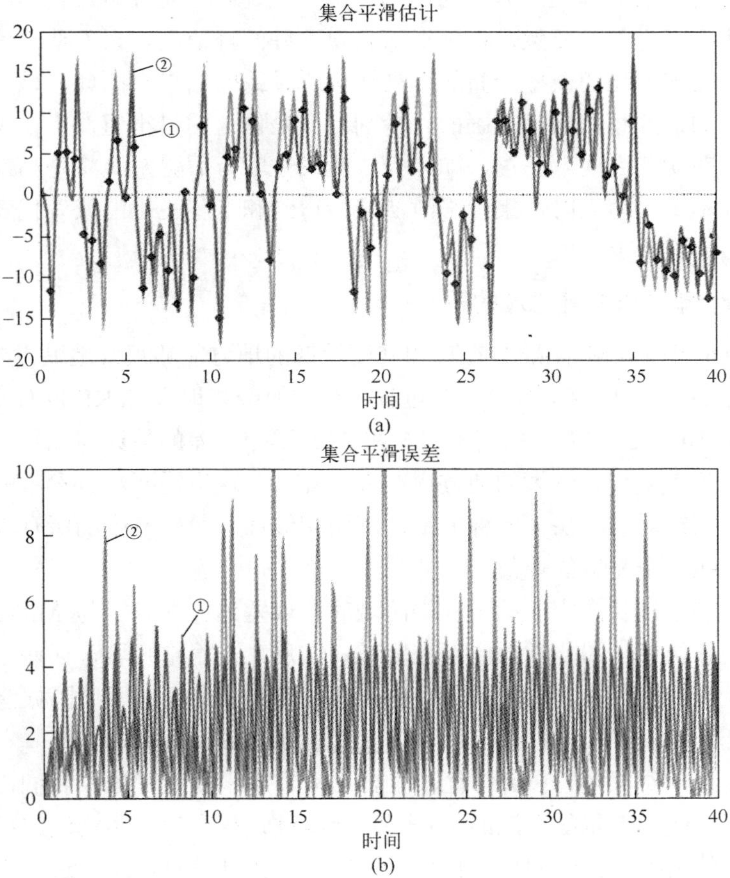

图 9.4 集合平滑

(a)x的逆问题估计解(线①)和参考解(线②)。(b)相应的估计的标准差(线①)和参考解与估计解之间偏差的绝对值，即真正的后验误差(线②)（摘自 Evensen 和 van Leeuwen(2000)）

9.8.2.1 集合平滑解

图 9.4 给出了x的 ES 解和估计的误差方差。我们发现，在当前观测密度条件下，ES 表现很差。但是，需要注意的是，即使对参考轨迹的拟合比较差，但它体现出了大多数的过渡过程。ES 的主要问题是参考解的振幅的估计。这与模式演变的分布中包含的非高斯贡献相关，这在强非线性洛伦兹系统中是可以预期的。

需要记住，平滑解包含一个初始猜测估计，它是自由演化的集合均值和时间依赖的影响函数或者代表函数的一个线性组合，这些函数是根据集合统计量计算得到的。因此，平滑器法等价于一个包含时间维度的最小方差客观分析方法。

集合平滑中的后验误差方差的简单计算过程是：首先分析每个集合成员，然后计算新集合的方差。显然，在平滑法表现不好的峰值处，误差估计值不够大。这也是忽略模式演化的概率分布的非高斯项所导致的结果。因此，该方法假定分布是高斯型的，并相信它是正确的。否则，误差估计的最小值发生在观测位置，最大值发生在观测之间。注意，如果模式是线性的，后验密度将是高斯型的，并且当集合样本量无穷大时，集合平滑法将会得到和卡尔曼平滑或者代表函数法相同的解。

9.8.2.2 集合卡尔曼滤波的解

从图 9.5 可以看出，EnKF 在观测密度较低的地方能够很好地贴近参考解。在$t = 18$附近，EnKF 缺少了一个转换过程，在其他一些地方 EnKF 也有问题，例如t=1，5，9，10，13，17，19，23，26 和 34。误差方差的估计与此是一致的，即在估计值与参考解相差较大的地方存在大的峰值。这里需要注意参考解与估计值之间的残差的绝对值与估计的标准差之间的相似性。对残差中的所有峰值，误差方差估计存在一个相应的峰值。

当模式解通过状态空间的不稳定区域时，误差估计得到了与 Miller 等(1994)发现的相同的结果，即非常强的误差增长。相反，在稳定区域，误差方差的增长较弱甚至衰减。例如，当$t \in [28,34]$时，解在其中一个吸引子周围振荡，此时误差方差很低。

令人惊讶的结果是，EnKF 优于集合平滑。基于线性理论，我们已经知道在时间区间的末端，卡尔曼平滑的解和卡尔曼滤波是相同的。和滤波解相比，通过对未来观测的贡献进行时间后向传播，可以引入额外信息，从而进一步降低误差方差。注意，如果模式动力学是线性的，EnKF 的解与卡尔曼滤波的解一致，并且当集合样本量无穷大时，集合平滑的解和卡尔曼平滑的解一致。

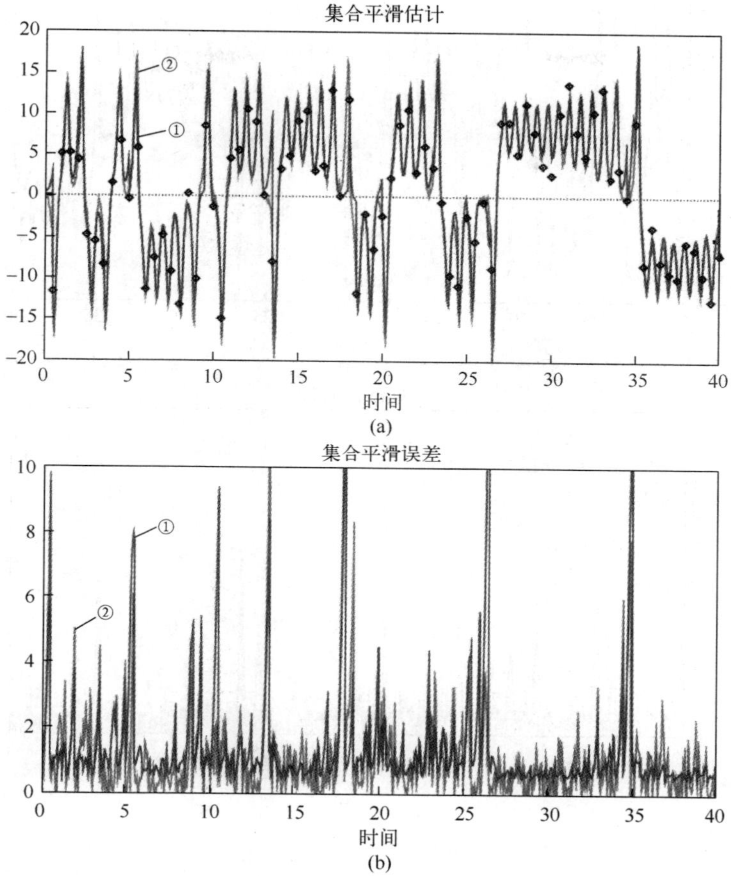

图 9.5　集合卡尔曼滤波

参见图 9.4 中的解释。转自 Evensen 和 van Leeuwen (2000)。

9.8.2.3　集合卡尔曼平滑的解

图 9.6 给出了 EnKS 的解。显然，该解优于 EnKF 的估计值。该解在时间上更平滑并且与参考轨迹的拟合更好。特别是在 EnKF 解有问题的地方，错误的结果在平滑估计中都得到了恢复。例如，EnKF 在 t=1，5，13 和 34 时的多余转换在平滑解中都已被消除，而 t=17 时缺失的转换在平滑解中也得到了恢复。

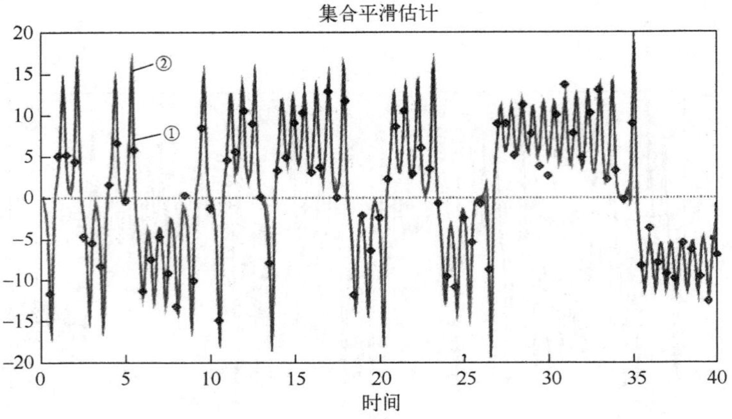

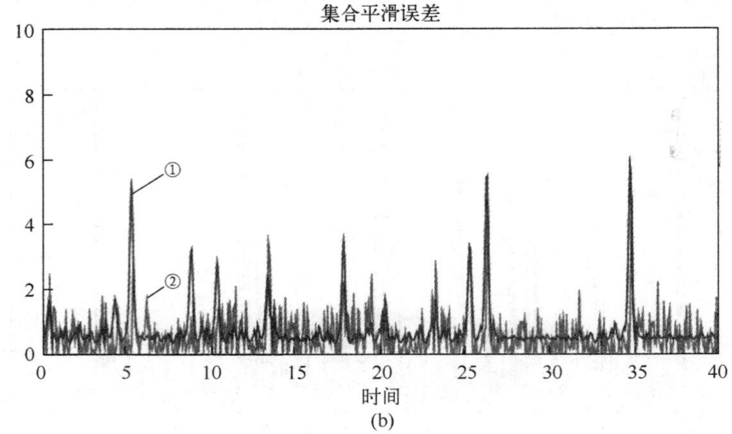

图 9.6 集合卡尔曼平滑

参见图 9.4 中的解释。转自 Evensen 和 van Leeuwen (2000)。

在整个时间区间中，EnKF 误差估计值都得到了降低。特别地，EnKF 解中大的峰值得到了显著降低。对于 EnKF 的解，所有残差中的峰值，在误差估计值中都存在相应的峰值，这证明了 EnKS 误差估计与真实误差是一致的。

这是一个非常好的结果。实际上，$\Delta t_{\text{obs}} = 0.5$时 EnKS 的解和$\Delta t_{\text{obs}} = 0.25$时 EnKF 的解效果一样，或者更好(参见 Evensen，1997)。

图 9.7 给出了滞后平滑的结果。在这种情况下，观测信息仅在时间维进行一个短距离传播。因为我们假设观测的影响在超过一个长度区间后是可忽略的。上述假设和模式的可预报时间尺度类似。这里使用 5 个时间单位的时间滞后，其结果与完全平滑解几乎没有什么区别。因此，对于更实际的应用，使用滞后平滑可以显著节省存储和 CPU。

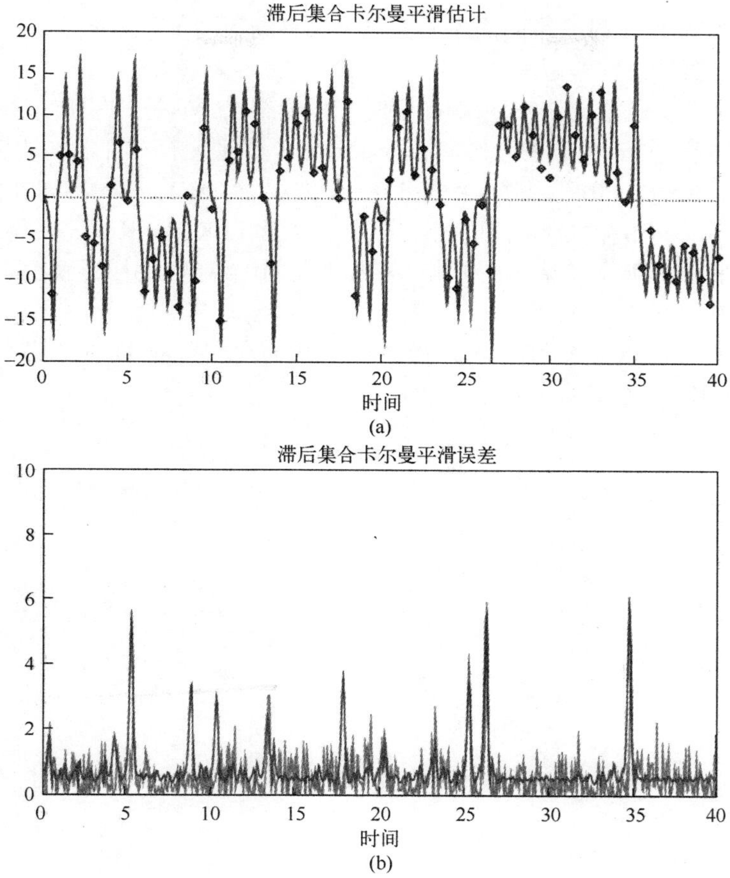

图 9.7 滞后集合卡尔曼平滑

参见图 9.4 中的解释。转自 Evensen 和 van Leeuwen (2000)。

9.9 讨 论

本章阐述了 EnKF 和 KnKS 之间的相似性及联系。对于具备高斯统计假设的线性问题，EnKS 给出最优解。EnKF 是 EnKS 的一种简化形式，它不对观测信息进行后向映射。在最终的观测时间$t_{i(m)}$之后，EnKF 和 KnKS 的状态和参数估计是等价的。因此，EnKF 作预报初始化更理想。

集合方法引入了下面的一个近似，即在计算式(9.35)中的后验集合中仅使用先验联合概率密度函数的均值和协方差。因此，在计算更新集合时，先验联合概率密度函数是高斯的假设是有效的。这意味着如果先验联合概率密度函数含有非高斯部分，那么 EnKF 和 KnKS 将不能给出正确的结果。另一方面，大量不同非线性动力学模式的应用证明集合方法表现很好。

ES 方法类似于时空维的简单的克里金或者高斯马尔可夫插值法，其使用集合来表征时空误差协方差矩阵。对于一个线性问题，能够得到与利用顺序处理观测或者最小化广义逆公式(8.20)求解问题时一样的结果。但是，在非线性模式，不受观测约束的条件下，模式的长时间积分将导致先验密度存在强非高斯性。Evensen 和 van Leeuwen(2000)利用强非线性 Lorenz 方程对 EnKF、KnKS 和 ES 进行了比较。结果表明，ES 中的非高斯因素导致其结果比 EnKF 和 KnKS 更差。此外，顺序地引入带有高斯分布误差的观测，实际上是将“高斯性”引入到表示条件联合密度的集合中。

集合方法的推导允许对未知模式参数进行估计。下面的章节将介绍采用 EnKF 和 EnKS 进行参数估计的例子。

第 10 章 统计优化

最优化问题的求解通常是通过采用搜索全局极小值来最小化代价函数，得到的解与极大似然估计相对应。许多求解方法例如梯度方法，仅搜索代价函数的最小值，并不提供解的不确定性信息。这个不确定性可以使用基于第 6 章中的 Metropolis 或者混合蒙特卡洛方法的统计样本估计得到，或者通过检验代价函数在极小值附近的汉森矩阵的逆得到。本章我们将给出贝叶斯框架下优化问题的公式，并给出如何使用集合卡尔曼平滑法求解上述问题，得到解的一个统计估计值并给出误差估计。通过几个例子来阐述贝叶斯精确解和集合卡尔曼平滑近似解之间的区别。此外，上述例子还说明了当使用非高斯分布和非线性观测算子时集合卡尔曼平滑的一些特性。

10.1 最小化问题的定义

集合卡尔曼平滑能够用来解决时间独立的优化问题。一个典型的问题包含了一组参数$\boldsymbol{\alpha}(\boldsymbol{x}) \in \Re^{n_\alpha}$，这些参数的输入量是函数或者模式，而这个函数或者模式的输出向量场为空间域$\mathcal{D}$上的$\boldsymbol{\psi}(\boldsymbol{x}) \in \Re^{n_\psi}$。此外，我们有真值场$\boldsymbol{\psi}^{\mathrm{t}}(\boldsymbol{x})$的观测。现在的问题则是寻找一组输入参数$\boldsymbol{\alpha}$，使得模拟场与观测值之间的对应关系最佳。对于这种优化问题，通常首先定义一个合适的代价函数，然后求解出最小值来进行求解。然而，如果函数映射是非线性的，代价函数可能包含局部极小点，而全局极小点是很难得到的。此外，传统方法既不允许映射函数包含误差也不提供任何关于解的不确定性的信息。

10.1.1 参数

首先，我们定义一组初猜参数$\boldsymbol{\alpha}^{\mathrm{f}}(\boldsymbol{x}) \in \Re^{n_\alpha}$，它可以是常量或者是空间坐标的函数，假设它们包含随机误差$\boldsymbol{\alpha}'(\boldsymbol{x}) \in \Re^{n_\alpha}$，其平均值为 0，协方差为已知量$\boldsymbol{C}_{\alpha\alpha}(\boldsymbol{x}_1, \boldsymbol{x}_2) \in \mathcal{R}^{n_\alpha \times n_\alpha}$。参数可以用下面的方程表示：

$$\boldsymbol{\alpha}(\boldsymbol{x}) = \boldsymbol{\alpha}^{\mathrm{f}}(\boldsymbol{x}) + \boldsymbol{\alpha}'(\boldsymbol{x}) \tag{10.1}$$

上式表明参数$\boldsymbol{\alpha}$的估计值应接近先验的$\boldsymbol{\alpha}^{\mathrm{f}}$，但是根据随机误差项所表示的不确定性，其允许估计值偏离$\boldsymbol{\alpha}^{\mathrm{f}}$。

10.1.2 模式

接下来我们定义连接模拟样本$\boldsymbol{\psi}(\boldsymbol{x})$与参数$\boldsymbol{\alpha}(\boldsymbol{x})$的函数或者模式：

$$\boldsymbol{\psi}(\boldsymbol{x}) = \boldsymbol{G}(\boldsymbol{\alpha}) + \boldsymbol{q}(\boldsymbol{x}) \tag{10.2}$$

其中，$\boldsymbol{G}(\boldsymbol{\alpha}) \in \Re^{n_\psi}$是非线性模式算子，$\boldsymbol{q}(\boldsymbol{x}) \in \Re^{n_\psi}$是代表模式误差的加法随机项。我们假设模式误差服从均值为 0、协方差为$\boldsymbol{C}_{qq}(\boldsymbol{x}_1, \boldsymbol{x}_2) \in \Re^{n_\psi \times n_\psi}$的高斯分布。因此，对于任意样本$\boldsymbol{\alpha}_j$，我们可以模拟样本$\boldsymbol{\psi}_j(\boldsymbol{x})$。对于非加法模式误差的情况，例如$\boldsymbol{G}(\boldsymbol{\alpha}, \boldsymbol{q})$，可以使用一种类似于第 12 章中用于估计时间相关模式误差的方法进行处理。

10.1.3 观测

真实映射的 M 个观测存储在数据向量$\boldsymbol{d} \in \Re^M$中。假设观测可以通过下面的观测函数与模拟样本联系起来：

$$\mathcal{M}[\boldsymbol{\psi}(\boldsymbol{x})] = \boldsymbol{d} + \boldsymbol{\epsilon} \tag{10.3}$$

其中，$\boldsymbol{\epsilon} \in \Re^M$表示随机观测误差。这里函数$\mathcal{M}[\psi(\boldsymbol{x})] \in \Re^M$将 $\boldsymbol{\psi}(\boldsymbol{x})$映射到观测位置上。通常它与式(7.6)是相似的，只不过这里不包括时间变量。因此，给定一个$\psi(\boldsymbol{x})$，通过估计$\mathcal{M}[\boldsymbol{\psi}(\boldsymbol{x})]$，我们可以找到$\psi(\boldsymbol{x})$的观测的预测值。对于随机观测误差$\epsilon$，假设其服从均值为 0、协方差为$\boldsymbol{C}_{\epsilon\epsilon} \in \Re^{M\times M}$的高斯分布。

10.1.4 代价函数

定义代价函数如下：

$$\begin{aligned}
\mathcal{J}[\boldsymbol{\alpha}, \boldsymbol{\psi}] = & \iint_{\mathcal{D}} \left(\boldsymbol{\alpha} - \boldsymbol{\alpha}^{\mathrm{f}}\right)_1^{\mathrm{T}} W_{\alpha\alpha}(\boldsymbol{x}_1, \boldsymbol{x}_2) \left(\boldsymbol{\alpha} - \boldsymbol{\alpha}^{\mathrm{f}}\right)_2 \mathrm{d}\boldsymbol{x}_1 \mathrm{d}\boldsymbol{x}_2 \\
& + \iint_{\mathcal{D}} \left(\boldsymbol{\psi} - \boldsymbol{G}(\boldsymbol{\alpha})\right)_1 W_{qq}(\boldsymbol{x}_1, \boldsymbol{x}_2) \left(\boldsymbol{\psi} - \boldsymbol{G}(\boldsymbol{\alpha})\right)_2 \mathrm{d}\boldsymbol{x}_1 \mathrm{d}\boldsymbol{x}_2 \\
& + (\boldsymbol{d} - \mathcal{M}[\boldsymbol{\psi}])^{\mathrm{T}} W_{\epsilon\epsilon} (\boldsymbol{d} - \mathcal{M}[\boldsymbol{\psi}])
\end{aligned} \tag{10.4}$$

这是一个非常广义的代价函数，它在加权最小二乘意义上度量了初猜参数、模式和观测中的误差。下标 1 和 2 分别表示函数$\boldsymbol{x}_1$和$\boldsymbol{x}_2$。和第 8 章中的一样，假定权重$\boldsymbol{W}_{\alpha\alpha}$和$\boldsymbol{W}_{\epsilon\epsilon}$是误差协方差$\boldsymbol{C}_{\alpha\alpha}$和$\boldsymbol{C}_{\epsilon\epsilon}$的逆。对于权重$\boldsymbol{W}_{qq}(\boldsymbol{x}_1, \boldsymbol{x}_2)$，我们定义

$$\int_D W_{qq}(\boldsymbol{x}_1, \boldsymbol{x}_2) C_{qq}(\boldsymbol{x}_2, \boldsymbol{x}_3)\, \mathrm{d}x_2 = \delta(\boldsymbol{x}_1 - \boldsymbol{x}_3)\boldsymbol{I} \tag{10.5}$$

其中，$\delta(\boldsymbol{x}_1 - \boldsymbol{x}_2)$为狄拉克 delta 函数，$\boldsymbol{I} \in \Re^{n_\psi \times n_\psi}$为对角单位矩阵。

如果假设模式是完美的，我们可以将代价函数改写如下：

$$\mathcal{J}[\boldsymbol{\alpha}] = \iint_D \left(\boldsymbol{\alpha} - \boldsymbol{\alpha}^{\mathrm{f}}\right)_1^{\mathrm{T}} W_{\alpha\alpha}(\boldsymbol{x}_1, \boldsymbol{x}_2)\left(\boldsymbol{\alpha} - \boldsymbol{\alpha}^{\mathrm{f}}\right)_2 \mathrm{d}\boldsymbol{x}_1 \mathrm{d}\boldsymbol{x}_2$$

$$+(\boldsymbol{d} - \mathcal{M}[\boldsymbol{G}(\boldsymbol{\alpha})])^{\mathrm{T}} W_{\epsilon\epsilon}(\boldsymbol{d} - \mathcal{M}[\boldsymbol{G}(\boldsymbol{\alpha})]) \tag{10.6}$$

这是在许多应用中被最小化的标准代价函数。

10.2 贝叶斯公式

在贝叶斯公式中，假设参数$\boldsymbol{\alpha}$的概率密度函数为$f(\boldsymbol{\alpha})$，模式的概率密度函数为$f(\boldsymbol{\psi}|\boldsymbol{\alpha})$，我们可以推导出代价函数。此外，由于假定观测与参数$\boldsymbol{\alpha}$不相关，我们可以得到观测 $\boldsymbol{d}$ 的如下似然函数：

$$f(\boldsymbol{d}|\boldsymbol{\alpha}, \boldsymbol{\psi}) = f(\boldsymbol{d}|\boldsymbol{\psi}) \tag{10.7}$$

贝叶斯定理指出：

$$f(\boldsymbol{\alpha}, \boldsymbol{\psi}|\boldsymbol{d}) \propto f(\boldsymbol{d}|\boldsymbol{\alpha}, \boldsymbol{\psi}) f(\boldsymbol{\alpha}, \boldsymbol{\psi}) = f(\boldsymbol{d}|\boldsymbol{\psi}) f(\boldsymbol{\psi}|\boldsymbol{\alpha}) f(\boldsymbol{\alpha}) \tag{10.8}$$

如果假设所有的误差服从高斯分布，那么：

$$f(\boldsymbol{\alpha}) \propto \exp\left(-\frac{1}{2}\iint_D \left(\boldsymbol{\alpha} - \boldsymbol{\alpha}^{\mathrm{f}}\right)_1^{\mathrm{T}} \mathrm{W}_{\alpha\alpha}(\boldsymbol{x}_1, \boldsymbol{x}_2)\left(\boldsymbol{\alpha} - \boldsymbol{\alpha}^{\mathrm{f}}\right)_2 \mathrm{d}\boldsymbol{x}_1 \mathrm{d}\boldsymbol{x}_2\right) \tag{10.9}$$

$$f(\boldsymbol{\psi}|\boldsymbol{\alpha}) \propto \exp\left(-\frac{1}{2}\iint_{\mathrm{D}} \left(\boldsymbol{\psi} - \boldsymbol{G}(\boldsymbol{\alpha})\right)_1 \times W_{qq}(\boldsymbol{x}_1, \boldsymbol{x}_2)\left(\boldsymbol{\psi} - \boldsymbol{G}(\boldsymbol{\alpha})\right)_2 \mathrm{d}\boldsymbol{x}_1 \mathrm{d}\boldsymbol{x}_2\right) \tag{10.10}$$

和

$$f(\boldsymbol{d}|\boldsymbol{\psi}) \propto \exp\left(-\frac{1}{2}(\boldsymbol{d} - \mathcal{M}[\boldsymbol{\psi}])^{\mathrm{T}} W_{\epsilon\epsilon}(\boldsymbol{d} - \mathcal{M}[\boldsymbol{\psi}])\right) \tag{10.11}$$

将上式代入式(10.8)，得到：

$$f(\boldsymbol{\alpha}, \boldsymbol{\psi}|\boldsymbol{d}) \propto \exp\left(-\frac{1}{2}\mathcal{J}[\boldsymbol{\alpha}, \boldsymbol{\psi}]\right) \tag{10.12}$$

由式(10.12)的最大值可以得到最大似然解，这与式(10.4)所定义的代价函数的最小值等价。

利用梯度方法来对代价函数(10.4)进行标准最小化可能是比较困难的，因为它需要$G(\boldsymbol{\alpha})$和$\mathcal{M}[\boldsymbol{\psi}]$的导数，而且如果模式算子的非线性很强，那么这些方法可能会陷入局部极小点。此外，由于我们需要同时对$\boldsymbol{\alpha}$和$\boldsymbol{\psi}(\boldsymbol{x})$进行最小化，最小化问题的维数将变得很高。

10.3 集合方法的解

集合卡尔曼平滑不直接对代价函数进行最小化，而是用大的集合样本来描述概率密度函数和似然函数。为了阐述这一点，我们首先从式(10.9)定义的$f(\boldsymbol{\alpha})$中采样N个样本$\boldsymbol{\alpha}_j^{\mathrm{f}}$。其次，通过对$N$组参数集合$\boldsymbol{\alpha}_j^{\mathrm{f}}$评估随机模式(10.2)，进而计算$N$个样本$\boldsymbol{\psi}_j^{\mathrm{f}}$。然后，对模拟的样本进行观测，得到预报的观测的集合。因此，我们有：

$$\boldsymbol{\alpha}_j^{\mathrm{f}} = \boldsymbol{\alpha}^{\mathrm{f}} + \boldsymbol{\alpha}_j' \tag{10.13}$$

$$\psi_j^{\mathrm{f}}(\boldsymbol{x}) = \boldsymbol{G}\left(\boldsymbol{\alpha}_j^{\mathrm{f}}\right) + \boldsymbol{q}_j(\boldsymbol{x}) \tag{10.14}$$

$$\widehat{\boldsymbol{d}}_j = \mathcal{M}\left[\boldsymbol{\psi}_j^{\mathrm{f}}\right] \tag{10.15}$$

其中，$\widehat{\boldsymbol{d}}_j$是给定$\boldsymbol{\alpha}_j$下观测的预报值。注意，我们可以在式(10.15)中引入一个随机误差项来考虑到观测算子中的代表性误差。

将这些方程结合起来可以得到：

$$\widehat{\boldsymbol{d}}_j = \mathcal{M}\left[\boldsymbol{G}(\boldsymbol{\alpha}^{\mathrm{f}} + \boldsymbol{\alpha}_j') + \boldsymbol{q}_j(\boldsymbol{x})\right] \tag{10.16}$$

这里状态向量为$\boldsymbol{\alpha}$，但是我们将保留式(10.13)～式(10.15)。最初只由$\boldsymbol{\alpha}$组成的状态向量可以扩展到包括函数映射和预报的观测值，即我们定义下面的样本：

$$\boldsymbol{\Psi}_j^{\mathrm{f}} = \begin{pmatrix} \boldsymbol{\alpha}_j^{\mathrm{f}} \\ \psi_j^{\mathrm{f}}(\boldsymbol{x}) \\ \widehat{\boldsymbol{d}}_j \end{pmatrix} \tag{10.17}$$

从N个样本ψ_j^{f}，可以计算对称的集合协方差：

$$\boldsymbol{C}_{\Psi\Psi}^{\mathrm{f}} = \begin{pmatrix} \boldsymbol{C}_{\alpha\alpha}^{\mathrm{f}}(\boldsymbol{x}_1,\boldsymbol{x}_2) & \boldsymbol{C}_{\alpha\psi}^{\mathrm{f}}(\boldsymbol{x}_1,\boldsymbol{x}_2) & \boldsymbol{C}_{\alpha d}^{\mathrm{f}}(\boldsymbol{x}_1) \\ \boldsymbol{C}_{\psi\alpha}^{\mathrm{f}}(\boldsymbol{x}_1,\boldsymbol{x}_2) & \boldsymbol{C}_{\psi\psi}^{\mathrm{f}}(\boldsymbol{x}_1,\boldsymbol{x}_2) & \boldsymbol{C}_{\psi d}^{\mathrm{f}}(\boldsymbol{x}_1) \\ \boldsymbol{C}_{d\alpha}^{\mathrm{f}}(\boldsymbol{x}_2) & \boldsymbol{C}_{d\psi}^{\mathrm{f}}(\boldsymbol{x}_2) & \boldsymbol{C}_{dd}^{\mathrm{f}} \end{pmatrix} \tag{10.18}$$

这样，我们就定义了状态向量的各个分量之间的协方差矩阵的初猜值；$\boldsymbol{C}_{\alpha\alpha}^{\mathrm{f}} \in \Re^{n_\alpha\times n_\alpha}$，$\boldsymbol{C}_{\psi\psi}^{\mathrm{f}} \in \Re^{n_\psi\times n_\psi}$，$\boldsymbol{C}_{dd}^{\mathrm{f}} \in \Re^{M\times M}$，$\boldsymbol{C}_{\alpha\psi}^{\mathrm{f}} \in \Re^{n_\alpha\times n_\psi}$,$\boldsymbol{C}_{\alpha d}^{\mathrm{f}} \in \Re^{n_\alpha\times M}$和$\boldsymbol{C}_{d\psi}^{\mathrm{f}} \in \Re^{M\times n_\psi}$。

现在，我们可以定义如下代价函数：

$$\mathcal{J}[\boldsymbol{\Psi}] = \left(\boldsymbol{\Psi} - \boldsymbol{\Psi}^{\mathrm{f}}\right)^{\mathrm{T}}\boldsymbol{W}_{\Psi\Psi}(\boldsymbol{\Psi} - \boldsymbol{\Psi}^{\mathrm{f}}) + \left(\boldsymbol{d} - \boldsymbol{\mathcal{M}}\boldsymbol{\Psi}^{\mathrm{f}}\right)^{\mathrm{T}}\boldsymbol{W}_{\epsilon\epsilon}(\boldsymbol{d} - \boldsymbol{\mathcal{M}}\boldsymbol{\Psi}^{\mathrm{f}}) \tag{10.19}$$

注意，$\boldsymbol{W}_{\epsilon\epsilon}$是观测误差的误差协方差矩阵$\boldsymbol{C}_{\epsilon\epsilon}$的逆，而$\boldsymbol{C}_{dd}$是模式预报的观测值的集合协方差矩阵。我们已经定义了矩阵$\boldsymbol{M}$为一个从$\boldsymbol{\Psi}$中提取预报的观测值的矩阵算子，即：

$$\boldsymbol{M} = \begin{pmatrix} \boldsymbol{0}^{n_\alpha\times n_\alpha} & \boldsymbol{0}^{n_\alpha\times n_\psi} & \boldsymbol{0}^{n_\alpha\times M} \\ \boldsymbol{0}^{n_\psi\times n_\alpha} & \boldsymbol{0}^{n_\psi\times n_\psi} & \boldsymbol{0}^{n_\psi\times M} \\ \boldsymbol{0}^{M\times n_\alpha} & \boldsymbol{0}^{M\times n_\psi} & \boldsymbol{\mathcal{M}}^{M\times M} \end{pmatrix} \tag{10.20}$$

初猜估计为初猜值集合的均值，记为：

$$\boldsymbol{\Psi}^{\mathrm{f}} = \begin{pmatrix} \overline{\boldsymbol{\alpha}^{\mathrm{f}}} \\ \overline{\boldsymbol{\psi}^{\mathrm{f}}} \\ \overline{\widehat{\boldsymbol{d}}} \end{pmatrix} \tag{10.21}$$

其中，$\overline{\boldsymbol{\alpha}^{\mathrm{f}}} = \boldsymbol{\alpha}^{\mathrm{f}}$，上横线表示集合平均。利用定义(作为空间坐标函数的)协方差矩阵的逆中使用的熟悉的公式，我们也定义了协方差$\boldsymbol{C}_{\psi\psi}$的逆$\boldsymbol{W}_{\psi\psi}$。

10.3.1 最小方差的解

根据第 3 章和第 9 章给出的理论，很容易得出式(10.19)的最小方差解Ψ^{a}为：

$$\boldsymbol{\Psi}^{\mathrm{a}} = \boldsymbol{\Psi}^{\mathrm{f}} + \boldsymbol{C}_{\psi\psi}\boldsymbol{M}^{\mathrm{T}}(\boldsymbol{M}\boldsymbol{C}_{\psi\psi}\boldsymbol{M}^{\mathrm{T}} + \boldsymbol{C}_{\epsilon\epsilon})^{-1}\left(\boldsymbol{d} - \boldsymbol{M}\boldsymbol{\Psi}^{\mathrm{f}}\right) \tag{10.22}$$

这可以写成下面更简单的形式：

$$\begin{pmatrix} \boldsymbol{\alpha}^{\mathrm{a}} \\ \boldsymbol{\psi}^{\mathrm{a}} \\ \widehat{\boldsymbol{d}}^{\mathrm{a}} \end{pmatrix} = \begin{pmatrix} \boldsymbol{\alpha}^{\mathrm{f}} \\ \overline{\boldsymbol{\psi}^{\mathrm{f}}} \\ \overline{\widehat{\boldsymbol{d}}} \end{pmatrix} + \begin{pmatrix} \boldsymbol{C}_{\alpha d} \\ \boldsymbol{C}_{\psi d} \\ \boldsymbol{C}_{dd} \end{pmatrix}(\boldsymbol{C}_{dd} + \boldsymbol{C}_{\epsilon\epsilon})^{-1}\left(\boldsymbol{d} - \mathcal{M}\left[\boldsymbol{G}(\boldsymbol{\alpha}^{\mathrm{f}})\right]\right) \tag{10.23}$$

或者如果只对$\boldsymbol{\alpha}$求解，可以得到：

$$\boldsymbol{\alpha}^{\mathrm{a}} = \boldsymbol{\alpha}^{\mathrm{f}} + \boldsymbol{C}_{\alpha d}(\boldsymbol{C}_{dd} + \boldsymbol{C}_{\epsilon\epsilon})^{-1}\left(\boldsymbol{d} - \mathcal{M}\left[\boldsymbol{G}(\boldsymbol{\alpha}^{\mathrm{f}})\right]\right) \tag{10.24}$$

10.3.2 集合卡尔曼平滑的解

集合卡尔曼平滑利用$\boldsymbol{\Psi}$的集合表征来求解式(10.23)，即，给定一个集合样本$\boldsymbol{\alpha}_j^{\mathrm{f}}$，对于参数，使用随机项的先验误差统计量，我们计算相应的集合样本，$\boldsymbol{\psi}_j^{\mathrm{f}}(x)$和$\widehat{\boldsymbol{d}}_j$。根据集合样本$\boldsymbol{\Psi}_j$，可以直接估计$\boldsymbol{C}_{\psi\psi}$中的协方差。

集合卡尔曼平滑可以用来更新整个集合$\boldsymbol{\Psi}_j$，其中$j = 1,2,\cdots,N$，不仅是均值，并且其结果是参数$\boldsymbol{\alpha}_j^{\mathrm{a}}$的一个全集合，与先验结果和观测一致。此外，参数的集合扩展也确定了待估参数的不确定性。

实际的执行过程类似于第 9 章使用的方法。我们将集合成员存储在矩阵$\boldsymbol{A}$中，定义如下：

$$\boldsymbol{A} = (\boldsymbol{\Psi}_1, \boldsymbol{\Psi}_2, \cdots, \boldsymbol{\Psi}_N) \tag{10.25}$$

然后，将集合平均存在$\overline{\boldsymbol{A}}$的每一列中，$\overline{\boldsymbol{A}}$定义如下：

$$\overline{\boldsymbol{A}} = \boldsymbol{A}\boldsymbol{1}_N \tag{10.26}$$

其中，$\boldsymbol{1}_N \in \Re^{N\times N}$是每个元素都是$1/N$的矩阵。然后，我们定义集合扰动矩阵如下：

$$\boldsymbol{A}' = \boldsymbol{A} - \overline{\boldsymbol{A}} = \boldsymbol{A}(\boldsymbol{I} - \boldsymbol{1}_N) \tag{10.27}$$

式(10.18)中$C_{\psi\psi}^{\mathrm{f}}$的初猜集合协方差的表征可以定义为：

$$\boldsymbol{C}_{\psi\psi}^{\mathrm{e}} = \frac{\boldsymbol{A}'\boldsymbol{A}'^{\mathrm{T}}}{N-1} \tag{10.28}$$

表 10.1 不同例子中使用的参数值

例子	$F(x)$	x_{prior}	y_{prior}	σ_x	σ_y	σ_q
1a	$y=x$	1.0	−1.0	1.0	0.3	1.0
1b	$y=x$	1.0	−1.0	1.0	0.3	0.1
2	$y=x^2$	1.0	−1.0	1.0	0.3	1.0
3	$y=x^2(x^2-2)$	1.0	−1.0	1.0	0.3	1.0
4a	$y=\cos(x)$	1.0	−1.0	1.0	0.3	1.0
4b	$y=\cos(x)$	1.0	−1.0	1.0	0.3	0.1
4c	$y=\cos(x)$	1.0	−1.0	4.0	0.3	1.0

注：x_{prior}是x的初猜值，y_{prior}是y的观测值。先验误差和模式误差的标准差分别是σ_x, σ_y和σ_q

接下来，我们定义扰动的观测的N个向量：

$$\boldsymbol{d}_j = \boldsymbol{d} + \boldsymbol{\epsilon}_j，\ j = 1,2,\cdots,N \tag{10.29}$$

将其存储在下述矩阵的各列中：

$$\boldsymbol{D} = (\boldsymbol{d}_1, \boldsymbol{d}_2, \cdots, \boldsymbol{d}_N) \in \Re^{M\times N} \tag{10.30}$$

均值为零的观测扰动的集合存在下述矩阵中：

$$\boldsymbol{E} = (\boldsymbol{\epsilon}_1, \boldsymbol{\epsilon}_2, \cdots, \boldsymbol{\epsilon}_N) \in \Re^{M\times N} \tag{10.31}$$

据此，我们可以构造观测误差协方差矩阵的集合表征：

$$C_{\epsilon\epsilon}^{\mathrm{e}} = \frac{\boldsymbol{E}\boldsymbol{E}^{\mathrm{T}}}{N-1} \tag{10.32}$$

然后，我们可以得到：

$$\boldsymbol{A}^{\alpha} = \boldsymbol{A}^{\mathrm{f}} + \boldsymbol{A}'^{\mathrm{f}}\left(\boldsymbol{M}\boldsymbol{A}'^{\mathrm{f}}\right)^{\mathrm{T}}\left(\boldsymbol{M}\boldsymbol{A}'^{\mathrm{f}}\left(\boldsymbol{M}\boldsymbol{A}'^{\mathrm{f}}\right)^{\mathrm{T}} + \boldsymbol{E}\boldsymbol{E}^{\mathrm{T}}\right)\left(\boldsymbol{D} - \boldsymbol{M}\boldsymbol{A}^{\mathrm{f}}\right) \tag{10.33}$$

这就是集合卡尔曼平滑得到的解的方程。这个方程的优点即为，$\boldsymbol{A}^{\mathrm{a}}$的协方差是分析解的正确期望协方差。

10.4 举　　例

这里我们举一个简单的例子来阐述标准最小化问题和统计估计之间的差异。我们首先定义一个简单的标量模式或映射函数$y = F(x)$，其中x与未知参数α类似，y与观测变量ψ类似。这个问题的标准代价函数为：

$$\mathcal{J}[x] = (x - x_0)^2/\sigma_x^2 + (d - F(x))^2/\sigma_y^2 \tag{10.34}$$

使用贝叶斯方法时，假设模式误差服从高斯分布，我们可以对先验的高斯概率密度函数和模式演化的概率密度函数的乘积进行估计，即：

$$f(x,y)=f(y|x)f(x)\propto \exp\left(-\frac{1}{2}\frac{(x-x_0)^2}{\sigma_x^2}-\frac{1}{2}\frac{(y-F(x))^2}{\sigma_q^2}\right) \tag{10.35}$$

联合条件概率密度函数为：

$$f(x,y|d)\propto \exp\left(-\frac{1}{2}\frac{(x-x_0)^2}{\sigma_x^2}-\frac{1}{2}\frac{(y-F(x))^2}{\sigma_q^2}-\frac{1}{2}\frac{(d-y)^2}{\sigma_y^2}\right) \tag{10.36}$$

图 10.1～图 10.7 给出了表 10.1 中定义的几种映射和不同输入参数条件下产生的代价函数和概率密度函数。图（b）给出了联合概率密度函数与相应的边际概率密度函数、模态和均值。图（c）给出了根据一个大集合样本估计的类似的概率密度函数。图（d）给出了给定观测的联合条件概率密度函数，图（e）给出了利用 EnKS 方法，由集合样本计算得到的给定观测的条件概率密度函数。

在图 10.1 和图 10.2 给出的 1a 和 1b 例子中，我们假设模式是线性的，$F(x)=x$。在这两个例子中，代价函数是抛物型的，且与预期相同，边际概率密度函数都是高斯型的。这说明了模式误差的影响。在例 1a 中，图（b）中预报量的联合概率密度函数表现出很大的不确定性，而在例 1b 中，联合概率密度函数很窄，几乎沿着直线$y=x$。在例 1b 中，最有可能的解位于直线$y=x$附近，并且对y而言，与先验分布一致，即y的观测值的概率密度函数。它也与代价函数的极小值一致。在例 1a 中，我们得到了一个完全不同的解，它反映了模式预报有很大的不确定性并导致 y 的观测对 x 的估计影响较小。在例 1a 中，预报的联合概率密度函数有明显倾斜。是因为给定 x 的一个值，模式的不确定性在 y 值(该值在直线 y=x 上与一个点在 y 方向是对称的)中引入了一个不确定性。在例 1a 和 1b 中，根据联合概率密度函数得到的最大似然估计与根据边际概率密度函数得到的最大似然估计以及估计的平均值是一样的。此结论只有在线性模式和高斯先验假定条件下是正确的。并且与预期的一致，集合卡尔曼平滑在这个例子中得到了一致的结果。

在例 2 中，我们引入一个非线性 $F(x)$=x^2。此时该问题仍然仅有一个全局极小点且没有局部极小点。从图 10.3 我们看出，在这种情况下联合概率密度函数和边际概率密度函数都是非高斯型的。我们也可以看到根据联合概率密度函数得到的最大似然估计和根据边际概率密度函数得到的最大似然估计以及均值之间的差异。因此，需要选择使用哪一种估计。从图 10.3（e）和（f）也可以清楚地看出：由集合卡尔曼平滑估计的联合概率密度函数与解析概率密度函数略有不同。因此，在这个例子中，集合卡尔曼平滑将得到一个与准确的贝叶斯解略有不同的估计解，这是因为其使用了近似的线性更新方程。

在图 10.4 给出的例 3 中，我们考虑函数$F(x)=x^2(x^2-2)$，这导致代价函数具有一个局部极小点和一个全局极小点。有趣的是，在这个例子中，模式误差的引入使得预报的联合概率密度函数是单峰的。因此，我们找到了唯一解，并且集合卡尔曼平滑解与精确的解析解包含一些相同的特性。

在图 10.5～图 10.7 给出的例 4a～4c 中，我们使用函数$F(x) = \cos(x2)$，并且同样检查了模式误差以及初猜场误差的先验统计量的影响。在例 4a 中，我们将模式误差以及 x 的先验值的标准差均设为 1。同样，代价函数包含一个另外的局部极小点而贝叶斯方法则得到了单峰的概率密度函数。集合卡尔曼平滑解与之非常一致。在例 4b 中，模式是非常精确的，且我们同样收敛到一个解，其贝叶斯估计接近于代价函数的全局极小点。注意，这里的先验概率密度函数是非常准确的，从而保证了联合概率密度函数是单峰的。例 4c 很清楚地说明了这一点，其中 x 变量的先验值的准确度是很低的。在这个例子中，联合条件概率密度函数具有双峰结构，均值落在概率密度函数的峰值之间，并且这个均值并不能作为一个有用的估计值。另一方面，条件联合概率密度函数与边际概率函数都提供了实际和相似的估计。集合卡尔曼平滑在这种情形下不能够再现双峰结构。它也提供了一个概率相当低的解。

10.5 讨 论

本章使用集合卡尔曼平滑作为非线性映射的一种优化或参数估计手段。这个问题与传统数据同化问题中的分析步之间具有一个明确的相似点。例如，如果我们将变量 x 看做一个初始状态，y 是由非线性模式预报的量，那么这个问题就与同化 y 的观测的标准集合卡尔曼平滑分析步类似。如果我们将 x 看作是某个时刻的预报量，y 看成是这个时刻的非线性观测，其与 x 的关系与方程(10.16)类似(用 x 取代α)，那么这些例子则与使用非线性观测函数的集合卡尔曼滤波更新步一样。

因此，很明显，集合卡尔曼滤波和集合卡尔曼平滑都能某种程度上处理预报模式和观测函数中的非线性。即使先验集合是非高斯的，在许多情况下，集合方法将提供一个实际概率密度函数的更新集合。当先验集合是非高斯型时，分析集合将继承一部分非线性。另一方面，EnKS 与 EnKF 也有可能彻底失效。例如，如果先验的权重很小且概率密度函数呈多模态时，它们可能得到没有物理意义的解。

从图 10.1～图 10.7 中联合概率密度函数的分析(左侧)与集合表达(右侧)中，可以清楚地看出，在各种情况下无条件联合概率密度函数和边际概率密度函数是难以区分的。这说明求解 Kolmogorov 方程(4.34)的随机集合积分得到了和先验概率密度函数与转移密度相乘相同的结果，这与预期的结果一致。注意，Kolmogorov 方程仅给出了边际密度，而当我们随时间跟踪集合成员时，集合积分则可以计算联合概率密度函数，即，我们可以根据(x^l, y^l)估算联合密度，其中$l = 1,2,\cdots,N$。

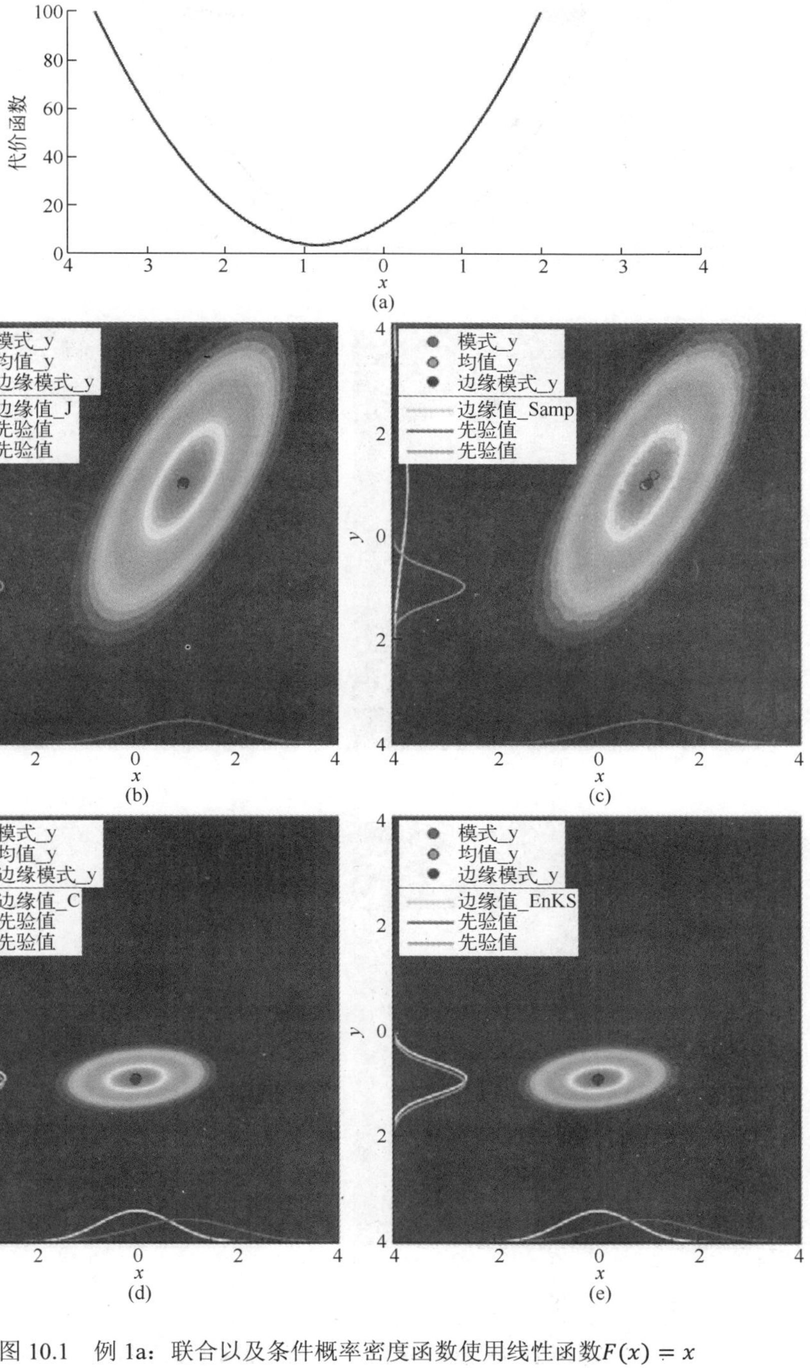

图 10.1 例 1a：联合以及条件概率密度函数使用线性函数$F(x)=x$

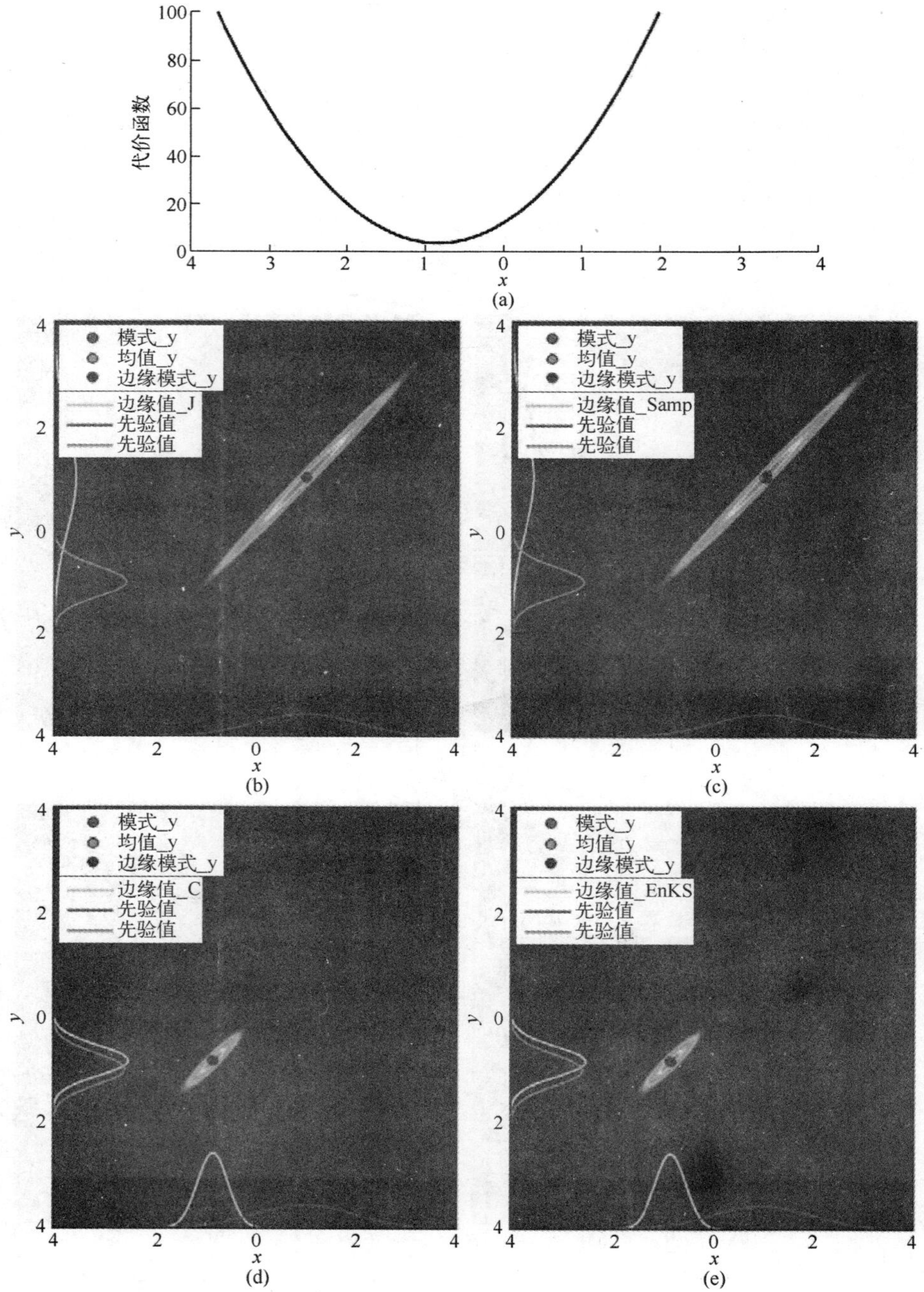

图 10.2　例 1b：与图 10.1 一样，但是模式更准确

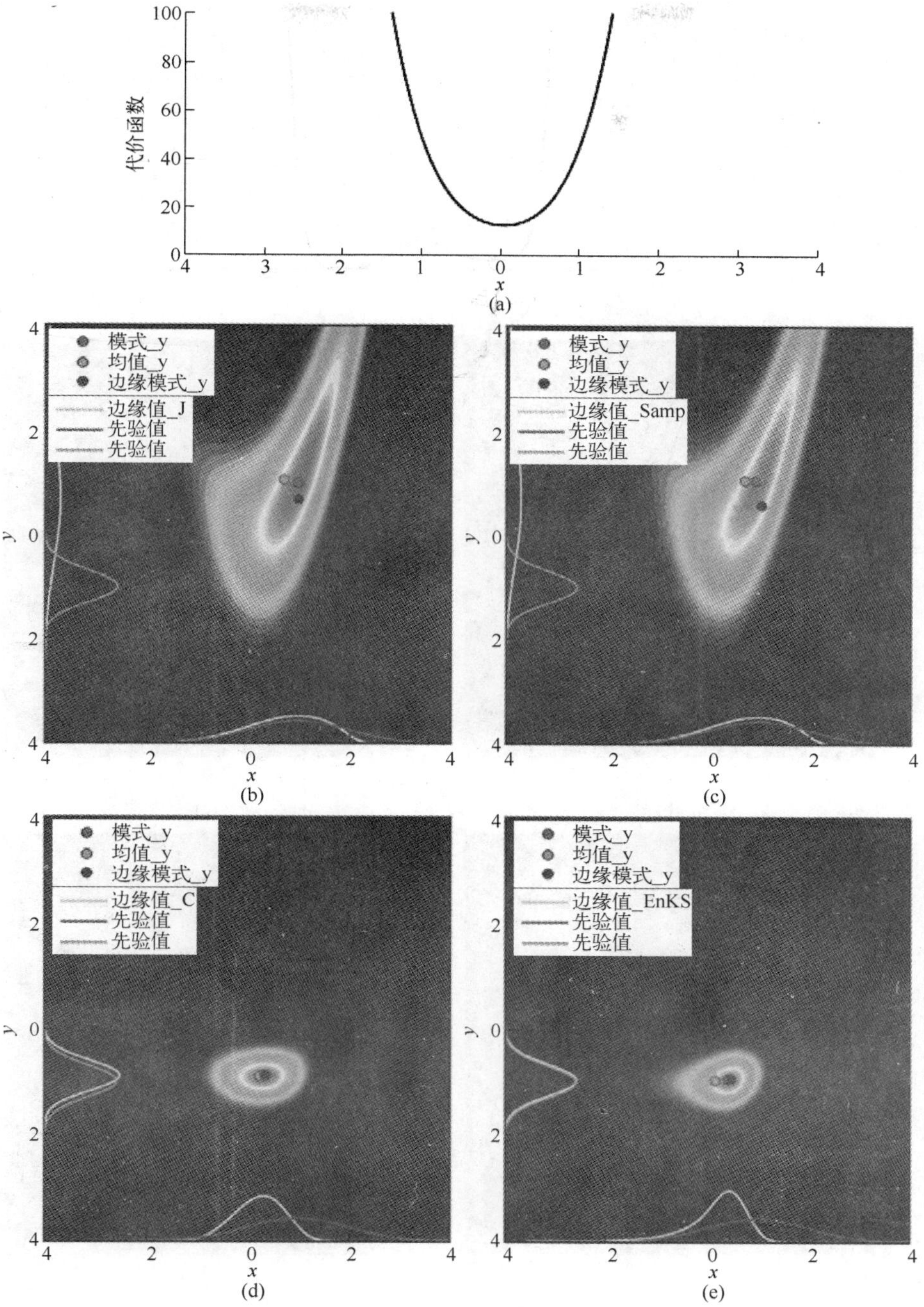

图 10.3　例 2：联合以及条件概率密度函数使用二次函数$F(x) = x^2$

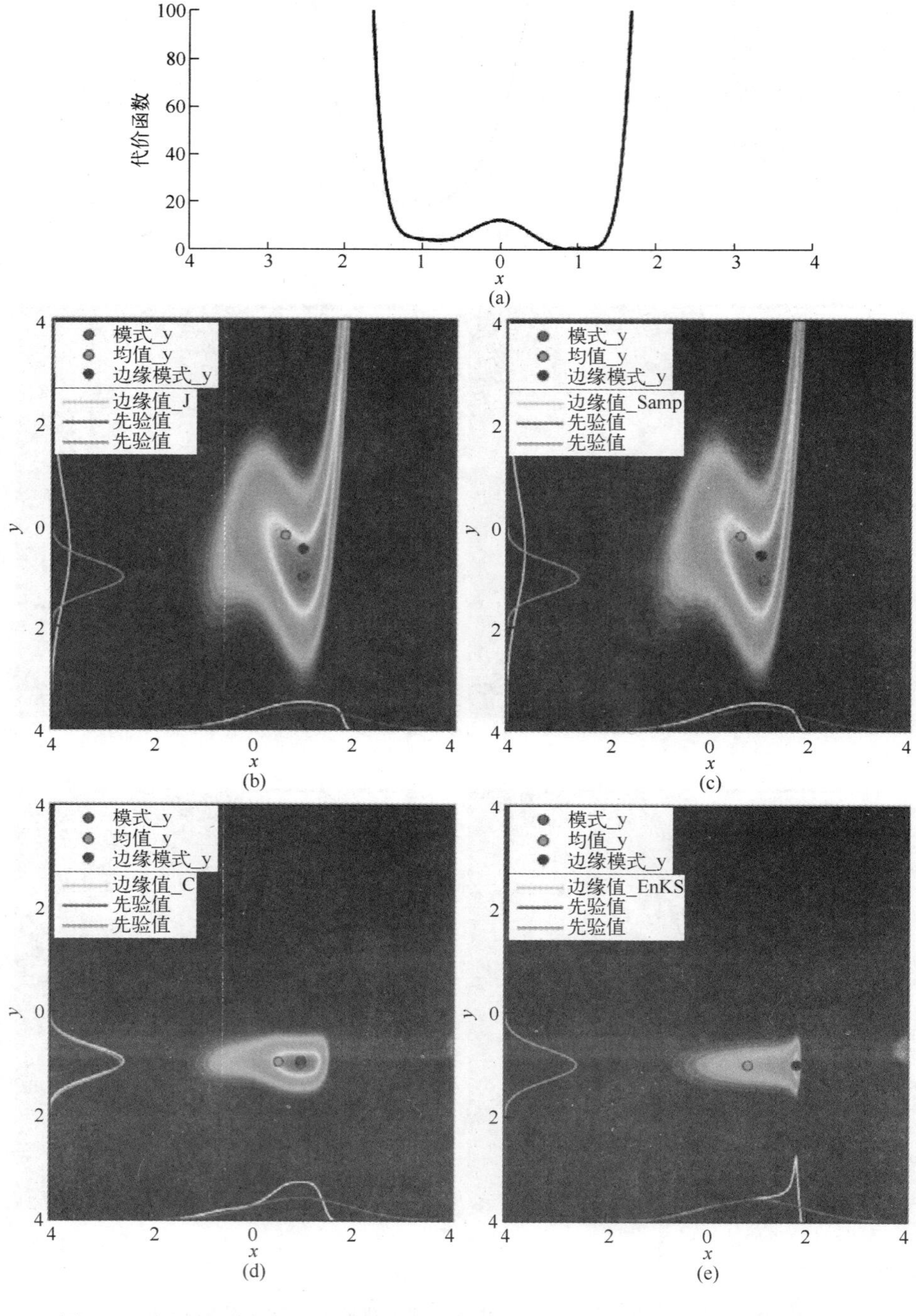

图 10.4　例 3：联合以及条件概率密度函数使用非线性函数$F(x) = x^2(x^2 - 2)$

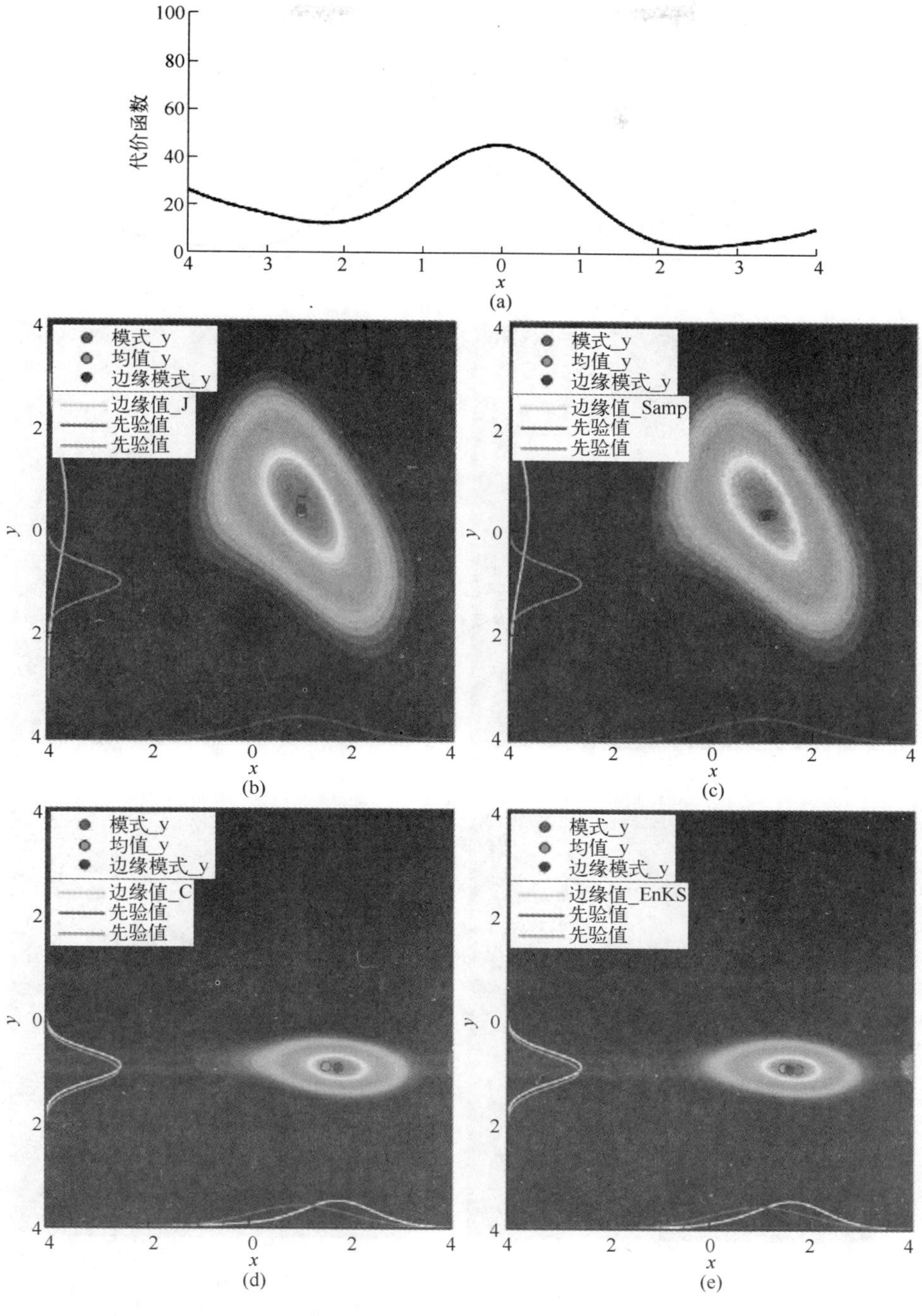

图 10.5　例 4a：联合以及条件概率密度函数使用非线性函数$F(x) = \cos x$

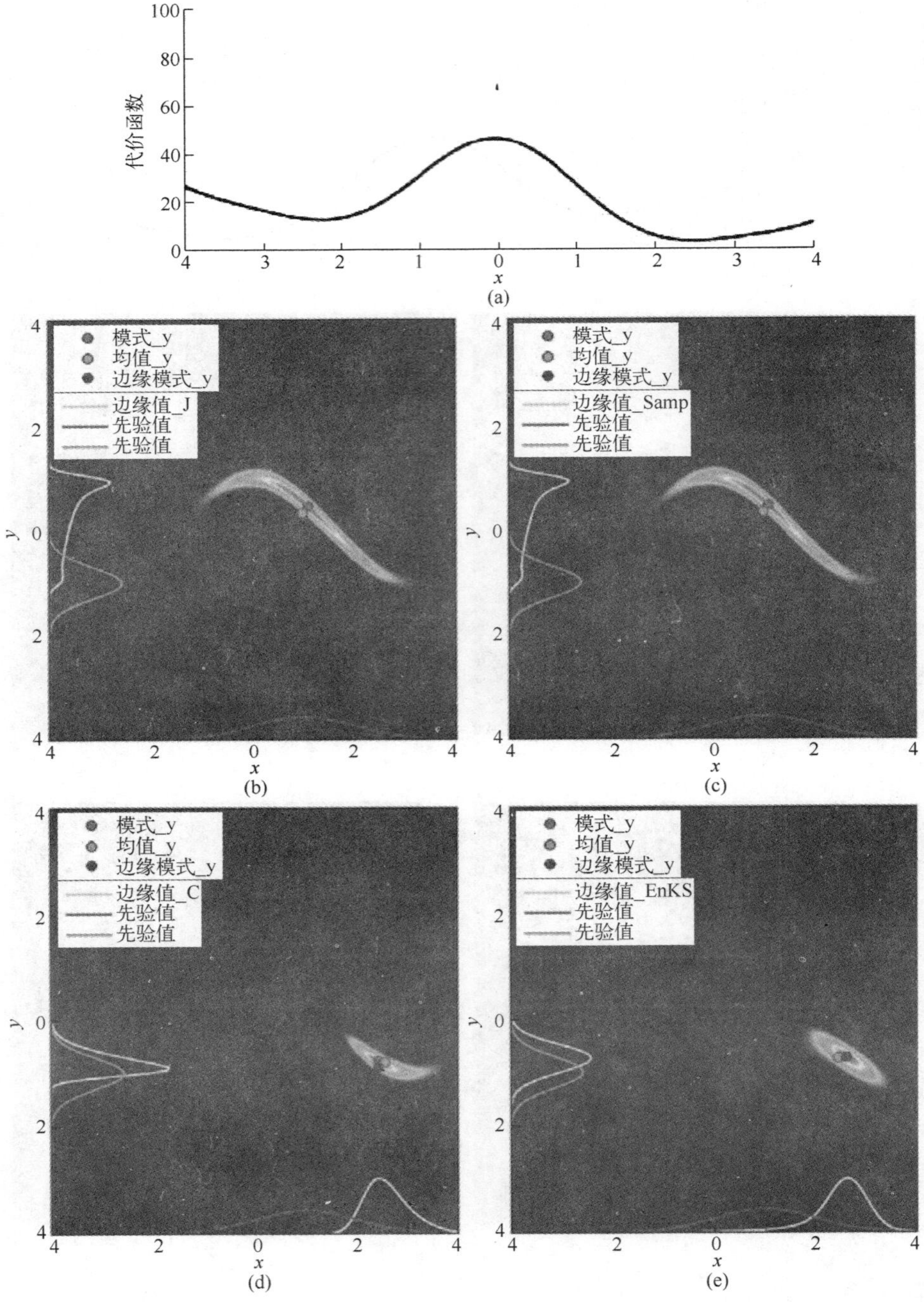

图 10.6　例 4b：与图 10.5 一样，但模式的精度更高

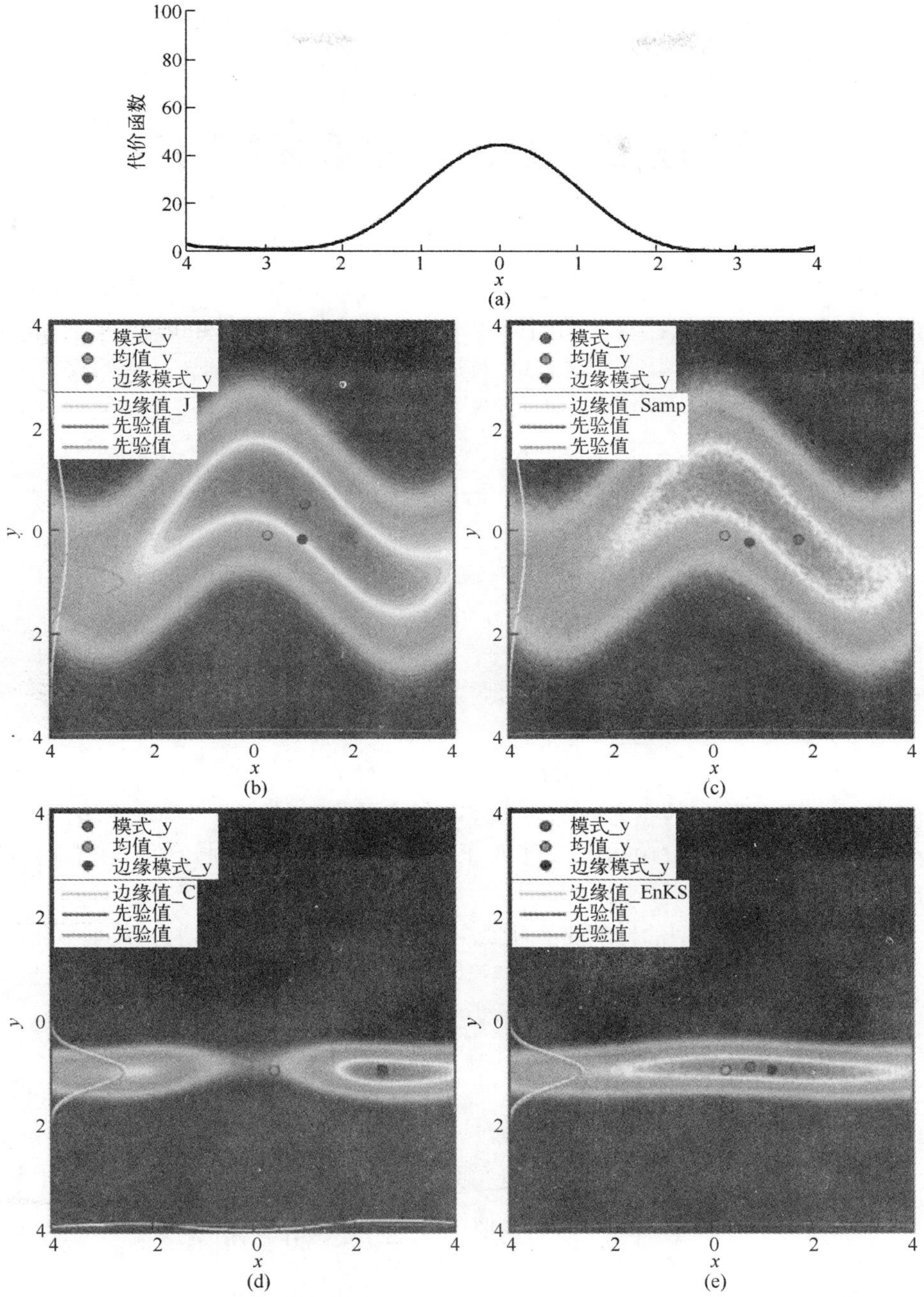

图 10.7　例 4c：与图 10.5 一样，但初猜场的惩罚较弱，从而导致了双峰概率密度函数

第 11 章　EnKF 的采样策略

本章提出生成了一些集合成员、模式与观测扰动的算法。目前有很多模拟方法用来生成具有不同统计特性的随机样本，并且我们参照 Lantuéjoul (2002) 和 Chilés (1999) 的书以获得更多的信息。该书指出，通过合理地选择初始集合、模式噪声和观测扰动，不增加集合样本量也可以显著改进集合卡尔曼滤波的效果。

11.1　引　　言

集合方法使用蒙特卡洛抽样来生成初始集合、模式噪声和观测扰动。当定义集合样本时，我们需要明确所采样的分布的统计特性。特别地，我们需要确保样本的平滑属性对于它们所代表的物理变量是可实现的。样本的平滑性可以由一个协方差函数或者由一个变差函数更好地描述。对于一个平滑性不依赖于位置的场，变差函数为：

$$\gamma(\boldsymbol{h}) = C(0) - C(\boldsymbol{h}) \tag{11.1}$$

其中，$C(\boldsymbol{h})$是相距$|\boldsymbol{h}|$的点之间的协方差。很容易得出，$\gamma(0) = 0$，$\gamma(\boldsymbol{h}) \geq 0$ 和 $-\gamma(\boldsymbol{h}) = \gamma(\boldsymbol{h})$。克纳格(1998)给出了关于变差函数进一步的讨论以及在地理学中的应用。

图 11.1 给出了典型的针对带有指数的、球面的以及高斯的协方差函数的域的变差函数。指数的协方差函数定义如下：

$$C_{\exp}(\boldsymbol{h}) \propto \exp - \frac{|\boldsymbol{h}|}{a} \tag{11.2}$$

其中，α表示解的相关长度：

注意，指数相关函数是连续的，但在原点是离散的。球形相关函数的公式为：

$$C_{\text{sphere}}(\boldsymbol{h}) = \begin{cases} 1 - \dfrac{1.5|\boldsymbol{h}|}{a} + \dfrac{0.5|\boldsymbol{h}|^3}{a^3}, & 0 \leq |\boldsymbol{h}| \leq a \\ 0 & , |\boldsymbol{h}| > a \end{cases} \tag{11.3}$$

这里，α 表示解的相关长度。高斯相关函数的公式为：

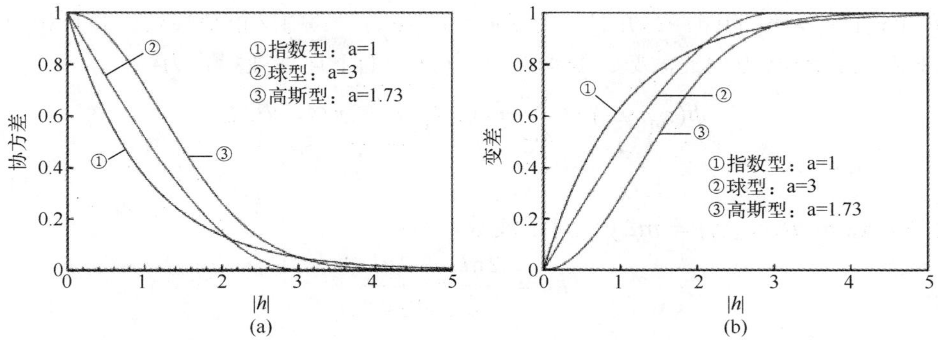

图 11.1 （a）指数、球面和高斯协方差函数；（b）相应的变差函数

$$C_{\text{gauss}}(\boldsymbol{h}) \propto \exp\left(-\frac{|\boldsymbol{h}|^2}{a^2}\right) \tag{11.4}$$

我们可以将协方差函数的范围定义为协方差的变程。对于球型协方差函数的范围定义为a，而对于指数和高斯的范围通常定义为$3a$和$\sqrt{3}a$。

从当$|\boldsymbol{h}|$接近零的变差函数的结果可以清晰地看出，高斯变差函数对应于非常平滑的样本，而指数函数对应于更加混乱的域。球型协方差函数对应于样本的平滑度，介于指数和高斯平滑之间。

当模拟随机域时，我们需要知道采样的分布的统计特性，以确保样本所代表的过程或变量具有实际的物理意义。

11.2 样本的模拟

现在的问题是模拟N个样本$\Psi_i(x)$，其中$i = 1$，2，…，N，其均值为 0、协方差为$C_{\psi\psi}(X_1, X_2)$。下面的过程可用于计算平滑随机域，该域的均值等于零，方差等于 1，并且协方差决定这个域的平滑度，该算法是 Evensen(1994b)的附录中论述的算法扩展。我们已经使用了高斯协方差函数，使得采用平滑样本的海洋模拟是有意义的。该方法有一些相似于 Lantuéjoul(2002)描述的谱方法，但是使用了快速傅里叶变换，并且发现在傅里叶空间中协方差矩阵是对角阵。

11.2.1 傅里叶逆变换

令$\psi = \psi(x, y)$为一个连续域，它可以由下面的傅里叶变换来描述。

$$\psi(x, y) = \int_{-\infty}^{\infty}\int_{-\infty}^{\infty}\hat{\psi}(\boldsymbol{k})\mathrm{e}^{\mathrm{i}\boldsymbol{k}\cdot\boldsymbol{x}}\mathrm{d}\boldsymbol{k} \tag{11.5}$$

我们使用$n_x \times n_y$的网格。并且，定义$k=(\kappa_l,\lambda_p)$，其中l和p是整数，并且相应的κ_l和λ_p是在x和y方向的波数。我们得到式(11.5)的下述离散形式为：

$$\psi(x_n.y_m)=\sum_{l,p}\hat{\psi}(\kappa_l,\lambda_p)\mathrm{e}^{\mathrm{i}(\kappa_l x_n+\lambda_p y_m)}\Delta\boldsymbol{k} \tag{11.6}$$

这里，$x_n=n\Delta x$，$y_m=m\Delta y$。对于波数，有：

$$\kappa_l=\frac{2\pi l}{x_{n_x}}=\frac{2\pi l}{n_x\Delta x} \tag{11.7}$$

$$\lambda_p=\frac{2\pi p}{y_{n_y}}=\frac{2\pi p}{n_y\Delta y} \tag{11.8}$$

$$\Delta k=\Delta\kappa\Delta\lambda=\frac{(2\pi)^2}{n_x n_y\Delta x\Delta y} \tag{11.9}$$

11.2.2 傅里叶频谱的定义

在 Evensen (1994a)中，傅里叶系数采用下面的高斯形式：

$$\hat{\psi}(\kappa_l,\lambda_p)=\frac{c}{\Delta\boldsymbol{k}}\mathrm{e}^{-(\kappa_l{}^2+\lambda_p{}^2)/r^2}\mathrm{e}^{2\pi\mathrm{i}\phi_{l,p}} \tag{11.10}$$

其中，$\phi_{l,p}\in[0,1]$是均匀分布的随机数，其引入了一个随机相位移动。随着l和p的增加，波数κ_l和λ_p呈指数降低，并且大波数与小尺度是相对应的。傅里叶系数将生成模拟域的各向同性协方差，即所有方向上的平滑度相同。

这里我们已经利用了高斯函数的傅里叶变换形式也为高斯函数这一特性。很明显，我们可以定义其他的傅里叶系数，例如对应于我们想要模拟的指数或者球形的协方差。考虑到非对称和旋转的协方差，就应该进一步扩展该算法，使其变得更为直接。定义傅里叶空间中主要方向的相关长度为r_1和r_2，以及一个旋转的角度为θ，则我们可以定义下式：

$$a_{11}=\frac{\cos^2(\theta)}{r_1{}^2}+\frac{\sin^2(\theta)}{r_2{}^2} \tag{11.11}$$

$$a_{22}=\frac{\sin^2(\theta)}{r_1{}^2}+\frac{\cos^2(\theta)}{r_2{}^2} \tag{11.12}$$

$$a_{12}=\left(\frac{1}{r_2{}^2}-\frac{1}{r_1{}^2}\right)\cos(\theta)\sin(\theta) \tag{11.13}$$

并且傅里叶系数为：

$$\hat{\psi}(\kappa_l, \lambda_p) = \frac{c}{\Delta \boldsymbol{k}} \mathrm{e}^{-(a_{11}\kappa_l{}^2 + 2a_{12}\kappa_l\lambda_p + a_{22}\lambda_p{}^2)} \mathrm{e}^{2\pi \mathrm{i}\phi_{l,p}} \tag{11.14}$$

这个傅里叶频谱在两个主要方向有不同的尺度，并且主方向上旋转了角度θ。当$r_1 = r_2 = r$，这个等式变为式(11.10)。

当把式(11.14)代入式(11.6)，我们得到随机区域的逆傅里叶变换为：

$$\psi(x_n, y_m) = c\sqrt{\Delta \boldsymbol{k}} \sum_{l,p} \mathrm{e}^{-(a_{11}\kappa_l{}^2 + 2a_{12}\kappa_l\lambda_p + a_{22}\lambda_p{}^2)} \mathrm{e}^{2\pi \mathrm{i}\phi_{l,p}} \mathrm{e}^{\mathrm{i}(\kappa_l x_n + \lambda_p y_m)} \tag{11.15}$$

应当指出，我们希望式(11.15)只产生实数域。因此，在对l和p方向求和时，所有虚数项加起来必须是零。当下式成立时，该条件满足：

$$\hat{\psi}(\kappa_l, \lambda_p) = \hat{\psi}^*(\kappa_{-l}, \lambda_{-p}) \tag{11.16}$$

其中，星号表示复数的共轭，此外：

$$\mathrm{Im}\hat{\psi}(\kappa_0, \lambda_0) = 0 \tag{11.17}$$

11.2.3 协方差与方差的确定

式(11.15)可用来生成随机域的集合，该集合的协方差由参数c，r_1和r_2决定。协方差的一个表达式为：

$$\overline{\psi(x_1, y_1)\psi(x_2, y_2)} = (\Delta \boldsymbol{k})^2 \sum_{l,p,r,s} \overline{\hat{\psi}(\kappa_l, \lambda_p)\hat{\psi}(\kappa_r, \lambda_s)}\, \mathrm{e}^{\mathrm{i}(\kappa_l x_1 + \lambda_p y_1 + \kappa_r x_2 + \lambda_s y_2)} \tag{11.18}$$

利用式(11.16)，并注意到求和过程涵盖r和s的正负值，我们可以插入共轭复数：

$$\begin{aligned} &\overline{\psi(x_1, y_1)\psi(x_2, y_2)} \\ &= (\Delta \boldsymbol{k})^2 \sum_{l,p,r,s} \overline{\hat{\psi}(\kappa_l, \lambda_p)\hat{\psi}^*(\kappa_r, \lambda_s)}\, \mathrm{e}^{\mathrm{i}(\kappa_l x_1 + \lambda_p y_1 - \kappa_r x_2 - \lambda_s y_2)} \\ &= c^2 \sum_{l,p,r,s} \mathrm{e}^{-\left(a_{11}(\kappa_l{}^2 + \kappa_r{}^2) + 2a_{12}(\kappa_l\lambda_p + \kappa_r\lambda_s) + a_{22}(\lambda_p{}^2 + \lambda_s{}^2)\right)} \\ &\quad \overline{\mathrm{e}^{2\pi\mathrm{i}(\phi_{l,p} - \phi_{r,s})}}\, \mathrm{e}^{\mathrm{i}(\kappa_l x_1 + \lambda_p y_1 - \kappa_r x_2 - \lambda_s y_2)} \end{aligned} \tag{11.19}$$

我们假设这些场在波谱空间中是不相关的。因此，协方差中只有一个距离独立性，并且模拟域的统计特性与位置是独立的。然后，我们设定$l = s$和$p = s$，上面的表达式变为：

$$\overline{\psi(x_1,y_1)\psi(x_2,y_2)} = c^2\sum_{l,p} \mathrm{e}^{-2\left(a_{11}\kappa_l{}^2+2a_{12}\kappa_l\lambda_p+a_{22}\lambda_p{}^2\right)}\mathrm{e}^{\mathrm{i}\left(\kappa_l(x_1-x_2)+\lambda_p(y_1-y_2)\right)} \tag{11.20}$$

位置(x, y)处的方差应该等于 1，从该式中可以得到：

$$\overline{\psi(x,y)\psi(x,y)} = 1 = c^2\sum_{l,p} \mathrm{e}^{-2\left(a_{11}\kappa_l{}^2+2a_{12}\kappa_l\lambda_p+a_{22}\lambda_p{}^2\right)} \tag{11.21}$$

这个等式是不随θ变化的，因此当$\theta=0$时，式子变为：

$$1 = c^2\sum_{l,p} \mathrm{e}^{-2\left(\frac{\kappa_l{}^2}{r_1{}^2}+\frac{\lambda_p{}^2}{r_2{}^2}\right)} \tag{11.22}$$

从中可以解出 c。

此外，我们可以在两个主要方向上定义空间场的相关长度r_x和r_y，并且我们对应于r_x和r_y方向上的协方差等于e^{-1}。因此，在式(11.20)中，我们设定$\theta=0$并且计算$\overline{\psi(x_1+r_x,y_1)\psi(x_1,y_1)}$和$\overline{\psi(x_1,y_1+r_y)\psi(x_1,y_1)}$，两个式子应等于$\mathrm{e}^{-1}$，可得：

$$\mathrm{e}^{-1} = c^2\sum_{l,p} \mathrm{e}^{-2\left(\frac{\kappa_l{}^2}{r_1{}^2}+\frac{\lambda_p{}^2}{r_2{}^2}\right)}\cos(\kappa_l r_x) \tag{11.23}$$

$$\mathrm{e}^{-1} = c^2\sum_{l,p} \mathrm{e}^{-2\left(\frac{\kappa_l{}^2}{r_1{}^2}+\frac{\lambda_p{}^2}{r_2{}^2}\right)}\cos(\lambda_p r_y) \tag{11.24}$$

将 c^2 代入式(11.22)，我们得到：

$$\mathrm{e}^{-1} = \sum_{l,p} \mathrm{e}^{-2\left(\frac{\kappa_l{}^2}{r_1{}^2}+\frac{\lambda_p{}^2}{r_2{}^2}\right)}\cos(\kappa_l r_x)\Big/\sum_{l,p} \mathrm{e}^{-2\left(\frac{\kappa_l{}^2}{r_1{}^2}+\frac{\lambda_p{}^2}{r_2{}^2}\right)} \tag{11.25}$$

$$\mathrm{e}^{-1} = \sum_{l,p} \mathrm{e}^{-2\left(\frac{\kappa_l{}^2}{r_1{}^2}+\frac{\lambda_p{}^2}{r_2{}^2}\right)}\cos(\lambda_p r_y)\Big/\mathrm{e}^{-2\left(\frac{\kappa_l{}^2}{r_1{}^2}+\frac{\lambda_p{}^2}{r_2{}^2}\right)} \tag{11.26}$$

这是两个非线性等式构成的系统，可以解出r_1和r_2。因此我们可以由式(11.22)计算出c。式(11.15)可以被用来模拟随机域的集合，它的方差为 1，协方差由去相关长度r_x，r_y和旋转角θ决定。

利用式(11.25)和式(11.26)的分母总是正数且大于 0 这一点，我们可以将两个条件写为：

$$F_1 = \sum_{l,p} \mathrm{e}^{-2\left(\frac{\kappa_l{}^2}{r_1{}^2}+\frac{\lambda_p{}^2}{r_2{}^2}\right)}\left(\cos(\kappa_l r_x)-\mathrm{e}^{-1}\right) = 0 \tag{11.27}$$

$$F_2 = \sum_{l,p} \mathrm{e}^{-2\left(\frac{\kappa_l^2}{r_1^2}+\frac{\lambda_p^2}{r_2^2}\right)} \left(\cos(\lambda_p r_y) - \mathrm{e}^{-1}\right) = 0$$

(11.28)

这些可以利用牛顿法很容易求解，我们需要以下导数：

$$\frac{\partial F_1}{\partial r_1} = \sum_{l,p} \mathrm{e}^{-2\left(\frac{\kappa_l^2}{r_1^2}+\frac{\lambda_p^2}{r_2^2}\right)} \frac{4\kappa_l^2}{r_1^3} (\cos(\kappa_l r_x) - \mathrm{e}^{-1})$$

(11.29)

$$\frac{\partial F_1}{\partial r_2} = \sum_{l,p} \mathrm{e}^{-2\left(\frac{\kappa_l^2}{r_1^2}+\frac{\lambda_p^2}{r_2^2}\right)} \frac{4\lambda_p^2}{r_2^3} (\cos(\kappa_l r_x) - \mathrm{e}^{-1})$$

(11.30)

$$\frac{\partial F_2}{\partial r_1} = \sum_{l,p} \mathrm{e}^{-2\left(\frac{\kappa_l^2}{r_1^2}+\frac{\lambda_p^2}{r_2^2}\right)} \frac{4\kappa_l^2}{r_1^3} \left(\cos(\lambda_p r_y) - \mathrm{e}^{-1}\right)$$

(11.31)

$$\frac{\partial F_2}{\partial r_2} = \sum_{l,p} \mathrm{e}^{-2\left(\frac{\kappa_l^2}{r_1^2}+\frac{\lambda_p^2}{r_2^2}\right)} \frac{4\lambda_p^2}{r_2^3} \left(\cos(\lambda_p r_y) - \mathrm{e}^{-1}\right)$$

(11.32)

在式(11.15)中找到逆变换的有效途径是应用二维快速傅里叶变换。逆快速傅里叶变换是在一个网格上计算的，该网格比计算域大几个特征长度，以保证非周期域 (Evensen，1994b)。

总之，现在我们能够模拟二维伪随机域，其方差为 1，以及一个确定的各向同性协方差。

11.3 模拟相关的域

一个简单的公式可以用来介绍模拟的样本之间的相关性。这种相关域在海洋和大气模式中是有用的，这些模式的分层之间具有垂直相关性。例如，如果具有很强的垂直混合(例如海洋的混合层)，则在两个相邻深度之间的模拟温度场将会存在相关性。另一个例子是模式误差的仿真，我们期望有一个有限的时间相关性。

方程式：

$$\psi_k(\boldsymbol{x}) = \rho\psi_{k-1}(\boldsymbol{x}) + \sqrt{1-\rho^2}\,\omega_k(\boldsymbol{x}) \tag{11.33}$$

上式可用于模拟相关的样本。这里，我们假定$\omega_k(\boldsymbol{x})$是一个采样于均值为 0、方差为 1 的分布的随机样本，而$\psi_{k-1}(\boldsymbol{x})$是先验的样本，与$\psi_k(\boldsymbol{x})$相关。$\omega_k(\boldsymbol{x})$域通常是由一个类似上一节中所述的算法生成。因此，从$\psi_1(\boldsymbol{x}) = \omega_1(\boldsymbol{x})$公式开始，式(11.33)可用于递归模拟相关的域。

系数$\rho \in [0,1)$决定了随机强迫的相关性，例如，$\rho = 0$生成白（噪声）序列，而$\rho = 1$会去除随机强迫，并且我们会得到一个与最初的猜想$\psi_0(\boldsymbol{x}) = \omega_0(\boldsymbol{x})$一样的随机域。更广义地，$\psi_i(\boldsymbol{x})$和$\psi_j(\boldsymbol{x})$之间协方差变成：

$$\overline{\psi_i(\boldsymbol{x})\psi_j(\boldsymbol{x})} = \rho^{|i-j|} = \exp(\ln\rho|i-j|) \tag{11.34}$$

模拟域的方差为 1，并且我们得到了随机域的一个序列，该随机域有一个指数变差函数，其中$a = -1/\ln\rho$。

11.4 改进的采样方案

基于 Pham(2001)和 Nerger 等(2005)的工作，通过使用一个对初始集合、模式噪声以及观测扰动更为合理的采样方法，我们可以改进集合卡尔曼滤波结果。我们现在将检验一个采样方案，这个方案可以有效地生成类似于 Pham(2001)提出的 SEIK 滤波器的结果。该方案不会大幅度增加集合卡尔曼滤波的计算成本，但对于仿真结果产生有效的改进。

EnKF 计算的更新作为先验的集合样本的组合，因此，分析解包含在由原始集合张成的空间中，并且显然它依赖于集合的属性。一般来说，集合矩阵$\boldsymbol{A}^{\mathrm{f}}$应该满足以下条件：

（1）集合的样本应该是现实且物理意义上可接受的域。

（2）集合的秩应为$\left(\boldsymbol{A}^{\mathrm{f}}\right) = \min(n, N)$。

（3）定义集合条件数为最大和最小奇异值的比值，并且集合条件数应较小。

第一个条件确保样本是带有正确的空间变异性和平滑性的采样结果，并且需要一个非线性的模式来提供样本的结果。第二个条件意味着集合扩展成一个 N 维空间，而最后一个条件说明了集合成员之间线性独立性。

11.4.1 理论基础

在 Pham (2001)提出的 SEIK 滤波器中使用了一种算法，是从误差协方差矩阵$\boldsymbol{C}_{\psi\psi}$的主特征向量中对初始集合进行采样。这个算法引入了集合矩阵的最大秩和条件数，并且确保在给定集合大小的情况下，集合能提供误差协方差矩阵的最佳表达方式。

我们首先定义一个误差协方差$\boldsymbol{C}_{\psi\psi}$。给定$\boldsymbol{C}_{\psi\psi}$，我们可以对其进行特征值分解。

$$\boldsymbol{C}_{\psi\psi} = \boldsymbol{Z}\boldsymbol{\Lambda}\boldsymbol{Z}^{\mathrm{T}} \tag{11.35}$$

其中，矩阵 $\boldsymbol{Z}$ 和$\boldsymbol{\Lambda}$包括$\boldsymbol{C}_{\psi\psi}$的特征向量和特征值。

满秩的误差协方差矩阵可以利用$\boldsymbol{C}_{\psi\psi}{}^{\mathrm{e}} \simeq \boldsymbol{C}_{\psi\psi}$近似表达：

$$\boldsymbol{C}_{\psi\psi}^{\mathrm{e}} = \frac{1}{N-1}\boldsymbol{A}'(\boldsymbol{A}')^{\mathrm{T}} \tag{11.36}$$

$$= \frac{1}{N-1} \boldsymbol{U\Sigma V V^{\mathrm{T}} V \Sigma U^{\mathrm{T}}}$$

$$= \frac{1}{N-1} \boldsymbol{U\Sigma^2 U^{\mathrm{T}}} \tag{11.37}$$

(11.38)

当不考虑时间维并且利用状态ψ的离散表达形式时，上式将类似于式(9.14)。这里，$\boldsymbol{A}'$包含集合扰动，并被定义为式(9.13)的离散形式，而$\boldsymbol{U}$，$\boldsymbol{\Sigma}$和$\boldsymbol{V}^{\mathrm{T}}$是从奇异值分解中得到，并且包含$\boldsymbol{A}'$的奇异向量和奇异值。当集合样本量接近无限大时，在$\boldsymbol{U}$中 n 个奇异向量会收敛到$\boldsymbol{Z}$中的n个特征向量，而奇异值的平方$\boldsymbol{\Sigma}^2$除以$N-1$，会收敛到特征值$\boldsymbol{\Lambda}$。

因此，有两个方案可以用于定义$\boldsymbol{C}_{\psi\psi}$的准确集合的近似$\boldsymbol{C}_{\psi\psi}^{\mathrm{e}}$。第一种方法是标准蒙特卡洛方法，在这里我们通过对附加的模式状态进行采样并将它们添加到集合中来增加集合大小 N。只要附加的新集合成员扩展了整体集合的空间，会生成一个集合协方差$\boldsymbol{C}_{\psi\psi}^{\mathrm{e}}$，它是$\boldsymbol{C}_{\psi\psi}$更准确的表达方式。

另外，我们可以通过确保$\boldsymbol{U}$中的前N个奇异向量相似于$\boldsymbol{Z}$中前N个特征向量来改善集合的秩/条件数。对于集合$\boldsymbol{C}_{\psi\psi}$的表达形式$\boldsymbol{C}_{\psi\psi}^{\mathrm{e}}$中的绝对误差，它在从$\boldsymbol{U}$中的前$N$个奇异向量扩展的空间采样的方法中的值将小于它在从集合大小为N的 Monte Carlo 集合的方法中的值。换句话说，我们想要使得$\boldsymbol{A}$的秩为N，且条件数是最小的。第二个方法是准随机采样，这样确保随着抽样数量的变大收敛性更好。也就是说，我们选择有更少的线性依赖性的集合成员。注意，生成物理意义上可接受的域的约束意味着一些情况下当定义采样空间时，必须使用N个以上奇异向量，来避免对太过平滑的样本进行采样。

11.4.2 改进的采样算法

对于大多数应用，$\boldsymbol{C}_{\psi\psi}$往往因为太大而不能直接计算其特征向量。另一种可用于生成一个具有更好条件数的N个成员的集合的算法，首先生成一个大小为αN的“初始集合”，其中α是一个大于 1 的整数，然后沿着初始集合的前βN个主奇异向量重新取样N个样本。这里$\beta \in (1,2,\cdots,\alpha)$是一个整数，当对改善的集合进行重采样时该整数决定了使用的奇异向量的数量。Evensen (2004)中的算法利用$\beta = 1$，并且在一些情况下基于过少的奇异向量子集采样样本，导致过度平滑且没有物理意义的样本。

给定一个大的集合样本$\widehat{\boldsymbol{A}}' \in \mathcal{R}^{n\times\alpha N}$，我们进行奇异值分解：

$$\widehat{\boldsymbol{A}}' = \widehat{\boldsymbol{U}}\widehat{\boldsymbol{\Sigma}}\widehat{\boldsymbol{V}}^{\mathrm{T}} \tag{11.39}$$

其中，$\widehat{\boldsymbol{U}} \in \mathcal{R}^{n\times n}$,$\widehat{\boldsymbol{\Sigma}} \in \mathcal{R}^{n\times\alpha N}$和$\widehat{\boldsymbol{V}} \in \mathcal{R}^{\alpha N\times\alpha N}$。

新的集合可以从下式进行采样：

$$A' = \widehat{\boldsymbol{U}}\widetilde{\boldsymbol{\Sigma}}\boldsymbol{\Theta}^{\mathrm{T}} \tag{11.40}$$

其中，$\widetilde{\boldsymbol{\Sigma}} \in \mathcal{R}^{n\times\beta N}$包括前$\beta N$个奇异值，然后乘以$\sqrt{(\beta N)/(\alpha N)}$得到正确的方差，即：

$$\widetilde{\boldsymbol{\Sigma}}(:,:) = \sqrt{\frac{\beta}{\alpha}}\widehat{\boldsymbol{\Sigma}}(:,1:\beta N) \tag{11.41}$$

定义了惩罚高波数(或者奇异向量)的能量谱。注意，为了简化起见，我们假设αN和βN小于状态向量的维度 n。

随机矩阵$\boldsymbol{\Theta} \in \mathcal{R}^{\beta N\times\beta N}$有正交行并且能够通过提取随机正交矩阵$\boldsymbol{\Theta} \in \mathcal{R}^{\beta N\times\beta \mathrm{N}}$的前$N$行生成，其中$\boldsymbol{\Theta}$是利用 11.6 节描述的算法计算得到的。因此，在$\boldsymbol{\Theta}$的每行定义了规则化奇异向量的线性组合，以得到一个随机样本。

11.4.3 改进的采样的属性

采样方案有一些特殊的性质：

（1）在αN很大时，$\widehat{\boldsymbol{U}}$中的奇异向量趋近于严格协方差矩阵$\boldsymbol{C}_{\psi\psi}$的特征向量$\boldsymbol{Z}$。此外，奇异值的平方$\widehat{\boldsymbol{\Sigma}}\widehat{\boldsymbol{\Sigma}}^{\mathrm{T}}/(\alpha N)$，将精确收敛到$\boldsymbol{C}_{\psi\psi}$的特征值。因此，重要的是要选择一个足够大的$\alpha$来保证对实的特征值和特征向量的准确估计。

（2）通过对$\widehat{\boldsymbol{U}}$中的βN个主奇异向量组成的空间进行采样，利用存储于$\boldsymbol{\Sigma}$中的截断频谱，并且用正交随机矩阵$\boldsymbol{\Theta}$生成样本，这些样本包含在由$\widehat{\boldsymbol{U}}$的前βN模定义的βN维度的子空间中。

（3）这个采样相似于正交矩阵在权值上或者由下式定义的标量内积：

$$<\boldsymbol{a},\boldsymbol{b}>=\frac{1}{\beta N}(\boldsymbol{a})^{\mathrm{T}}\boldsymbol{C}_{\psi\psi}{}^{-1}\boldsymbol{b} \tag{11.42}$$

插入$\boldsymbol{C}_{\psi\psi}$的因式分解以及$\boldsymbol{A}'$的奇异值分解，可以得到

$$\begin{aligned}
<\boldsymbol{A}',\boldsymbol{A}'>&=\frac{1}{\beta N}\boldsymbol{\Theta}\widetilde{\boldsymbol{\Sigma}}^{\mathrm{T}}\widehat{\boldsymbol{U}}^{\mathrm{T}}(\boldsymbol{Z}\boldsymbol{\Lambda}\boldsymbol{Z}^{\mathrm{T}})^{-1}\widehat{\boldsymbol{U}}\widetilde{\boldsymbol{\Sigma}}\boldsymbol{\Theta}^{\mathrm{T}}\\
&=\frac{1}{\beta N}\boldsymbol{\Theta}\widetilde{\boldsymbol{\Sigma}}^{\mathrm{T}}\widehat{\boldsymbol{U}}^{\mathrm{T}}(\widehat{\boldsymbol{U}}\boldsymbol{\Lambda}\widehat{\boldsymbol{U}}^{\mathrm{T}})^{-1}\widehat{\boldsymbol{U}}\widetilde{\boldsymbol{\Sigma}}\boldsymbol{\Theta}^{\mathrm{T}}\\
&=\frac{1}{\beta N}\boldsymbol{\Theta}\widetilde{\boldsymbol{\Sigma}}^{\mathrm{T}}\boldsymbol{\Lambda}^{-1}\widetilde{\boldsymbol{\Sigma}}\boldsymbol{\Theta}^{\mathrm{T}}\\
&\approx\frac{\alpha N}{\beta N}\boldsymbol{\Theta}\widetilde{\boldsymbol{\Sigma}}^{\mathrm{T}}(\widehat{\boldsymbol{\Sigma}}\widehat{\boldsymbol{\Sigma}}^{\mathrm{T}})^{-1}\widetilde{\boldsymbol{\Sigma}}\boldsymbol{\Theta}^{\mathrm{T}}\\
&\approx\boldsymbol{\Theta}\widetilde{\boldsymbol{\Sigma}}^{\mathrm{T}}(\widehat{\boldsymbol{\Sigma}}\widehat{\boldsymbol{\Sigma}}^{\mathrm{T}})^{-1}\widetilde{\boldsymbol{\Sigma}}\boldsymbol{\Theta}^{\mathrm{T}}\\
&=\boldsymbol{\Theta}\boldsymbol{I}_{\beta N}\boldsymbol{\Theta}^{\mathrm{T}}\\
&=\boldsymbol{I}\in\mathcal{R}^{N\times N}
\end{aligned} \tag{11.43}$$

这里，我们利用了式(11.41)。

（4）在最初的方案中令$\beta = 1$，这些样本会给出误差协方差矩阵一个非奇异低秩的最好表达，但是因为缩减了范围大小，样本可能太过平滑且无物理意义。

（5）当$\beta > 1$时样本不再提供误差协方差矩阵的低秩表达，但它们的内积仍是正交的，当β足够大时，很可能生成包含物理尺度重要性的样本。

只要最初的集合选择得足够大，刚才描述的算法将提供类似于 SEIK 滤波器中使用的集合，并且当N足够大时，SVD 算法具有比$\boldsymbol{C}_{\psi\psi}$的显式特征值分解更低的计算代价。

在使用集合扰动矩阵$\boldsymbol{A}$之前，重要的是要确保平均值是零并且方差取特定的值。此修正可以应用于缩减最终集合均值，然后重新缩放集合成员以获得正确的方差。如下所示，确保集合有一个正确的均值和方差，对集合的质量产生积极影响。注意去除集合均值将使得$\boldsymbol{A}$的最大可能秩为$N-1$。

例如，一个 100 成员的集合已经由100，200，⋯，800 个成员的初始集合生成。一维模式状态的大小是 1001 并且解的特征长度是 4 个网格单元。不同大小的初始集合生成的集合的特征值如图 11.2 所示。很明显，利用采样策略有一个优点。在使用标准取样时奇异值 100～1 的比率是 0.21。随着初始集合大小的增加，这种条件数将得到改善，直到使用 800 成员的初始集合时比率达到 0.59。

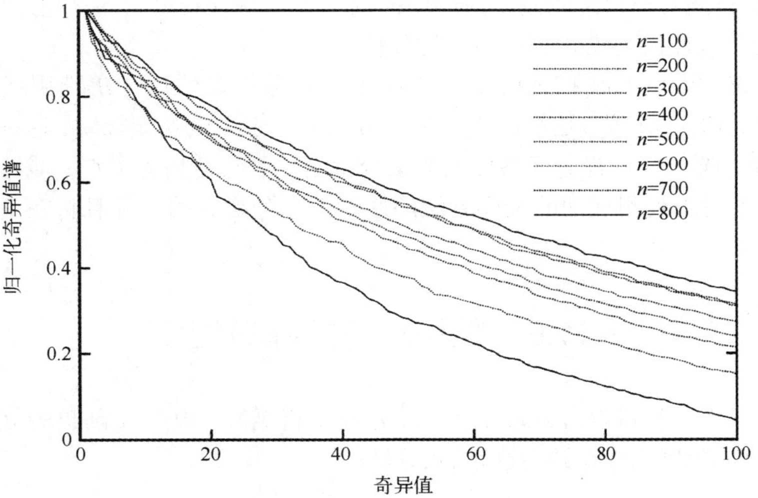

图 11.2　使用不同的初始集合成员得到的集合的标准化奇异值

其中，下面的线对应于 100 个成员的初始集合。显然，当使用更多的初始集合时，集合的条件数会得到改进。其中，最低的线对应的初始集合成员为 100。很明显，当初始集合的数量变大时，集合条件将会改善。

11.5 模式和观测噪声

现在我们假定一个线性模式算符，其由满秩矩阵 $\boldsymbol{G}$ 定义。且模式噪声为零，在时间t_k的集合可写为：

$$\boldsymbol{A}_k = \boldsymbol{G}^K \boldsymbol{A}_0 \tag{11.44}$$

因此，只要 $\boldsymbol{G}$ 是满秩，那么初始集合中引入的秩将被保留，并且$\boldsymbol{A}_k$扩展的空间将与$\boldsymbol{A}_0$一致。

存在系统噪声时，集合随时间的演化为：

$$\boldsymbol{A}_k = \boldsymbol{G}^k \boldsymbol{A}_0 + \sum_{i=1}^{k} \boldsymbol{G}^{k-i} \boldsymbol{Q}_i \tag{11.45}$$

其中，$\boldsymbol{Q}_i$表示t_i时刻的模式噪声集合。因此，集合的秩和条件数也会依赖于引入的模式噪声的秩和条件数。

对于一个非线性模式算符$\boldsymbol{G}(\boldsymbol{\psi}, \boldsymbol{q})$，其中$\boldsymbol{q}$是模式噪声，集合的演化为：

$$\boldsymbol{A}_k = \boldsymbol{G}_k(\cdots \boldsymbol{G}_2(\boldsymbol{G}_1(\boldsymbol{A}_0, \boldsymbol{Q}_1)\cdots, \boldsymbol{Q}_k)) \tag{11.46}$$

使用非线性模式时不能确保非线性转换能够保留$\boldsymbol{A}$的秩，并且在模拟过程中引入合理的抽样模式噪声对维持一个具有好的秩特性的集合至关重要。因此，生成初始集合的程序也可以用于模拟系统噪声。这种方法保证将最大的秩引入到集合中，并且可能抵消任何由模式算符引起的降秩。

式(9.37)和式(9.39)描述的 EnKS 和 EnKF 分析算法通过$\boldsymbol{D}_j'$使用扰动测量，其中$\boldsymbol{X}_j$由式(9.38)定义。这个改进的采样方法可用于生成观测扰动。这种改进的采样方法将生成一个具有更好条件数的集合扰动，且集合协方差$\boldsymbol{C}_{\psi\psi}$能够更好地近似$\boldsymbol{C}_{\psi\psi}^{\mathrm{e}}$。改进的观测扰动的采样方法的影响是十分显著的，并且将在下面的例子中进行证实。

11.6 随机正交矩阵的生成

使用以下过程可以最好地生成一个正交随机矩阵。从一个随机独立正态分布数$\boldsymbol{Y}\in\Re^{N\times N}$的矩阵出发，进行$QR$因式分解：

$$\boldsymbol{Y} = \boldsymbol{QR} \tag{11.47}$$

其中，$\boldsymbol{Q}\in\Re^{N\times N}$是随机正交的，$\boldsymbol{R}\in\Re^{N\times N}$是一个上三角矩阵。这个因式分解利用豪斯霍尔德反射可以得到最好的计算。如果我们假定$\boldsymbol{R}$的对角线元素都是正数，则非奇异矩阵的$\boldsymbol{QR}$分解是唯一的。因此，我们可以将$\boldsymbol{\Xi}$定义为一个对角矩阵，其对角元素为 1 或者-1，或者当$\boldsymbol{Y}$很复杂时，单位圆上的元素为$\boldsymbol{\Xi}_{jj} = \mathrm{e}^{\mathrm{i}\theta}$，并写成：

$$Q' = Q\Xi \tag{11.48}$$

$$R' = R\Xi^{-1} \tag{11.49}$$

我们有：

$$Y = QR = Q'R' \tag{11.50}$$

如 Mezzadri (2007)建议的那样，在 QR 分解后，我们将 Q 乘以对角矩阵 $\Xi \in \Re^{N\times N}$的逆，其中Ξ定义为：

$$\mathrm{diag}(\Xi) = (\boldsymbol{R}_{1,1}/|\boldsymbol{R}_{1,1}|, \ldots, R_{N,N}/|\boldsymbol{R}_{N,N}|) \tag{11.51}$$

这个过程生成的矩阵$\boldsymbol{R}'$的对角元素都是正数以及一个唯一的随机正交矩阵$\boldsymbol{Q}'$，Mezzadri (2007)证明了其为 Haar 分布。

11.7 试　　验

现在利用 4.1.3 节的一维线性平流模式详细地讨论集合大小和改进采样方案对同化结果的影响。该模式的解是准确知道的，这使我们能够运行没有模式误差的实际试验来检验采样方案的影响。

接下来的大多数试验使用 100 个集合样本。多数试验中使用一个更大的初始集合来生成集合成员和/或观测扰动，这能提供误差协方差矩阵的一个更好的表达。否则，试验将在观测扰动的采样和分析方案的使用上有所区别。图 4.1 给出了其中一个试验。

表 11.1　试验总结

试验	N	抽样组合	β_{ini}	β_{mes}	残差	标准差
A	100	F	1	1	0.762	0.074
B	100	T	1	1	0.759	0.053
C	100	T	2	1	0.715	0.065
D	100	T	4	1	0.683	0.062
E	100	T	6	1	0.679	0.071
H	100	T	6	30	0.627	0.053
I	100	T	1	30	0.706	0.060
B150	100	T	1	1	0.681	0.053
B200	100	T	1	1	0.651	0.061
B250	100	T	1	1	0.626	0.058

注：第一列是试验名字，第二列 N 是集合样本量，“采样修正”为真(T)或者假(F)，表示是否对样本均值和方差进行校正。按照使用的分析算法，β_{ini}是一个定义了用来生成初始集合$\beta_{\text{ini}}N$的起始集合的大小的数字；类似地，β_{mes}表示用于生成观测扰动的初始集合的大小。最后两列为每个试验中 50 个模拟的平均 RMS 误差和这些误差的标准差

11.7.1 试验的概述

表 11.1 列出了进行的几个试验。对于每个试验，进行 50 次 EnKF 模拟，以便进行统计比较。在每次 EnKF 模拟中，唯一的区别是使用的随机种子。因此，每个 EnKF 模拟有不同且随机的真值状态、初猜值、初始集合，观测集以及观测扰动。

这里使用了 EnKF 分析方案的标准版本，并采用了满秩矩阵$\boldsymbol{C} = \boldsymbol{S}\boldsymbol{S}^{\mathrm{T}} + (N-1)\boldsymbol{C}_{\epsilon\epsilon}$，该矩阵通过进行特征值分解$\boldsymbol{Z}\boldsymbol{\Lambda}\boldsymbol{Z}^{\mathrm{T}} = \boldsymbol{C}$而得到：

$$\boldsymbol{C}^{-1} = \boldsymbol{Z}\boldsymbol{\Lambda}^{-1}\boldsymbol{Z}^{\mathrm{T}} \tag{11.52}$$

其中，所有的矩阵都是$m \times m$维的。因此，我们利用式(9.38)求解标准 EnKF 分析式(9.39)，其中观测是有扰动的，在每个同化时刻我们计算：

$$\boldsymbol{A}^{\mathrm{a}} = \boldsymbol{A}^{\mathrm{f}}\left(\boldsymbol{I} + \boldsymbol{S}^{\mathrm{T}}\boldsymbol{Z}\boldsymbol{\Lambda}^{-1}\boldsymbol{Z}^{\mathrm{T}}\left(\boldsymbol{D} - \mathcal{M}\left[\boldsymbol{A}^{\mathrm{f}}\right]\right)\right) \tag{11.53}$$

这里，我们去掉了更新指数j。

在所有的试验中，将残差定义为在整个空间与时间域的估计值与真值之间的均方根(RMS)误差。图 11.3 给出了每个试验的 50 个 EnKF 模拟的残差的均值和标准差。

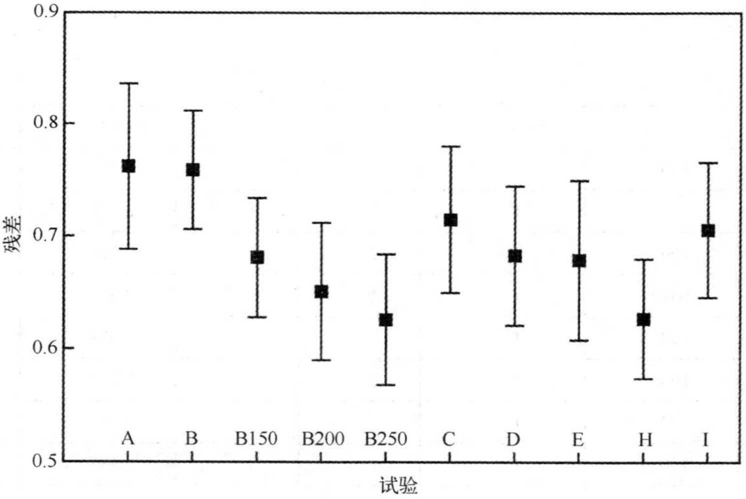

图 11.3　每个试验的残差的均值和标准差

我们进一步检查预报误差多大程度上表示实际残差 (RMS 作为时间的函数)。图 11.4 和图 11.5 给出了 50 个 EnKF 模拟的预报误差的均值，如粗实线所示。细实线表示 50 个 EnKF 模拟的预报误差的一个标准差。50 个 EnKF 模拟的 RMS 误差的均值如粗点线所示，相应的标准差由细点线表示。

表 11.2 给出了由学生t检验计算的不同试验的平均残差是相等的概率。概率低于 0.5 表明在统计意义上两个试验的分布是显著不同的。

不同试验更深层次的细节在下面描述：

试验A是纯蒙特卡洛方法，使用一个 100 个成员的初始集合，所有随机变量的抽样都是随机的。因此，初始集合的均值与方差以及观测扰动将会在使用 100 个样本的预期精确度附近振荡。

试验B类似于试验A，除了采样的集合扰动被修正为均值是零且方差为修正的特定值外。该校正首先减掉随机采样的最终均值，然后将集合成员除以集合方差的平方根。如下所示，此修正能够对同化结果进行少许改进，并且应用于下面的所有试验。这个试验也被用作进一步讨论中的参考例子，以说明 EnKF 的性能。

试验B150，B200和B250相似于试验B，但分别使用了 150、200 和 250 的集合样本量。

试验C，D和E相似于试验B，除了用于生成最初的 100 个集合成员的初始集合分别包含 200、400 和 600 个成员。试验E作为一个参考案例来说明改善的初始采样算法的影响。

试验H检验改善的观测扰动与初始集合采样方法的联合影响。结果应该与试验E对比来检验观测扰动的改进采样的附加影响。

试验I应该与试验H和B对比。它使用改善采样方法对观测扰动进行采样，而使用标准采样方法对初始条件进行采样。因此，把它与试验B的结果进行对比，可以得到观测扰动的改进采样方法的影响。

表 11.2　使用学生t检验计算得到的两个试验提供相等残差均值的统计概率

试验	B	B150	B200	B250	C	D	E	H	I
A	**0.86**	0	0	0	0	0	0	0	0
B		0	0	0	0	0	0	0	0
B150			0.01	0	0.01	**0.86**	**0.86**	0	0.03
B200				0.04	0	0.01	0.01	0.04	0
B250					0	0	0	**0.91**	0
C						0.01	**0.75**	0	0.48
D								0	0.06
E								0	0.04
H									0

注：概率接近于 1 表明很可能两个试验提供了具有类似均值的残差分布。高于 0.5 的t检验值用粗体字表示

11.7.2 集合大小的影响

我们现在比较试验B、B150、B200和B250来评估集合大小对 EnKF 性能的影响。从图 11.3 可以看出，如预期所示，当集合大小增大时残差会减小。在实际应用中，我们自然地受到能实际承受的集合成员数量的限制。然而，根据中心极限定理，EnKF 估计值的准确性的改善程度与集合大小的平方根成比例。在大多数 EnKF 的应用中，典型的集合大小数量是 100 左右。这种集合的大小明显小于大多数动力模式中的解空间的有效维度，但是在大多数情况下所谓的局地化或者区局部分析计算经常被用于增加解空间的维度。

对比图 11.4 中试验B、B150以及B250的残差与估计的标准差随时间演化过程，我们发现 EnKF 模拟之间比估计的标准差表现出一个更大的扩展。每个试验中模拟估计的标准偏差是一致的。虽然增加集合样本量会显著改善同化效果，但一般来说残差也比集合标准差大一些。

11.7.3 改进的初始集合采样的影响

采用 11.4 节所述的方案，我们使用 100～600 个成员的初始集合来进行一些试验，以检查使用具有更好特性的一个初始集合的影响。标准试验B作为参考，而在试验C、D和E，我们使用了更多的初始集合，分别为 200、400 和 600 个成员，来生成初始的 100 个集合成员。在这里我们讨论的所有试验中，能够从前 100 个奇异向量中对样本进行采样，因此式(11.41)中$\beta = 1$。

从图 11.3 可以看出，仅将初始集合的集合成员数量加倍到 200 (试验C)，对试验结果有很显著的积极影响，并且当使用初始 400 个成员 (试验D) 的集合试验结果将得到进一步的改善。使用更大的初始集合 (集合成员达到 600，试验E) 时，其试验结果较试验D没有显著的提升。

图 11.4 与图 11.5 给出的试验B与E的残差与估计的标准差时间演化序列与试验B、B150和B250展现了相同的趋势，其中模拟之间的残差比估计的标准差有更大的扩展。同时由于对初始集合的改善采样，从试验B到E的试验结果会呈现一定程度的改善。

同时还发现在将试验B150和B200与试验E进行对比时，标准集合卡尔曼滤波需要一个介于 150～200 的集合样本量来获得与使用 600 个成员的初始集合生成 100 个成员的初始集合的改善的采样方案类似的试验结果。

这些试验表明，改进的采样方案适用于初始集合。它仅需要计算一次且额外的计算成本可以忽略不计。因此，改进的采样算法可以应用到比普通 EnKF 算法具有更小集合样本量和更少计算时间的滤波器算法中，同时还能得到类似的结果。

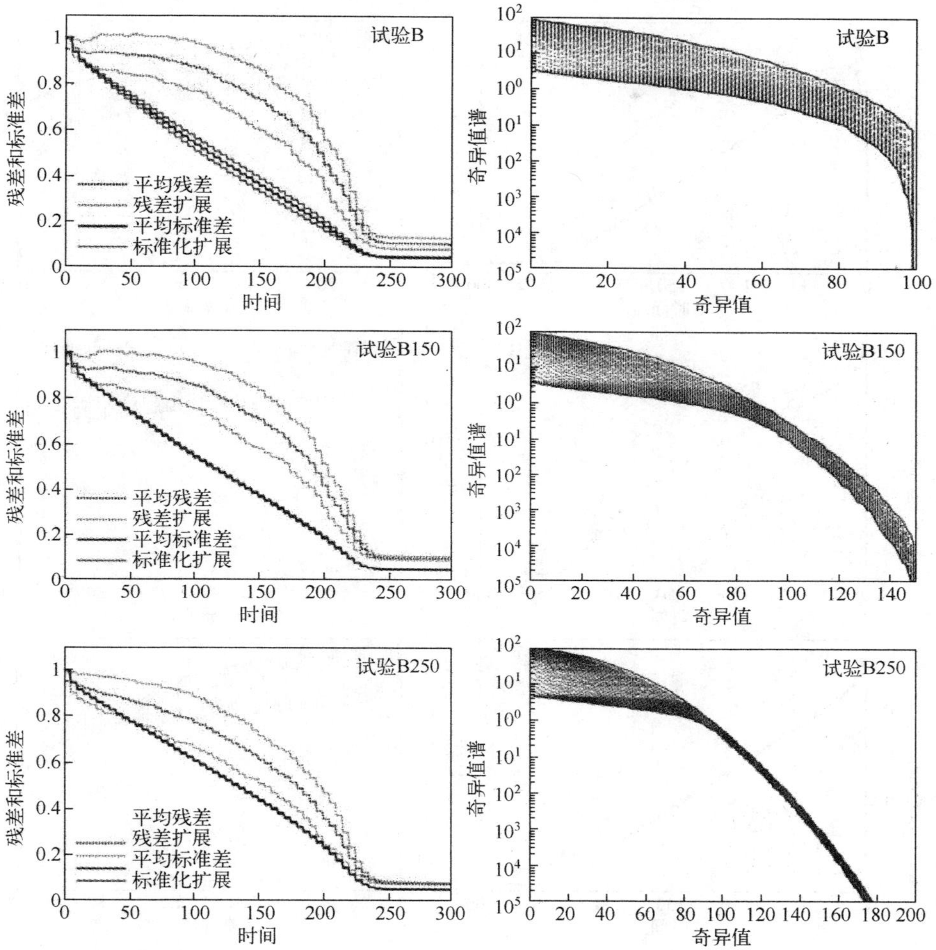

图 11.4　一些试验的 RMS 残差和集合奇异值谱

其中，左栏显示随时间变化的 RMS 残差(虚线)和估计的标准差(实线)。粗线表示 50 次模拟的均值，细线表示均值加上或减去一个标准差。右栏表示试验的奇异值谱的时间演化。

11.7.4　改进的观测扰动的采样

试验H和I使用改进的观测扰动的采样方法，使用了一个 30 倍集合大小的初始扰动集合。通过比较图 11.3 中的试验I与试验B，以及试验H与试验E，可以说明这个改进的采样方法的影响。显然，改善的观测扰动的采样方法会带来积极的影响。

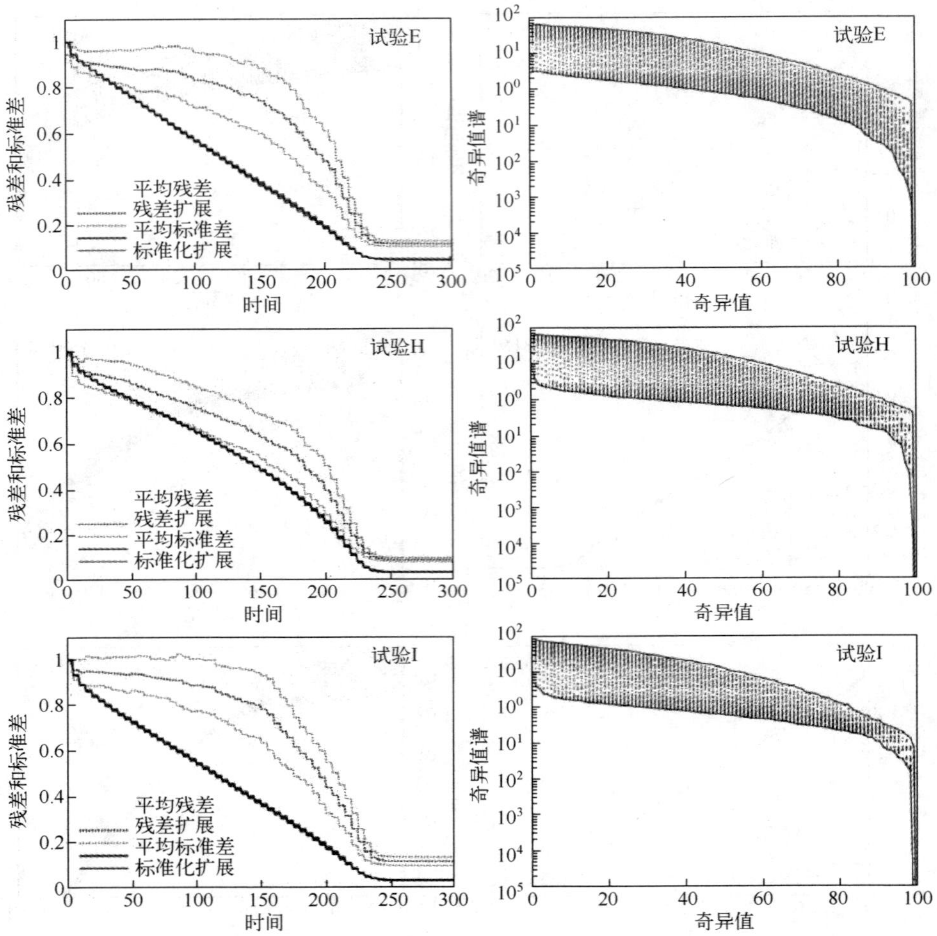

图 11.5　参考图 11.4 的说明

11.7.5　集合奇异值谱的演变

最后研究集合的秩与条件数如何随着时间演化以及如何受分析计算的影响。在图 11.4 和图 11.5 中我们已经画出了部分试验中每一分析时刻的集合奇异值。集合的初始奇异值谱如图中上方粗线。然后虚线表示每一次分析更新引入的集合方差的减小，直到试验的最后。

从试验B和E中很容易看出，当使用改善的采样方案时，初始集合的条件数有所改善。而且，从试验B、B150和B250可以看出，增加集合样本量对误差子空间中方差的表达影响很小。这个结果可以使用简单的低维模式状态得到。

11.7.6 总结

上述试验证实了在 EnKF 中使用一种改进的采样方案的影响。这种改进的采样方案尝试一个满秩且条件数好于利用的随机采样得到的矩阵。改进的采样方案用于初始集合的生成以及观测噪声的抽样。

在讨论的试验中，如果改进的采样方法用于初始集合与观测扰动的抽样时，则比标准 EnKF 分析方案的结果会有一个很显著的改进。由于改进的采样方案能提供集合误差协方差与状态解空间更好的表达，则相似的改善是可以预期的。

必须指出，这些结果可能不能够直接推广到其他更复杂的动力模式。与典型的使用海洋和大气模式的应用相比，在上述讨论的情况中状态向量的维数(1001个网格单元)是比较小的。因此，虽然我们预期在大多数情况下，使用改进的抽样方案可能带来结果的改善，但通常不能够量化这个改善程度。注意，重要的是要选择足够大的β以捕获显著的奇异值，来提供物理意义上可接受的样本。

我们没有充分检验非线性模式可能对集合演化带来的影响。使用非线性模式会改变初始集合的基础，甚至可能减少集合的秩。这表明，改进的采样方案也应该应用于模式噪声，以保证在前向积分过程中保留集合条件数。

从这些试验中，我们能给出以下的建议，即改进的抽样都应该应用于初始集合和观测扰动的抽样。试验结果表明，改进的抽样方案有减少计算时间或改善 EnKF 结果的潜力。

第12章 模式误差

现在我们讨论在集合法和代表函数法中模式误差的使用，特别是时间相关的模式误差。在此例中使用一个简单的标量方程来说明集合法和代表函数法中的参数与状态联合估计。

12.1 模式误差的模拟

在前面的章节中，我们学会了如何引入随机场之间的相关性。现在，我们将详细研究如何将其用于模拟时间相关模式误差，以及我们如何在每个样本中引入正确的方差来代表实际模式误差。

我们再次假设$\omega_k(\boldsymbol{x})$是一个取自均值为0、方差为1的平滑伪随机域分布的白噪声序列。

方程(11.33)确保了$q_{k-1}(\boldsymbol{x})$与$q_k(\boldsymbol{x})$均取自一个方差为1的分布。因此，这个方程将会产生一个均值为0、方差为1的时间相关伪随机域序列。$q_i(\boldsymbol{x})$和$q_j(\boldsymbol{x})$在时间上的协方差已在式(11.34)中给出。

12.1.1 ρ的确定

式(11.33)中的因子ρ通常与时间步长和特定的时间相关的长度τ有关。在式(11.33)中，当排除随机项后，得到的与差分逼近相似的方程如下：

$$\frac{\partial q}{\partial t} = -\frac{1}{\tau} q \tag{12.1}$$

其中，q在时间段$t = \tau$内，以阻尼比e^{-1}的速率衰减。数值近似为：

$$q_k = \left(1 - \frac{\Delta t}{\tau}\right) q_{k-1} \tag{12.2}$$

这里，Δt是时间步长，因此，我们定义ρ为：

$$\rho = 1 - \frac{\Delta t}{\tau} \tag{12.3}$$

其中，$\rho \geq \Delta t$。

12.1.2 物理模式

离散随机模式定义为：

$$\psi_k(\boldsymbol{x}) = \boldsymbol{G}(\psi_{k-1}(\boldsymbol{x})) + \sqrt{\Delta t}\sigma c q_k(\boldsymbol{x}) \tag{12.4}$$

其中，σ是模式误差的标准差，c是待定因子，随机项的选择将在下面说明。

12.1.3 随机强迫引起的方差增长

为了解释式(12.4)中的随机项的选择原因，我们用一个简单的随机模式来说明，即：

$$\psi_k(\boldsymbol{x}) = \psi_{k-1}(\boldsymbol{x}) + \sqrt{\Delta t}\sigma c q_k(\boldsymbol{x}) \tag{12.5}$$

此方程式可修改为：

$$\psi_k(\boldsymbol{x}) = \psi_0(\boldsymbol{x}) + \sqrt{\Delta t}\sigma c \sum_{i=0}^{k-1} q_{i+1}(\boldsymbol{x}) \tag{12.6}$$

方差可以通过对方程 (12.6) 进行平方，并取集合均值后得到，即：

$$\overline{\psi_s(\boldsymbol{x})\psi_s(\boldsymbol{x})} = \overline{\psi_0(\boldsymbol{x})\psi_0(\boldsymbol{x})} + \Delta t\sigma^2 c^2 \overline{\left(\sum_{k=0}^{s-1} q_{k+1}(\boldsymbol{x})\right)\left(\sum_{k=0}^{s-1} q_{k+1}(\boldsymbol{x})\right)} \tag{12.7}$$

$$= \overline{\psi_0(\boldsymbol{x})\psi_0(\boldsymbol{x})} + \Delta t\sigma^2 c^2 \sum_{j=0}^{s-1}\sum_{i=0}^{s-1} \overline{q_{i+1}(\boldsymbol{x})q_{j+1}(\boldsymbol{x})} \tag{12.8}$$

$$= \overline{\psi_0(\boldsymbol{x})\psi_0(\boldsymbol{x})} + \Delta t\sigma^2 c^2 \sum_{j=0}^{s-1}\sum_{i=0}^{s-1} \rho^{|i-j|} \tag{12.9}$$

$$= \overline{\psi_0(\boldsymbol{x})\psi_0(\boldsymbol{x})} + \Delta t\sigma^2 c^2 \left(-s + 2\sum_{i=0}^{s-1}(s-i)\rho^i\right) \tag{12.10}$$

$$= \overline{\psi_0(\boldsymbol{x})\psi_0(\boldsymbol{x})} + \Delta t\sigma^2 c^2 \frac{s - 2\rho - s\rho^2 + 2\rho^{s+1}}{(1-\rho)^2} \tag{12.11}$$

这里使用了式 (11.34)，s 表示时间步长。式(12.9)中的 2 倍的和即为矩阵元素的和，并可由对角线常值的单次和代替。式 (12.10) 中的总和具有显式解 (Gradshteyn and Ryzhik，1979，式(0.113))。

现在我们定义数值n使得$n\Delta t = 1$，因此n是时间步长超过一个时间单位的数值。从式(12.11)可以清楚地看出，如果$c=1$，超过s时间步长的方差增长等于：

$$\frac{s\sigma^2}{n}\frac{1-\rho^2-2\rho/s+2\rho^{s+1}/s}{(1-\rho)^2} \tag{12.12}$$

因此，$\rho=0$时，方差增长的期望值就是$s\sigma^2/n$。然而，随着有色噪声的影响，方差的增加可能会显著提高，这取决于ρ的值。

虽然这种情况是罕见的，但如果我们知道随机噪声过程的确切统计，这种附加的方差增加是可实现的。另一方面，在许多情况下，我们对超过一个时间单元的方差增加σ^2有一个预期估计，同时我们可以预测噪声是有色的。在这种情况下我们需要利用比例系数c来获得每个时间单位引起现实方差增长的噪声过程。

引入随机模式误差时，方程(11.33)和方程(12.4)提供了使用集合卡尔曼滤波(EnKF)的标准框架。改变参数ρ和/或者改变每个时间单位里的积分步数，以确保在一个时间单位内集合方差的增长等于σ^2，式(12.11)给出了规则化方程(12.4)中扰动的平均值。

自然地，我们假设在s个积分步内增加的方差等于$s\sigma^2/n$，例如，$s=n$对应一个时间单元的积分，且方差的增加变为σ^2。我们有公式：

$$\frac{s\sigma^2}{n}=c^2\frac{s\sigma^2}{n}\frac{1-\rho^2-2\rho/s+2\rho^{s+1}/s}{(1-\rho)^2} \tag{12.13}$$

求解c，得到：

$$c^2=\frac{(1-\rho)^2}{1-\rho^2-2\rho/s+2\rho^{s+1}/s} \tag{12.14}$$

如果模式噪声$q_k(\boldsymbol{x})$的序列在时间上是白色的，即$\rho=0$，我们将得到期望值$c\equiv 1$。因此，当对式(12.5)进行迭代时，$c=1$使集合方差正确增加，即每个时间单位内增加σ^2。式(12.14)和Evensen(2003)提出的相同，但Evensen(2003)是在$s=n$和一个时间单位内的积分的情况下给出的。

对$\rho\in(0,1)$的红色模式噪声，式(12.14)给出了正确解，即如果对模式进行s个积分步的积分，那么在第s个时间步内方差增长了$s\sigma^2/n$。然而，这种方法的问题是方差的增加不是线性的，如果连续积分超过s个积分步时，方差会增加得过快。从图12.1的线③可以看出$s=n$时，c的值与Evensen(2003)的相同，但积分持续更长的时间间隔。方差过大增加的原因是，我们忽略了连续积分时超过一个时间单位上的相关性。

能用于长时间积分的更好的c值，可通过考虑当s变大时式(12.11)的极限特性来获得。在式(12.14)中，当时间步长的值变得无穷大时，c的解变为：

$$c^2 = \frac{1-\rho}{1+\rho} \tag{12.15}$$

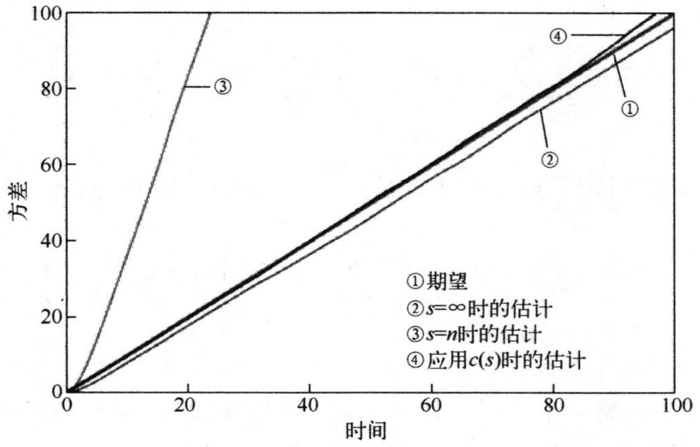

图 12.1　使用 c不同定义时的方差

其中，线①表示预期方差。使用由式(12.15)定义的布朗运动式(12.5)估计的方差（线②），以及$s = n$时式(12.14)估计的方差（线③）。线④表示式(12.19)的结果

图 12.1 中的线②给出了由式(12.5) 定义的布朗运动过程的估计的方差增长的时间演变。很明显，式(12.15)最初给出很小的方差增加，但经过一段与使用的指数时间相关的函数范围类似的时间的积分后，得到了正确的线性方差增加。

计算式 (12.14) 的 c值时我们可以选择 s 的任意值。因此，在一定时间步长内，我们可以始终获得正确的方差，例如当我们想利用观测来对解进行更新时，但为了持续积分我们需要转换到式(12.15)的c的极限值。

我们可以比这做得更好。我们可以使用一个公式$c_i = c(i)$作为时间步长i的函数，并要求方差在所有时间步长具有正确的值。我们需要在式(12.6)的总和中引入c_i，从而得到：

$$\psi_k(\boldsymbol{x}) = \psi_0(\boldsymbol{x}) + \sqrt{\Delta t}\sigma \sum_{i=1}^{k} c_i q_i(\boldsymbol{x}) \tag{12.16}$$

在这里，为简单起见，我们也改变了求和指数。和以前一样，我们可以写出：

$$\overline{\psi_s(\boldsymbol{x})\psi_s(\boldsymbol{x})} = \overline{\psi_0(\boldsymbol{x})\psi_0(\boldsymbol{x})} + \Delta t\sigma^2 \sum_{j=1}^{s}\sum_{i=1}^{s} c_i c_j \rho^{|i-j|} \tag{12.17}$$

现在，假定方差在s个积分步内的增长为$s\sigma^2/n$，得到：

$$\frac{s\sigma^2}{n} = \frac{\sigma^2}{n}\sum_{j=1}^{s}\sum_{i=1}^{s} c_i c_j \rho^{|i-j|}$$

(12.18)

式(12.18)可以改写为：

$$s = \sum_{j=1}^{s-1}\sum_{i=1}^{s-1} c_i c_j \rho^{|i-j|} + \left(2\sum_{i=1}^{s-1} c_i \rho^{|s-i|}\right) c_s + c_s^2$$

(12.19)

在式(12.18)使用定义s(确切地说是$s-1$)，我们可以改写式(12.19)为如下形式：

$$s = s - 1 + \left(2\sum_{i=1}^{s-1} c_i \rho^{|s-i|}\right) c_s + c_s^2$$

(12.20)

这里，去掉了双重和。

式 (12.20) 是c_s的一个二阶标量方程的递推。利用$c_1 = 1$，我们可以在每个时间步内，利用递归方法求解c_s，$s \in (2,\infty)$，同时也解决了起始方差增长太低的问题。同样可以清楚地看到，在几个时间步长后超过指定时间相关性范围时，我们接近了式(12.15)中c的限定值。图 12.2 给出了式(12.13)中作为s函数的c(线①) 和式(12.19)中作为时间函数的c(线②)。需要注意的是，c_s有一个正的解和负的解，二者只有符号不一样，我们可以选择其中任何一个。

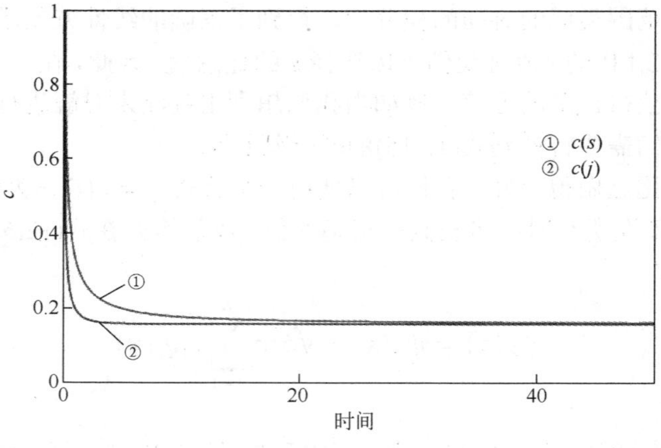

图 12.2 作为时间函数的c

其中，线①计算于式 (12.14)，线②计算于式(12.19) 。

12.1.4 用观测更新模式噪声

从前面的讨论可以清楚地知道，当使用红色模式噪声时，红色噪声和模式变量之间会产生相关性。因此，在分析步中，我们可以对模式噪声和模式状态进行一致性调整。Reichle 等 (2002) 利用一个例子说明了这一点。我们现在引入新的状态向量，包括 $\boldsymbol{\psi}(\boldsymbol{x})$与 附加的$\boldsymbol{q}(\boldsymbol{x})$。方程 (11.33) 和方程 (12.4) 可以写成：

$$\begin{pmatrix} \boldsymbol{q}_k(\boldsymbol{x}) \\ \boldsymbol{\psi}_k(\boldsymbol{x}) \end{pmatrix} = \begin{pmatrix} \rho q_{k-1}(\boldsymbol{x}) \\ G\big(\psi_{k-1}(\boldsymbol{x})\big) + \sqrt{\Delta t}\sigma c q_k(\boldsymbol{x}) \end{pmatrix} + \begin{pmatrix} \sqrt{1-\rho^2}\omega_{k-1} \\ 0 \end{pmatrix} \tag{12.21}$$

在分析过程中，我们可以计算观测的模式变量与模式噪声向量$\boldsymbol{q}(x)$之间的协方差，而$\boldsymbol{q}(x)$是和状态向量一起更新的。这将导致$\boldsymbol{q}(x)$均值的校正以及模式噪声集合的方差的减少。注意，在给定模式误差统计假设下，上述步骤对每个集合成员估计模式中的实际误差进行了估计。

只要在分析步中不更新$\boldsymbol{q}_k(\boldsymbol{x})$，式(11.33)确保了随时间推移$\boldsymbol{q}_k(\boldsymbol{x})$接近均值为 0、方差为 1 的分布。在更新 $\boldsymbol{q}_k(\boldsymbol{x})$时，$\boldsymbol{q}_k(\boldsymbol{x})$将会恢复到一个均值为 0、方差为 1 的过程。

12.2 标 量 模 式

现在我们定义一个包含未知参数 α的简单标量方程，其初猜值$\alpha_0 = 0$，而真值为$\alpha = 1$。我们有一套真解的观测集，在这种情况下它们变为常量$\psi(t) = 3$。类似于方程组 (7.1)～式(7.5)，我们现在允许模式方程、 初始条件、 初猜参数和观测值包含误差，并写为如下形式：

$$\frac{\partial \psi}{\partial t} = 1 - \alpha + q \tag{12.22}$$

$$\psi(0) = 3 + a \tag{12.23}$$

$$\alpha = 0 + \alpha' \tag{12.24}$$

$$\mathcal{M}[\psi] = \boldsymbol{d} + \epsilon \tag{12.25}$$

模式的定义域为$t \in [0,50]$，使用第 7 章中的符号$t_0 = 0, t_k = 50$。用$G(\psi,\alpha) = 1-\alpha$，所以模式算符是线性的且相对于$\psi$独立。这里$\psi$有 9 个取自离散时间$t_{i(j)} = 5j$，$j$=1,2,⋯,9的观测值，观测数$j$的观测函数变为：

$$M_j[\psi] = \int_0^{50} \psi(t')\delta\big(t' - t_{i(j)}\big)\mathrm{d}t' = \psi\big(t_{i(j)}\big) \tag{12.26}$$

应注意，即使将α作为一个待估计的变量，$G(\psi,\alpha)$的这个简单公式也将会产生一个线性逆问题。因为包含线性模式，所以将不会出现在一般情况下，例如 ψ 和 α的乘积，当参数α被当做一个变量去估计时，将导致非线性逆问题。

12.3 变分反问题

利用第 8 章提出的方法，本节将变分反问题和代表函数法的公式应用于简单线性组合的状态与参数估计问题上。

12.3.1 先验统计

假设已经将误差项的统计特性添加到了式(12.22)～式(12.25)中。通常假设先验分布的简单统计形式，即误差项都有零均值且由协方差描述来统计。进一步，我们假定不同误差项不相关。

对于模式误差q，我们假设其在时间上是指数相关的，为：

$$C_{qq}(t_1,t_2)=\sigma^2\exp(-|t_2-t_1|/\tau) \tag{12.27}$$

其中，σ^2是模式误差方差，τ是时间相关长度。权重W_{qq}定义为：

$$W_{qq}(t_1,t_2)\bullet C_{qq}(t_2,t_3)=\delta(t_1-t_3) \tag{12.28}$$

这里，实点表示对t_2积分。

初始条件a中的误差由方差C_{aa}决定，其逆$W_{aa}=1/C_{aa}$；同样地，α中的误差由方差$C_{\alpha\alpha}$决定，其逆$W_{\alpha\alpha}=1/C_{\alpha\alpha}$。对观测而言，上述误差由观测误差协方差矩阵$\boldsymbol{C}_{\epsilon\epsilon}$描述，且其逆矩阵为$\boldsymbol{W}_{\epsilon\epsilon}$。

12.3.2 罚函数

针对上述问题的广义逆公式(8.20)变为：

$$\begin{aligned}\mathcal{J}[\psi,\alpha]=&\left(\frac{\partial\psi}{\partial t}-1+\alpha\right)_{t_1}\bullet W_{qq}(t_1,t_2)\bullet\left(\frac{\partial\psi}{\partial t}-1+\alpha\right)_{t_2}\\&+(\psi_0-3)W_{aa}(\psi_0-3)+(\alpha-0)W_{\alpha\alpha}(\alpha-0)\\&+(\boldsymbol{d}-\mathcal{M}[\psi])^{\mathrm{T}}\boldsymbol{W}_{\epsilon\epsilon}(\boldsymbol{d}-\mathcal{M}[\psi])\end{aligned} \tag{12.29}$$

12.3.3 欧拉–拉格朗日方程

令$\mathcal{J}[\psi,\alpha]$关于α的变分导数为 0，注意ψ取决于α，得到欧拉–拉格朗日方程：

$$\frac{\partial\psi}{\partial t}=1-\alpha+C_{qq}\bullet\lambda \tag{12.30}$$

$$\psi(0)=3+C_{aa}\lambda(0) \tag{12.31}$$

$$\frac{\partial\lambda}{\partial t}=-\mathcal{M}[\delta]\boldsymbol{W}_{\epsilon\epsilon}(\boldsymbol{d}-\mathcal{M}[\psi]) \tag{12.32}$$

$$\lambda(50)=0 \tag{12.33}$$

$$\alpha = \alpha_0 - W_{\alpha\alpha} \int_0^{50} \lambda \mathrm{d}t \tag{12.34}$$

这是一个时间维耦合两点边界问题，其中正模式 (12.30) 取决于伴随变量 λ，伴随模式 (12.32) 取决于 ψ。注意，$G(\psi,\alpha)$的简单形式导出了伴随模式(12.32)，其消除了式(8.42)中的$g_\psi\lambda$项。

如果α的真实值是已知的，我们去掉最后一个方程(12.34)，剩下的就是一个线性逆问题，其解由式(12.30)～式(12.33) 确定。这仍然是一个时间上耦合的两点边界值问题，直接解可以通过代表函数法获得。

12.3.4 参数迭代

我们定义α的迭代来获得欧拉-拉格朗日方程的线性迭代序列。因此有：

$$\alpha_l = \alpha_{l-1} - \gamma\left(\alpha_{l-1} - \alpha_0 + W_{\alpha\alpha} \int_0^{50} \lambda_{l-1}\, \mathrm{d}t\right) \tag{12.35}$$

其中，括号中的表达式是罚函数关于参数α的梯度，γ是梯度下降法的步长。因此，对于每次迭代α_l，我们需要求解

$$\frac{\partial \psi_l}{\partial t} = 1 - \alpha_l + C_{qq} \bullet \lambda_l \tag{12.36}$$

$$\psi_l(0) = 3 + C_{aa}\lambda_l(0) \tag{12.37}$$

$$\frac{\partial \lambda_l}{\partial t} = -\mathcal{M}[\delta] \boldsymbol{W}_{\epsilon\epsilon}(\boldsymbol{d} - \mathcal{M}[\psi_l]) \tag{12.38}$$

$$\lambda_l(50) = 0 \tag{12.39}$$

12.3.5 代表函数展开式的解

假定如下形式的解：

$$\psi(t) = \psi_F(t) + \boldsymbol{b}^{\mathrm{T}} \boldsymbol{r}(t) \tag{12.40}$$

$$\lambda(t) = \lambda_F(t) + \boldsymbol{b}^{\mathrm{T}} \boldsymbol{s}(t) \tag{12.41}$$

即，解是初猜解$\psi_F(t)$和$\lambda_F(t)$与影响函数或者代表函数$\boldsymbol{r}(t)$的线性组合$\boldsymbol{b}$，以及它们的伴随$\boldsymbol{s}(t)$。对每个观测都有一个代表函数和相关的伴随变量。这里我们舍掉了参数α迭代的l指标。

将式(12.40)和式(12.41)代入到式(12.36)～式(12.39)中。假定$\boldsymbol{b}$是未知且任意的，从而得到初猜解的方程组：

$$\frac{\partial \psi_F}{\partial t} = 1 - \alpha + C_{qq} \bullet \lambda_F \tag{12.42}$$

$$\psi_{\mathrm{F}}(0) = 3 + C_{aa}\lambda_F(0) \tag{12.43}$$

$$\frac{\partial \lambda_F}{\partial t} = 0 \tag{12.44}$$

$$\lambda_F(50) = 0 \tag{12.45}$$

这些方程有解$\lambda_F(t) = 0$，且ψ_F是没有观测信息的原始动力学模式的解。

通过选择满足式(5.60)的系数$\boldsymbol{b}$，我们发现代表函数及其伴随的方程组如下：

$$\frac{\partial \boldsymbol{r}}{\partial t} = C_{qq} \bullet \boldsymbol{s} \tag{12.46}$$

$$\boldsymbol{r}(0) = C_{aa}\boldsymbol{s}(0) \tag{12.47}$$

$$\frac{\partial \boldsymbol{s}}{\partial t} = -\mathcal{M}[\delta] \tag{12.48}$$

$$\boldsymbol{s}(50) = 0 \tag{12.49}$$

现将这些方程迭代求解，即式(12.48)可以从最终条件式 (12.49)出发，在时间上作反向积分得到$\boldsymbol{s}$。此后，式 (12.46) 的系统可以从初始条件式 (12.47)作前向积分。

一旦它们求解，对称正定代表函数矩阵$\mathcal{M}^{\mathrm{T}}[\boldsymbol{r}]$就可通过对代表函数进行观测构建。一旦知道了$\psi_F$、由式(5.60)得到的$\boldsymbol{b}$和$\boldsymbol{r}$，在给定$\alpha$的条件下，我们可以构建式(12.40)的线性迭代的最优最小解。

12.3.6 模式误差引起的方差增长

前面的小节中，我们发现当代表模式误差的噪声过程变为有色时，随机模式的方差增长会变大。这也同时影响到代表函数法。如果我们想利用代表函数法和带有色噪声的集合方法来对解进行比较，我们同样需要在代表函数法中引入一个校正因子。

首先，我们注意到一个特定的直接观测的代表函数等于相应观测位置的时空协方差函数，且其在观测位置的值等于该位置的先验方差。

在离散形式上，我们可以把模式误差协方差写成矩阵为：

$$\boldsymbol{C}(t_i, t_j) = \sigma^2 c_{\mathrm{rep}} \exp(-|i-j|\,\Delta t/\tau) \tag{12.50}$$

其中，i和j取从 0 到积分步数之间的值，且在模式误差协方差的定义中引入了因子c_{rep}。

因此，对$\boldsymbol{r}$中的每个分量j，我们写出在相应观测位置$t_{i(j)}$处式(12.46)的离散形式的解：

$$r_j\left(t_{i(j)}\right) = r_j\left(t_{i(j)-1}\right) + \Delta t \sum_{i=0}^{i(j)} C(t_{i(j)}, t_i) s_j(t_i)\,\Delta t \tag{12.51}$$

注意，由于$t_i > t_{i(j)}$时，s_j为 0，因此观测j的卷积求和只截止到$i = i(j)$。从这个等式可以得到：

$$r_j\left(t_{i(j)}\right) = r_j(0) + \frac{\sigma^2 c_{\text{rep}}}{n}\sum_{k=1}^{i(j)}\sum_{i=0}^{i(j)} \exp(-|k-j|\,\Delta t/\tau)\, s_j(t_i)\Delta t \tag{12.52}$$

这里，我们利用了单位时间上的积分步数的等式$n = 1/\Delta t$。

因此，和前一章一样，我们现在可以确定c_{rep}，以使得对每个代表函数，在观测位置$t_{i(j)}$处都有正确的方差：

$$\frac{i(j)\sigma^2}{n} = \frac{\sigma^2 c_{\text{rep}}}{n}\sum_{k=1}^{i(j)}\sum_{i=0}^{i(j)} \exp(-|k-j|\,\Delta t/\tau)\, s_j(t_i)\Delta t \tag{12.53}$$

这里，我们可以得到c_{rep}的解：

$$c_{\text{rep}} = i(j)\Big/\sum_{k=1}^{i(j)}\sum_{i=0}^{i(j)} \exp(-|k-j|\Delta t/\tau)\, s_j(t_i)\Delta t \tag{12.54}$$

需要注意，在不同时间点c_{rep}的每个不同值将导致一个非对称代表函数矩阵，所以对于不同时间点的观测，我们将得到一个c的略有不同的值，而且很可能使用一个极限值。

12.4 随机模式公式

在集合法中我们将动力学模式(12.22)写为类似式(12.21)的随机形式，即：

$$\begin{pmatrix} q_i \\ \psi_i \end{pmatrix} = \begin{pmatrix} \rho q_{i-1} \\ \psi_{i-1} + (1-\alpha)\Delta t + \sqrt{\Delta t}\sigma c_i q_i \end{pmatrix} + \begin{pmatrix} \sqrt{1-\rho^2}\omega_{i-1} \\ 0 \end{pmatrix} \tag{12.55}$$

这里，ω_i是具有零均值、单位方差的白噪声过程，$\rho \in [0,1)$决定了时间相关性，c_i是式(12.19)中的因子，用来调整随机积分过程中方差的增长。

12.5 例　　子

现在我们用一些简单例子来讨论代表函数法、集合卡尔曼滤波 (EnKF)和集合卡尔曼平滑(EnKS)如何使用式(12.22)～式(12.25)。我们将讨论参数α为已知时的标准状态估计例子、α使用错误值(即模式是有偏的)时的状态估计例子，以及同时估计模式状态和参数的例子。我们将考虑模式噪声为白噪声和有色噪声两种情况。这里的例子类似于 Evensen (2003) 的例子，但不完全相同。

在所有例子中，初始和观测方差为 9，模式误差方差为 1。在具有时间相关的模式噪声的例子中，相关性的时间尺度为$\tau = 2$。集合成员的数目为 1000，时间步长为$\Delta t = 0.1$。在参数估计的例子中，参数误差方差设定为 4。

图 12.3～图 12.7 给出了试验的结果。实点表示观测，线③表示代表函数解，线②表示集合卡尔曼滤波解，线①表示集合卡尔曼平滑解。此外，虚线④和虚线⑤分别表示集合卡尔曼滤波和集合卡尔曼平滑加减估计的标准差。注意，代表函数解没有误差估计，但是当集合样本量无穷大时，其误差估计将和集合卡尔曼平滑的误差估计相同。

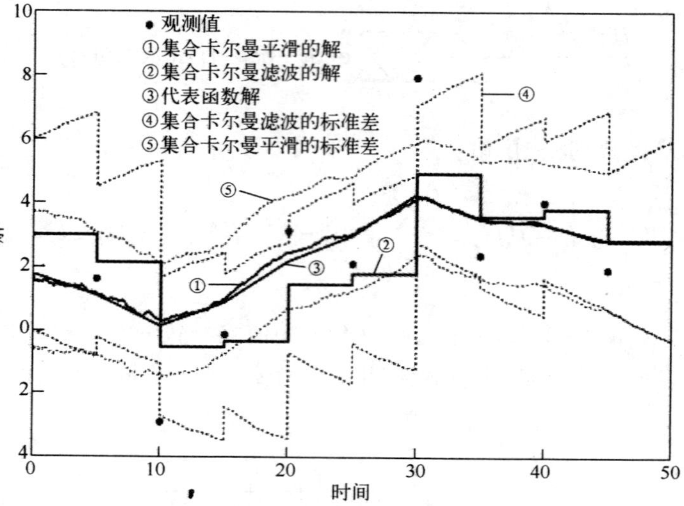

(a)

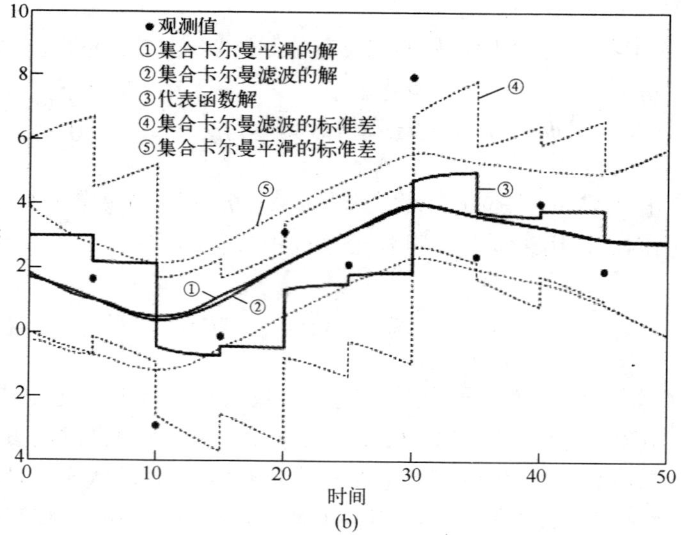

(b)

图 12.3 例 A0 和 A1：无偏模式时的纯状态估计

(a) 使用白噪声模式误差的例子 A0 的结果；(b) 使用有色噪声模式误差的例子 A1 的结果。

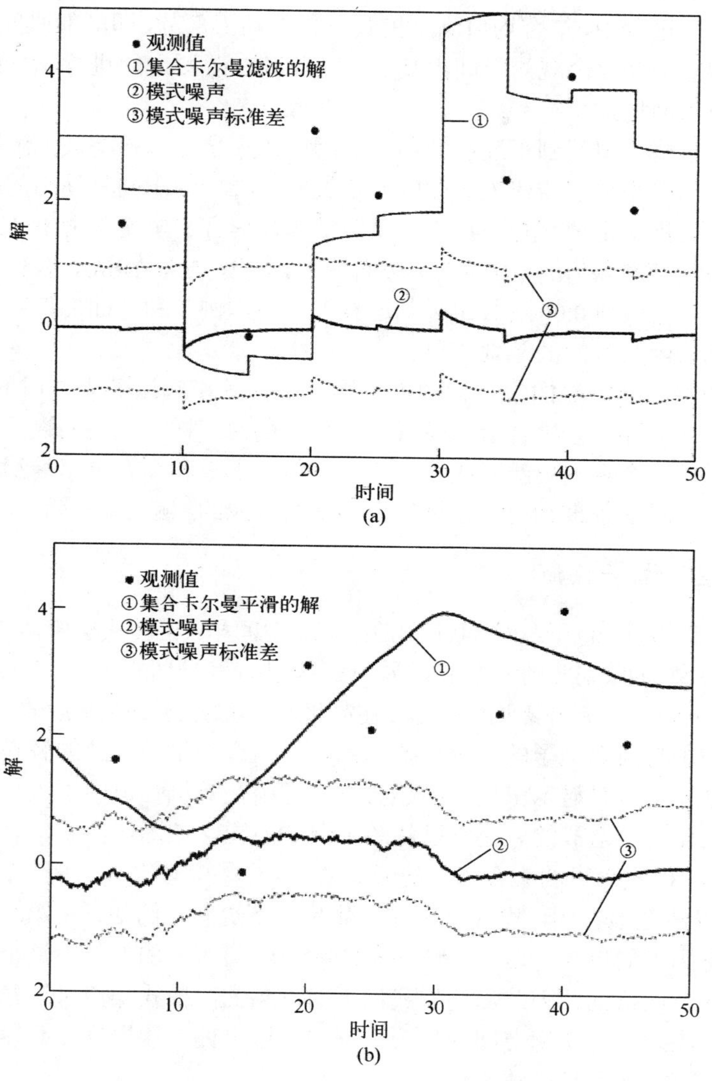

图 12.4　例子 A1：集合卡尔曼滤波 (a) 和集合卡尔曼平滑 (b) 估计的系统噪声

12.5.1　例子 A0

我们首先考虑参数$\alpha = 1$是已知的例子。这对应一个线性逆计算，其中在给定观测时我们求解作为时间函数的ψ。图 12.3 给出了这个例子的结果。

代表函数解是最大似然解，并作为一个参考。注意到由于使用了白噪声，这条曲线在观测位置会有不连续的时间导数，这是当使用白噪声模式误差时代表函数和集合卡尔曼平滑解的一个特性。

由于分析更新，集合卡尔曼滤波的估计在观测位置具有不连续性。在观测位置之间的积分过程中，集合均值满足模式方程的动力部分，即解的时间导数为 0。集合标准偏差会在每个观测时间内减少，并且其在观测之间进行积分的期间，根据随机强迫项而增加。

集合卡尔曼平滑得到了连续的曲线，因此比集合卡尔曼滤波的解更实际。显然，集合卡尔曼平滑解与代表函数解非常类似，唯一的不同是使用的有限集合的大小。从中心极限定理可知，我们可以多次运行集合卡尔曼平滑(EnKS)试验，其结果将会服从标准差为$\sigma/\sqrt{N}$的正态分布。令$\sigma \approx 2$，$N = 1000$，我们可以进行一个快速估计，并得到 0.06 的标准差，这看上去与本例子和下面的例子中集合卡尔曼平滑和代表函数解间的差别一致。

从集合卡尔曼平滑的集合标准差可以看出，其影响沿着观测时间向后传播，且其整体误差估计小于集合卡尔曼滤波。和预期的一样，最小的误差发生在观测位置。在最后一个观测更新完成后，集合卡尔曼平滑和集合卡尔曼滤波的解是相同的。因此，对于预报来说，计算集合卡尔曼滤波的解就已足够。

12.5.2 例子 A1

这个试验相似于例子A0，但我们现在引入了时间相关的模式噪声。根据图 12.3(b)，可以看出，所有曲线在此例中更加平滑，噪声更少。和预期的一样，当使用时间相关的模式噪声时，集合卡尔曼平滑和代表函数的解在观测位置都是平滑的。

这个例子与前面例子的一个重要区别，是集合卡尔曼滤波的解在不同观测之间的积分过程中有时显示出正负的趋势。这是由在随机强迫中引入“偏差”的模式噪声的同化更新造成的。这可以从图 12.4(a)看出，该图给出了集合卡尔曼滤波的解 (线①)，模式噪声的集合卡尔曼滤波估计 (线②)，以及模式噪声的标准差 (虚线③)。可以清楚地看到，模式噪声在同化步骤下更新，例如，在第二个和第六个观测点可看到大的更新。这些更新在系统噪声中引入了偏差，而这个偏差将帮助解向观测的方向松弛。因此，正如我们下面看到的，模式噪声可以帮助抵消模式中的偏差。注意，在观测之间的积分过程中，这个偏差慢慢恢复到零，这与用来模拟模式噪声的方程是一致的。

在图 12.4(b)中的实线②给出了估计的集合卡尔曼平滑系统噪声，且时间导数在观测位置是连续的。事实上，当单个模式从集合卡尔曼平滑估计的初始条件出发向前积分时，上述估计的模式噪声是用来再现集合卡尔曼平滑解的强迫的。即：

$$\begin{cases} \psi_k = \psi_{k-1} + \sqrt{\Delta t}\sigma c\hat{q}_k \\ \psi_0 = \hat{\psi}_0 \end{cases} \tag{12.56}$$

其解将精确再现集合卡尔曼平滑的估计，其中$\hat{q}_k$和$\hat{\psi}_0$分别是 EnKS 估计的模式噪声和初始条件。显然，估计的模式噪声与在代表函数法中的前向欧拉-拉格朗日方程中计算和使用的相同。这指出了集合卡尔曼平滑和代表函数法间的相似性，即对于线性模式，当集合大小变为无限大时，上述两种方法将给出一样的结果。

12.5.3 例子 B

现在我们考虑一个具有错误值$\alpha = 0$的例子，可知模式包含偏差，其总是预测一条斜率为 1 的直线，而真正的解斜率为 0。在这个例子中，我们不估计参数，而是试图求解在模式有偏的情况下的反问题。图 12.5 给出了$\tau = 0$和$\tau = 2$时的结果。

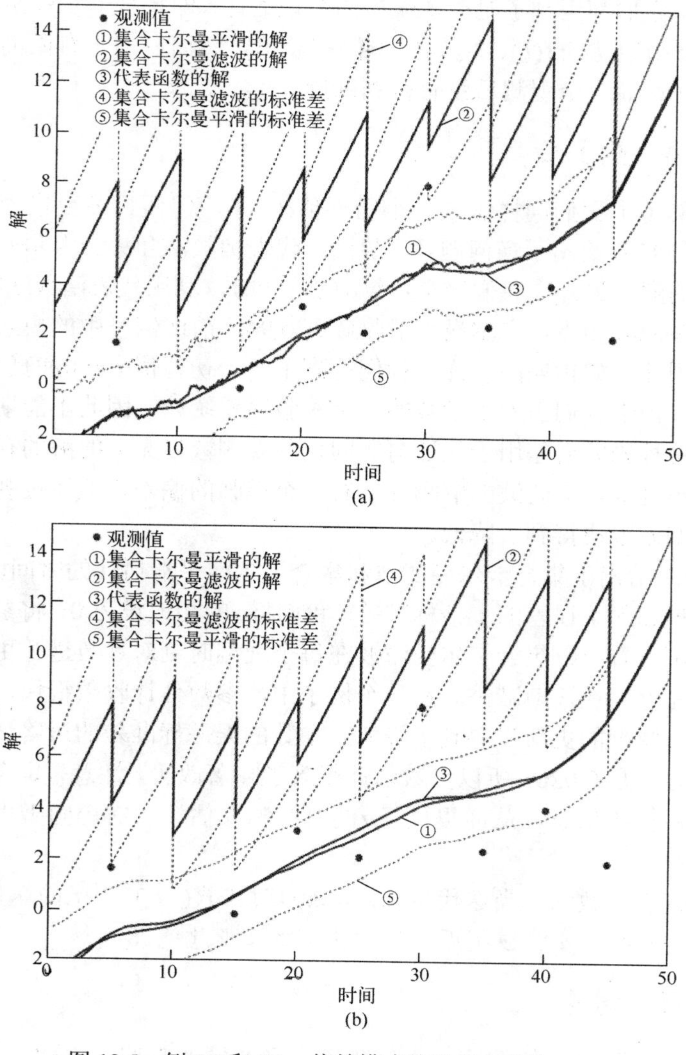

图 12.5　例 B0 和 B1：偏差模式的纯状态估计

(a) 带有白色模式噪声的例 B0 的结果; (b) 带有有色模式噪声的例 B1 的结果。

同样，我们可以看出集合卡尔曼平滑的解和代表函数几乎是相同的，它们在大多数时间区间内给出了真解的良好估计。对于时间区间的开始和末端时的估计，存在一个例外，在时间区间的开始和末端模式偏差得不到校正。很明显，对于这个特殊的例子，集合卡尔曼平滑的解比集合卡尔曼滤波好得多。这一部分与观测频率有关，以及仅从过去和现在的观测不足以合理地约束滤波的演化。

测量频率和事实只是部分相关，即只从过去和现在的测量信息不足以正确约束滤波器的演变。集合卡尔曼平滑和代表函数法在大部分时间区间提供良好的结果的原因是它们都用到了对模式误差的合理估计，即集合卡尔曼平滑式 (12.55)中的q_i和代表函数法的$\lambda(t)$，它们用于偏差校正。然而，由于有限的时间相关性，这个校正在最后一个观测后没有得到维持。

12.5.4　例子 C

这个例子中我们同样假设一个错误值$\alpha = 0$，但假设参数包含一个方差为 4 的误差。图 12.6 给出了逆问题解。显然，代表函数法和集合卡尔曼平滑给出了真实且相似的解。另外，我们这里计算α的估计时，利用代表函数法收敛到 0.96 而集合卡尔曼滤波和集合卡尔曼平滑收敛到 0.94，前面例子中的模式偏差在这里完全没有。因此，如预期的一样，我们得到了介于初猜值$\alpha = 0$和真实值$\alpha = 1$之间的估计值。由于我们引入了参数的一个先验误差统计，因此不能期望确切地收敛到真值。这种先验误差用于保证与所同化的观测数目无关的解的存在。我们同样观察到，集合卡尔曼滤波的解刚开始有一个很强的偏差，但经过观测的几个更新后，这个偏差很快得到了降低。

图 12.7 给出了集合卡尔曼滤波和集合卡尔曼平滑估计的时间函数α的值。在图中我们也加入了误差的一倍标准差。我们将α的初值设为 0，将参数的先验方差设为 4。可以看出，集合卡尔曼滤波在每个观测时刻对参数进行更新，与此同时估计的误差方差在逐渐减小。在这个例子中，参数估计收敛很快，且误差的标准差在每个有观测的更新步得到了降低。参数的误差标准差的最终估计为 0.16，对应的误差方差是 0.026，所以参数估计得到了显著改善。注意，集合卡尔曼平滑在时间上向后传播信息，从而提供了α的时间独立估计，它等同于集合卡尔曼滤波的最终估计。

使用代表函数法，当迭代步长$\gamma = 0.01$时，式(12.35)中α的迭代在 10 次后很快收敛了，且我们不尝试更近一步优化或者调整此值。

12.5.5　讨论

从这些试验得出的结论是：只要模式是线性的且假设先验分布是高斯型的，那么集合卡尔曼滤波、集合卡尔曼平滑和代表函数法都能得到与逆状态和参数估计问题相同的解。应该强调的是，这个例子使用了一个非常简单的线性模式，且我们期望相关逆公式是非常适合的且容易求解的。因此，在代表函数法中，每次线性迭代的罚函数是没有局部极小点的二次型，且总能得到唯一解。

对于集合卡尔曼滤波，由于模式是线性的，所以我们不需要考虑非高斯误差统计的影响。因此，我们只考虑了一个非常简单的问题，其中期望代表函数法和集合卡尔曼滤波/集合卡尔曼平滑都能得到好的结果。

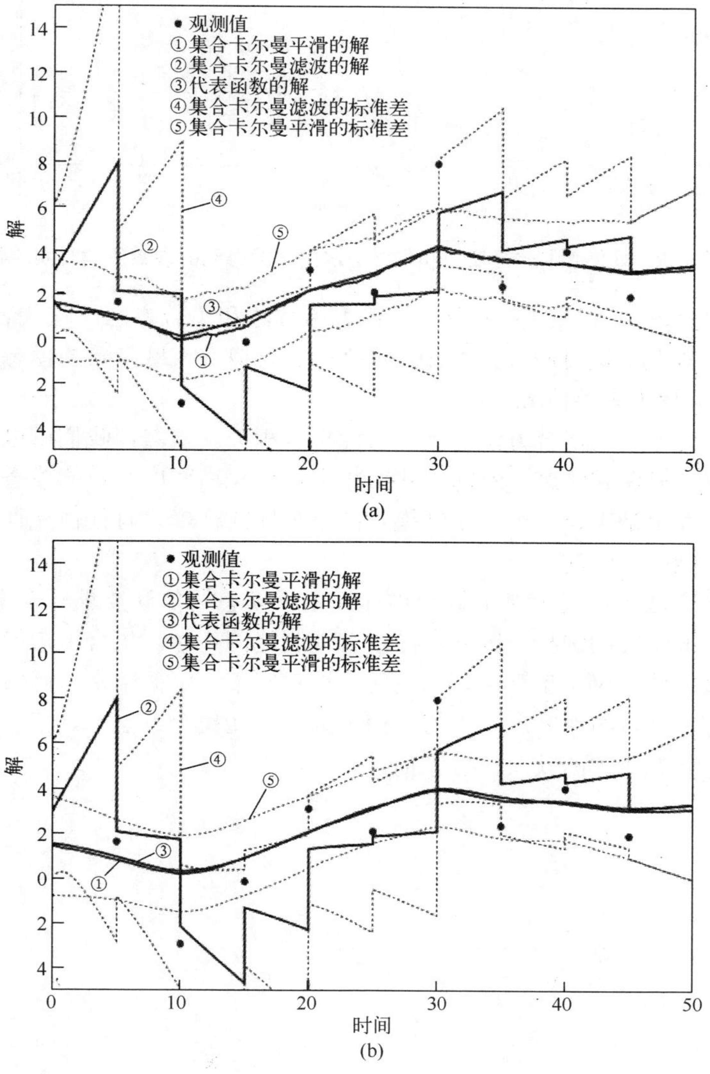

图 12.6　例 C0 和 C1：带有模式偏差的联合参数和状态估计

(a) 带有白色模式噪声的例 C0 的结果; (b) 带有有色模式噪声的例 C1 的结果。

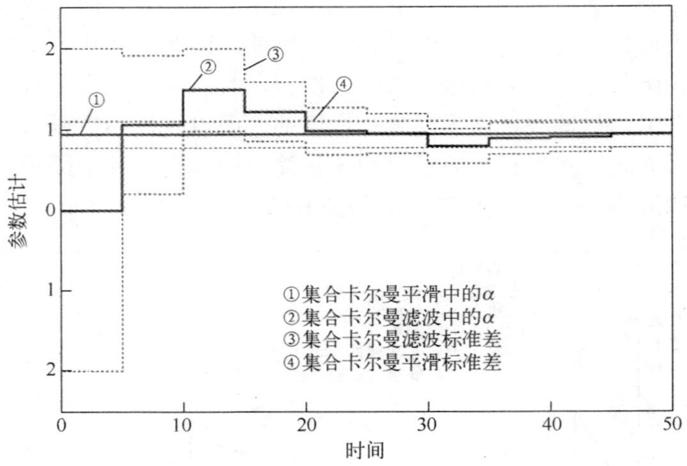

图 12.7　例 C1：集合卡尔曼滤波和集合卡尔曼平滑得到的参数值随时间的收敛情况

我们也将没有观测的例子应用于代表函数法和集合方法。在代表函数法中，解变成初猜解ψ_F。这对应于式(7.10)定义的联合概率密度函数的模态或者模式轨迹，且α的值变为先验值α_0。

当没有观测时，集合方法得到一个纯集合积分。显然，我们可以存储任何时刻的集合并计算模式轨迹。然而，我们相信边际概率密度函数的模态将是一个更好的估计。理由是来自一个非线性模式的单个模式样本没有任何统计意义，它只是无限多可能样本中的一个。

在集合方法中，均值是最好的估计。由于模态的估计要求一个更大的集合，因此均值是很现实的选择。因此，当没有观测能同化时，集合卡尔曼滤波和集合卡尔曼平滑的估计仅是集合平均的演化。这对应于边际概率密度函数的均值，而且恰好也等于联合概率密度函数的均值。因此，在集合方法中，集合均值是最好的估计，并伴有相关的误差协方差估计。

第 13 章 平方根分析方案

EnKF 标准分析方案中的观测扰动是抽样误差的另外一个源。Anderson(2001)、Whitaker 和 Hamill(2002)、Bishop 等(2001)以及 Tippett 等(2003)和 Evensen(2004)发展了无需观测扰动的“平方根”分析方法。直观上看平方根方法是非常吸引人的，但 Lawson 和 Hansen(2004)以及 Leeuwenburgh 等(2005)指出它仍存在一些缺陷。Salov 和 Oke(2008)以及 Livings 等(2008)给出了平方根方法的修正理解和数学分析。下面给出了根据 Sakov 和 Oke(2008)以及 Livings(2008)等的发现改进后的且由 Evensen(2004)提出的平方根方法。我们使用一个简单的线性平流模式来考察不同分析方法的影响，以及在生成初始集合和观测扰动时使用上一章中改进后的抽样技术。

13.1 集合卡尔曼滤波分析的平方根算法

Anderson(2001)、Whitaker 和 Hamill(2002)及 Bishop 等(2001)提出的平方根方法都引入了一些近似来使此方法更有效，例如，应用一个对角观测误差协方差矩阵或者观测误差协方差的逆矩阵。这里，我们更简单更直接地推导了由 Evensen(2004)提出的一种平方根分析方法，该方法在求解的过程中不需要引入任何额外的近似。

平方根算法是用来更新集合扰动的，因此我们从卡尔曼滤波式(9.6) 中用于协方差更新的传统分析方程出发进行推导。为方便起见，本章中剩余部分我们省略了表示时间的符号。当使用式(9.14)所定义的误差协方差矩阵$\boldsymbol{C}_{\psi\psi}$的集合表示法时，式(9.6)可以写成：

$$\boldsymbol{A}^{\mathrm{a}\prime}\boldsymbol{A}^{\mathrm{a}\prime\mathrm{T}} = \boldsymbol{A}'(\boldsymbol{I} - \boldsymbol{S}^{\mathrm{T}}\boldsymbol{C}^{-1}\boldsymbol{S})\boldsymbol{A}'^{\mathrm{T}} \tag{13.1}$$

其中，我们使用了式(9.33)和式(9.34)中的$\boldsymbol{S}$和$\boldsymbol{C}$的定义，即$\boldsymbol{S} = \mathcal{M}[\boldsymbol{A}']$是集合扰动的观测，$\boldsymbol{C} = \boldsymbol{S}\boldsymbol{S}^{\mathrm{T}} + (N-1)\boldsymbol{C}_{\epsilon\epsilon}$，其中$\boldsymbol{C}_{\epsilon\epsilon}$是观测误差协方差矩阵。为简单起见，我们已经省略了$\boldsymbol{A}^{\mathrm{f}}$和$\boldsymbol{A}^{\mathrm{f}\prime}$的上角标“f”。

13.1.1 更新集合均值

在平方根方案中，集合平均分析值是从标准卡尔曼滤波分析方程中计算出来的，它可以通过将式(9.39)的第一行右乘$\boldsymbol{1}_N$得来，因此集合平均方程的每一列变成：

$$\bar{\psi}^{\mathrm{a}} = \bar{\psi}^{\mathrm{f}} + \boldsymbol{A}'\boldsymbol{S}^{\mathrm{T}}\boldsymbol{C}^{-1}(\boldsymbol{d} - \boldsymbol{M}\bar{\psi}^{\mathrm{f}}) \tag{13.2}$$

13.1.2 更新集合扰动

下面通过定义式(13.1)的一个因式分解来推导集合分析的方程。

我们首先推导式(9.34)定义的$\boldsymbol{C}$。现在我们假设$\boldsymbol{C}^{-1}$存在，这需要集合的秩大于观测数。低秩的情况会引入伪逆，这将在第 14 章讨论。注意，即使$m \geq N$时，使用一个满秩的$\boldsymbol{C}_{\epsilon\epsilon}$仍可得到一个满秩的$\boldsymbol{C}$。

通过特征值分解$\boldsymbol{Z\Lambda Z}^{\mathrm{T}} = \boldsymbol{C}$，我们得到$\boldsymbol{C}$的逆如下：

$$\boldsymbol{C}^{-1} = \boldsymbol{Z\Lambda}^{-1}\boldsymbol{Z}^{\mathrm{T}} \tag{13.3}$$

其中，$\boldsymbol{Z} \in \Re^{m\times m}$是一个正交阵，$\boldsymbol{\Lambda} \in \Re^{m\times m}$是一个对角阵。当 m 很大的时候，特征值分解将是分析过程中计算量最大的计算过程。另一种有效的求逆算法将在第 14 章中给出。

现在，式(13.1)可以写成：

$$\begin{aligned}\boldsymbol{A}^{\mathrm{a}\prime}\boldsymbol{A}^{\mathrm{a}\prime\mathrm{T}} &= \boldsymbol{A}'(\boldsymbol{I} - \boldsymbol{S}^{\mathrm{T}}\boldsymbol{Z\Lambda}^{-1}\boldsymbol{Z}^{\mathrm{T}}\boldsymbol{S})\boldsymbol{A}'^{\mathrm{T}} \\ &= \boldsymbol{A}'\left(\boldsymbol{I} - (\boldsymbol{\Lambda}^{-\frac{1}{2}}\boldsymbol{Z}^{\mathrm{T}}\boldsymbol{S})^{\mathrm{T}}(\boldsymbol{\Lambda}^{-\frac{1}{2}}\boldsymbol{Z}^{\mathrm{T}}\boldsymbol{S})\right)\boldsymbol{A}'^{\mathrm{T}} \\ &= \boldsymbol{A}'(\boldsymbol{I} - \boldsymbol{X}_2^{\mathrm{T}}\boldsymbol{X}_2)\boldsymbol{A}'^{\mathrm{T}}\end{aligned} \tag{13.4}$$

其中，$\boldsymbol{X}_2 \in \Re^{m\times N}$定义如下：

$$\boldsymbol{X}_2 = \boldsymbol{\Lambda}^{-\frac{1}{2}}\boldsymbol{Z}^{\mathrm{T}}\boldsymbol{S} \tag{13.5}$$

其中，$\boldsymbol{X}_2$的秩为$\min(m, N-1)$。因此，$\boldsymbol{X}_2$是$\boldsymbol{S}$在特征向量$\boldsymbol{C}$上的投影，并被$\boldsymbol{C}$的特征值的平方根标准化。

下面我们对$\boldsymbol{X}_2$进行奇异值分解：

$$\boldsymbol{U}_2\boldsymbol{\Sigma}_2\boldsymbol{V}_2^{\mathrm{T}} = \boldsymbol{X}_2 \tag{13.6}$$

其中，$\boldsymbol{U}_2 \in \Re^{m\times m}$，$\boldsymbol{\Sigma}_2 \in \Re^{m\times N}$，$\boldsymbol{V}_2 \in \Re^{N\times N}$。因为$\boldsymbol{U}_2$和$\boldsymbol{V}_2$是正交阵，式(13.4)可写成：

$$\begin{aligned}\boldsymbol{A}^{\mathrm{a}\prime}\boldsymbol{A}^{\mathrm{a}\prime\mathrm{T}} &= \boldsymbol{A}'\left(\boldsymbol{I} - (\boldsymbol{U}_2\boldsymbol{\Sigma}_2\boldsymbol{V}_2^{\mathrm{T}})^{\mathrm{T}}(\boldsymbol{U}_2\boldsymbol{\Sigma}_2\boldsymbol{V}_2^{\mathrm{T}})\right)\boldsymbol{A}'^{\mathrm{T}} \\ &= \boldsymbol{A}'\left(\boldsymbol{I} - \boldsymbol{V}_2\boldsymbol{\Sigma}_2^{\mathrm{T}}\boldsymbol{\Sigma}_2\boldsymbol{V}_2^{\mathrm{T}}\right)\boldsymbol{A}'^{\mathrm{T}} \\ &= \boldsymbol{A}'\boldsymbol{V}_2\left(\boldsymbol{I} - \boldsymbol{\Sigma}_2^{\mathrm{T}}\boldsymbol{\Sigma}_2\right)\boldsymbol{V}_2^{\mathrm{T}}\boldsymbol{A}'^{\mathrm{T}} \\ &= \left(\boldsymbol{A}'\boldsymbol{V}_2\sqrt{\boldsymbol{I} - \boldsymbol{\Sigma}_2^{\mathrm{T}}\boldsymbol{\Sigma}_2}\right)\left(\boldsymbol{A}'\boldsymbol{V}_2\sqrt{\boldsymbol{I} - \boldsymbol{\Sigma}_2^{\mathrm{T}}\boldsymbol{\Sigma}_2}\right)^{\mathrm{T}}\end{aligned} \tag{13.7}$$

因此，分析集合扰动的一个解是：

$$\boldsymbol{A}^{\mathrm{a}\prime} = \boldsymbol{A}'\boldsymbol{V}_2\sqrt{\boldsymbol{I} - \boldsymbol{\Sigma}_2^{\mathrm{T}}\boldsymbol{\Sigma}_2} \tag{13.8}$$

正如 Wang 等(2004)所指出的，更新方程(13.8)不能保留集合扰动的均值，因此导致了异常点的产生，这些异常点包含了大部分如 Leeuwenburgh 等(2005)所解释的集合方差，这在后面的例子中将进一步阐述。

我们现在将平方根更新改写成更一般的形式：

$$\boldsymbol{A}^{a'} = \boldsymbol{A}'\boldsymbol{T} \tag{13.9}$$

其中，$\boldsymbol{T}$是一个平方根转换矩阵。

Sakov 和 Oke(2008)以及 Livings 等(2008)指出，为了使平方根分析方案无偏并且更新的扰动保持零均值，向量$(1/N)\mathbf{1}$，$\mathbf{1} \in \Re^N$的所有元素都等于 1，且它必须是平方根转换矩阵$\boldsymbol{T}$的一个特征向量。正如 Sakov 和 Oke(2008)以及 Livings 等(2008)所指出的，此条件不满足式(13.8)中的更新。

方程(13.9)的两侧同时右乘向量$\mathbf{1}$，并假设$(1/N)\mathbf{1}$是$\boldsymbol{T}$的一个特征向量，则：

$$\mathbf{0} = \boldsymbol{A}^{a'}\mathbf{1} = \boldsymbol{A}'\boldsymbol{T}\mathbf{1} = \lambda\boldsymbol{A}'\mathbf{1} = \mathbf{0} \tag{13.10}$$

方程(13.10)表明，均值无偏差的一个充分条件是$(1/N)\mathbf{1}$是$\boldsymbol{T}$的一个特征向量。如果转换矩阵是满秩的，那么这个条件同样是必要的(Livings 等，2008)。

分析集合扰动的对称平方根解的定义如下：

$$\boldsymbol{A}^{a'} = \boldsymbol{A}'\boldsymbol{V}_2\sqrt{\boldsymbol{I} - \boldsymbol{\Sigma}_2^{\mathrm{T}}\boldsymbol{\Sigma}_2}\boldsymbol{V}_2^{\mathrm{T}} \tag{13.11}$$

很容易看出，由于$\boldsymbol{V}_2$是正交阵，式(13.11)也是式(13.7)的一个因式分解。Sakov 和 Oke(2008)以及 Livings 等(2008)指出，这个对称平方根有一个等于$(1/N)\mathbf{1}$的特征向量，并且无偏差。另外，对称的平方根法解决了式(13.8)中出现异常点的问题。扰动的分析更新成为预测集合扰动的对称收缩。因此，如果预测的集合成员有一个非高斯分布，那么更新后的分布形状保持不变，但方差却降低了。

分析更新的随机化可用于生成更好地抽样高斯分布(Evensen，2004)的更新扰动。因此，对称的平方根解可写成：

$$\boldsymbol{A}^{a'} = \boldsymbol{A}'\boldsymbol{V}_2\sqrt{\boldsymbol{I} - \boldsymbol{\Sigma}_2^{\mathrm{T}}\boldsymbol{\Sigma}_2}\boldsymbol{V}_2^{\mathrm{T}}\boldsymbol{\Theta}^{\mathrm{T}} \tag{13.12}$$

其中，$\boldsymbol{\Theta}$是均值保持的随机正交矩阵，该矩阵可用 Sakov 和 Oke(2008)中的算法来计算。

13.1.3 平方根方案的特性

图 13.1 给出了平方根方案的特性，该图给出了使用 EnKF 分析方案的几个变形后的集合更新结果。由于 Lorenz 方程(6.5)～方程(6.7)的强非线性导致预报集合的非高斯分布，这里我们使用了这个模式。更新步骤中使用了三个观测数据。每一个集合成员都用小圆圈在xy平面绘制出来。图 13.1(a)和图 13.1(b)给出了预报集合成员 (圈③)，在xy平面呈非高斯分布。

图 13.1(a)中的圈④给出了由式(13.8)中的“单侧”平方根方案得到的更新分析。可以看出，更新的集合扰动中有$N-3$个集合成员衰减至(0,0)，而三个非零的“异常点”(其中每一个对应一个观测)决定着集合方差。然而，这些异常点中有一个非常接近 0 以致于难以将它与其他在 0 点处的点分辨开来。更新集合的方差是正确的，但这种分析方法通过集合均值的转移而引入了一个偏差。由于我们在推导更新方程的时候

没有强加均值守恒的条件，因此这种均值的转移并不奇怪。事实上，13.1.6 节指出，对于一个三变量模式，其三个变量均有观测以及观测误差协方差矩阵为对角型，我们会得到一个带有三个异常点的集合，而剩余的其他扰动都衰减为 0。

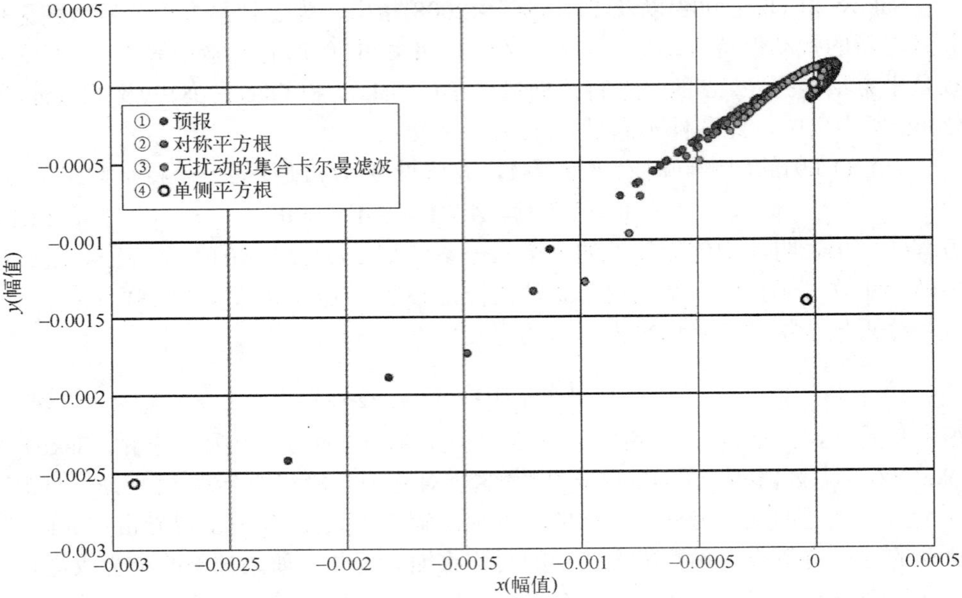

(a)

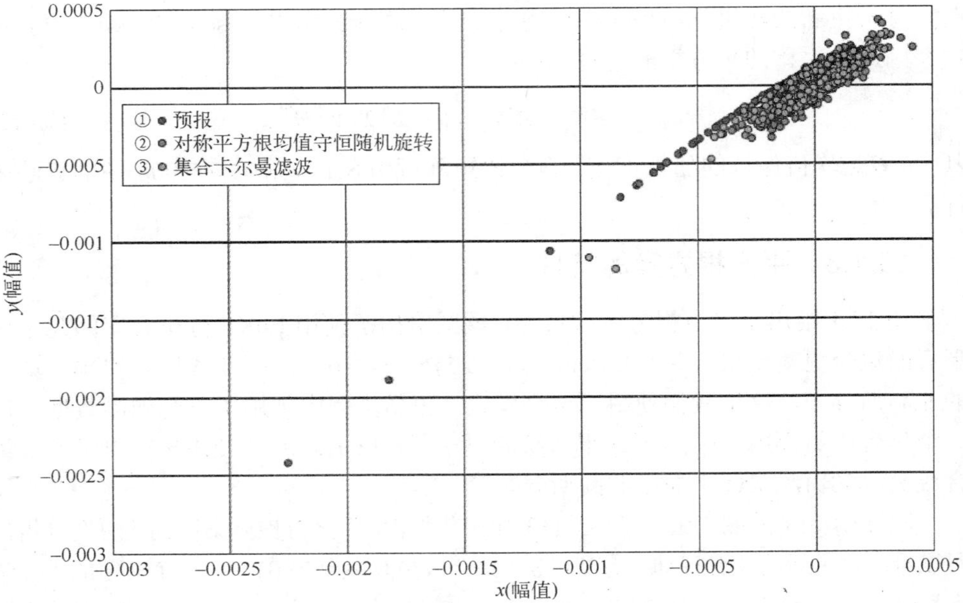

(b)

图 13.1 Lorenz 方程的预测与分析集合

(其用以证明文中讨论的分析方案的特性。这些图中的数据由 Pavel Sakov 博士提供。)

图 13.1(a)的圈②给出了由式(13.11)所表示的对称平方根方案的更新分析。这个方案呈现出一种特性，即能够在不改变扰动形状的前提下重新调节扰动集合。因此，这个方案能在更新的过程中保持集合中可能的非高斯结构。我们也注意到，式(13.11)所表示的对称平方根方案是无偏差的，因此能保持均值不变(Sakov 和 Oke，2008)。

图 13.1(b)的圈②给出了由式(13.12)所表示的对称平方根方案的更新分析，这里式(13.12) 包含了一个额外的均值守恒的随机旋转。由图可以清晰地看到，更新扰动集合呈高斯形状，而预报集合扰动的非高斯形状消失了。随机旋转通过随机重新分配所有集合成员中的变率而完全破坏了集合中的所有先验结构。因此，随机旋转的作用相当于对高斯分布的完全重采样，但还是由集合空间所表示，同时保持了集合均值和方差。

图 13.1(b)也给出了式(9.39)所表示的标准集合卡尔曼滤波方案的更新分析，其用观测的随机扰动表示不确定性。标准的集合卡尔曼滤波分析和带有随机旋转的对称平方根分析相似。和对称平方根分析一样，预报集合的大多数非高斯形状都消失了。然而，只有标准集合卡尔曼滤波分析中的增量是高斯的，而预报集合的一些非高斯特性保持不变，正如在预报集合中代表分布尾部的两个异常值所表示那样。

无观测扰动的标准卡尔曼滤波方案所得结果也十分有趣。从式(4.41)很清楚地看出，通过乘以$\boldsymbol{I}-\boldsymbol{K}_{\mathrm{e}}\boldsymbol{M}$，方差减小了两倍，这是因为当观测不被看作随机变量的时候，式(4.41)中的$\boldsymbol{C}_{\epsilon\epsilon}^{\mathrm{e}}$等于零。图 13.1(a)表明无观测扰动的 EnKF 方案通过与对称平方根方案一样的方式保持了预报分布的形状，尽管其方差很低。因此，EnKF 方案中的观测扰动既将集合方差增加到“正确”值，也引入了额外的随机化。这种随机化和式(13.12)中的不同，因为在含观测扰动的 EnKF 方案中只有增量被随机化了。

目前的方案有标准 EnKF 方案(式(9.39))、对称平方根方案(式(13.11))、带有随机旋转的对称平方根方案(式(13.12))，但并不清楚这几种方案中哪一种在实践中最好。也许，分析方案的选择取决于动力模式，也可能取决于观测密度和集合大小。对于一个线性动力模式，预测分布是高斯的，而且不需要随机旋转。因此，我们就期望对称平方根方案(式(13.11))是最好的选择。另一方面，在预测集合中非高斯影响占主要地位的强非线性动力模式的，带有一个随机旋转(式(13.12))的对称平方根或带有扰动观测的 EnKF(式(9.39))也许更好。这两种方案都在分析更新中引入了高斯化，且一个高斯状的预测集合可能会导致更一致的分析更新。

随机旋转可能会被视为对每个分析更新中的高斯分布的一种重采样。再次注意，平方根滤波中的随机旋转和 EnKF 中的观测扰动是相反的，它完全消除了可能包含在预测集合中的所有非高斯贡献。

13.1.4 最终更新方程

第 9 章指出集合卡尔曼滤波分析更新可以写成：

$$\boldsymbol{A}^{\mathrm{a}} = \boldsymbol{A}\boldsymbol{X} \tag{13.13}$$

其中，$\boldsymbol{X}$是一个$N \times N$的系数矩阵。平方根方案也可以写成同样简单的形式。我们先将分析解写成更新的集合均值加上更新的集合扰动的形式：

$$\boldsymbol{A}^{\mathrm{a}} = \overline{\boldsymbol{A}}^{\mathrm{a}} + \boldsymbol{A}^{\mathrm{a}\prime} \tag{13.14}$$

根据式(13.2)，更新均值可写成：

$$\begin{aligned}\overline{\boldsymbol{A}}^{\mathrm{a}} &= \overline{\boldsymbol{A}} + \boldsymbol{A}'\boldsymbol{S}^{\mathrm{T}}\boldsymbol{C}^{-1}(\overline{\boldsymbol{D}} - \mathcal{M}[\overline{\boldsymbol{A}}]) \\ &= \boldsymbol{A}\boldsymbol{1}_N + \boldsymbol{A}(\boldsymbol{I} - \boldsymbol{1}_N)\boldsymbol{S}^{\mathrm{T}}\boldsymbol{C}^{-1}(\boldsymbol{D} - \mathcal{M}[\boldsymbol{A}])\boldsymbol{1}_N \\ &= \boldsymbol{A}\boldsymbol{1}_N + \boldsymbol{A}\boldsymbol{S}^{\mathrm{T}}\boldsymbol{C}^{-1}(\boldsymbol{D} - \mathcal{M}[\boldsymbol{A}])\boldsymbol{1}_N\end{aligned} \tag{13.15}$$

根据式(13.12)，更新扰动可写成：

$$\boldsymbol{A}^{\mathrm{a}'} = \boldsymbol{A}'\boldsymbol{V}_2\sqrt{\boldsymbol{I} - \boldsymbol{\Sigma}_2^{\mathrm{T}}\boldsymbol{\Sigma}_2}\boldsymbol{V}_2^{\mathrm{T}}\boldsymbol{\Theta}^{\mathrm{T}} = \boldsymbol{A}(\boldsymbol{I} - \boldsymbol{1}_N)\boldsymbol{V}_2\sqrt{\boldsymbol{I} - \boldsymbol{\Sigma}_2^{\mathrm{T}}\boldsymbol{\Sigma}_2}\boldsymbol{V}_2^{\mathrm{T}}\boldsymbol{\Theta}^{\mathrm{T}} \tag{13.16}$$

结合上述方程，我们得到了方程(13.13)，且其中$\boldsymbol{X}$的定义如下：

$$\boldsymbol{X} = \boldsymbol{1}_N + \boldsymbol{S}^{\mathrm{T}}\boldsymbol{C}^{-1}(\boldsymbol{D} - \mathcal{M}[\boldsymbol{A}])\boldsymbol{1}_N + (\boldsymbol{I} - \boldsymbol{1}_N)\boldsymbol{V}_2\sqrt{\boldsymbol{I} - \boldsymbol{\Sigma}_2^{\mathrm{T}}\boldsymbol{\Sigma}_2}\boldsymbol{V}_2^{\mathrm{T}}\boldsymbol{\Theta}^{\mathrm{T}} \tag{13.17}$$

因此，我们仍然寻找一种由集合成员的组合构成的解，这也证实了当使用很多观测的情况下，先计算$\boldsymbol{X}$，然后计算式(13.13)中的矩阵乘积，这是计算分析解最有效的算法。注意，我们已经从式(13.3)中得到了$\boldsymbol{C}^{-1}$。方程中的均值保持随机旋转$\boldsymbol{\Theta}$可以通过设定$\boldsymbol{\Theta} = \boldsymbol{I}$来消除，然后这个方案就转变成了对称平方根方案。

13.1.5 使用单一观测的分析更新

我们来看只用一个观测的特殊情况。式(13.3)中的矩阵逆变为标量的逆，且使用特征值分解，我们得到$\boldsymbol{Z} = 1$且$\boldsymbol{\Lambda}$是标量，$\lambda = \boldsymbol{S}\boldsymbol{S}^{\mathrm{T}} + (N-1)\boldsymbol{C}_{\epsilon\epsilon}$。因此，从式(13.5)我们得到$\boldsymbol{X}_2 = \lambda^{-\frac{1}{2}}\boldsymbol{S}$。

$\boldsymbol{X}_2$的奇异值分解式(13.6)则等于$\lambda^{-\frac{1}{2}}$乘以$\boldsymbol{S}$的奇异值分解，为：

$$\lambda^{-\frac{1}{2}}\boldsymbol{U}\boldsymbol{\Sigma}\boldsymbol{V}^{\mathrm{T}} = \lambda^{-\frac{1}{2}}\boldsymbol{S} = \boldsymbol{X}_2 \tag{13.18}$$

这里，我们必须有$\boldsymbol{U} = \boldsymbol{U}_2 = 1$且$\boldsymbol{\Sigma}_2 \in \Re^{1\times N}$的第一个元素为$\sigma = \sqrt{\boldsymbol{S}\boldsymbol{S}^{\mathrm{T}}}$，其他的元素均为 0。而且，$\boldsymbol{V} \in \Re^{N\times N}$的第一列为向量$\boldsymbol{S}/\sqrt{\boldsymbol{S}\boldsymbol{S}^{\mathrm{T}}}$，其他列都与$\boldsymbol{S}$正交。因此，我们可以将$\boldsymbol{X}_2$的奇异值分解式(13.8) 写为：

$$\boldsymbol{X}_2 = \boldsymbol{\Sigma}_2\boldsymbol{V}_2^{\mathrm{T}} \tag{13.19}$$

其中：

$$\boldsymbol{\Sigma}_2 = \left(\lambda^{-\frac{1}{2}}\sigma, 0,0, \ldots ,0\right) \tag{13.20}$$

且$\boldsymbol{V}_2 = \boldsymbol{V}$。

单侧分析方程(13.8)则在观测位置得到下面的式子：

$$
\begin{aligned}
\boldsymbol{S}^{\mathrm{a}} &= \boldsymbol{S}\boldsymbol{V}_2\sqrt{\boldsymbol{I}-\boldsymbol{\Sigma}_2^{\mathrm{T}}\boldsymbol{\Sigma}_2} \\
&= \lambda^{\frac{1}{2}}\boldsymbol{\Sigma}_2\boldsymbol{V}_2^{\mathrm{T}}\boldsymbol{V}_2\sqrt{\boldsymbol{I}-\boldsymbol{\Sigma}_2^{\mathrm{T}}\boldsymbol{\Sigma}_2} \\
&= \left(\sigma\sqrt{1-\sigma^2/\lambda},0,\cdots,0\right)
\end{aligned} \tag{13.21}
$$

其中，矩阵$\sqrt{\boldsymbol{I}-\boldsymbol{\Sigma}_2^{\mathrm{T}}\boldsymbol{\Sigma}_2}$是一个第一个元素为$\sqrt{1-\sigma^2/\lambda}$的对角线矩阵，其他对角线元素为 1。而且，第一个元素包含观测位置所有的分析方差，这也意味着，更新的集合扰动的均值是非零的。

注意，$\lambda=\sigma^2+(N-1)\boldsymbol{C}_{\epsilon\epsilon}$，因此观测位置的方差为：

$$
\frac{\boldsymbol{S}^{\mathrm{a}}\boldsymbol{S}^{\mathrm{aT}}}{N-1}=\frac{\sigma^2}{N-1}\left(1-\frac{\sigma^2/(N-1)}{\sigma^2/(N-1)+\boldsymbol{C}_{\epsilon\epsilon}}\right) \tag{13.22}
$$

其与式(3.15)一样。

对于$n>1$的状态空间，在观测位置处集合的秩降为 1，尽管与其他网格点相对应的$\boldsymbol{A}'$的行一般与$\boldsymbol{S}$不类似，且秩将会保持不变。但是，请注意，所施加的空间相关性将导致观测位置附近的网格点集合的条件数变差。

对称平方根方案式 (13.11) 的更新方程包含额外的乘数$\boldsymbol{V}_2^T$，因此变成：

$$
\boldsymbol{S}^{\mathrm{a}}=\left(\sigma\sqrt{1-\sigma^2/\lambda},0,\cdots,0\right)\boldsymbol{V}_2^{\mathrm{T}}=\sqrt{1-\sigma^2/\lambda}\,\boldsymbol{S} \tag{13.23}
$$

很明显，对称平方根算法是所有集合扰动的对称收缩，保持了扰动的零均值。

13.1.6 使用对角阵$\boldsymbol{C}_{\epsilon\epsilon}$的分析更新

使用超过一个观测时，上一节的情形改变了，但当$\boldsymbol{C}_{\epsilon\epsilon}$为对角线矩阵时，单侧分析方程(13.8)也会出现相同的问题。我们现在考虑$1<m<N$的情况，此时特征向量$\boldsymbol{Z}$与$\boldsymbol{S}=\boldsymbol{U}\boldsymbol{\Sigma}\boldsymbol{V}^{\mathrm{T}}$中的奇异向量$\boldsymbol{U}$一样，我们有：

$$
\boldsymbol{X}_2=\boldsymbol{\Lambda}^{-\frac{1}{2}}\boldsymbol{Z}^{\mathrm{T}}\boldsymbol{S}=\boldsymbol{\Lambda}^{-\frac{1}{2}}\boldsymbol{\Sigma}\boldsymbol{V}^{\mathrm{T}} \tag{13.24}
$$

因此，$\boldsymbol{X}_2$的奇异值分解又变成式(13.6)，但

$$
\boldsymbol{\Sigma}_2=\boldsymbol{\Lambda}^{-\frac{1}{2}}\boldsymbol{\Sigma} \tag{13.25}
$$

其对角线上包含m个非零元素，$\boldsymbol{V}_2=\boldsymbol{V}$，$\boldsymbol{U}_2=\boldsymbol{I}$。

$\boldsymbol{S}^{\mathrm{T}}$的$m$列都将包含在$\boldsymbol{V}_2$的前$m$列所定义的空间里。因此，在更新中，前$\boldsymbol{m}$个集合扰动将代表分析方差，而剩下的都为零。

单侧平方根分析方案(式(13.8))生成了一个更新集合，其中集合方差在旋转$\boldsymbol{V}_2$所定义的方向上衰减。当$\boldsymbol{S}^{\mathrm{T}}$完全由选择的奇异向量来表示时，这种情况和使用单一观测的情况一样，如果使用了m个观测且带有对角矩阵$C_{\epsilon\epsilon}$，那么观测位置处的集合方差就由前m个集合成员所表征。这个发现与图 13.1 中 Lorenz 方程的结果一致。

13.2 试　　验

本节将使用 11.7 节的模式和配置，对应用上一节中平方根分析算法的影响进行进一步检查。

13.2.1 试验概述

如表 13.1 所示，我们进行了 4 个试验。每一个试验都进行了 50 次 EnKF 模拟来做统计比较。每一次模拟中，唯一的区别就是使用了不同的随机种子。因此，每次模拟都将有一个不同且随机的真实状态、初估值、初始集合以及观测集合。不同试验的更多详细情况如下所述：

表 13.1　试验概述

试　　验	N	β_{ini}	残　差	标准差
F	100	1	0.69632	0.51328E-01
FS	100	1	0.68856	0.67178E-01
G	100	6	0.59581	0.39345E-01
GS	100	6	0.60496	0.40811E-01

注：第一列是试验名称，第二列中N是集合大小，β_{ini}为一个整数，该数定义使用 11.4 节的改进抽样方法生成初始集合时起始集合的大小。后两列是每个试验 50 次模拟的平均 RMS 误差和该误差的标准差

试验F使用一个标准的蒙特卡洛(Monte Carlo)集合来生成 100 个初始集合成员，且没有使用改进采样方法。因此，它与 11.7 节中的试验B很相似，二者也可进行比较。

试验FS与试验F相似，区别在于使用了均值保持随机旋转。

试验G与试验F相似，区别在于初始集合是从 600 个成员的起始集合中采样，这与 11.7 节中的试验E一样。这个试验用来检验同时使用改进的初始采样和平方根算法后的影响。

试验GS与试验G相似，区别在于使用了均值保持随机旋转。

这个分析是由分析方案的平方根实现计算得来，这种分析方案使用了带有式(13.17) 所定义的更新矩阵的最终更新方程 (13.13)。正如 11.7 节，假设一个满秩矩阵$\boldsymbol{C}=\boldsymbol{S}\boldsymbol{S}^{\mathrm{T}}+(N-1)\boldsymbol{C}_{\epsilon\epsilon}$并通过特征值分解和式(13.3)来求它的逆。最终更新方程变为：

$$\boldsymbol{A}^{\mathrm{a}}=\boldsymbol{A}\left(\mathbf{1}_N+\boldsymbol{S}^{\mathrm{T}}\boldsymbol{Z}\boldsymbol{\Lambda}^{-1}\boldsymbol{Z}^{\mathrm{T}}(\boldsymbol{D}-\mathcal{M}[\mathrm{A}])\mathbf{1}_N+(\boldsymbol{I}-\mathbf{1}_N)\boldsymbol{V}_2\sqrt{\boldsymbol{I}-\boldsymbol{\Sigma}_2^{\mathrm{T}}\boldsymbol{\Sigma}_2}\boldsymbol{V}_2^{\mathrm{T}}\boldsymbol{\Theta}^{\mathrm{T}}\right) \tag{13.26}$$

残差是在整个时空域内估计值和真值的差异的均方根误差。图 13.2 给出了每个试验的残差的均值和标准差。

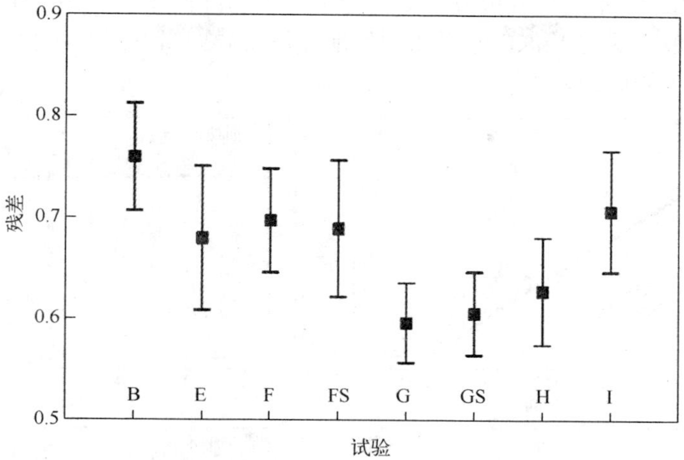

图 13.2 每一个试验的残差的均值和标准差

(这里也包括了 11.7 节中的试验B，E，H和I的结果。)

表 13.2 给出了根据t检验得到的区分各试验平均残差的概率信度。例如概率低于 0.1，就统计学而言表明两个试验的分布显著不同。

检查预报误差在多大程度上能够代表实际残差也是很有趣的问题(RMS 是时间的函数)。图 13.3 给出了 50 次模拟得到的预报误差的平均值 (粗实线)。细实线表示 50 个模拟得到的预报误差的一倍标准差。粗点线表示 50 次模拟得到的均方根误差平均值，细点线表示相应的一倍标准差。

13.2.2 采样对平方根分析算法的影响

本节我们将使用平方根算法的 4 个试验F，FS，G和GS与 11.7 节中试验B，E，H和I的标准集合卡尔曼滤波的结果作比较。试验B没有应用改进的采样方法，试验E对初始集合采用了改进的采样方法，试验I对观测扰动采用了改进的采样方法，试验H对初始集合和观测扰动都采用了改进的采样方法。

从图 13.2 中残差结果看出，当使用线性模式时，随机旋转似乎并没有影响或降低平方根算法的效果。试验F和FS表现很相似，G和GS也很相似。图 13.3 中试验F，FS，G和GS的残差的时间序列与标准集合卡尔曼滤波类似，即残差的低估，否则就表现出与标准集合卡尔曼滤波算法相似的结果。然而，试验G和GS有一个明显的改进，它们对初始集合采用了改进后的采样。

研究集合的秩与条件数如何随时间发展及其是否受所分析的计算量影响是非常有趣的。图 13.3 的右边一列给出了每一个分析时刻集合的奇异值。上面的粗实线表示初始奇异谱。点线表示每个分析更新中集合方差的降低量，直到试验结束，下面的粗线表示试验结束时的奇异谱。试验F和FS中的初始谱与第 11 章中标准 EnKF 的显著不同。平方根方法似乎导致方差的降低量收敛到一个平坦的频谱，这表明平方根方法比 EnKF 能更加均匀地对待奇异向量并进行加权，从而表现出集合中秩减少的倾向。

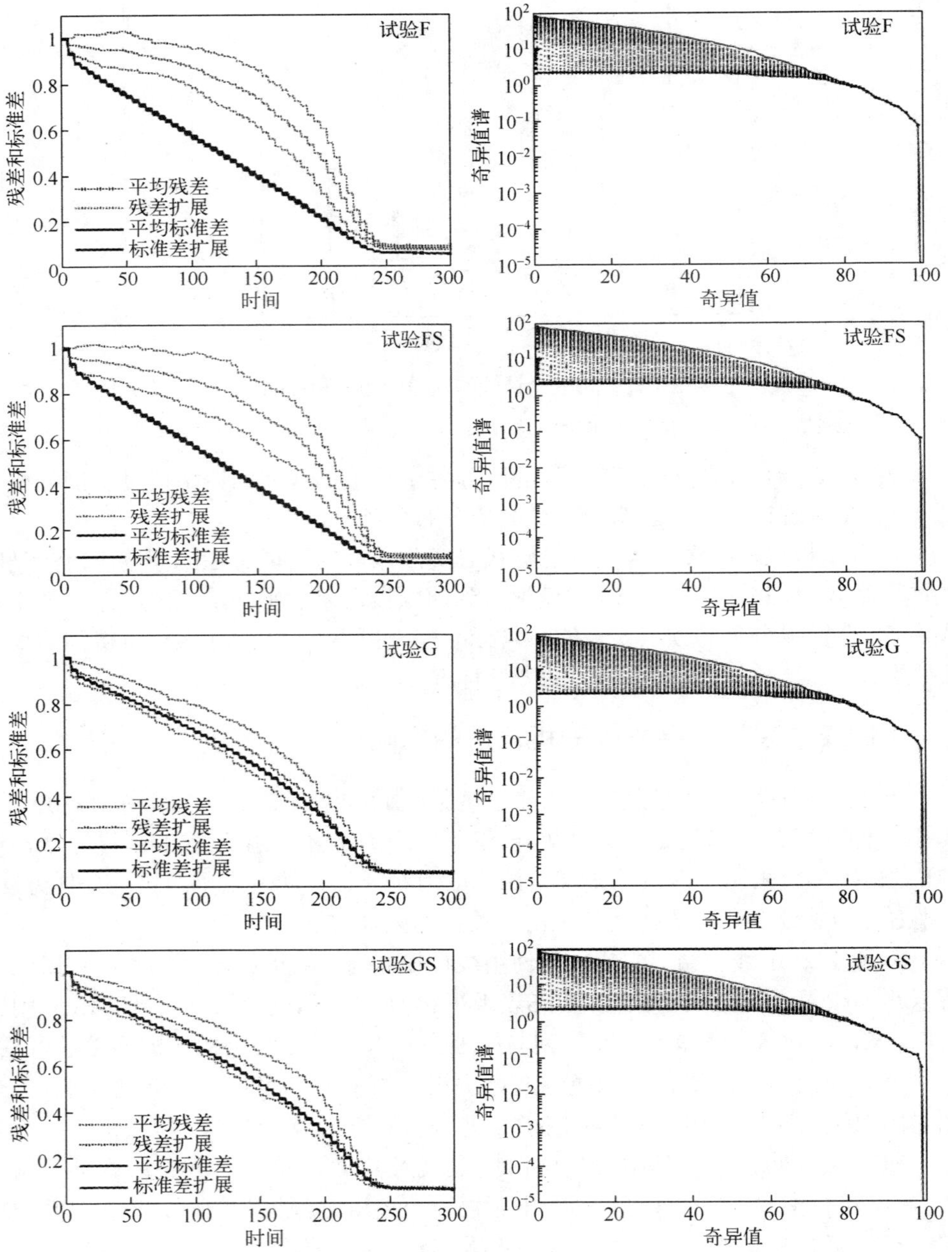

图 13.3　左栏：RMS 残差 (虚线) 和估计的标准差 (实线) 随时间的演变。粗线表示 50 组模拟的均值，细线表示均值加/减一倍标准差。右栏：一些试验的集合奇异值谱随时间的演变。

从图 13.2 和表 13.2，我们观察到，试验F和FS在表现上与试验E和I很相似。而且，试验G和GS的结果比其他所有试验都好，但是仅比试验H有细微的优势。试验F和FS中的平方根方法改善了试验B中的标准集合卡尔曼滤波算法效果，其结果与试验I很相似，在试验I中，对观测扰动的改进采样被应用到集合卡尔曼滤波算法中。当对初始集合采取改进的采样方法后，试验G和GS中的平方根方案提供的结果具有最小的残差，稍微好于试验H中对初始集合和观测扰动都采用改进采样的标准 EnKF 的结果。

表 13.2　由t检验计算的两个试验的残差均值相同的统计概率

试　　验	E	F	FS	G	GS	H	I
B	0	0	0	0	0	0	0
E		**0.16**	**0.49**	0	0	0	0.04
F			**0.52**	0	0	0	**0.37**
FS				0	0	0	**0.17**
G					**0.26**	0	0
GS						0.02	0
H							0
注：概率趋近于 1 表示这两个试验很可能产生均值类似的残差分布							

第 14 章　秩的问题

前面的章节讨论了当量测数量大于集合成员数或当矩阵$\boldsymbol{C}$由于某些原因导致其条件较差时，集合卡尔曼滤波分析方案将会存在一些问题。本章将主要讨论这些存在的问题，并提出在较差条件下还可以利用集合卡尔曼滤波方案的算法。因此，我们对 Evensen (2004) 所引入的秩问题展开讨论。

14.1　矩阵$\boldsymbol{C}$的伪逆矩阵

在式 (9.26) 的分析方案中矩阵$\boldsymbol{C}$必须被求逆，将其定义为：

$$\boldsymbol{C} = \boldsymbol{S}\boldsymbol{S}^{\mathrm{T}} + (N-1)\boldsymbol{C}_{\epsilon\epsilon} \tag{14.1}$$

在前面的章节中我们定义$\boldsymbol{S} = \mathcal{M}[\boldsymbol{A}^{\mathrm{f}\prime}]$为集合扰动的测量，$\boldsymbol{C}_{\epsilon\epsilon}$是测量误差协方差矩阵。

集合卡尔曼滤波分析方案的分析方程由式(11.53)给出，如下为标准的集合卡尔曼滤波分析方程：

$$\boldsymbol{A}^{\mathrm{a}} = \boldsymbol{A}^{\mathrm{f}}(\boldsymbol{I} + \boldsymbol{S}^{\mathrm{T}}\boldsymbol{C}^{-1}(\boldsymbol{D} - \mathcal{M}[\boldsymbol{A}^{\mathrm{f}}])) \tag{14.2}$$

其中，$\boldsymbol{D}$是扰动量测的集合。

在平方根方案中，我们通过右乘$\mathbf{1}_N$的方法，计算了由式(14.2)推导的均值的更新，$\mathbf{1}_N$是一个所有元素等于$1/N$的N维二次矩阵。因此，我们得到均值式(13.2)的更新值，可写为：

$$\overline{\boldsymbol{A}}^{\mathrm{a}} = \boldsymbol{A}^{\mathrm{f}}\left(\mathbf{1}_N + \boldsymbol{S}^{\mathrm{T}}\boldsymbol{C}^{-1}\left(\overline{\boldsymbol{D}} - \mathcal{M}\left[\overline{\boldsymbol{A}}^{\mathrm{f}}\right]\right)\right) \tag{14.3}$$

根据式(13.2)进行扰动更新，即：

$$\boldsymbol{A}^{\mathrm{a}\prime} = \boldsymbol{A}^{\mathrm{f}\prime}\boldsymbol{V}_2\sqrt{\boldsymbol{I} - \boldsymbol{\Sigma}_2^{\mathrm{T}}\boldsymbol{\Sigma}_2}\boldsymbol{V}_2^{\mathrm{T}}\boldsymbol{\Theta}^{\mathrm{T}} \tag{14.4}$$

这是来自式(13.1)的一个因式分解，即：

$$\boldsymbol{A}^{\mathrm{a}\prime}\boldsymbol{A}^{\mathrm{a}\prime\mathrm{T}} = \boldsymbol{A}^{\mathrm{f}\prime}(\boldsymbol{I} - \boldsymbol{S}^{\mathrm{T}}\boldsymbol{C}^{-1}\boldsymbol{S})\boldsymbol{A}^{\mathrm{f}\prime\mathrm{T}} \tag{14.5}$$

方程(14.3)和方程(14.4)可以组合成一个单一的方程，类似于式(13.26)，组合后的标准平方根分析方程如下：

$$\begin{aligned}\boldsymbol{A}^{\mathrm{a}} = \boldsymbol{A}^{\mathrm{f}}(&\mathbf{1}_N + \boldsymbol{S}^{\mathrm{T}}\boldsymbol{C}^{-1}(\boldsymbol{D} - \mathcal{M}[\boldsymbol{A}^{\mathrm{f}}])\mathbf{1}_N \\ &+(\boldsymbol{I} - \mathbf{1}_N)\boldsymbol{V}_2\sqrt{\boldsymbol{I} - \boldsymbol{\Sigma}_2^{\mathrm{T}}\boldsymbol{\Sigma}_2}\boldsymbol{V}_2^{\mathrm{T}}\boldsymbol{\Theta}^{\mathrm{T}})\end{aligned} \tag{14.6}$$

我们参照第 13 章平方根的推导方法定义了不同的矩阵。

可以看出，在集合卡尔曼滤波和平方根算法中我们需要计算$\boldsymbol{C}$的逆矩阵。在前面的讨论中，使用特征值分解的方法求$\boldsymbol{C}$的逆。当$\boldsymbol{C}$的维数较大，或者相关的测量被同化的情况下，$\boldsymbol{C}$有可能存在奇异值，此时必须使用$\boldsymbol{C}$的伪逆$\boldsymbol{C}^+$。由于我们已知，当$\boldsymbol{C}$满秩时，$\boldsymbol{C}^+ \equiv \boldsymbol{C}^{-1}$，所以从伪逆的角度来制定分析方案很方便，且在一般情况下该算法是有效的。

14.1.1 伪逆

基于特征值分解的二次矩阵$\boldsymbol{C}$，有：

$$\boldsymbol{C} = \boldsymbol{Z}\boldsymbol{\Lambda}\boldsymbol{Z}^{\mathrm{T}} \tag{14.7}$$

伪逆定义为：

$$\boldsymbol{C}^+ = \boldsymbol{Z}\boldsymbol{\Lambda}^+\boldsymbol{Z}^{\mathrm{T}} \tag{14.8}$$

$\boldsymbol{\Lambda}^+$是一个对角矩阵，它的秩$p = \mathrm{rank}(\boldsymbol{C})$，该矩阵定义为：

$$\mathrm{diag}(\boldsymbol{\Lambda}^+) = (\lambda_1^{-1}, \cdots, \lambda_p^{-1}, 0, \cdots, 0) \tag{14.9}$$

其特征值$\lambda_i \geq \lambda_{i+1}$。

伪逆具有以下性质：

$$\boldsymbol{C}\boldsymbol{C}^+\boldsymbol{C} = \boldsymbol{C}\ \boldsymbol{C}^+\boldsymbol{C}\boldsymbol{C}^+ = \boldsymbol{C}^+ \tag{14.10}$$

$$(\boldsymbol{C}^+\boldsymbol{C})^{\mathrm{T}} = \boldsymbol{C}^+\boldsymbol{C}\ (\boldsymbol{C}\boldsymbol{C}^+)^{\mathrm{T}} = \boldsymbol{C}\boldsymbol{C}^+ \tag{14.11}$$

此外，当$\boldsymbol{C}$奇异时，有：

$$\boldsymbol{x} = \boldsymbol{C}^+\boldsymbol{b} \tag{14.12}$$

上式为方程(14.13)的最小二乘解。

$$\boldsymbol{C}\boldsymbol{x} = \boldsymbol{b} \tag{14.13}$$

14.1.2 解释

尝试用伪逆$\boldsymbol{C}$来解释一个算法是行之有效的。首先，储存对角矩阵$\mathrm{diag}(\boldsymbol{\Lambda}^+)$的$p$个非零元素到$\boldsymbol{\Lambda}_p^{-1}$的对角线上，即：

$$\mathrm{diag}\left(\boldsymbol{\Lambda}_{\mathrm{p}}^{-1}\right) = (\lambda_1^{-1}, \cdots, \lambda_{\mathrm{p}}^{-1}) \tag{14.14}$$

然后定义矩阵$\boldsymbol{Z}$，包含p个特征向量，如$\boldsymbol{Z}_p = (z_1, \cdots, z_p) \in \Re^{m\times p}$，显然$\boldsymbol{Z}_p\boldsymbol{\Lambda}_p^{-1}\boldsymbol{Z}_p^{\mathrm{T}}$是原矩阵$\boldsymbol{C}$的广义逆矩阵或伪逆矩阵。

现在定义投影测量算符$\widetilde{\boldsymbol{\mathcal{M}}} \in \Re^{p\times n}$为：

$$\widetilde{\boldsymbol{\mathcal{M}}} = \boldsymbol{Z}_p^{\mathrm{T}}\boldsymbol{\mathcal{M}} \tag{14.15}$$

p个投影测量的集合为：

$$\widetilde{\boldsymbol{D}} = \boldsymbol{Z}_p^{\mathrm{T}}\boldsymbol{D} \tag{14.16}$$

集合扰动的p个投影测量为：

$$\widetilde{\boldsymbol{S}}=\boldsymbol{Z}_p^{\mathrm{T}}\mathcal{M}[\boldsymbol{A}']=\widetilde{\mathcal{M}}[\boldsymbol{A}']=\boldsymbol{Z}_p^{\mathrm{T}}\boldsymbol{S} \tag{14.17}$$

这相当于用一个测量天线，指向$\boldsymbol{C}$的p个主导方向(见 Bennett，1992，第 6 章)。原有的集合卡尔曼滤波分析方案中的分析方程就变成了：

$$\boldsymbol{A}^{\mathrm{a}}=\boldsymbol{A}^{\mathrm{f}}(\boldsymbol{I}+\widetilde{\boldsymbol{S}}^{\mathrm{T}}\boldsymbol{\Lambda}_p^{-1}(\widetilde{\boldsymbol{D}}-\widetilde{\mathcal{M}}[\boldsymbol{A}^{\mathrm{f}}])) \tag{14.18}$$

因此，此分析只是对在空间里旋转的p和投影测量的同化，$\widetilde{\boldsymbol{C}}=\boldsymbol{\Lambda}_p$是对角矩阵。

14.1.3 使用$\boldsymbol{C}$的伪逆的分析方案

对于集合卡尔曼滤波和平方根的分析方案，利用$\boldsymbol{C}$的伪逆时需要对其进行小幅度的修改。使用相同的方程和推导，只需要在所需的方差水平上截断选取一个范围，即需要决定包括多少个特征值以及将剩余值设置为零。然后定义并使用$\boldsymbol{\Lambda}^{+}$来代替$\boldsymbol{\Lambda}^{-1}$。

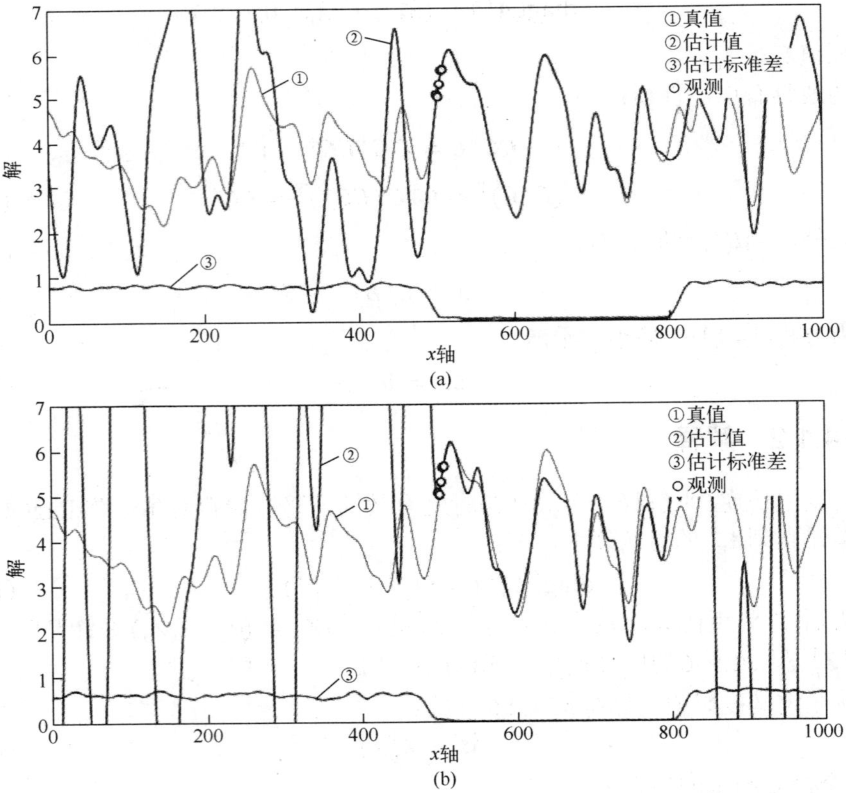

图 14.1 用含$\boldsymbol{C}$的伪逆的传统 EnKF 分析方案在最后时刻的解

(a) 在特征值谱方差的 90%截断的解；(b) 与截断在 99.9%的方差的解。

14.1.4 范例

11.7 节和 13.2 节的平流模式例子表明了能够处理一个非满秩的矩阵$\boldsymbol{C}$的重要性，我们首先构建这样一个情况，即有五个位于相邻网格点的测量点。测量误差的协方差矩阵是非对角的，假定测量误差与解相关长度等于 20 的高斯协方差函数相关，这导致了矩阵$\boldsymbol{C}$的最大与最小特征值之比达到了10^5。因此，$\boldsymbol{C}$的条件会变差，所以使用伪逆是有利的。

我们进行了两次试验，类似于 11.7 节的试验E和 13.2 节的试验G，并绘制出了在最后时刻$t = 300$时不同截断的特征值谱的解。传统集合卡尔曼滤波与平方根分析算法结果分别绘制在图 14.1 和图 14.2 中。对应于一个单一的特征值，采用在特征值谱的方差 90%的截断的逆矩阵，被保留来形成稳定的解。另一方面，当截断是占方差的 99.9%时，其保留了四个特征值，无论是传统集合卡尔曼滤波还是平方根方案都导致了不稳定的逆矩阵。

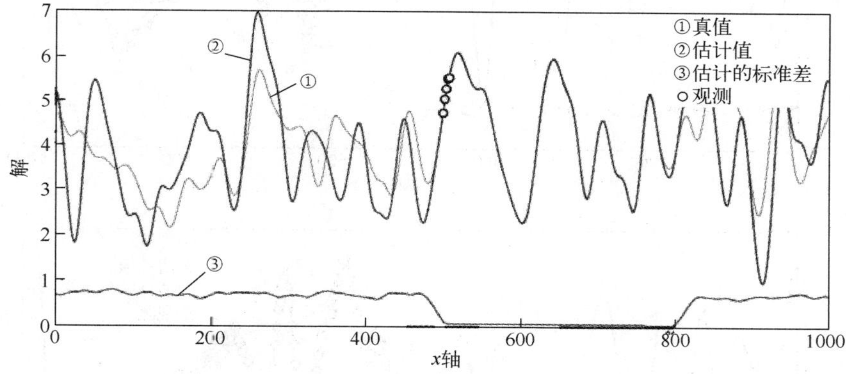

(a)

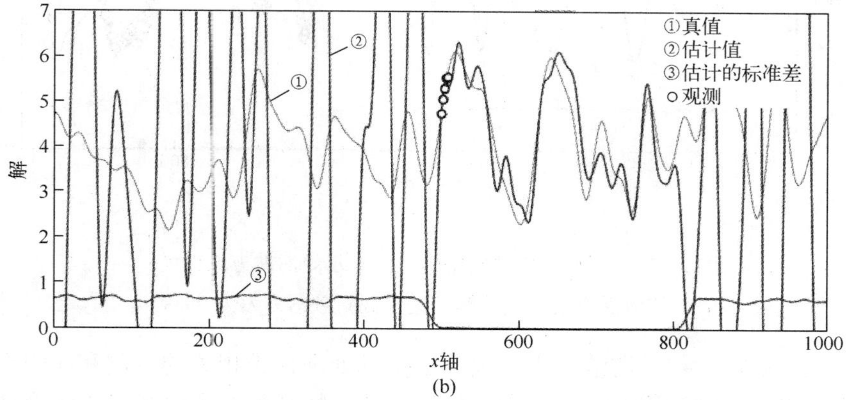

(b)

图 14.2 在最终时刻使用伪逆$\boldsymbol{C}$的平方根分析方案的解

(a) 截断特征值谱方差为 90%的解；(b) 截断频谱方差为 99.9% 的解。

我们现在将测量值的数量增加到 200，并使用相同的高斯误差协方差矩阵来表达量测误差。图 14.3 绘制了经过 5 次量测更新后，传统集合卡尔曼滤波分析和平方根分析方法在$t = 25$时的结果。在这种情况下，当指定在方差 99%处的截断后，大约会包含 40 个显著的特征值。很显然，这两个方案都生成了一个稳定的反逆，这与量测结果是一致的。对于这种情况，我们还在图 14.4 中绘制了在每一次更新时$\boldsymbol{C}$的特征值谱。对于所有的更新大约有 40～50 个显著的特征值，并且所有的显著的特征值都存在一个方差的减小，对应在测量位置的集合方差的减小。

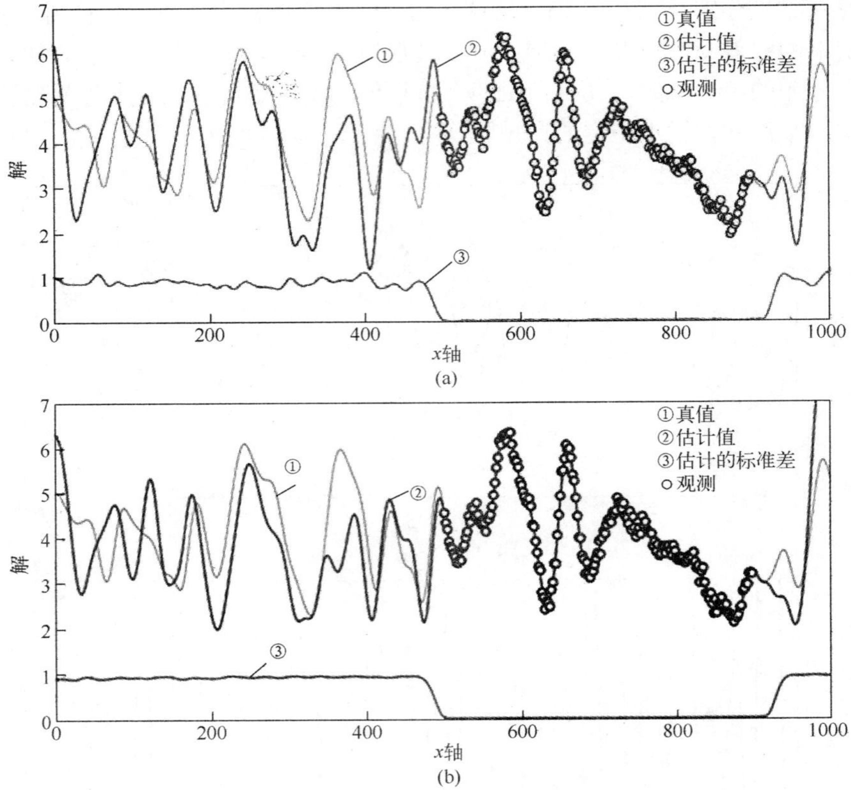

图 14.3 (a) $t = 25$时刻使用集合卡尔曼滤波方案的解；
(b) 使用平方根方案的解，这里截断频谱方差为 99%。

因此，集合卡尔曼滤波和平方根算法可以处理使用相关的量测和比集合成员更大的量测数量时的情况。请注意，如果显著的特征值的数目相对于集合成员的数量变大，我们可以预期可能出现的问题。

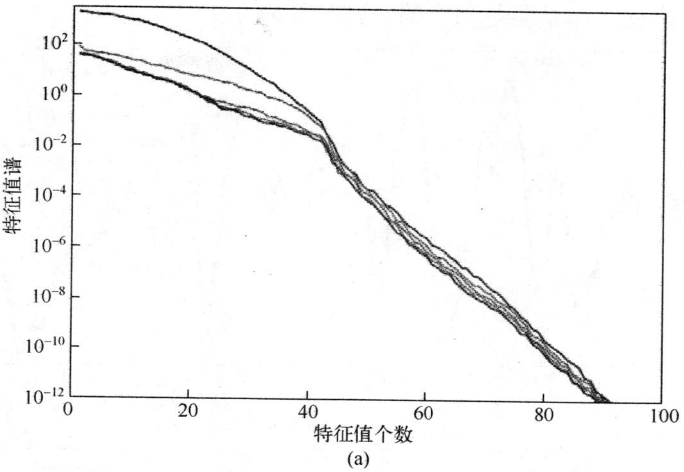

(a)

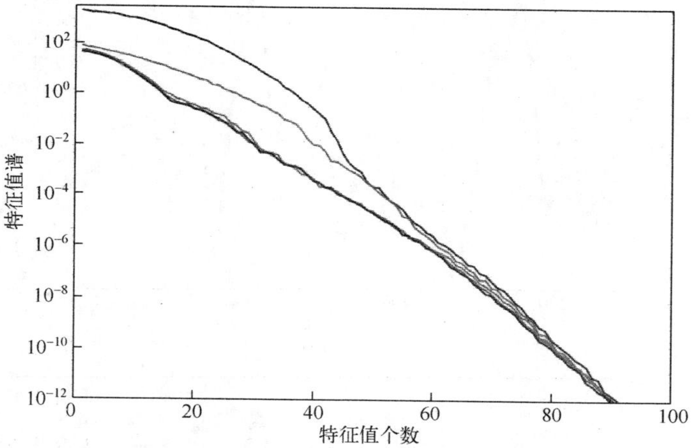

(b)

图 14.4　图 14.3 所示的情况下$\boldsymbol{C}$的特征值谱

(a) 集合卡尔曼滤波；(b) 平方根方案。

14.2　高效子空间伪逆

在使用多个测量的情况下，由于需要Nm^2个算符来形成矩阵$\boldsymbol{C}$，且特征值分解需要$\boldsymbol{O}(m^3)$个算符，这使得计算代价变大。于是提出一种替代的求逆算法，它将$m \times m$阶方阵的因式分解降低为$N \times N$阶方阵的因式分解。该算法是在N维集合空间而不是m维的测量空间中计算逆矩阵。

14.2.1　子空间伪逆的推导

我们先假设矩阵$\boldsymbol{S}$秩$p \leq \min(m, N-1)$。当集合是由线性独立的成员组成，且量测算子满秩，即量测是独立的，则等号成立。

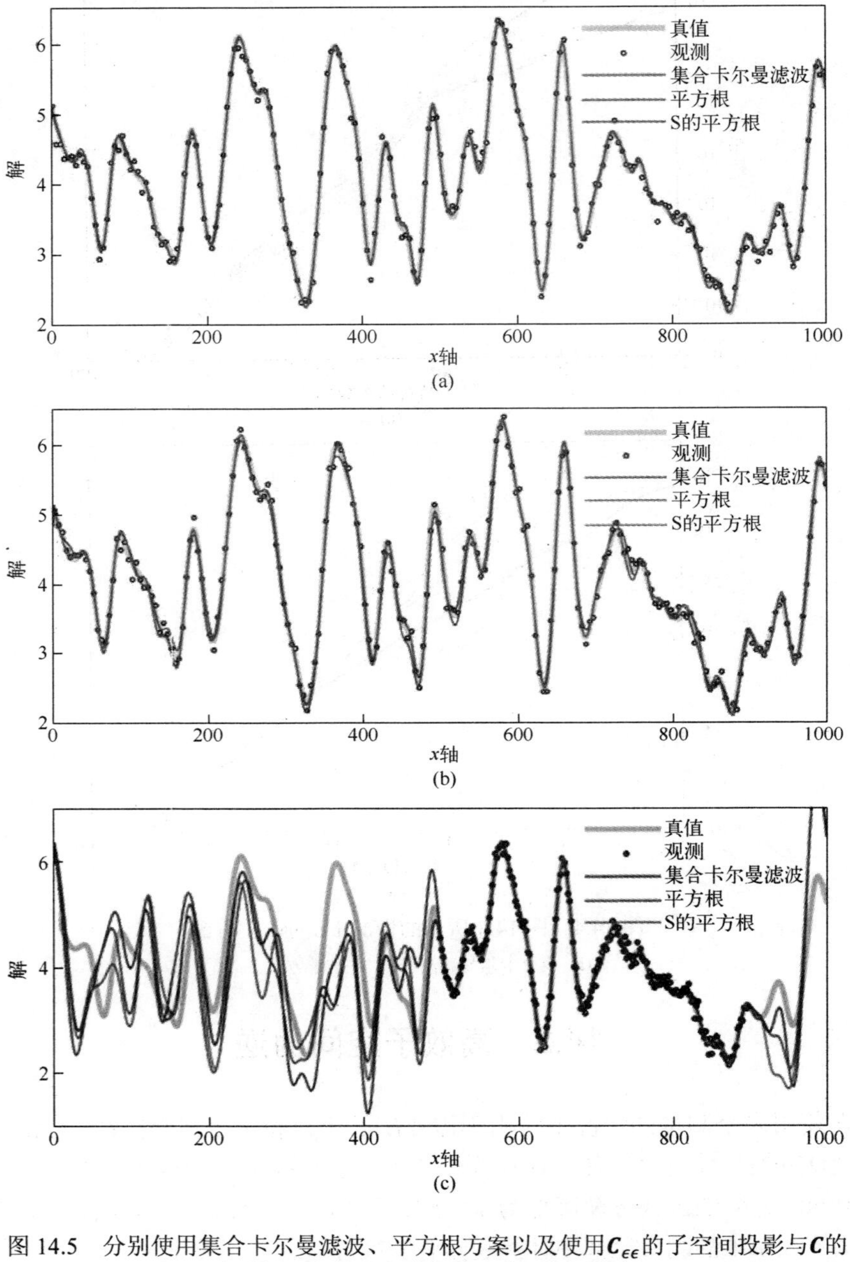

图 14.5　分别使用集合卡尔曼滤波、平方根方案以及使用$\boldsymbol{C}_{\epsilon\epsilon}$的子空间投影与$\boldsymbol{C}$的伪逆的平方根方案进行的五次更新后的解

(a) 使用 200 个均匀分布的测量与对角的$\boldsymbol{C}_{\epsilon\epsilon}$的方案的解；(b) 类似于上图，但是使用非对角$\boldsymbol{C}_{\epsilon\epsilon}$；(c) 使用了聚集的量测以及非对角的$\boldsymbol{C}_{\epsilon\epsilon}$的方案的解。

$\boldsymbol{S}$的奇异值分解是：

$$\boldsymbol{U}_0\boldsymbol{\Sigma}_0\boldsymbol{V}_0^{\mathrm{T}}=\boldsymbol{S} \tag{14.19}$$

其中，$\boldsymbol{U}_0\in\Re^{m\times m}$，$\boldsymbol{\Sigma}_0\in\Re^{m\times N}$，$\boldsymbol{V}_0\in\Re^{N\times N}$。$\boldsymbol{S}$的奇异值分解可以通过$\boldsymbol{O}(6mN^2+N^3)$浮点运算，此时只需要前$N$个奇异向量。当$m\gg N$时，这一点将显著地节省计算量。子空间$\boldsymbol{S}$由包含在$\boldsymbol{U}_0$中的$\mathcal{S}$的前$p$个奇异向量进行定义。

$\mathcal{S}$的伪逆定义为：

$$\boldsymbol{S}^{+}=\boldsymbol{V}_0\boldsymbol{\Sigma}_0^{+}\boldsymbol{U}_0^{\mathrm{T}} \tag{14.20}$$

其中，$\boldsymbol{\Sigma}_0^{+}\in\Re^{N\times m}$是一个对角矩阵，元素定义为$\mathrm{diag}(\boldsymbol{\Sigma}_0^{+})=\sigma_1^{-1},\sigma_2^{-1},\cdots,\sigma_p^{-1},\cdots,0)$。因此，通过计算式(14.20)所示的伪逆，使用数量小于$N-1$的量测并且与量测相关或者集合成员相关的算法成为可能。

我们定义$\tilde{\boldsymbol{I}}_p\in\Re^{m\times m}$，由$\boldsymbol{\Sigma}_0\boldsymbol{\Sigma}_0^{+}=\tilde{\boldsymbol{I}}_p$可得，该矩阵的前$p$个对角线元素都等于1，剩余元素都为零。

在$\boldsymbol{C}$的表达式中使用奇异值分解式(14.19)，如式(14.1)中的定义，我们得到：

$$\boldsymbol{C}=(\boldsymbol{U}_0\boldsymbol{\Sigma}_0\boldsymbol{\Sigma}_0^{\mathrm{T}}\boldsymbol{U}_0^{\mathrm{T}}+(N-1)\boldsymbol{C}_{\epsilon\epsilon}) \tag{14.21}$$

$$=\boldsymbol{U}_0(\boldsymbol{\Sigma}_0\boldsymbol{\Sigma}_0^{\mathrm{T}}+(N-1)\boldsymbol{U}_0^{\mathrm{T}}\boldsymbol{C}_{\epsilon\epsilon}\boldsymbol{U}_0)\boldsymbol{U}_0^{\mathrm{T}} \tag{14.22}$$

$$\approx\boldsymbol{U}_0\boldsymbol{\Sigma}_0(\boldsymbol{I}+(N-1)\boldsymbol{\Sigma}_0^{+}\boldsymbol{U}_0^{\mathrm{T}}\boldsymbol{C}_{\epsilon\epsilon}\boldsymbol{U}_0\boldsymbol{\Sigma}_0^{+\mathrm{T}})\boldsymbol{\Sigma}_0^{\mathrm{T}}\boldsymbol{U}_0^{\mathrm{T}} \tag{14.23}$$

$$=\boldsymbol{S}\boldsymbol{S}^{\mathrm{T}}+(N-1)(\boldsymbol{S}\boldsymbol{S}^{+})\boldsymbol{C}_{\epsilon\epsilon}(\boldsymbol{S}\boldsymbol{S}^{+})^{\mathrm{T}} \tag{14.24}$$

在式(14.22)中矩阵$\boldsymbol{U}_0^{\mathrm{T}}\boldsymbol{C}_{\epsilon\epsilon}\boldsymbol{U}_0$是测量误差协方差矩阵$\boldsymbol{C}_{\epsilon\epsilon}$在由包含在$\boldsymbol{U}_0$的列中的$\mathcal{S}$的$m$个的奇异向量扩展的空间上的投影。

然后在式(14.23)中我们通过左乘$\boldsymbol{U}_0^{\mathrm{T}}\boldsymbol{C}_{\epsilon\epsilon}\boldsymbol{U}_0$以及右乘矩阵$\boldsymbol{\Sigma}_0\boldsymbol{\Sigma}_0^{+}=\tilde{\boldsymbol{I}}_p\in\Re^{m\times m}$来引入一个近似。因此，我们提取$\boldsymbol{C}$中包含在由$\boldsymbol{U}_0$中的$p$主导方向构成的子空间的部分，即子空间$\boldsymbol{S}$。

在式(14.24)中，矩阵$\boldsymbol{S}\boldsymbol{S}^{+}=\boldsymbol{U}_0\tilde{\boldsymbol{I}}_p\boldsymbol{U}_0^{\mathrm{T}}$是一个埃尔米特正规矩阵。它也是一个$\mathcal{S}$空间上的正交投影。因此，我们基本上采用低秩的表达形式来表示$\boldsymbol{C}_{\epsilon\epsilon}$，它与$\boldsymbol{S}$空间中的集合扰动包含在相同的子空间中。

我们用式(14.23)中给出的$\boldsymbol{C}$的表达式，即：

$$\boldsymbol{C}\approx\boldsymbol{U}_0\boldsymbol{\Sigma}_0(\boldsymbol{I}+\boldsymbol{X}_0)\boldsymbol{\Sigma}_0^{\mathrm{T}}\boldsymbol{U}_0^{\mathrm{T}} \tag{14.25}$$

其中，我们已定义：

$$\boldsymbol{X}_0=(N-1)\boldsymbol{\Sigma}_0^{+}\boldsymbol{U}_0^{\mathrm{T}}\boldsymbol{C}_{\epsilon\epsilon}\boldsymbol{U}_0\boldsymbol{\Sigma}_0^{+\mathrm{T}} \tag{14.26}$$

其中，X_0定义为一个$N\times N$的矩阵，其秩等于p，需要m^2N+mN^2+mN的浮点运算来生成。然后，我们对其进行特征值分解：

$$\boldsymbol{Z}_1\boldsymbol{\Lambda}_1\boldsymbol{Z}_1^{\mathrm{T}}=\mathbf{X}_0 \tag{14.27}$$

其中，所有的矩阵都是$N\times N$的，将其代入式(14.25)可得

$$\begin{aligned}\boldsymbol{C}&\approx\boldsymbol{U}_0\boldsymbol{\Sigma}_0\left(\boldsymbol{I}+\boldsymbol{Z}_1\boldsymbol{\Lambda}_1\boldsymbol{Z}_1^{\mathrm{T}}\right)\boldsymbol{\Sigma}_0^{\mathrm{T}}\mathbf{U}_0^{\mathrm{T}}\\&=\boldsymbol{U}_0\boldsymbol{\Sigma}_0\boldsymbol{Z}_1(\boldsymbol{I}+\boldsymbol{\Lambda}_1)\boldsymbol{Z}_1^{\mathrm{T}}\boldsymbol{\Sigma}_0^{\mathrm{T}}\boldsymbol{U}_0^{\mathrm{T}}\end{aligned} \tag{14.28}$$

此时C的伪逆变成：

$$\begin{aligned}\boldsymbol{C}^{+} &\approx \left(\boldsymbol{U}_0\boldsymbol{\Sigma}_0^{+\mathrm{T}}\boldsymbol{Z}_1\right)(\boldsymbol{I}+\boldsymbol{\Lambda}_1)^{-1}(\boldsymbol{U}_0\boldsymbol{\Sigma}_0^{+\mathrm{T}}\boldsymbol{Z}_1)^{\mathrm{T}} \\ &= \boldsymbol{X}_1(\boldsymbol{I}+\boldsymbol{\Lambda}_1)^{-1}\boldsymbol{X}_1^{\mathrm{T}}\end{aligned} \tag{14.29}$$

其中，$\boldsymbol{X}_1 \in \Re^{m\times N}$的秩为$N-1$，被定义为：

$$\boldsymbol{X}_1 = \boldsymbol{U}_0\boldsymbol{\Sigma}_0^{+\mathrm{T}}\boldsymbol{Z}_1 \tag{14.30}$$

14.2.2 基于子空间伪逆的分析方案

用式(14.29)的伪逆$\boldsymbol{C}^{+}$代替式(14.2)的$\boldsymbol{C}^{-1}$，通过执行矩阵乘法以及使用子空间逆，我们可以很容易地来计算集合卡尔曼滤波分析方程。

使用子空间伪逆的集合卡尔曼滤波分析方程，得：

$$\boldsymbol{A}^{\mathrm{a}} = \boldsymbol{A}^{\mathrm{f}}\left(\boldsymbol{I}+\boldsymbol{S}^{\mathrm{T}}\boldsymbol{X}_1(\boldsymbol{I}+\boldsymbol{\Lambda}_1)^{-1}\boldsymbol{X}_1^{\mathrm{T}}\left(\boldsymbol{D}-\mathcal{M}\left[\boldsymbol{A}^{\mathrm{f}}\right]\right)\right) \tag{14.31}$$

类似地，平方根算法用式(14.29)的$\boldsymbol{C}^{+}$代替式(14.3)的$\boldsymbol{C}^{-1}$，有：

$$\overline{\boldsymbol{A}}^{\mathrm{a}} = \boldsymbol{A}^{\mathrm{f}}\left(\boldsymbol{1}_N+\boldsymbol{S}^{\mathrm{T}}\boldsymbol{X}_1(\boldsymbol{I}+\boldsymbol{\Lambda}_1)^{-1}\boldsymbol{X}_1^{\mathrm{T}}\left(\overline{\boldsymbol{D}}-\mathcal{M}\left[\overline{\boldsymbol{A}}^{\mathrm{f}}\right]\right)\right) \tag{14.32}$$

用上式来计算更新集合的均值。

利用表达式(14.5)和式(14.29)的伪逆，我们可以推导平方根分析方案中分析扰动的更新方程：

$$\begin{aligned}\boldsymbol{A}^{\mathrm{a}'}\boldsymbol{A}^{\mathrm{a}'\mathrm{T}} &= \boldsymbol{A}^{\mathrm{f}'}(\boldsymbol{I}-\boldsymbol{S}^{\mathrm{T}}\boldsymbol{C}^{+}\boldsymbol{S})\boldsymbol{A}^{\mathrm{f}'\mathrm{T}} \\ &= \boldsymbol{A}^{\mathrm{f}'}\left(\boldsymbol{I}-\boldsymbol{S}^{\mathrm{T}}\boldsymbol{X}_1(\boldsymbol{I}+\boldsymbol{\Lambda}_1)^{-1}\boldsymbol{X}_1^{\mathrm{T}}\boldsymbol{S}\right)\boldsymbol{A}^{\mathrm{f}'\mathrm{T}} \\ &= \boldsymbol{A}^{\mathrm{f}'}\left(\boldsymbol{I}-\left((\boldsymbol{I}+\boldsymbol{\Lambda}_1)^{-\frac{1}{2}}\boldsymbol{X}_1^{\mathrm{T}}\boldsymbol{S}\right)^{\mathrm{T}}\left((\boldsymbol{I}+\boldsymbol{\Lambda}_1)^{-\frac{1}{2}}\boldsymbol{X}_1^{\mathrm{T}}\boldsymbol{S}\right)\right)\boldsymbol{A}^{\mathrm{f}'\mathrm{T}} \\ &= \boldsymbol{A}^{\mathrm{f}'}(\boldsymbol{I}-\boldsymbol{X}_2^{\mathrm{T}}\boldsymbol{X}_2)\boldsymbol{A}^{\mathrm{f}'\mathrm{T}}\end{aligned} \tag{14.33}$$

其中，$\boldsymbol{X}_2$定义为：

$$\boldsymbol{X}_2 = (\boldsymbol{I}+\boldsymbol{\Lambda}_1)^{-\frac{1}{2}}\boldsymbol{X}_1^{\mathrm{T}}\boldsymbol{S} = (\boldsymbol{I}+\boldsymbol{\Lambda}_1)^{-\frac{1}{2}}\boldsymbol{Z}_1^{\mathrm{T}}\tilde{\boldsymbol{I}}_p\boldsymbol{V}_0^{\mathrm{T}} \tag{14.34}$$

其秩也等于p。然后我们根据式(13.6)～式(13.7)定义的推导过程得到最终的更新方程(14.4)。

类似于式(14.6)，方程(14.32)和式(14.4)可以融合成一个方程：

使用子空间伪逆的 SQRT 分析方程，有：

$$\begin{aligned}\boldsymbol{A}^{\mathrm{a}} = \boldsymbol{A}^{\mathrm{f}}(&\boldsymbol{1}_N+\boldsymbol{S}^{\mathrm{T}}\boldsymbol{X}_1(\boldsymbol{I}+\boldsymbol{\Lambda}_1)^{-1}\boldsymbol{X}_1^{\mathrm{T}}(\boldsymbol{D}-\mathcal{M}[\boldsymbol{A}^{\mathrm{f}}])1_N \\ &+(\boldsymbol{I}-\boldsymbol{1}_N)\boldsymbol{V}_2\sqrt{\boldsymbol{I}-\boldsymbol{\Sigma}_2^{\mathrm{T}}\boldsymbol{\Sigma}_2}\boldsymbol{V}_2^{\mathrm{T}}\boldsymbol{\Theta}^{\mathrm{T}})\end{aligned} \tag{14.35}$$

显然，当$m > p$时，除去特殊情况，这一子空间算法是一个近似。首先如果$\boldsymbol{C}_{\epsilon\epsilon}$是对角阵，矩阵$\boldsymbol{S}\boldsymbol{S}^{\mathrm{T}}$和$\boldsymbol{C}$将与$\boldsymbol{U}_0$有相同的特征值，所以没有任何近似。另一方面，如果$\boldsymbol{C}_{\epsilon\epsilon}$是非对角阵，它们的特征值不同，并且在$\boldsymbol{S}$空间的投影消除了$\boldsymbol{C}$中与$\boldsymbol{S}$空间

正交的部分。幸运的是，在许多应用中这是一个轻微的近似。

有趣的是，因为$\boldsymbol{C}^{-1}$已经通过式(14.5)中的矩阵算子$\boldsymbol{S}^{\mathrm{T}}\boldsymbol{C}^{-1}\boldsymbol{S}$投射到$\boldsymbol{S}$空间中，所以平方根算法中的扰动更新不受这种近似的影响。

14.2.3 子空间伪逆的一种解释

当$m \gg N$时子空间伪逆的一种简单解释已由 Skjervheim 等人(2006)给出。我们首先如式(14.19)计算$\boldsymbol{S}$的奇异值分解，并且使$\boldsymbol{\Sigma}_0$为对角矩阵且只有前$p \leq N-1$个奇异值大于零，即$\boldsymbol{S}$的秩等于p。然后，我们利用$\boldsymbol{D}' = (\boldsymbol{D} - \mathcal{M}[\boldsymbol{A}^{\mathrm{f}}])$写出式(14.2)中所示的集合卡尔曼滤波分析方案，如下：

$$A^{\mathrm{a}} = \boldsymbol{A}^{\mathrm{f}}(\boldsymbol{I} + \boldsymbol{S}^{\mathrm{T}}(\boldsymbol{S}\boldsymbol{S}^{\mathrm{T}} + (N-1)\boldsymbol{C}_{\epsilon\epsilon})^{-1}\boldsymbol{D}') \tag{14.36}$$

$$= \boldsymbol{A}^{\mathrm{f}}(\boldsymbol{I} + \boldsymbol{S}^{\mathrm{T}}\left(\boldsymbol{U}_0\boldsymbol{\Sigma}_0\boldsymbol{\Sigma}_0^{\mathrm{T}}\boldsymbol{U}_0^{\mathrm{T}} + (N-1)\boldsymbol{C}_{\epsilon\epsilon}\right)^{-1}\boldsymbol{D}') \tag{14.37}$$

$$= \boldsymbol{A}^{\mathrm{f}}(\boldsymbol{I} + \boldsymbol{S}^{\mathrm{T}}\left(\boldsymbol{U}_0(\boldsymbol{\Sigma}_0\boldsymbol{\Sigma}_0^{\mathrm{T}} + (N-1)\boldsymbol{U}_0^{\mathrm{T}}\boldsymbol{C}_{\epsilon\epsilon}\boldsymbol{U}_0)\boldsymbol{U}_0^{\mathrm{T}}\right)^{-1}\boldsymbol{D}') \tag{14.38}$$

$$= \boldsymbol{A}^{\mathrm{f}}(\boldsymbol{I} + \boldsymbol{S}^{\mathrm{T}}\boldsymbol{U}_0(\boldsymbol{\Sigma}_0\boldsymbol{\Sigma}_0^{\mathrm{T}} + (N-1)\boldsymbol{U}_0^{\mathrm{T}}\boldsymbol{C}_{\epsilon\epsilon}\boldsymbol{U}_0)^{-1}\boldsymbol{U}_0^{\mathrm{T}}\boldsymbol{D}' \tag{14.39}$$

$$= \boldsymbol{A}^{\mathrm{f}}(\boldsymbol{I} + \widehat{\boldsymbol{S}}^{\mathrm{T}}\left(\boldsymbol{\Sigma}_0\boldsymbol{\Sigma}_0^{\mathrm{T}} + (N-1)\boldsymbol{U}_0^{\mathrm{T}}\boldsymbol{C}_{\epsilon\epsilon}\boldsymbol{U}_0\right)^{-1}\widehat{\boldsymbol{D}}') \tag{14.40}$$

这里我们定义了旋转算子：

$$\widehat{\boldsymbol{D}}' = \boldsymbol{U}_0^{\mathrm{T}}\boldsymbol{D}' \tag{14.41}$$

$$\widehat{\mathcal{M}} = \boldsymbol{U}_0^{\mathrm{T}}\mathcal{M} \tag{14.42}$$

$$\widehat{\boldsymbol{S}} = \boldsymbol{U}_0^{\mathrm{T}}\boldsymbol{S} = \widehat{\mathcal{M}}\boldsymbol{A}^{\mathrm{f}'} \tag{14.43}$$

很显然，式(14.36)中m个量测的原始同化相当于式(14.40)中m个旋转测量的同化，其中将$\widehat{\boldsymbol{S}}\widehat{\boldsymbol{S}}^{\mathrm{T}}$转变为对角阵的矩阵定义为旋转矩阵。

我们现在进一步定义投影算子$\boldsymbol{U}_{0p} = \boldsymbol{S}\boldsymbol{S}^{+}$，它由$\boldsymbol{U}$的第一个前$p$列组成。然后我们可以定义投影：

$$\widehat{\boldsymbol{D}}'_p = \boldsymbol{U}_{0p}^{\mathrm{T}}\boldsymbol{D}' \tag{14.44}$$

$$\widehat{\boldsymbol{\mathcal{M}}}_P = \boldsymbol{U}_{0P}^{\mathrm{T}}\boldsymbol{\mathcal{M}} \tag{14.45}$$

$$\widehat{\boldsymbol{S}}_p = \boldsymbol{U}_{0p}^{\mathrm{T}}\boldsymbol{S} = \widehat{\boldsymbol{\mathcal{M}}}_P\boldsymbol{A}^{\mathrm{f}'} \tag{14.46}$$

其中，所有矩阵的维数都是$\Re^{p\times N}$。另外我们定义$\Sigma_{0p} \in \Re^{p\times p}$来保持$p$个显著奇异值在对角线上。接下来我们可以写出一个近似的集合卡尔曼滤波分析方程：

$$\boldsymbol{A}^{\mathrm{a}} = \boldsymbol{A}^{\mathrm{f}}(\boldsymbol{I} + \widehat{\boldsymbol{S}}_p^{\mathrm{T}}\left(\boldsymbol{\Sigma}_{0p}\boldsymbol{\Sigma}_{0p}^{\mathrm{T}} + (N-1)\boldsymbol{U}_{0p}^{\mathrm{T}}\boldsymbol{C}_{\epsilon\epsilon}\boldsymbol{U}_{0p}\right)^{-1}\widehat{\boldsymbol{D}}'_p) \tag{14.47}$$

这个方程与式(14.31)的证明将作为一个练习留给读者自证。因此，我们可以将子空间集合卡尔曼滤波分析方案解释为已经投影到由$\boldsymbol{S}$的前p个奇异向量定义的子空间$\boldsymbol{S}$上的量测集的同化。这一投影能使我们在一个稳定的算法中以非常小的代价来同化非常大的数据集。然而，存在一种情况，子空间$\mathcal{S}$太小了而不能合适地表示测量结果。可以通过使用一个更大的集合或一个局部分析更新来解决这个问题，这将在附录中进行讨论。

14.3 使用低秩的$\boldsymbol{C}_{\epsilon\epsilon}$的子空间逆

使用大型数据集时我们必须生成并存储测量误差协方差矩阵，$\boldsymbol{C}_{\epsilon\epsilon} \in \Re^{m\times m}$，并且与$\boldsymbol{U}_0$的奇异向量相乘，此时需要$Nm^2$次浮点运算。在集合卡尔曼滤波中我们对反映测量误差的误差统计的测量扰动进行了仿真。很显然，我们可以用给定的测量扰动代表测量误差协方差矩阵的一个低秩近似。

14.3.1 伪逆的推导

现在我们用低秩的$\boldsymbol{C}_{\epsilon\epsilon}^{\mathrm{e}} = \boldsymbol{E}\boldsymbol{E}^{\mathrm{T}}/(N-1)$代替式(14.24)中的$C_{\epsilon\epsilon}$，可得：

$$\begin{aligned} \boldsymbol{C} &= \boldsymbol{S}\boldsymbol{S}^{\mathrm{T}} + \boldsymbol{E}\boldsymbol{E}^{\mathrm{T}} \\ &\approx \boldsymbol{S}\boldsymbol{S}^{\mathrm{T}} + (\boldsymbol{S}\boldsymbol{S}^{+})\boldsymbol{E}\boldsymbol{E}^{\mathrm{T}}(\boldsymbol{S}\boldsymbol{S}^{+}) \\ &\approx \boldsymbol{S}\boldsymbol{S}^{\mathrm{T}} + \widehat{\boldsymbol{E}}\widehat{\boldsymbol{E}}^{\mathrm{T}} \end{aligned} \tag{14.48}$$

其中，$\widehat{\boldsymbol{E}} = (\boldsymbol{S}\boldsymbol{S}^{+})\boldsymbol{E}$是$\boldsymbol{E}$在$\boldsymbol{U}_0$中前$p$个奇异向量的投影，$p$仍然是$\boldsymbol{S}$的秩。当我们把$\boldsymbol{E}$投影到$\boldsymbol{S}$，我们拒绝了$\boldsymbol{S}^{\perp}$所有可能的结果，而且我们只能考虑包含在$\boldsymbol{S}$中的量测方差。

在式(14.23)中用$\boldsymbol{E}\boldsymbol{E}^{\mathrm{T}}/(N-1)$代替$\boldsymbol{C}_{\epsilon\epsilon}$，可得：

$$\boldsymbol{C} \approx \boldsymbol{U}_0\boldsymbol{\Sigma}_0(\boldsymbol{I} + \boldsymbol{\Sigma}_0^{+}\boldsymbol{U}_0^{\mathrm{T}}\boldsymbol{E}\boldsymbol{E}^{\mathrm{T}}\boldsymbol{U}_0\boldsymbol{\Sigma}_0^{+\mathrm{T}})\boldsymbol{\Sigma}_0^{\mathrm{T}}\boldsymbol{U}_0^{\mathrm{T}} \tag{14.49}$$

$$= \boldsymbol{U}_0\boldsymbol{\Sigma}_0(\boldsymbol{I} + \boldsymbol{X}_0\boldsymbol{X}_0^{\mathrm{T}})\boldsymbol{\Sigma}_0^{\mathrm{T}}\boldsymbol{U}_0^{\mathrm{T}} \tag{14.50}$$

其中我们定义了：

$$\boldsymbol{X}_0 = \boldsymbol{\Sigma}_0^{+}\boldsymbol{U}_0^{\mathrm{T}}\boldsymbol{E} \tag{14.51}$$

$\boldsymbol{X}_0$是一个$N\times N$的矩阵，其秩等于$N-1$，需要mN^2+N^2次浮点运算来生成该矩阵。式(14.49)中引入的近似等式表明$\boldsymbol{E}$的包含在$\boldsymbol{S}^{\perp}$中的各元素都被移除了。

然后，我们进行一个奇异值分解：

$$\boldsymbol{U}_1\boldsymbol{\Sigma}_1\boldsymbol{V}_1^{\mathrm{T}} = \boldsymbol{X}_0 \tag{14.52}$$

这其中所有的矩阵都是$N\times N$，将它代入式(14.50)可得：

$$\begin{aligned} \boldsymbol{C} &\approx \boldsymbol{U}_0\boldsymbol{\Sigma}_0\left(\boldsymbol{I} + \boldsymbol{U}_1\boldsymbol{\Sigma}_1^2\boldsymbol{U}_1^{\mathrm{T}}\right)\boldsymbol{\Sigma}_0^{\mathrm{T}}\boldsymbol{U}_0^{\mathrm{T}} \\ &= \boldsymbol{U}_0\boldsymbol{\Sigma}_0\boldsymbol{U}_1(\boldsymbol{I} + \boldsymbol{\Sigma}_1^2)\boldsymbol{U}_1^{\mathrm{T}}\boldsymbol{\Sigma}_0^{\mathrm{T}}\boldsymbol{U}_0^{\mathrm{T}} \end{aligned} \tag{14.53}$$

现在$\boldsymbol{C}$的伪逆变成：

$$\begin{aligned} \boldsymbol{C}^{+} &\approx \left(\boldsymbol{U}_0\boldsymbol{\Sigma}_0^{+\mathrm{T}}\boldsymbol{U}_1\right)(\boldsymbol{I} + \boldsymbol{\Sigma}_1^2)^{-1}\left(\boldsymbol{U}_0\boldsymbol{\Sigma}_0^{+\mathrm{T}}\boldsymbol{U}_1\right)^{\mathrm{T}} \\ &= \boldsymbol{X}_1(\boldsymbol{I} + \boldsymbol{\Sigma}_1^2)^{-1}\boldsymbol{X}_1^{\mathrm{T}} \end{aligned} \tag{14.54}$$

其中，我们已经定义$\boldsymbol{X}_1 \in \Re^{m\times N}$，其秩为$N-1$，如下：

$$\boldsymbol{X}_1 = \boldsymbol{U}_0\boldsymbol{\Sigma}_0^{+\mathrm{T}}\boldsymbol{U}_1 \tag{14.55}$$

14.3.2 使用低秩的$\boldsymbol{C}_{\epsilon\epsilon}$的分析方程

通过用式(14.54)的伪逆$\boldsymbol{C}^{+}$代替式(14.2)的$\boldsymbol{C}^{-1}$、执行矩阵乘法以及使用子空间逆，我们可以很容易地计算集合卡尔曼滤波分析方程。

低秩的$\boldsymbol{C}_{\epsilon\epsilon}$的 EnKF 子空间分析方程为：

$$\boldsymbol{A}^{\mathrm{a}} = \boldsymbol{A}^{\mathrm{f}}(\boldsymbol{I} + \boldsymbol{S}^{\mathrm{T}}\boldsymbol{X}_1(\boldsymbol{I} + \boldsymbol{\Sigma}_1^2)^{-1}\boldsymbol{X}_1^{\mathrm{T}}(\boldsymbol{D} - \mathcal{M}[\boldsymbol{A}^{\mathrm{f}}])) \tag{14.56}$$

类似于平方根算法用式(14.54)的C^{+}代替式(14.3)的C^{-1}，有

$$\overline{\boldsymbol{A}}^{\mathrm{a}} = \boldsymbol{A}^{\mathrm{f}}(\boldsymbol{1}_N + \boldsymbol{S}^{\mathrm{T}}\boldsymbol{X}_1(\boldsymbol{I} + \boldsymbol{\Sigma}_1^2)^{-1}\boldsymbol{X}_1^{\mathrm{T}}(\overline{\boldsymbol{D}} - \mathcal{M}[\overline{\boldsymbol{A}}^{\mathrm{f}}])) \tag{14.57}$$

上式用来计算更新的集合均值。

在式(14.5)中用表达式(14.54)代表逆矩阵，可以得出如下式所示的平方根分析方程中扰动更新的推导，为：

$$\begin{aligned}\mathbf{A}^{\mathrm{a}\prime}\mathbf{A}^{\mathrm{a}\prime\mathrm{T}} &= \mathbf{A}'(\mathbf{I} - \mathbf{S}^{\mathrm{T}}\mathbf{C}^{+}\mathbf{S})\boldsymbol{A}'^{\mathrm{T}} \\ &= \boldsymbol{A}'\left(\boldsymbol{I} - \boldsymbol{S}^{\mathrm{T}}\boldsymbol{X}_1(\boldsymbol{I} + \boldsymbol{\Sigma}_1^2)^{-1}\boldsymbol{X}_1^{\mathrm{T}}\boldsymbol{S}\right)\boldsymbol{A}'^{\mathrm{T}} \\ &= \boldsymbol{A}'(\boldsymbol{I} - ((\boldsymbol{I} + \boldsymbol{\Sigma}_1^2)^{-\frac{1}{2}}\boldsymbol{X}_1^{\mathrm{T}}\boldsymbol{S})^{\mathrm{T}}\left((\boldsymbol{I} + \boldsymbol{\Sigma}_1^2)^{-\frac{1}{2}}\boldsymbol{X}_1^{\mathrm{T}}\boldsymbol{S}\right))\boldsymbol{A}'^{\mathrm{T}}\end{aligned} \tag{14.58}$$

其中，$\boldsymbol{X}_2$定义为：

$$\boldsymbol{X}_2 = (\boldsymbol{I} + \boldsymbol{\Sigma}_1^2)^{-\frac{1}{2}}\boldsymbol{X}_1^{\mathrm{T}}\boldsymbol{S} = (\boldsymbol{I} + \boldsymbol{\Sigma}_1^2)^{-\frac{1}{2}}\boldsymbol{U}_1^{\mathrm{T}}\tilde{\boldsymbol{I}}_p\boldsymbol{V}_0^{\mathrm{T}} \tag{14.59}$$

然后我们最终推得与式(13.6)和式(13.7)中推得的相同的更新方程(14.4)。

因此我们用$\boldsymbol{S} \in \Re^{m\times N}$的 SVD 代替了$\boldsymbol{C} \in \Re^{m\times m}$的因式分解，当$m \geq N$时，这一点将显著地节省计算量。另外，通过一个低秩的$\boldsymbol{C}_{\epsilon\epsilon}$，我们用$\boldsymbol{\Sigma}_0^{+}\boldsymbol{U}_0^{\mathrm{T}}\boldsymbol{E}$代替式(14.23)中的矩阵乘积$\boldsymbol{\Sigma}_0^{+}\boldsymbol{U}_0^{\mathrm{T}}\boldsymbol{C}_{\epsilon\epsilon}$。因此，在这个新的算法中没有需要$\mathcal{O}(m^2)$浮点运算的矩阵运算。

方程(14.57)和式(14.4)可以合并成一个单一的公式，类似于式(14.35)。

低秩的$\boldsymbol{C}_{\epsilon\epsilon}$的 SQRT 子空间分析方程为：

$$\begin{aligned}\boldsymbol{A}^{\mathrm{a}} = \boldsymbol{A}^{\mathrm{f}}(&\boldsymbol{1}_N + \boldsymbol{S}^{\mathrm{T}}\boldsymbol{X}_1(\boldsymbol{I} + \boldsymbol{\Sigma}_1^2)^{-1}\boldsymbol{X}_1^{\mathrm{T}}(\boldsymbol{D} - \mathcal{M}[\boldsymbol{A}^{\mathrm{f}}])\boldsymbol{1}_N \\ &+(\boldsymbol{I} - \boldsymbol{1}_N)\boldsymbol{V}_2\sqrt{\boldsymbol{I} - \boldsymbol{\Sigma}_2^{\mathrm{T}}\boldsymbol{\Sigma}_2}\boldsymbol{V}_2^{\mathrm{T}}\boldsymbol{\Theta}^{\mathrm{T}})\end{aligned} \tag{14.60}$$

注意，如果我们在式(14.56)和式(14.60)中设置$\boldsymbol{\Lambda}_1 = \boldsymbol{\Sigma}_1^2$，这些方程将分别与式(14.31)与式(14.35)一致。类似地，通过$\boldsymbol{Z\Lambda}^{+}\boldsymbol{Z}^{\mathrm{T}}$和$\boldsymbol{Z\Lambda}^{-1}\boldsymbol{Z}^{\mathrm{T}}$分别代替这些方程中的$\boldsymbol{X}_1(\boldsymbol{I} + \boldsymbol{\Sigma}_1^2)^{-1}\boldsymbol{X}_1^{\mathrm{T}}$和$\boldsymbol{X}_1(\boldsymbol{I} + \boldsymbol{\Lambda}_1)^{-1}\boldsymbol{X}_1^{\mathrm{T}}$，它们将与分析方程(14.2)和式(14.6)一致。

14.4 分析方案的实施

为了实际的实施，我们首先注意到在计算$\boldsymbol{C}$的伪逆时可以选择三种不同的算

法，我们可以采用一个基于$\boldsymbol{C}$的特征值分解的标准伪逆，或者可以采用有一个完整的测量误差协方差矩阵$\boldsymbol{C}_{\epsilon\epsilon}$的子空间伪逆，或是用低秩表示的测量误差协方差矩阵$\boldsymbol{C}_{\epsilon\epsilon}^{\mathrm{e}} = \boldsymbol{E}\boldsymbol{E}^{\mathrm{T}}/(N-1)$的子空间伪逆。标准的特征值分解得到$\boldsymbol{Z}$和$\boldsymbol{\Lambda}$，对于这两种子空间算法，我们得到了$\boldsymbol{X}_1$和$(\boldsymbol{I}+\boldsymbol{\Sigma}_1^2)$或$(\boldsymbol{I}+\boldsymbol{\Lambda}_1^2)$。

此后，我们可以对传统集合卡尔曼滤波分析计算或平方根分析进行选择。这两种方案都需要对矩阵乘以式(14.2)、式(14.31)或式(14.56) (对于集合卡尔曼滤波)以及式(14.6)、式(14.35)或式(14.60) (对于平方根算法)中的$\boldsymbol{A}$进行评估。最后乘以$\boldsymbol{A}$来计算更新的集合，这对所有的算法来说都是一样的。

因此，很显然可以将所有这些算法合并到一个有效的函数中，在该函数中用户可以选择不同的伪逆和分析方案。在这个函数中，也应该包括特定的代码来处理使用单一观测与一个标量逆的情况。同时也要注意，当使用少许观测时，集合卡尔曼滤波的分析方程(14.2)可以改写为：

$$\boldsymbol{A}^{\mathrm{a}} = \boldsymbol{A}^{\mathrm{f}} + \left(\boldsymbol{A}^{\mathrm{f}}\boldsymbol{S}^{\mathrm{T}}\right)\left(\boldsymbol{C}^{-1}\left(\boldsymbol{D} - \mathcal{M}\left[\boldsymbol{A}^{\mathrm{f}}\right]\right)\right) \tag{14.61}$$

标准分析方案需要为最后的更新过程计算一个矩阵乘法，这需要nN^2浮点运算。当$n > m$时，这将成为分析方案中成本最高的计算。还要注意，在标准方案中当$\boldsymbol{S}^{\mathrm{T}}$和$m \times N$的矩阵$\boldsymbol{C}^{-1}\left(\boldsymbol{D} - \mathcal{M}\left[\boldsymbol{A}^{\mathrm{f}}\right]\right)$相乘时需要$mN^2$运算。

然而，使用少许观测时，首先计算$\boldsymbol{A}^{\mathrm{f}}\boldsymbol{S}^{\mathrm{T}}$时将更加有效，这需要$nmN$浮点运算。矩阵$\boldsymbol{C}^{-1}\left(\boldsymbol{D} - \mathcal{M}\left[\boldsymbol{A}^{\mathrm{f}}\right]\right)$的额外乘法需要额外的$nmN$运算。因此，当$2nmN < (n+m)N^2$时这一程序更加高效。对于单一观察的同化，这就以$N/2$的比例减少计算量。

14.5 与使用低秩$C_{\epsilon\epsilon}$相关的秩问题

最近 Kepert(2004)发现，在某些情况下当$m > N$时用$\boldsymbol{C}_{\epsilon\epsilon}^{\mathrm{e}}$代表$\boldsymbol{C}_{\epsilon\epsilon}$将会导致集合降秩。秩的问题在利用带有量测扰动的集合卡尔曼滤波分析方案和使用平方根算法时都可能发生。然而，当$m > N$时用低秩$\boldsymbol{C}_{\epsilon\epsilon}^{\mathrm{e}}$表示$\boldsymbol{C}_{\epsilon\epsilon}$的情况下，该问题并不明显。最终，与预测集合相乘系数矩阵是一个$N \times N$矩阵。

如下所示，Kepert(2004)进行了重新分析，并将其扩展到更一般的情况。此外，当用于表示低秩的量测误差协方差矩阵的量测扰动在特定约束下进行采样，则上述秩问题就可以避免。

集合卡尔曼滤波分析方程可以改写为：

$$\begin{aligned}\boldsymbol{A} = \overline{\boldsymbol{A}} + \boldsymbol{A}'\boldsymbol{S}^{\mathrm{T}}(\boldsymbol{S}\boldsymbol{S}^{\mathrm{T}} + \boldsymbol{E}\boldsymbol{E}^{\mathrm{T}})^{+}\left(\overline{\boldsymbol{D}} - \mathcal{M}\left[\overline{\boldsymbol{A}}^{\mathrm{f}}\right]\right) \\ + \boldsymbol{A}' + \boldsymbol{A}'\boldsymbol{S}^{\mathrm{T}}(\boldsymbol{S}\boldsymbol{S}^{\mathrm{T}} + \boldsymbol{E}\boldsymbol{E}^{\mathrm{T}})^{+}(\boldsymbol{E} - \boldsymbol{S})\end{aligned} \tag{14.62}$$

其中，第一行是均值的更新，第二行是集合扰动的更新。因此，标准的集合卡尔曼滤波足以证明$\mathrm{rank}(\boldsymbol{W}) = N - 1$来保持状态集合的满秩，其中$\boldsymbol{W}$定义为：

$$\boldsymbol{W} = \boldsymbol{I} - \boldsymbol{S}^{\mathrm{T}}(\boldsymbol{S}\boldsymbol{S}^{\mathrm{T}} + \boldsymbol{E}\boldsymbol{E}^{\mathrm{T}})^{+}(\boldsymbol{S} - \boldsymbol{E}) \tag{14.63}$$

类似地，对于平方根算法，W根据式(14.5)重新定义为：

$$\boldsymbol{W} = \boldsymbol{I} - \boldsymbol{S}^{\mathrm{T}}(\boldsymbol{S}\boldsymbol{S}^{\mathrm{T}} + \boldsymbol{E}\boldsymbol{E}^{\mathrm{T}})^{+}\boldsymbol{S} \tag{14.64}$$

我们考虑如 Kepert(2004)中所示，$m > N - 1$的情况引起的一些问题。定义$\boldsymbol{S} \in \Re^{m\times N}$，$\mathrm{rank}(\boldsymbol{S}) = N - 1$，其中$\boldsymbol{S}$的列扩展$N - 1$维的子空间$\mathcal{S}$。另外，我们定义$\boldsymbol{E} \in \Re^{m\times q}$，$\mathrm{rank}(\boldsymbol{E}) = \min(m, q - 1)$，$\boldsymbol{E}$包含一个任意数$q$。

正如 Kepert(2004)所示，可以定义矩阵$\boldsymbol{Y} \in \Re^{m\times(N+q)}$为：

$$\boldsymbol{Y} = (\boldsymbol{S}, \boldsymbol{E}) \tag{14.65}$$

则矩阵$\boldsymbol{C}$为：

$$\boldsymbol{C} = \boldsymbol{Y}\boldsymbol{Y}^{\mathrm{T}} \tag{14.66}$$

矩阵$\boldsymbol{Y}$的秩为：

$$p = \mathrm{rank}(\boldsymbol{Y}) = \mathrm{rank}(\boldsymbol{C}) \tag{14.67}$$

根据$\boldsymbol{E}$的定义，我们有$\min(m, N - 1) \le p \le \min(m, n + q - 2)$。在极端情况$q \le N$时，$\boldsymbol{E}$完全被$\mathcal{S}$包含，此时有$p = N - 1$。

Kepert(2004)考虑到的情况是另一种极端情况，有$q = N$和$p = \min(m, 2N - 2)$。当$\boldsymbol{E}$是随机抽样的且包含沿$\boldsymbol{S}^{\perp}$中$N - 1$个方向的组件时，它对应一种有可能发生的情况。

我们定义$\boldsymbol{Y}$的 SVD 为：

$$\boldsymbol{U}\boldsymbol{\Sigma}\boldsymbol{V}^{T} = \boldsymbol{Y} \tag{14.68}$$

其中，$\boldsymbol{S} \in \Re^{m\times m}$，$\boldsymbol{\Sigma} \in \Re^{m\times(N+q)}$，$\boldsymbol{V} \in \Re^{(N+q)\times(N+q)}$。

定义$\boldsymbol{Y}$的伪逆为：

$$\boldsymbol{Y}^{+} = \boldsymbol{V}\boldsymbol{\Sigma}^{+}\boldsymbol{U}^{T} \tag{14.69}$$

其中，$\boldsymbol{\Sigma}^{+} \in \Re^{(N+q)\times m}$是一个对角矩阵，它的对角线元素为$\mathrm{diag}(\boldsymbol{\Sigma}^{+}) = (\sigma_1^{-1}, \sigma_2^{-1}, \cdots, \sigma_p^{-1}, 0, \cdots, 0)$。

方程(14.63)和式(14.64)中的$\boldsymbol{W}$均可以使用类似于 Kepert(2004)中的格式进行重写。在式(14.64)中引入表达式(14.68)和式(14.69)，且定义$\boldsymbol{I}_N$为N维单位矩阵，我们得到：

$$\begin{aligned}
\boldsymbol{W} &= \boldsymbol{I}_N - (\boldsymbol{I}_N, 0)\boldsymbol{Y}^{\mathrm{T}}(\boldsymbol{Y}\boldsymbol{Y}^{\mathrm{T}})^{+}\boldsymbol{Y}(\boldsymbol{I}_N, 0)^{\mathrm{T}} \\
&= \boldsymbol{I}_N - (\boldsymbol{I}_N, 0)\boldsymbol{V}\boldsymbol{\Sigma}^{\mathrm{T}}\boldsymbol{\Sigma}^{+\mathrm{T}}\boldsymbol{\Sigma}^{+}\boldsymbol{\Sigma}\mathbf{V}^{T}(\boldsymbol{I}_N, 0)^{\mathrm{T}} \\
&= (\boldsymbol{I}_N, 0)\boldsymbol{V}\left\{\boldsymbol{I}_{N+q} - \begin{pmatrix}\boldsymbol{I}_p & 0 \\ 0 & 0\end{pmatrix}_{N+q}\right\}\boldsymbol{V}^{\mathrm{T}}(\boldsymbol{I}_N, 0)^{\mathrm{T}} \\
&= (\boldsymbol{I}_N, 0)\boldsymbol{V}\begin{pmatrix}0 & 0 \\ 0 & \boldsymbol{I}_{N+q-p}\end{pmatrix}_{N+q}\boldsymbol{V}^{\mathrm{T}}(\boldsymbol{I}_N, 0)^{\mathrm{T}}
\end{aligned} \tag{14.70}$$

通过用$(\boldsymbol{I}_N, -\boldsymbol{I}_N, 0) \in \Re^{N\times(N+q)}$替换矩阵$(\boldsymbol{I}_N, 0) \in \Re^{N\times(N+q)}$，得到式(14.63)中

类似的$\boldsymbol{W}$的表达式。

我们需要式(14.70)中的$N+q$阶矩阵的秩至少为$N-1$来保持更新的集合扰动的秩。因此，我们需要$N+q-p\geq N-1$，并且得到一边条件为：

$$p\leq q+1 \tag{14.71}$$

当$q=N$时上述条件满足$p\leq N+1$。只有当$\boldsymbol{E}$的所有奇异向量都包含在$\mathcal{S}$中才可能。因此，很显然，使用N个测量扰动的$\boldsymbol{C}_{\epsilon\epsilon}$的低秩表达形式$\boldsymbol{E}$，只要选定的扰动不将$\boldsymbol{Y}$的秩增加到超过$N+1$就可以使用。

同样清楚的是，如果受约束的低秩表达形式$\boldsymbol{E}\in\Re^{m\times N}$无法合理地表示真正的测量误差协方差，秩$p$满足条件式(14.71)，则扰动的数量有可能增加到一个任意数值$q>N$。

在 Kepert(2004)中假设秩$p=2N-2$。这里，$\boldsymbol{E}$包含沿$S^{\perp}$中$N-1$个方向的组件，那么显然不满足条件式(14.71)且导致降秩。这表明，这一问题可以用满秩的测量误差协方差矩阵解决(对应当$q\geq m+1$的极限情况)。然后，$p=\mathrm{rank}(\boldsymbol{Y})=\mathrm{rank}(\boldsymbol{C}_{\epsilon\epsilon}^{\mathrm{e}})=m$和条件式(14.71)总是可以满足的。

例如，假设现在我们已经从矩阵$\boldsymbol{E}\in\Re^{m\times(q=m+1)}$中移除$r$列。然后我们得到秩减少到$m-r$的$\boldsymbol{E}\in\Re^{m\times(q=m+1-r)}$。在这种情况下，我们可以考虑两种情形。第一种，如果移除的扰动也完全包含在$\boldsymbol{S}$中，那么移除将不导致p的减少，使p仍等于m。在这种情况下，当$r\leq N-1$，我们可以将条件式(14.71)写成：

$$p=m\leq m+2-r \tag{14.72}$$

这违反了$r>2$。第二种情形，假设移去的扰动被完全包含于$\boldsymbol{S}^{\perp}$。那么，秩p将减少r，我们将式(14.71)写为：

$$p=m-r\leq m+2-r \tag{14.73}$$

我们可以继续移除包含在$\boldsymbol{S}^{\perp}$中$\boldsymbol{E}$的列，且不违反条件式(14.71)，直到$\boldsymbol{E}$中剩余$N-1$个全部属于$\boldsymbol{S}$的列。

从这个讨论中，我们需要测量误差扰动来解释包含在$\mathcal{S}$空间中的方差。注意，子空间伪逆方案自动地将测量误差协方差矩阵或测量扰动投影到$\mathcal{S}$空间。

14.6 $m\gg N$的试验

接下来进行的试验是为了评估分析方案在$m\gg N$时的属性。使用的试验设置类似于4.1.3节中的平流例子。然而，现在每个更新步骤中有500个测量值被同化。因此，在每隔一个网格上会有一个测量。测量有相关的量测误差，其解相关长度等于 20m。测量的误差方差被设置为 0.09，对应于标准差 0.30，同化步数是 5。

这里进行了 10 个试验，不同试验中选择不同分析方案(EnKF 和 SQRT)与$\boldsymbol{C}$的求逆算法。此外，将使用$\boldsymbol{C}_{\epsilon\epsilon}$的精确值以及低秩的表达式。试验结果总结在表 14.1 中，EnKF 和 SQRT 表示使用的分析方法。EIGC 表示 14.1 节中基于特征值分解的反演算法。SUBC 表示 14.2 节中讨论的子空间求逆方法。SUBE 代表 14.3 节提出的使用测量扰动而不是完全的测量误差协方差矩阵的子空间求逆方法。在不同的试验中我们已经指定了一个满秩的测量误差协方差矩阵$\boldsymbol{C}_{\epsilon\epsilon}$，或一个定义为$\boldsymbol{C}_{\epsilon\epsilon}^{\mathrm{e}} = \boldsymbol{E}\boldsymbol{E}^{T}/(N-1)$的低秩的表达形式。

表 14.1　试验列表

试验 1Z	EnKF	EIGC	$\boldsymbol{C}_{\epsilon\epsilon}$	试验 6Z	SQRT	EIGC	$\boldsymbol{C}_{\epsilon\epsilon}$
试验 2Z	EnKF	EIGC	$\boldsymbol{C}_{\epsilon\epsilon}^{\mathrm{e}}$	试验 7Z	SQRT	EIGC	$\boldsymbol{C}_{\epsilon\epsilon}^{\mathrm{e}}$
试验 3Z	EnKF	SUBC	$\boldsymbol{C}_{\epsilon\epsilon}$	试验 8Z	SQRT	SUBC	$\boldsymbol{C}_{\epsilon\epsilon}$
试验 4Z	EnKF	SUBC	$\boldsymbol{C}_{\epsilon\epsilon}^{\mathrm{e}}$	试验 9Z	SQRT	SUBC	$\boldsymbol{C}_{\epsilon\epsilon}^{\mathrm{e}}$
试验 5Z	EnKF	SUBE	$\boldsymbol{E}$	试验 10Z	SQRT	SUBE	$\boldsymbol{E}$

表 14.2　两个试验与使用t检验计算所得的残差均值相同时的统计概率

试验	2Z	3Z	4Z	5Z	6Z	7Z	8Z	9Z	10Z
1Z	0.96	0.27	0.71	0.35	0	0.02	0	0	0
2Z		0.23	0.71	0.31	0	0.01	0	0	0
3Z			0.50	0.85	0	0.10	0	0	0
4Z				0.61	0	0.04	0	0	0
5Z					0	0.07	0	0	0
6Z						0	0.57	0.10	0.11
7Z							0	0	0
8Z								0.02	0.02
9Z									0.78

注：概率接近 1 表明这两个试验可能提供相似均值的残差分布

使用正确的统计能直截了当地对$\boldsymbol{E}$的每个元素的正态相关的扰动进行采样。此采样是通过使用与生成初始集合相同的采样方案，然后测量每个成员来创建$\boldsymbol{E}$中的列。在所有的试验中，我们对初始集合使用改进的六阶采样，对测量扰动采用四阶采样。

注意，采样得到的$\boldsymbol{E}$的秩等于$N-1$。当投影到$\boldsymbol{U}_{0p}$，即$\boldsymbol{U}_0$中前p个奇异向量扩展的子空间$\mathcal{S}$，我们不能确保$\boldsymbol{U}_{0p}^{\mathrm{T}}\boldsymbol{C}_{\epsilon\epsilon}^{\mathrm{e}}\boldsymbol{U}_{0p}$或$\boldsymbol{U}_{0p}\boldsymbol{E}$的秩等于$N-1$。如果$\boldsymbol{E}$中有垂直于$\boldsymbol{U}_{0p}$的列，当投影到$\boldsymbol{U}_{0p}$时它们将不起作用。这对应完美测量的同化，并会导致更新集合的秩有相应的损失。我们在目前的试验中没有遇到这个问题。

使用$\boldsymbol{C}_{\epsilon\epsilon}^{\mathrm{e}}$的低秩表达形式是有效的，并且如果$\boldsymbol{U}_{0p}^{\mathrm{T}}\boldsymbol{C}_{\epsilon\epsilon}^{\mathrm{e}}\boldsymbol{U}_{0p} = \boldsymbol{U}_{0p}^{\mathrm{T}}\boldsymbol{C}_{\epsilon\epsilon}\boldsymbol{U}_{0p}$，其结果将与使用满秩的$\boldsymbol{C}_{\epsilon\epsilon}$时的结果一致。由于$\boldsymbol{E}$的随机采样与生成初始集合使用了相同的相关函数，这种等价在这里几乎是满足的。也许，在这种情况下，使用一个对角误差协方差矩阵将更难以正确地用一个低秩的光滑成员的随机集合表示。

很明显，$\boldsymbol{C}_{\epsilon\epsilon}$在$\mathcal{S}$空间的投影可能生成一个测量方差，该方差比满秩$\boldsymbol{C}_{\epsilon\epsilon}$中指定的更低，从而有可能需要重新调整$\boldsymbol{C}_{\epsilon\epsilon}^{e}$来避免过度拟合数据，在这种情况下，EnKF 将预测过低的估计标准差。

与前面一样，为了对不同试验的结果进行统计比较，我们已经对每个试验运行了 50 个同化仿真。残差和奇异谱的时间演化如图 14.6 和图 14.7 所示。很显然，在所有的试验中残差是很类似的，它们将提供一致的解。

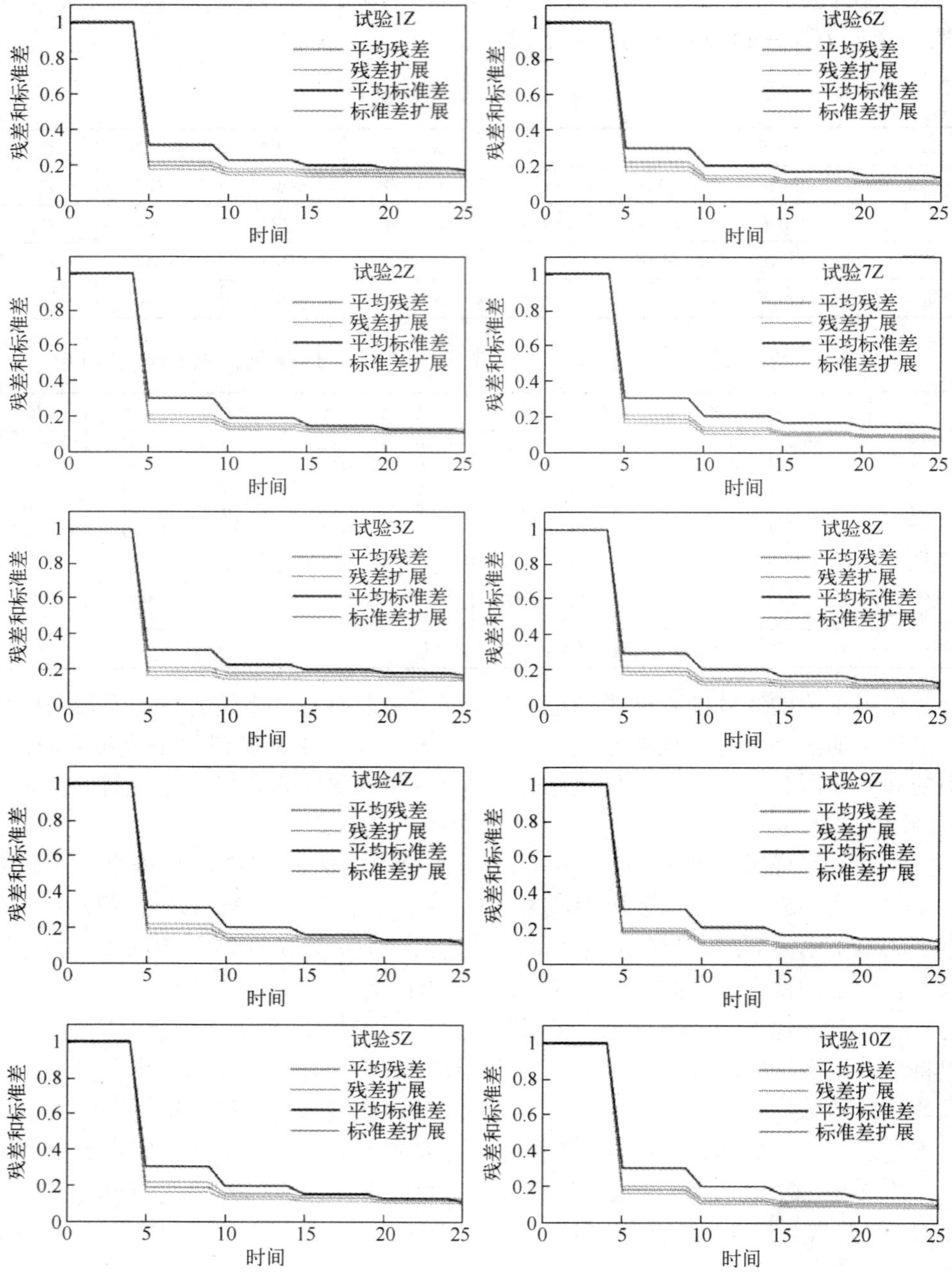

图 14.6 各自试验中的所有 50 个仿真的均方根残差(虚线)和估计的标准差(实线)的时间演化

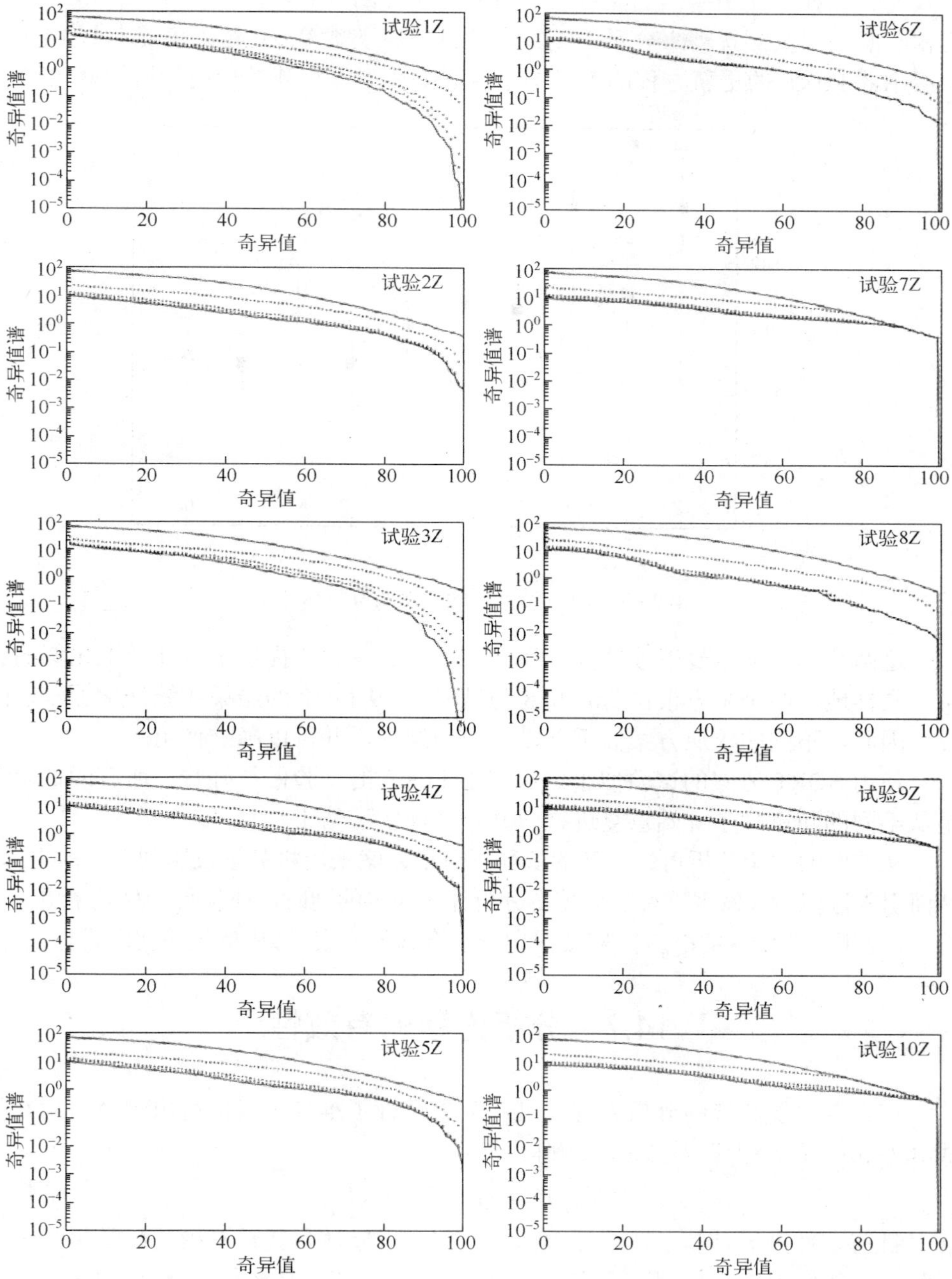

图 14.7　一些试验中集合奇异值谱的时间演化

在图 14.8 中，根据每个试验中的 50 次同化模拟的预测，我们绘制了残差的均值和标准差。我们观察到平方根的试验相比标准的集合卡尔曼滤波试验有更小的残差。此外，使用精确的测量误差协方差矩阵的试验，即试验 1，3，5 和 7，比相应的利用量测扰动来表示误差方差的试验表现更差。此结果可能会与 14.7 节中所示的 EnKF 的更新方程的推导中量测误差协方差矩阵的使用的讨论有关。

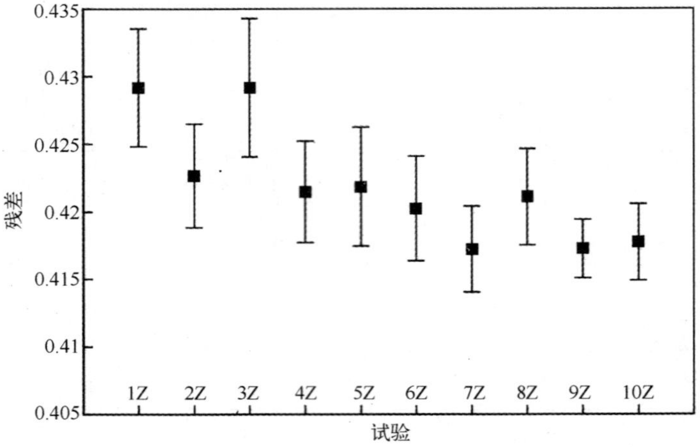

图 14.8　10 种情况下的平均残留与标准差

这两个集合卡尔曼滤波试验 1 和 2 与试验 2,4 和 5 提供了统计学上相似的结果。同样地，两个平方根试验 6 和 8 与试验 7，9 和 10 的结果在统计学上难以区分。因此，不同的求逆方案似乎并没有影响结果，并可以独立使用。

使用 SQRT 方案的试验似乎比那些用 EnKF 的试验做得好些。所有的试验都是从不同的随机种子开始重复进行，并且其证实了结果。

从前面的理论分析可知，新的低秩平方根方案采用将测量投影到$\mathcal{S}$子空间中，从而引入近似，并发现这种近似使得分析计算稳定的同时，还使得计算效率更高。然而，当用一个低秩的$\boldsymbol{C}_{\epsilon\epsilon}^{\mathrm{e}}$时，需要采用一个合适的方案对$\mathcal{S}$中的测量扰动进行采样。

14.7　分析方程的有效性

集合卡尔曼滤波的分析方程在 4.3 节中进行了推导，我们得出了众所周知的式(4.41)所示的分析误差协方差矩阵，即：

$$(\boldsymbol{C}_{\psi\psi}^{\mathrm{e}})^{\mathrm{a}} = (\boldsymbol{I} - \boldsymbol{K}_{\mathrm{e}}\boldsymbol{M})(\boldsymbol{C}_{\psi\psi}^{\mathrm{e}})^{\mathrm{f}} \tag{14.74}$$

目前方程推导是基于一个无限的实现集合以及测量扰动与模式异常集合之间零相关性的假设。当使用一个有限集合，方程中出现一个额外的校正项来表示测量扰动和模式异常之间的交叉相关性。此外，如下所示，如果在卡尔曼增益中使用一个精确的测量误差协方差矩阵，将引入一个额外的误差项。

基于以量测扰动集合表示的测量误差协方差矩阵$\boldsymbol{C}_{\epsilon\epsilon}^{\mathrm{e}}$，我们定义一个卡尔曼增益：

$$\boldsymbol{K}_{\mathrm{e}} = \left(\boldsymbol{C}_{\psi\psi}^{\mathrm{e}}\right)^{\mathrm{f}} \boldsymbol{M}^{T} \left(\boldsymbol{M}\left(\boldsymbol{C}_{\psi\psi}^{\mathrm{e}}\right)^{\mathrm{f}} \boldsymbol{M}^{T} + \boldsymbol{C}_{\epsilon\epsilon}^{\mathrm{e}}\right)^{-1} \tag{14.75}$$

误差协方差更新的推导如下：

$$\begin{aligned}
\left(\boldsymbol{C}_{\psi\psi}^{\mathrm{e}}\right)^{\mathrm{a}} &= \overline{(\psi^{\mathrm{a}} - \overline{\psi^{\mathrm{a}}})(\psi^{\mathrm{a}} - \overline{\psi^{\mathrm{a}}})^{\mathrm{T}}} \\
&= \overline{\left((\boldsymbol{I} - \boldsymbol{K}_{\mathrm{e}}\boldsymbol{M})\left(\psi^{\mathrm{f}} - \overline{\psi^{\mathrm{f}}}\right) + \boldsymbol{K}_{\mathrm{e}}\left(d - \bar{d}\right)\right)} \\
&\quad \overline{\left((\boldsymbol{I} - \boldsymbol{K}_{\mathrm{e}}\boldsymbol{M})\left(\psi^{\mathrm{f}} - \overline{\psi^{\mathrm{f}}}\right) + \boldsymbol{K}_{\mathrm{e}}\left(d - \bar{d}\right)\right)^{\mathrm{T}}} \\
&= (\boldsymbol{I} - \boldsymbol{K}_{\mathrm{e}}\boldsymbol{M})\overline{\left(\psi^{\mathrm{f}} - \overline{\psi^{\mathrm{f}}}\right)\left(\psi^{\mathrm{f}} - \overline{\psi^{\mathrm{f}}}\right)^{\mathrm{T}}}(\boldsymbol{I} - \boldsymbol{K}_{\mathrm{e}}\boldsymbol{M})^{\mathrm{T}} \\
&\quad + \boldsymbol{K}_{\mathrm{e}}\overline{\left(d - \bar{d}\right)\left(d - \bar{d}\right)^{\mathrm{T}}}\boldsymbol{K}_{\mathrm{e}}^{\mathrm{T}} \\
&\quad + 2(\boldsymbol{I} - \boldsymbol{K}_{\mathrm{e}}\boldsymbol{M})\overline{(\psi - \bar{\psi})\left(d - \bar{d}\right)^{\mathrm{T}}}\boldsymbol{K}_{\mathrm{e}}^{\mathrm{T}} \\
&= (\boldsymbol{I} - \boldsymbol{K}_{\mathrm{e}}\boldsymbol{M})\left(\boldsymbol{C}_{\psi\psi}^{\mathrm{e}}\right)^{\mathrm{f}}(I - \boldsymbol{M}^{\mathrm{T}}\boldsymbol{K}_{\mathrm{e}}^{\mathrm{T}}) + \boldsymbol{K}_{\mathrm{e}}\boldsymbol{C}_{\epsilon\epsilon}^{\mathrm{e}}\boldsymbol{K}_{\mathrm{e}}^{\mathrm{T}} \\
&\quad + 2(\boldsymbol{I} - \boldsymbol{K}_{\mathrm{e}}\boldsymbol{M})\boldsymbol{C}_{\psi\epsilon}\boldsymbol{K}_{\mathrm{e}}^{\mathrm{T}} \\
&= \left(\boldsymbol{C}_{\psi\psi}^{\mathrm{e}}\right)^{\mathrm{f}} - \boldsymbol{K}_{\mathrm{e}}\boldsymbol{M}\left(\boldsymbol{C}_{\psi\psi}^{\mathrm{e}}\right)^{\mathrm{f}} - \left(\boldsymbol{C}_{\psi\psi}^{\mathrm{e}}\right)^{\mathrm{f}} M^{\mathrm{T}}\boldsymbol{K}_{\mathrm{e}}^{\mathrm{T}} \\
&\quad + \boldsymbol{K}_{\mathrm{e}}(\boldsymbol{M}\left(\boldsymbol{C}_{\psi\psi}^{\mathrm{e}}\right)^{\mathrm{f}}\boldsymbol{M}^{\mathrm{T}} + \boldsymbol{C}_{\epsilon\epsilon}^{\mathrm{e}})\boldsymbol{K}_{\mathrm{e}}^{\mathrm{T}} \\
&\quad + 2(\boldsymbol{I} - \boldsymbol{K}_{\mathrm{e}}\boldsymbol{M})\boldsymbol{C}_{\psi\epsilon}\boldsymbol{K}_{\mathrm{e}}^{\mathrm{T}} \\
&= (\boldsymbol{I} - \boldsymbol{K}_{\mathrm{e}}\boldsymbol{M})\left(\boldsymbol{C}_{\psi\psi}^{\mathrm{e}}\right)^{\mathrm{f}} \\
&\quad + 2(\boldsymbol{I} - \boldsymbol{K}_{\mathrm{e}}\boldsymbol{M})\boldsymbol{C}_{\psi\epsilon}\boldsymbol{K}_{\mathrm{e}}^{\mathrm{T}}
\end{aligned} \tag{14.76}$$

因此，式(14.76)表明当使用一个无限集合时，EnKF将与KF给出相同的结果。它假定用来生成模式状态集合与观测集合的分布是彼此独立的。使用有限的集合时，忽略交叉项将引入采样误差。

正如先前在第4章指出的，式(14.76)的推导表明观测d必须被视为随机变量，从而将测量误差协方差矩阵$\boldsymbol{C}_{\epsilon\epsilon}^{\mathrm{e}}$引入表达式中，那就是：

$$\boldsymbol{C}_{\epsilon\epsilon}^{\mathrm{e}} = \overline{\epsilon\epsilon^{\mathrm{T}}} = \overline{\left(\boldsymbol{d} - \bar{\boldsymbol{d}}\right)\left(\boldsymbol{d} - \bar{\boldsymbol{d}}\right)^{\mathrm{T}}} \tag{14.77}$$

请注意，使用集合表示的测量误差协方差矩阵导致在式(14.76)中的倒数第二行被完全消除，因此我们可以写成：

$$\boldsymbol{K}_{\mathrm{e}}\left(\boldsymbol{M}\left(\boldsymbol{C}_{\psi\psi}^{\mathrm{e}}\right)^{\mathrm{f}}\boldsymbol{M}^{\mathrm{T}}+\boldsymbol{C}_{\epsilon\epsilon}^{\mathrm{e}}\right)\boldsymbol{K}_{\mathrm{e}}^{\mathrm{T}}$$

$$=\boldsymbol{K}_{\mathrm{e}}\left(\boldsymbol{M}\left(\boldsymbol{C}_{\psi\psi}^{\mathrm{e}}\right)^{\mathrm{f}}\boldsymbol{M}^{\mathrm{T}}+\boldsymbol{C}_{\epsilon\epsilon}^{\mathrm{e}}\right)\left(\boldsymbol{M}\left(\boldsymbol{C}_{\psi\psi}^{\mathrm{e}}\right)^{\mathrm{f}}\boldsymbol{M}^{\mathrm{T}}+\boldsymbol{C}_{\epsilon\epsilon}^{\mathrm{e}}\right)^{-1}\boldsymbol{M}\left(\boldsymbol{C}_{\psi\psi}^{\mathrm{e}}\right)^{\mathrm{f}}$$

$$=\boldsymbol{K}_{\mathrm{e}}\boldsymbol{M}\left(\boldsymbol{C}_{\psi\psi}^{\mathrm{e}}\right)^{\mathrm{f}} \tag{14.78}$$

如果在卡尔曼增益式(14.75)中使用一个满秩的测量误差协方差矩阵，那么在使用有限集合时，式(14.78)只是一个近似，并将产生一个额外的误差项。

因此，我们得出这样的结论：当计算卡尔曼增益时，使用通过测量扰动表示的低秩的测量误差协方差矩阵，可以降低集合卡尔曼滤波的采样误差。剩余的采样误差来自忽略了测量与预测集合之间的交叉相关项。当使用有限的集合时，该项是非零的，并且来自于状态误差协方差的近似。

上述推导假设了卡尔曼增益式(14.75)中存在逆。然而，当求逆过程中矩阵是低秩矩阵时 (例如当量测的数量大于实现的数量且使用低秩矩阵$\boldsymbol{C}_{\epsilon\epsilon}^{\mathrm{e}}$时)，该推导过程也同样适用。可以利用伪逆来替换式(14.75)中的逆，并且我们可以将卡尔曼增益写成：

$$\boldsymbol{K}_{\mathrm{e}}=\left(\boldsymbol{C}_{\psi\psi}^{\mathrm{e}}\right)^{\mathrm{f}}\boldsymbol{M}^{\mathrm{T}}(\boldsymbol{M}\left(\boldsymbol{C}_{\psi\psi}^{\mathrm{e}}\right)^{\mathrm{f}}\boldsymbol{M}^{\mathrm{T}}+\boldsymbol{C}_{\epsilon\epsilon}^{\mathrm{e}})^{+} \tag{14.79}$$

当求逆过程中的矩阵满秩时，式(14.79)等同于式(14.75)。采用式(14.79)时，式(14.78)变为：

$$\boldsymbol{K}_{\mathrm{e}}\left(\boldsymbol{M}\left(\boldsymbol{C}_{\psi\psi}^{\mathrm{e}}\right)^{\mathrm{f}}\boldsymbol{M}^{\mathrm{T}}+\boldsymbol{C}_{\epsilon\epsilon}^{\mathrm{e}}\right)\boldsymbol{K}_{\mathrm{e}}^{\mathrm{T}}$$

$$=\left(\boldsymbol{C}_{\psi\psi}^{\mathrm{e}}\right)^{\mathrm{f}}\boldsymbol{M}^{\mathrm{T}}\left(\boldsymbol{M}\left(\boldsymbol{C}_{\psi\psi}^{\mathrm{e}}\right)^{\mathrm{f}}\boldsymbol{M}^{\mathrm{T}}+\boldsymbol{C}_{\epsilon\epsilon}^{\mathrm{e}}\right)^{+}\left(\boldsymbol{M}\left(\boldsymbol{C}_{\psi\psi}^{\mathrm{e}}\right)^{\mathrm{f}}\boldsymbol{M}^{\mathrm{T}}+\boldsymbol{C}_{\epsilon\epsilon}^{e}\right)$$

$$\left(\boldsymbol{M}\left(\boldsymbol{C}_{\psi\psi}^{\mathrm{e}}\right)^{\mathrm{f}}\boldsymbol{M}^{\mathrm{T}}+\boldsymbol{C}_{\epsilon\epsilon}^{\mathrm{e}}\right)^{+}\boldsymbol{M}\left(\boldsymbol{C}_{\psi\psi}^{\mathrm{e}}\right)^{\mathrm{f}}$$

$$=\left(\boldsymbol{C}_{\psi\psi}^{\mathrm{e}}\right)^{\mathrm{f}}\boldsymbol{M}^{\mathrm{T}}\left(\boldsymbol{M}\left(\boldsymbol{C}_{\psi\psi}^{\mathrm{e}}\right)^{\mathrm{f}}\boldsymbol{M}^{\mathrm{T}}+\boldsymbol{C}_{\epsilon\epsilon}^{\mathrm{e}}\right)^{+}\boldsymbol{M}\left(\boldsymbol{C}_{\psi\psi}^{\mathrm{e}}\right)^{\mathrm{f}}$$

$$=\boldsymbol{K}_{\mathrm{e}}\boldsymbol{M}\left(\boldsymbol{C}_{\psi\psi}^{\mathrm{e}}\right)^{\mathrm{f}} \tag{14.80}$$

在这里我们使用合适的伪逆$\boldsymbol{Y}^{+}=\boldsymbol{Y}^{+}\boldsymbol{Y}\boldsymbol{Y}^{+}$。

应该指出的是，集合卡尔曼滤波分析方案在不考虑预测集合中非高斯贡献的影响是一种近似。换句话说，集合卡尔曼滤波分析方案没有对非高斯 PDF 的贝叶斯更新方程进行求解。另一方面，集合卡尔曼滤波分析方案并不仅仅是一个高斯后验分布的重新采样。只有式(4.37)的右侧所定义的更新过程是线性的，更新的增量被添加到非高斯前验集合中。因此，更新的集合从预测集合中继承了许多非高斯属性。总之，我们有一个计算高效的分析方案，使我们避免对后验分布进行重新采样。

14.8 总　结

本章给出了当使用大数据集进行集合卡尔曼滤波和平方根分析方案的综合分析。可以看出，$\boldsymbol{C}$的逆可能会变得很差，因此需要一个伪逆。

重新表达基于$\boldsymbol{C}$的特征值分解的标准伪逆形式，伪逆求解过程中采用奇异值谱的截断方法来只考虑显著的奇异值。在大多数情况下该算法似乎是有效的。然而，当测量的数量变大，该算法的效率就很低了，这是因为一个$m \times m$维的矩阵需要分解，其计算成本与$\mathcal{O}(m^3)$成正比。

另一种伪逆算法推导，是基于将量测投影到由量测集合扰动扩展的子空间$\mathcal{S}$中。在某些情况下，该方法可以引入一个近似。特别的，如果测量误差协方差矩阵是对角矩阵，那么，$\boldsymbol{S}\boldsymbol{S}^{\mathrm{T}}$和$\boldsymbol{C}$的特征向量是相同的，没有引入近似值。另一方面，如果$\boldsymbol{C}_{\epsilon\epsilon}$是非对角的，那么它们特征向量将会不同，并且在$\boldsymbol{S}$空间的投影消除了$\boldsymbol{C}$中$\mathcal{S}$空间正交的一部分。幸运的是，在许多应用中这些被消除的部分主要是噪声。

子空间伪逆方法的计算成本为$\mathcal{O}(Nm^2)$，当$m \gg N$时该方法能显著节省成本。然而，也可以看出，如果使用一个测量误差协方差矩阵的低秩表示形式，则进一步加速是可能的。特别的，如果我们将测量误差协方差矩阵写为$(N-1)\boldsymbol{C}_{\epsilon\epsilon}^{\mathrm{e}} = \boldsymbol{E}\boldsymbol{E}^{\mathrm{T}}$，并用测量扰动$\boldsymbol{E}$表示，可以不用$\boldsymbol{C}_{\epsilon\epsilon}^{\mathrm{e}}$计算分析方程。该方法进一步将求逆的成本降低到正比于$\mathcal{O}(N^2 m)$，并且该算法允许我们使用非常大的数据集来计算分析更新。很重要的一点是，必须对量测扰动进行采样来扩展空间$\mathcal{S}$，以避免更新的集合中秩的损失。

第 15 章　伪相关性、局地化和膨胀

较远的空间距离或不相关变量间的伪相关性，是指利用有限集合来近似误差协方差矩阵时引入的抽样误差。伪相关性意味着与观测不相关的变量经历了微小的非物理的更新。伪更新可能会随着时间的推移和数据的增加被抵消，其所引起的均值浮动也可以忽略不计。然而，伴随每一次伪更新，都会使集合方差相应减少，并且随着时间的推移集合方差可能明显低估了实际方差。所有的集合卡尔曼滤波的应用中都存在这种问题，它会导致滤波发散。另一方面，当使用较大的集合时，更新的方差的一致性会得到改善。

在下文中，我们将首先利用简单的例子分析和论证伪相关性的影响。此后我们将着眼于对两种伪更新的影响的最小化方法，即集合膨胀和局地化。

15.1　伪 相 关 性

下面基于图 4.2 的线性平流模式的例子证明伪相关性导致方差减少。

$\boldsymbol{A} \in \mathcal{R}^{n \times N}$中存储着模式状态集合。产生一个额外的集合$\boldsymbol{B} \in \mathcal{R}^{n_{\text{rand}} \times N}$，其中每行都包含从一个均值为 0 且方差为 1 的高斯分布中采样得到的随机样本，并对不同行中的输入单独进行采样。因此，$\boldsymbol{B}$是由零均值和单位方差的独立变量组成的状态向量集合矩阵。在分析时刻，我们这样计算更新：

$$\begin{pmatrix} \boldsymbol{A}^{\text{a}} \\ \boldsymbol{B}^{\text{a}} \end{pmatrix} = \begin{pmatrix} \boldsymbol{A}^{\text{f}} \\ \boldsymbol{B}^{\text{f}} \end{pmatrix} \boldsymbol{X} \tag{15.1}$$

预测集合$\boldsymbol{A}^{\text{f}}$是采用平流模式进行集合积分的结果，然而集合$\boldsymbol{B}^{\text{f}}$不根据任何动力学方程进行演变。因此，某一更新时刻的$\boldsymbol{B}^{\text{f}}$与前一更新时刻的$\boldsymbol{B}^{\text{a}}$相等。可以根据第 14 章中任意的分析方程来定义更新矩阵$\boldsymbol{X}$。

由于当集合趋近于无穷大时，$\boldsymbol{B}$和预测的量测扰动$\boldsymbol{S}$之间的相关性为零，因此它遵循：

$$\lim_{N \to \infty} \frac{\boldsymbol{B}\boldsymbol{S}^{\text{T}}}{N-1} = \boldsymbol{0} \tag{15.2}$$

然而，当集合有限时，式(15.2)不能严格满足，同时$\boldsymbol{B}^{\text{a}}$通过式(15.1)中的更新使自身经历一个微小的更新以及相应的方差减少。

正如这个平流模式的例子，在每一个分析步骤中我们根据四个测量值计算矩阵$\boldsymbol{X}$，然后根据式(15.1)将它应用到$\boldsymbol{B}$中。

由伪相关性引起的方差的减少如图 15.1 所示。图中显示了随机集合$\boldsymbol{B}$平均方差的减小情况，对应于使用 100 个实现和 250 个实现的集合卡尔曼滤波的结果以及使用 100 个实现的对称平方根方案的结果。为了获得独立于$\boldsymbol{B}$的随机取样的一致结果，当使用 100 个实现时，$n_{\mathrm{rand}} = 100$可以满足要求。

使用 100 个实现的集成卡尔曼滤波方案，利用不同的随机种子重复 5 次以上试验，来证明试验结果与使用的随机种子无关。在前 50 次更新时得到的方差曲线呈线性下降，而最后 12 次的下降变缓。图中最后部分误差方差减少较小，是由于在 50 次更新时间内，一个测量位置的同化信息传播到下一测量位置。因此，经过 50 次更新后，测量位置的集合方差将会降低，并且与预测结果相比，数据的相对权重降低了。正如之前期望的一样，伪相关性对使用 250 个集合的 EnKF 方案的影响显著降低。

采用平方根方案受到伪相关性的影响较小，原因可能是集合卡尔曼滤波更新中的测量扰动增加了单个实现更新的强度，因而放大了伪相关性的影响。

在许多动力系统中，强大的动力不稳定性可以抵消伪相关性引起的方差减少，使得伪相关性引起的影响可能不那么明显。另一方面，在参数估计问题时，伪相关性将明显导致参数集合方差的低估。

图 15.1 中，伪相关性引起的随机集合方差的减小，方差的减小可以作为分析更新的函数。对使用 100 个和 250 个实现的 EnKF 分析方案的结果与使用 100 个实现的平方根方案的结果进行比较。使用 100 个实现的集成卡尔曼滤波方案利用不同的随机种子重复以上试验，确保试验结果的一致性。

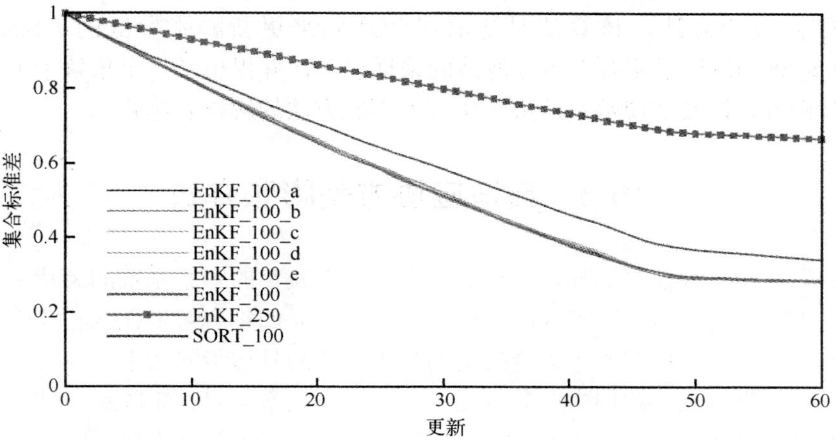

图 15.1　试验结果

15.2 膨　　胀

协方差膨胀过程(1999)可以用来抵消由于伪相关性引起的方差减小，以及其他导致集合方差被低估的原因。集合大小对距离协方差的噪声的影响已经被Hamill 等人验证(2001)，而 Anderson(1999)已经对“膨胀因子”的影响进行了评价。用于替换预测集合的膨胀因子为：

$$\boldsymbol{\psi}_j = \rho\left(\boldsymbol{\psi}_j - \overline{\boldsymbol{\psi}}\right) + \overline{\boldsymbol{\psi}} \tag{15.3}$$

其中，ρ会比 1 稍大一点(通常为 1.01)。Pham(2001)也使用了膨胀过程，其中利用Lorenz 吸引子模式与集合卡尔曼滤波进行检验，并与不同版本的 SEEK 滤波器以及粒子滤波器的结果进行比较。他的试验中使用成员很少的集合，这类似于 SEEK的方法，其中选用 EOF 的集合对模式吸引子进行最优表达。

有一些算法能自适应地估计最优的膨胀参数。在 Wang 和 Bishop(2003)中根据新息统计序列进行协方差膨胀的估计；而 Anderson(2007a)提出了一种方法，将膨胀参数扩展到模式状态中，并在 EnKF 的分析计算中作为一个参数进行更新。Li 等(2009)对膨胀系数的在线估计进行研究，并与观测误差同时进行估计。研究发现，没有准确地观测误差统计时，无法合理地单独对膨胀进行估计，反之亦然。

显然，膨胀参数已经成为一个调整参数，自适应最佳估计时可以得到最优参数。膨胀的需求程度取决于使用局部还是全局的分析方案，并且利用局部的方案可以在很大程度上减少额外膨胀的需求程度。

Anderson(2009a)基于贝叶斯算法提出了一种能自适应地估计空间和时间变化的膨胀参数的方法。该算法是随着时间递归来更新膨胀参数的。Sacher 和Bartello(2008)讨论了集合卡尔曼滤波的采样误差，并提出了一个依赖于卡尔曼增益、分析方差以及实现数量的最优协方差膨胀方法的解析表达式。

15.3　自适应协方差膨胀方法

我们描述一种估算能补偿伪相关性引起方差减小的膨胀系数的蒙特卡洛方法。在如图 15.1 所示的伪相关性的例子中，用一个独立的集合来量化伪相关性引起的方差减小。一个简单的改进集合扰动的分析算法的具体步骤如下。

每一分析时刻，我们生成具有随机正态分布元素的附加矩阵$\boldsymbol{B}^{\mathrm{f}}$，使得每行的均值为 0，方差为 1。所以我们实际是从$\mathcal{N}(0,1)$中随机抽样生成矩阵。接着，对于每一行，首先减去任意非零均值，然后计算标准差，用这种方法对整个矩阵进行计算。然后，根据式(15.1)计算分析更新。对于$\boldsymbol{B}^{\mathrm{a}}$中的每一行，计算标准差。膨胀因子$\rho$被定义为$\boldsymbol{B}^{\mathrm{a}}$中的每行标准差的平均值。估计膨胀系数的精度取决于使用的实现的数量以及$\boldsymbol{B}$中的行数。据推断，计算膨胀因素时，$\boldsymbol{B}$中使用少量实现的额外行可以补偿抽样误差。

这种算法较为准确地给出了膨胀因子的一阶近似，其能够抵消由样本噪声产生的长距离伪相关性引起的方差减小。估计的膨胀系数取决于所用实现的数量、量测的数量和新息矢量与测量误差协方差矩阵以及预测误差协方差所决定的更新强度。但目前还无法确定膨胀是否对包含测量位置的整个模式状态都适用。

15.4 局 地 化

我们现在讨论使用局地化以减少伪相关性。目前使用两类局地化方法，即协方差局地化和局部更新。

Houtekamer 和 Mitchell(2001)将集合协方差矩阵运用舒尔积(Schur product，逐元素相乘)乘以指定的相关矩阵。指定相关功能根据局部支持进行定义，从而有效地截短由有限集合所产生的长距离伪相关。在 Bishop 等(2001)，Hamill 等(2001)，Whitaker 和 Hamill(2002)及 Anderson(2003)都应用了协方差局地化方法。

我们假设仅在网格点周围一定距离范围内的观测影响其自身分析。这个假设允许算法在逐个点上进行分析计算，并且仅当前格点周围的一个观测子集被用于局部分析中。Haugen 和 Evensen(2002)，Brusdal 等(2003)和 Evensen(2003)应用这种方法，Ott 等(2004)在局部集合卡尔曼滤波中也用到这种方法。除了减少长距离伪相关的影响，局地化方法可以更简便地处理其中量测数量远大于集合成员数量的大数据集。

计算局部分析的另一个原因是集合卡尔曼滤波在由集合元素所扩展的空间中进行计算。子空间与模式状态的总维数相比相对较小。逐个网格点计算意味着对于每个网格点，小模式状态都在比较大的集合空间中进行求解。然后分析结果来自每个网格点集合元素的不同组合，并且分析方案允许得到原本不能由集合表达的解。在许多应用中局地化分析方案明显减小了有限集合的影响，并允许高维模式系统中使用集合卡尔曼滤波。

局部分析引入的近似程度取决于观测定义的影响范围。范围变得足以包括所有的数据时，所有的网格点的解与标准全局分析等同。调整范围参数，使其大到足以包含较为重要的测量信息，又小到足以消除远处测量的伪影响。

局部分析算法如下。我们首先构造全局集合卡尔曼滤波的输入矩阵，即所测量的集合扰动$\boldsymbol{S}$、新息矩阵$\boldsymbol{D}'$，以及测量扰动$\boldsymbol{E}$或测量误差协方差矩阵$\boldsymbol{C}_{\epsilon\epsilon}$。然后，我们对每个网格点进行循环，例如，对一个二维模式(i,j)，我们提取当前更新过程中测量矩阵的行，然后计算用于定义格点(i,j)上的分析过程的矩阵$\boldsymbol{X}_{(i,j)}$。

在网格点(i,j)的分析过程为：

$$\begin{aligned}\boldsymbol{A}_{(i,j)}^{a} &= \boldsymbol{A}_{(i,j)}\boldsymbol{X}_{(i,j)} \\ &= \boldsymbol{A}_{(i,j)}\boldsymbol{X} + \boldsymbol{A}_{(i,j)}\left(\boldsymbol{X}_{(i,j)} - \boldsymbol{X}\right)\end{aligned} \tag{15.4}$$

其中，$\boldsymbol{X}$是全局解，而$\boldsymbol{X}_{(i,j)}$为网格点(i,j)上只使用了最近测量的局部分析解。因此，可以首先计算全局分析，然后如果影响显著，就从局部分析中添加修正量。

集合卡尔曼滤波分析的质量与集合大小相关。我们预计，想要使结果达到相同的质量，全局分析的集合需要比局部分析的集合大。在全局分析中需要一个较大的集合来合理地探索状态空间，并且得到与局部分析一样好的一致结果。还要注意的是，在选择测量时使用足够大的影响半径的情况下，尽管这些模态的幅度较小，但局部分析方案仍可能引入非动力学模态。我们也参考了 Mitchell 等人(2002)关于局地化和长范围相关性滤波的讨论。

15.5 自适应局地化方法

在自适应局地化方法中，同化系统本身被用于确定局地化策略。由于动力学协方差函数在空间和时间上的变化，且集合的大小决定伪相关性，所以这种算法很有效。因此，每个同化问题和集合大小，都需要对局地化参数进行单独调节。

Anderson(2007b)分层方法 (hierarchical approach) 使用一些小集合来探索在分析中使用的局地化方法的需求程度。这种方法是一种基于将集合拆分成几个小集合来评估抽样误差和伪相关性的蒙特卡洛方法。这种方法用统计学一致的方法来解决问题。然而，局地化方法在集合较小的情况下结果较优，并且当使用包含所有实现的全集合时，结果可能变得不理想。

Bishop 和 Hodyss (2007) 提出了另外一种局地化方法，该方法基于衰减长范围与伪相关性的流依赖调节函数 (flow-dependent moderation function) 的在线计算。这种方法被命名为 SENCORP (smoothed ensemble correlations raised to a power)。这个方法的思想是从平滑的协方差函数中生成调节函数。

在 Fertig 等(2007)中将一个局部分析方法处理为模式状态的积分参数的量测。在这种情况下，不宜使用基于距离的局地化方案。这里我们选择一种替代方法，通过选择在指定格点上变量更新过程的量测，从而只同化那些与特定格点的模式变量明显相关的量测。

因此，虽然传统的局地化方法是基于距离的，然而 Anderson(2007b)，Bishop 和 Hodyss(2007)及 Fertig 等(2007)讨论了自适应局地化方法，其中同化系统判断了相关性是显著的还是虚假的，以及一个特定的量测是否用于特定模式变量的更新中。自适应定位方法对许多基于距离的方法不适合的应用领域的进一步发展是非常重要的。

最后，目前尚不清楚在集合卡尔曼平滑中如何最好实现局部分析方案。一种方法定义局部分析是同时考虑模式中信息的传播与模式时间尺度的情况下，只使用在特定的空间–时间域内的量测。Khare 等人(2008)在高维大气环流模式中使用了集合卡尔曼平滑。研究了与迟滞集合卡尔曼平滑中迟滞时间相关的伪相关性的影响，并指出迟滞实现有利于时间维上的局地化。

15.6 局地化和膨胀的例子

使用平流模式，研究在集合卡尔曼滤波中膨胀和局地化的影响。由图 11.4、图 11.5、图 13.3 和图 14.6 的结果可知，无论使用哪种分析方案，全局更新的集合卡尔曼滤波都会低估集合方差。我们重复第 11 章中试验 B 的集合卡尔曼滤波情况，其中使用标准集合卡尔曼滤波进行计算更新，并且最初的集合采用标准取样，但引入不同的局地化和膨胀方案。平流模式中不存在模式误差或动力学不稳定，而集合振荡仅由使用有限集合而引入的伪相关性引起。

作为对膨胀影响的初步测试，我们分别应用集合卡尔曼滤波和 SQRT，在全局分析更新的平流例子中，尝试了一系列膨胀参数。试验结果如图 15.2 所示，10 次不同随机元素初始化的同化试验表明，后 50 个时间步的平均残差可以作为膨胀参数的函数。最上面的子图显示的是集合卡尔曼滤波的试验结果，中间子图是 SQRT 的结果。在最下面的子图中我们针对 10 个集合卡尔曼滤波和 SQRT 方案试验给出了最优常膨胀参数。在集合卡尔曼滤波中，膨胀参数在 1.028～1.045 之间的效果较好，平均最佳膨胀参数为 1.034。在 SQRT 方案中，膨胀参数在 1.013～1.033 之间的效果较好，平均最佳膨胀参数为 1.020。如果用整个时间段的平均残差作为衡量膨胀的影响标准，我们发现实际上一个微小紧缩的效果要比膨胀好。这个结果可能是由于特定例子得到的特殊结果，由于我们希望滤波器收敛，并且残差随时间减小，因此选择仿真最后一部分的残差作为度量。

图 15.3(a)显示了 10 组集合卡尔曼滤波试验的自适应膨胀参数，图 15.3(b)是 10 组 SQRT 方案试验的自适应膨胀参数。很显然在不同随机元素的试验中，膨胀系数是一致的。集合卡尔曼滤波和 SQRT 方案两种方法中，膨胀参数随时间的定性变化都是相似的。在第一次更新后膨胀会减小，并且当 50 次更新后测量位置的信息到达下一个测量位置时，膨胀进一步降低。直到第 50 次更新前，集合卡尔曼滤波的膨胀都比 SQRT 方案的膨胀略小，而之后集合卡尔曼滤波的膨胀都明显低于 SQRT 方案的膨胀。50 次更新之后膨胀系数减少的原因是此时的新息减少。SQRT 方案的膨胀因子在最优常膨胀因子范围内，而集合卡尔曼滤波的膨胀因子则略低于最优常膨胀因子。

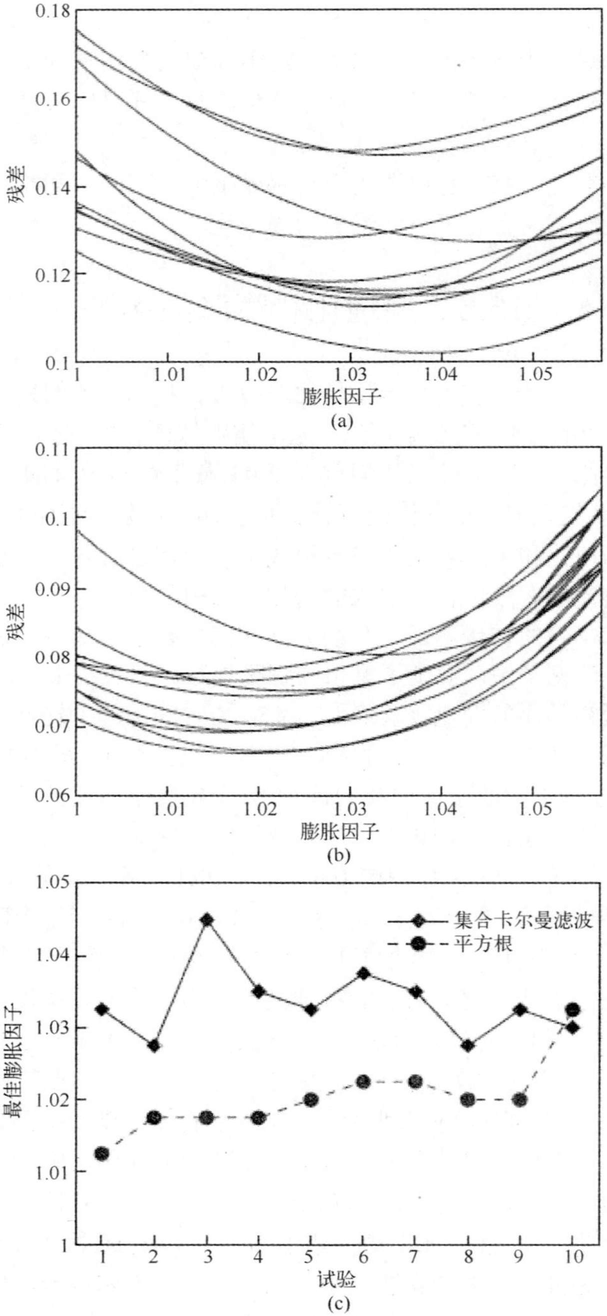

图 15.2　用 10 组不同随机元素进行试验，作为膨胀参数函数的残差

(a) 集合卡尔曼滤波的试验结果；(b) SQRT 方案的结果；

(c) 使用了不同随机数的 10 个进行集合卡尔曼滤波和平方根方案试验的最佳膨胀参数。

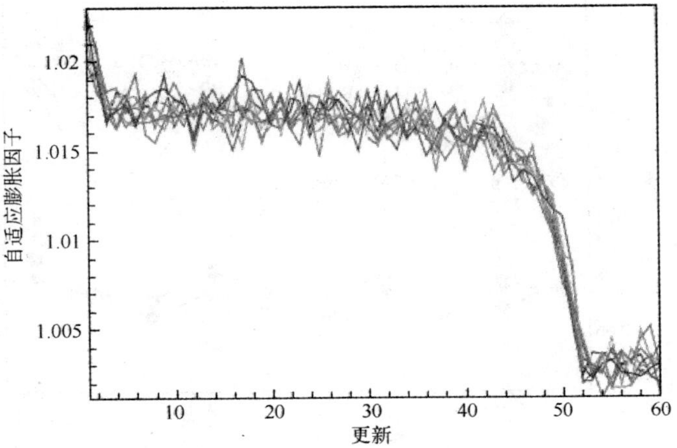

(a)

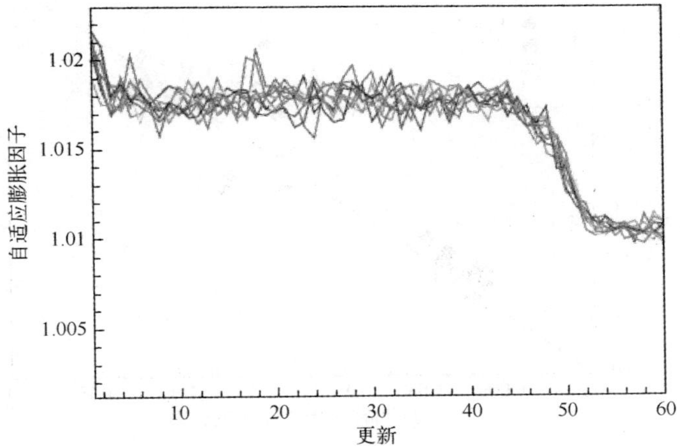

(b)

图 15.3　10 组试验中作为更新的函数的估计的自适应膨胀参数

(a) 表示集合卡尔曼滤波试验的结果；(b)平方根方案试验的结果。

在图 15.4 中我们绘制了使用最优常膨胀和自适应膨胀的同化试验的残差。可以看出，SQRT 方案与集合卡尔曼滤波的结果相比，所有试验的整体残差均有所降低。自适应膨胀的残差和最优常膨胀的残差非常相似和匹配。采用自适应膨胀的结果是有意义的，因为我们不能确定在实际应用中最优常膨胀因子。

需要强调的是，自适应参数没有历史记录。仅从预测方差、集合的大小、伪相关性、测量的位置与数目以及测量新息等计算膨胀参数。此外，自适应膨胀只有助于避免由伪相关性引起的集合振荡，而无法校正因集合无法表达真值状态而导致的额外的方差低估。

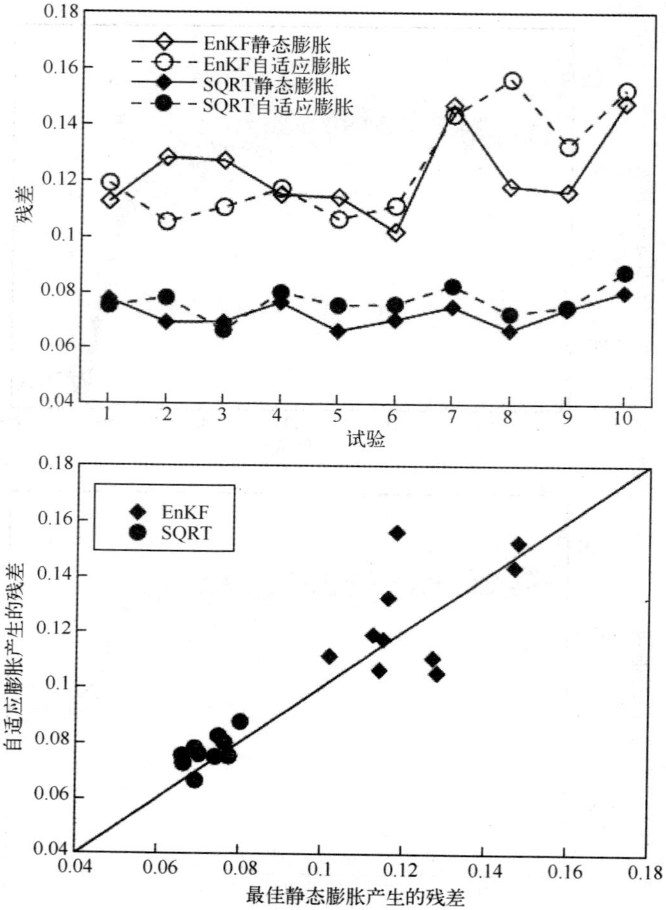

图 15.4　使用自适应膨胀参数与 10 个不同试验的膨胀参数的残差

另一方面，使用局地化方案能够找到不包含在原始集合中的解。在下面的例子中，我们研究使用膨胀、基于距离以及自适应局地化的影响。下面的试验将运行：

试验 B 是利用全局集合卡尔曼滤波分析方案的参考案例。这个案例是对第 11 章的试验 B 的再次推演，结果与原试验结果不同，可能由于使用不同的随机元素，或者由于原试验运行的代码已被更新。主要的区别是重新运行时最终残留略高。

试验 BI 除使用了上面讨论的自适应膨胀外，与试验 B 均相同。

试验 F250 除采用包含 250 个实现的集合的 SQRT 方案外，与试验 B 均相同。

试验 F250I 除采用包含 250 个实现的集合的 SQRT 方案外，与试验 BI 均相同。

试验 BL 除在计算更新时使用传统的基于距离的局地化分析方案外，与试验

BI 相似。在这个试验中，特定的网格点更新时仅使用位于两个特征长度尺度的距离范围内的量测。

试验 BLS 除每次更新后，对全部实现都应用由 Shapiro 滤波器产生的附加平滑外，与试验 BL 相似。

试验 BLA20，BLA25 以及 BLA30 在选择保留在特定的网格点的更新的测量时，分别使用相关性截断尺度为 0.20、0.25 和 0.30 的自适应局地化方法。

试验 BLA20S，BLA25S 和 BLA30S 除每次更新后，对全部实现都应用由 Shapiro 滤波器产生的附加平滑外，与试验 BLA20，BLA25 及 BLA30 相似。

在图 15.5 和图 15.6 中，我们表明在不同试验中残差作为时间的函数。我们注意到，在试验 B 中预测误差和残差平方的均值间存在较大的不匹配。集合方差的低估部分是由伪相关性引起的方差的减小造成的，另一部分是由 100 个成员的集合无法合理表达真值解造成的。在试验 BI 中很明显的是，使用的自适应膨胀只在试验的最后部分误差的总体表达得到了局部改善。估计误差稍大，且在最后时刻的残差略有减少，但我们不能认为膨胀已经解决了误差方差的代表性不足的问题。试验 F250 和 F250I 是对试验 B 和 BI 的重演，但其使用了一个更大的包含了 250 个元素的集合，并在试验 F 中使用第 13 章介绍的 SQRT 分析方案，以避免测量扰动产生任何影响。集合的大尺寸可以确保完整的解空间很好地由集合进行表达。在这种情况下，自适应膨胀导致集合方差与真实残差相当地接近和一致。因此，伪相关性的影响可以由自适应膨胀进行校正。

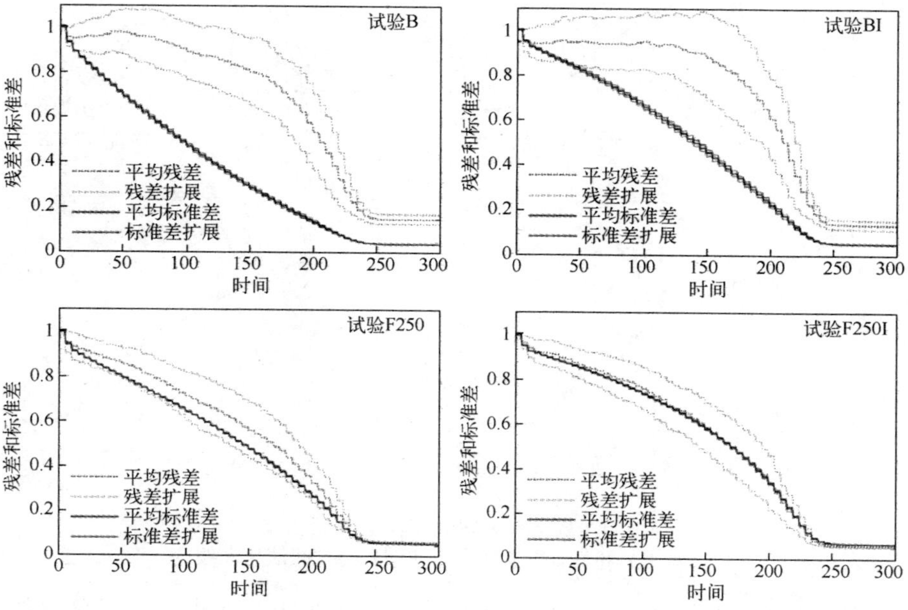

图 15.5　在各自试验中 50 次仿真的 RMS 残差(虚线)和估计的标准差(实线)的时间演化曲线

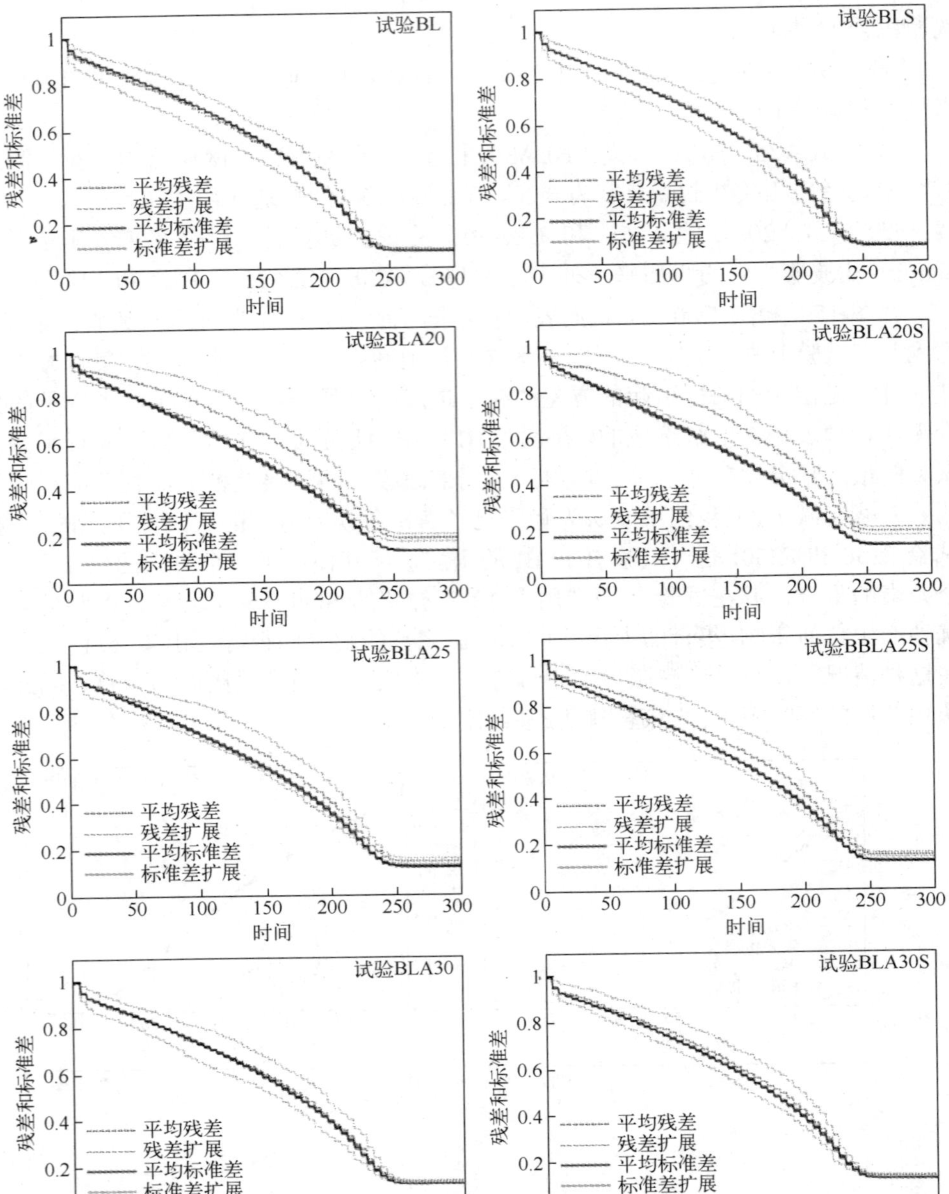

图 15.6 在使用了局地化方案的试验中 50 次仿真的 RMS 残差 (虚线) 和估计的标准差 (实线) 的时间演化曲线

相比于试验 B 和 BI，基于距离的局地化的试验 BL，残差有了显著改善，并且其结果和试验 FI 的一样好。实际残差与估计的方差匹配得很好，并且残差显著降低。局地化可以得到初始集合扩展的原始空间外的解，并且现在可能通过更新的集合成员合理表达真值解。在当前的例子中，仅特定网格点上等于两个特征长度之间的距离范围内的量测被用于该网格点的更新。

在图 15.7(a)中，我们展示了试验 BL 中一个使用基于距离的局地化方法的 EnKF 试验的最终估计的解。可以看出，局地化在估计中引入了一些小规模的噪声。在量测中可以通过使用足够大的影响半径来减少这种噪声，但当基于距离的局地化方法没有进行平滑处理时，有限集合总是会在估计中引入一些噪声。在当前的精确平流模式中没有耗散或扩散，一旦引入噪声就会保留在解里。在特定模式中噪声不会产生任何数值上的问题，但对于更现实的非线性模式则需要引入某种平滑。平滑可能是在数值方案或 Shapiro 滤波器解中的隐扩散。在试验 BLS 中我们重复试验 BL，但在更新步骤后，都对每个实现应用二阶 Shapiro 滤波器。从图 15.6 和图 15.7 中可以很明显地看出，应用 Shapiro 滤波器可以在不显著影响残差的情况下消除小规模噪声。

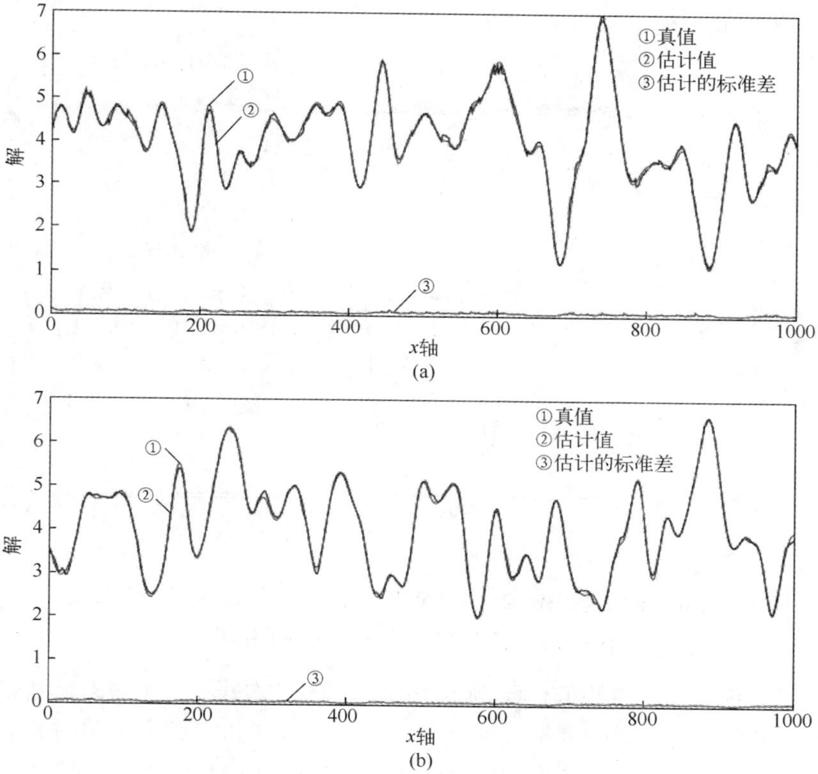

图 15.7 (a) 试验 BL 中一个集合卡尔曼滤波仿真的最终估值；
(b) 试验 BLS 中相应的结果

基于相关函数的一种截断的自适应局地化方法，检验残差时也给出了一个显著改善的结果。这种改善和使用基于距离的局地化的效果相差无几。结果显示在相关性约 0.30 处截断时给出最佳结果，这与来自 Fertig 等人(2007)的结果一致。然而，仔细观察图 15.8(a)的曲线，它显示了在试验 BLA25 中使用自适应局地化方法的集合卡尔曼滤波试验的最后估计解，表明自适应局地化方法相较于基于距离的局地化方法在估计中引入了更多的噪声。另一方面，图 15.8(b)展示的是使用 Shapiro 滤波器有效过滤掉噪声后，使它被考虑成为一种自适应局地化替代方法，尤其是用于测量的影响范围未知的模式。

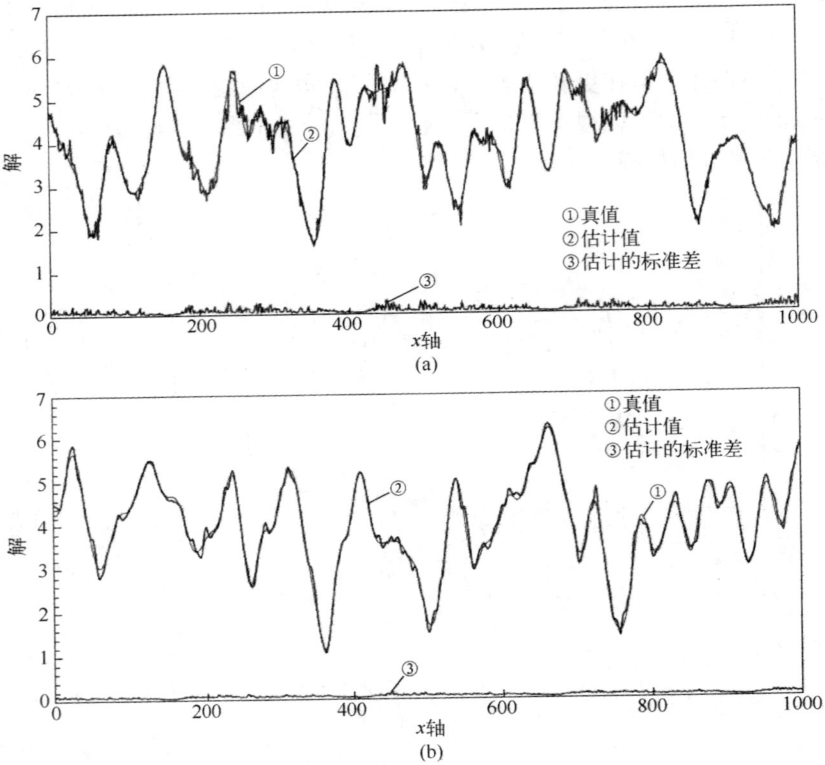

图 15.8 (a) 试验 BLA25 中一个集合卡尔曼滤波仿真的最终估值；
(b) 显示了试验 BLA25S 中相应的结果。

最后，在图 15.9 中我们已绘制了所有试验的平均残差。无法确定是否在整个时间周期的平均是最佳的度量方式，因为前期大残差将对结果产生主要影响。另一方面，我们在图中也绘制平均残差，因为在前几章中也对上述试验结果进行了绘制。结果可以从图 15.5 和图 15.6 绘制残差中定性推导出来，并且我们发现当在试验 B 中引入膨胀后，其平均残差有所增加。在试验 BI 中最终残差比估计残差低，并且一致性更好。在试验 F250I 中我们发现，即使平均残差略有增加，但引入膨胀后也会导致残差与估计的误差一致。在所有的试验中，试验 BL 中使用基于距离的局地化的平均残差结果最低。虽然利用 Shapiro 滤波器仅对试验 BLS 的结果产生了轻微影响，但也导致了更多无间断且物理上可接受的实现。对于自适应局地化，似乎相关性为 0.30 的截断提供了最好的结果，并且很明显在这种情况下也应该包含可实现的平滑。

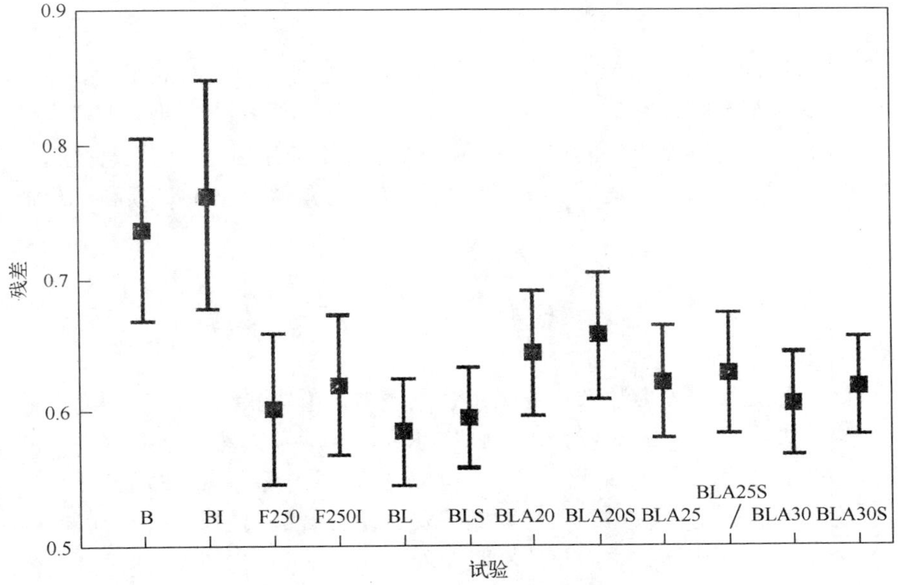

图 15.9 试验的平均残差和标准差

第 16 章　海洋预报系统

先进数据同化系统的应用引领海洋建模领域走向了一个新的纪元。本章将简要介绍 TOPAZ 系统，它构成了欧洲“MERSEA”集成系统中北大西洋和北极的部分，是国际全球海洋资料同化试验(GODAE)的参与者之一。该系统是在混合坐标海洋模式 (HYCOM)与基于 EnKF 的数据同化方法等方面的最新科学进展的基础上形成的。

16.1 引　　言

目前对高质量海洋参数预测的需求越来越多。近年来，近海石油勘探活动已从大陆架扩大到了更深的水域。在几处作业区，石油及天然气钻探与生产的深度已达到 2000m 甚至更深，而北极大陆架的冰封区域仍含有相当多的天然气资源。由于海流海冰的运动对钻井、生产等操作安全性有着很大的影响，所以产生了对洋流和海冰的实时预测需求。此外，商业渔业和水产养殖的发展使得海洋资源的可持续开发变得越来越重要。对营养浓度和浮游生物浓度等海洋参数的准确预报能够令鱼类种群的监测和预报更加精确，有助于渔业管理系统的发展。因此，对物理和生物的海洋参数的运行监测和预测是十分必要的。

海洋数据同化系统能将海洋、海冰、生物与化学变量的遥感数据、现场观测数据以及通过海洋生态系统 (Natvik 与 Evensen，2003b) 与海冰–海洋通用循环模式 (Brusdal 等和 Lisæter 等，2003) 等得到的数据进行整合。利用先进的数据同化技术可以极好地完成这种整合。海洋界一直强烈关注协调一致数据同化技术的发展和应用，使其既可以用于原始方程模式，也可以用于海洋生态系统模式。此外，实时处理和观测数据流技术已经发展到一定程度，几乎可以实时提供卫星和现场数据。一些海洋预报系统正是利用数据同化系统中的这些实时观测信息流，来提供当前的海洋预测。

TOPAZ 系统由 HYCOM 海洋模式 (Bleck，2002) 组成，已被耦合到两个不同的海冰模式，一个用于冰厚度和冰聚集度的简单模式，而另一个是表示海冰厚度分布的多类别海冰模式。此外，TOPAZ 系统还集成了四个复杂的生态系统模式。

TOPAZ 系统的开发主要是为了满足海洋参数的未来需求。系统的开发已经得到前两届欧洲委员会的资助，即 DIADEM 和 TOPAZ 项目的支持，当前工作主要是在 MERSEA 综合项目内将 TOPAZ 系统融入欧洲 MERSEA 系统。由 TOPAZ 系统得到的预报结果，以及由 Coriolis 中心提供的现场数据验证统计结果均发布在网页 http://topaz.nersc.no 上。

16.2 系统配置和集合卡尔曼滤波的实现

图 16.1 展示了用于 TOPAZ 预测系统的模式区域。根据 Bentsen 等人(1999)提出的算法，通过将磁极保形映射到两个新的位置来创建网格。水平模式分辨率从北极 11km 到赤道附近 18km 处不等。

图 16.1 谷歌地球中显示的 TOPAZ 系统在北大西洋和北冰洋观测到的表面温度和海冰聚集度

TOPAZ 系统有一个包括 7960 万个物理海洋参数变量的巨大状态向量。海洋生态系统的容量可以通过未知数的数量乘以一个 2～3 的因子来决定，其中因子的数值大小取决于所使用的生态系统模式的公式。该系统采用 100 个元素的集合，因此系统的运算成本是单一模式的 100 倍。然而幸运的是，各元素能够完全相互独立演化，并且具有多个 CPU 的新并行集群非常适合这类应用。显然，以 4 倍分辨率运行单一模式可能与上述方法的计算成本是类似的。另一方面，若以 4 倍分辨率运行单一模式，我们将失去利用观测来一致更新这个单一模式的机会，并且需要使用简化的和一致性较低的同化方案。我们也将失去生成预测误差估计的可能性。

同化观测值的数量是巨大的。它由四个观察海平面异常的卫星(ERS2、Jason1、ENVISAT 和 GEOSAT)组成，每个同化周期中每个格点上包含 100000 个由本地收集卫星 (CLS) 观测的北大西洋上的观测值。此外，TOPAZ 同化了专用传感器微波成像仪中 40000 个网格化冰聚集度数据及 8000 个海洋表面温度观测数据(Reynolds SST)，但是其分辨率相对较低 (赤道上 120km)。而更高分辨率的产品(25km) 可以从 Medspiration 项目获得时，同化的 SST 数据量将增至约 200000 个，具体观测数量由云存储量决定。

显然，只使用有限成员的集合来同化这么多的测量值，很难表示如此大的状态向量搜索空间。可以使用在前面章节中讨论的复杂分析方法，但对于该特定系统需要做些微调整。Haugen 与 Evensen(2002)、Brusdal 等(2003)、Evensen(2003)及 Ott 等(2004)使用了一种名为“局部分析”的算法。在此算法中的分析更新是通过逐点计算实现的，且只使用位于网格点一定距离内的观测量，因此这个算法相对简便，这部分内容在第 15 章中进行了详细的讨论。在海洋模式中，由于模式的深度比水平尺度小得多，所以逐个网格列的更新方法较为适用。

局部分析在空间上是不连续的，且更新的集合成员并不一定能代表原始模式方程的解，但只要影响的范围足够大，其偏差就不会很大。此外，更新集合成员不能在预测集合的扩展空间中表示。事实上，在全网格中使用平滑变化的更新矩阵可以有效地降低问题的维数。也就是说，我们在海洋模式中以逐个网格列的形式更新解，就可以将一个大问题转化为很多小问题去解决。在 TOPAZ 系统中每个网格列的未知量数目与集合元素的数量(113 对应 22 个垂直混合层)以及局部观测的数目(最多 50)都具有相同的数量级。

集合卡尔曼滤波分析的质量与使用的集合大小有关。若希望全局分析和局部分析得到相同的结果，就必须需要一个更大的集合。即，全局分析需要一个大的集合来探索状态空间并为全局分析提供一个一致的结果。然而应用哪种分析方法完全取决于实际应用。还要注意的是，局部分析方案可能引入非动力模式，在测量时选择足够大的影响半径，能够减小其振幅。在较大状态空间的动力模式中，尽管使用一个相对较小的模式状态集合，局部分析仍能够计算现实分析结果。这还涉及 Mitchell 等(2002)在长范围相关性的局地化与滤波上的讨论。

TOPAZ 系统每周都在运行并产生未来 2 周的预报。传播和分析的步骤以下列方式进行脚本编排：每周二收集观测值，对每个观测量按顺序进行分析，然后从集合平均的初始化开始进行单元素预报直至两周预报，然后整个集合通过带有扰动驱动场(风和热力学驱动)的模式进行传播。分析和传播步骤之间的通信由文件完成，以便不同的程序可以独立完成执行。这样模式和分析代码可以单独升级。传播步骤每周需要 1200 个 CPU 小时，许多独立工作可以利用超级计算机的空闲时间。TOPAZ 在 Bergen 大学的超级计算机 Parallab 上运行，虽然该设施与许多其他用户共享，但是业务系统所需的权限相对较小，并不会对其他用户产生影响。

单个成员预测无需嵌套模式的边界条件。集合预报也可以从最新的分析集合开始运行。

16.3 嵌套的区域模式

为了满足终端用户对高分辨率准确信息的需求，TOPAZ 系统中嵌入了分辨率很高的区域模式，从而对目标区域的中尺度过程进行求解。嵌套模式依赖于基准尺度模式，但全局系统并不依赖于区域模式，因此每个嵌套系统在不干扰系统的整体性的前提下，可以通过不断调整来满足实际应用需求。

TOPAZ 构建了一个最为先进且灵活的业务化海洋预报系统，其中包含嵌套能力以及对现场数据与来自各种卫星传感器数据的同化能力。该模式系统易于扩展到全球范围内的其他地理区域，它允许嵌套任意数量的具有任意方向和水平分辨率的高分辨率区域模式。

覆盖墨西哥湾、北海和巴伦支海区域的高分辨率模式，目前正在利用 TOPAZ 提供的边界条件并处于实时运行中。墨西哥湾模式使用附录 A.4 提出的基于集合 OI 的数据同化方法。它被用来预测回流的位置和墨西哥环流的形成与传递，从而为墨西哥湾深水钻井和石油生产提供有价值的信息。

在区域模式中仅同化来自卫星高度计的海表面高度观测值，这些观测数据存在一个三天的滞后。因此，数据同化向后推迟一个星期，并且同化每周平均值的网格地图。该模式是综合过去一周的信息来对未来两个星期进行预测。必要时，例如出现特殊的动力学情况，嵌套系统可以每周更新两次，且独立于外部模式的更新。其中，上面叠加了预测的海面高度(等值线)，显示了回流和分离环的准确位置。

图 16.2 说明了回流的观测极限，在墨西哥湾北部和西北部有两个环。回流及其分离环可能速度很大，而当速度超过 1.5m/s 时，工作人员和设备的安全都将受到威胁，许多操作都将被迫推迟，并造成重大经济损失。

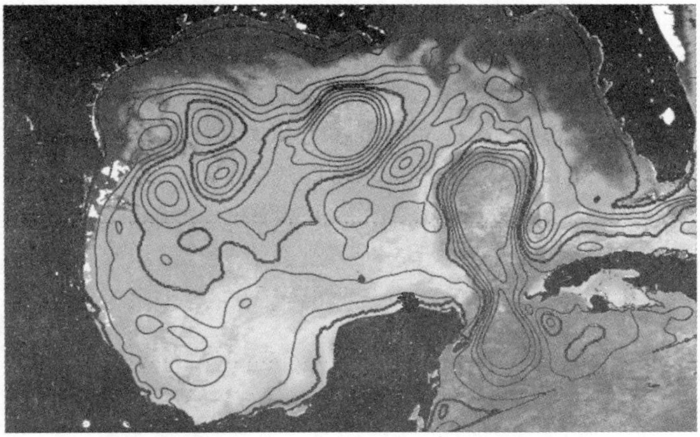

图 16.2　2006 年 3 月 29 日卫星于墨西哥湾观测到的海表面温度(尚未同化)

模式现报(当前时刻的估计)很好地表示了回流和两个分离环的状态，并且与所测量的流向一致，但是上述特征的位置和范围等还不够准确。我们希望剩余由小尺度特征的混沌行为而产生的误差是可约束的。因此，用户产品的下一个主要的改进点是一种基于集合的概率预报。它可以指明哪些地区可以预测，以及哪些区域过于混沌而无法预测。

16.4 小　　结

可以证明，得益于遥感产品的实时有效性和气象预报中心大气驱动场，此系统的实时操作是切实可行的。墨西哥湾漩涡的预测已提交给海洋 Numerics 公司在海洋石油工业方面的潜在用户，对于解决问题的方式，他们表现出浓厚兴趣，并对未来的产品开发提供了积极的反馈意见。石油公司也纷纷投入到对巴伦支海的高分辨率模式的研究中，该模式被嵌套在 TOPAZ 系统中，以便应用于被冰覆盖着的 Shtokman 区域的海上勘探与生产。后面的系统会提供海冰条件的相关信息，并作为冰和冰山预报系统的基础。

近海工业、资助机构内部及海洋研发人员对海洋预报业务系统的开发需求方面已经达成了一个很强的共识。预计在不久的将来会建立几个这样的系统，可以覆盖全球海洋，并为商业用户与公众提供海洋状态方面有价值的服务信息。

第 17 章　油层仿真模式中的估计

在油气储层的仿真模式中应用 EnKF 方法进行参数估计，可以提高模式的预测能力。最能代表油层的模式会产生巨大的经济效益。更有利的是该模式可以实现对未来生产的预测，并协助规划新的产量和油井。一个更优的模式也有利于加深人们对油层相关特性的理解。

油层仿真模式中的参数估计通常被工程师命名为“历史匹配”，其目的是找到在仿真中能够最优匹配生产历史的模式参数。传统意义上，历史匹配被认为是一个手动的过程，其中工程师手动调整参数，并通过模式仿真结果来检测其影响。

最近，越来越多的学者对实现历史匹配的数学与统计方法产生兴趣。这些方法包括直接最小化技术与基于伴随的梯度方法。这些方法都被认为是一个纯粹的参数估计问题，而不是前面的章节中描述的状态参数联合估计问题。

Naevdal(2003)等人提出了另一种基于 EnKF 的同化方法，其中利用油井中的压力和速率测量信息，并按照时间序列依次对油层模式的状态与参数进行更新。现有一些课题组仍然在继续这方面工作，下面将对油层模式基于 EnKF 历史匹配的应用进行讨论。

17.1　引　　言

一个油层通常由沙层和页岩层组成，每层的孔隙度和渗透率都不同。沙和页岩层沉积在不同的地质条件的海底中，它们的特征由孔隙度$\phi(\boldsymbol{x})$与渗透率$\boldsymbol{K}_{\mathrm{h}}(\boldsymbol{x})$表征，其中孔隙度表示沙体可混合流体的比率，渗透率表示流体在储层中的流动能力。通常，储层中砂体的孔隙度约为 10～30%，与沉积环境的颗粒大小变化无关。渗透率的测量单位为 Darcy，其中 1 Darcy(D)是$10^{-12}\mathrm{m}^2$阶。典型储层的渗透率范围为 0.1～10D。

对于含有烃的储层，透水的砂体必须用不透水的页岩层或者盖岩层覆盖，以阻止油和气从储层中溢出。在地质时期，沙层褶皱倾斜，可能发展成断层。断层也可能不可渗透。因此，储层边界通过盖层岩石和不可渗透的断层来封闭油和气。

气体的密度远远小于油和水的密度，而气体的流动性也远高于油和水。油比水轻，由流体静力学平衡，我们知道气体覆盖油且油在水下面，图 17.1 显示了北海的一个油层的横截面。该储层受一个上面不透水的页岩和水平延伸的两个封闭断层限制。并清楚定义了油气界面(GOC)和水油接触面(WOC)的深度。同时也应注意储层内的四个断层。

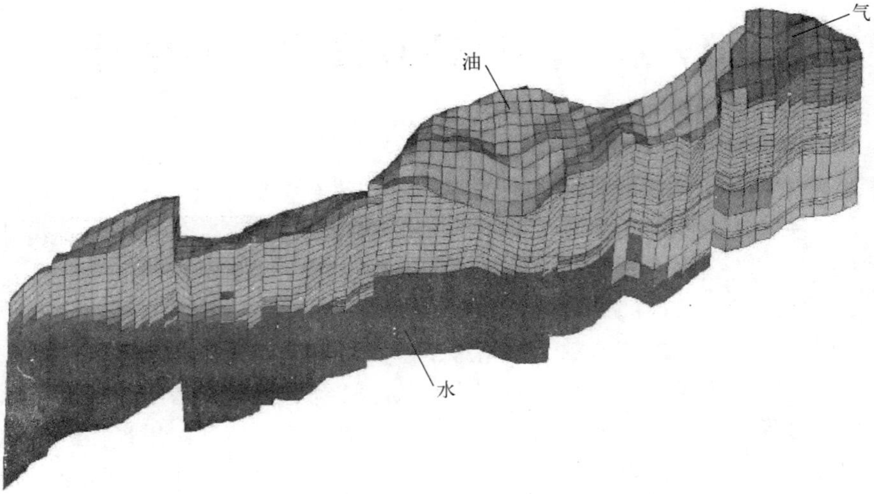

图 17.1　油层仿真模式的横截面

油层仿真模式描述了储层中的油、气、水的流动。储层模式中的状态向量由储层压力P及和水、气、油的饱和度S_{w}、S_{g}和S_{o}组成。允许利用两个饱和度信息计算第三个饱和度。此外，饱和度一般包括变量R_{s}和R_{v}，其中R_{s}是指在储层中呈液态、在表层变成气态的气体量，R_{v}是指在储层中呈冷凝状、在表层变成液态的气体量。当钻井钻进储层中并且运行压力低于储层压力时，建立储层压力的梯度，并且储层中流体开始流向井中。

实际应用中,储层模式也会被耦合到描述井中流体流动情况的模式中。该模式既包括可以开采储层中的油、气、液体，也包括泵送水、气体注入井的过程，有时还包括其他的比如用于泵入储层中的化学试剂来保持储层压力，从而迫使石油和天然气流向生产井的过程。井内的过程一般通过地上的控制阀来控制——调节井内的流速，控制井内的压力。

现有的储层仿真模式研究表明，EnKF 可以用于改善储层管理。这是由Naevdal(2002，2003)等人首先提出的，他们将 EnKF 用于一个简化的储层模式来估计储层的渗透率。他们发现，利用 EnKF 进行参数估计来改善模式有很大的好处，也可以得到更优的预测。这些早先的成果已经被加入到最近的出版物中(见附录中的列表)。这些工作大多考虑简化的储层和各种测试案例。估计的参数包括孔隙度和渗透率，并且同化的数据是高质量压力数据和速率数据。一个例外在Skjervheim 等人(2005)中提到，这篇文章将地震的四维数据进行了同化。在下一节，我们将描述一个基于北海区域油层仿真的 EnKF 同化实现的实例。

17.2 试　　验

很明显，当定义严格的储层性质时，存在很大的不确定性。地质科学家和地球物理学家首先估算储层的顶部位置。然后，利用地震数据和测试井的日志数据，结合对沉积过程的地质认知，他们设计了一个区分储层中不同的沙层和页岩层的概念模式。一个结构地质学家需要基于相对较少的试验井和地震数据，分析储层中断层的存在，并建立一个结构模式。应用来自测试井的数据来确定流体触点的位置，以及储层中油、气和水的性质。然后，通过各种统计模拟方法建立一套初始模式或者实现。

17.2.1　参数化

在历史匹配过程中首先要确定模式参数，这些参数决定了模式的不确定性，并且我们需要估计这些参数。首先假设结构模式是十分精确的，即模式中的断层和储层的位置是合理的。然而事实也许并非如此，但目前不能确定 EnKF 是否可以用来估计结构参数，因为 EnKF 的更新方程结合了集合成员，而且这些成员都需要在同一数值网格下定义。

1. 流体接触面

在目前的应用中，我们已经确定了油水和油气接触面(WOC和GOC)有很大的不确定性。这个储层由几个或多或少被绝缘的断层所分离的区域组成。除非我们有垂直的钻井穿透触面，否则很难获得较好的估计。触面的深度在不同的孤立区域之间变化，我们只能从穿透少量孤立区域的钻井中获取信息。在某些区域，WOC初始不确定性的标准差可达到 30m。因此，待估的主要参数就是模式中不同区域的WOC与GOC，因为这决定着储层的油量以及水平生产井的最优垂直位置。

2. 断层的可传递性

大量断层的存在和较少的压力测量导致假设的断层的可传递性有较大的不确定性。因此，我们还将断层的传递率 *multf* 看作待估参数。

3. 垂直层的传递性

在储层中垂直流动通常是由垂直渗透率决定。在目前的试验中，我们设置垂直渗透率为水平渗透率的 10%，水平渗透率也将作为一个待估参数。然而我们不直接估计垂直渗透率，而是通过一个参数 *multf*，它描述了液体如何在模式各层之间流动。这是一个在每一层都恒定的数值，它乘以垂直渗透率可以得到两层之间有效的垂直交互。一些模式层或多或少被假定为不可垂直渗透，*multf* 的估计可以帮助我们确定具有低垂直流动性的那些层。

4. 孔隙度和渗透性

我们还考虑了三维孔隙度和渗透性场，$\boldsymbol{\phi}(\boldsymbol{x})$和$\boldsymbol{K}_{\mathrm{h}}(\boldsymbol{x})$，作为待估变量。孔隙度是十分重要的变量，它能估计储层中某一部分所包含的油量。例如，我们可以通过增加一个区域的孔隙率使得该区域中容纳更多的油量。渗透率决定了流体流经储层的流动能力，并且需要对其进行调整使得拟合观察到的生产率以及水的溢出时间能够匹配。

17.2.2 状态向量

对于状态与参数联合估计问题，我们定义了状态向量，它含有油层模式的动态变量，如压力和饱和度，还有前面定义的静态变量。结合本案例中包含的参数，每一个集合成员的 EnFK 更新过程都可以写成以下简单的形式：

更新预报协方差：

$$\left\{\begin{array}{c} P \\ S_{\mathrm{w}} \\ S_{\mathrm{g}} \\ R_{\mathrm{s}} \\ \boldsymbol{K}_{\mathrm{h}} \\ \phi \\ multz \\ multflt \\ WOC \\ GOC \end{array}\right\}_j = \left\{\begin{array}{c} P \\ S_{\mathrm{w}} \\ S_{\mathrm{g}} \\ R_{\mathrm{s}} \\ \boldsymbol{K}_{\mathrm{h}} \\ \phi \\ multz \\ multflt \\ WOC \\ GOC \end{array}\right\}_j + \sum_i \alpha_{ji} \left\{\begin{array}{c} C(P, d_i) \\ C(S_w, d_i) \\ C(S_g, d_i) \\ C(R_s, d_i) \\ C(\boldsymbol{K}_h, d_i) \\ C(\phi, d_i) \\ C(multz, d_i) \\ C(multflt, d_i) \\ C(WOC, d_i) \\ C(GOC, d_i) \end{array}\right\}_j \tag{17.1}$$

其中，j是集合成员的指针，i是测量的指针。系数α_{ji}表示每一个测量对集合成员更新过程的影响。

可以看出，不同动态变量和静态变量通过添加模式测量和对应于每一个测量变量之间的加权协方差进行更新。请注意，状态变量和各种参数需同时被更新。

仅仅通过提供油井的速率信息就能更新参数的原因是，速率依赖于储层的属性，储层的属性又由前面所给出的一系列参数决定。因此，储层属性和所观察到的产量比率之间存在相关性。

考虑到孔隙度和渗透率被定义为三维场，且在每个网格点上都有一个未知的参数，因此目前系统中有大量的参数需要被估计。然而，由于每个网格点上的孔隙度和渗透率都是平滑场，并且不包含独立值，所以参数空间的自由度数远少于真正的参数数量。这种平滑性是由之前的模式中表征每个沉积环境的水平与垂直相关性的统计信息来规定的。这有效地降低了问题的实际维度，使得它在 EnKF 同化中可以使用有限大小的集合来处理。

在特定的应用中，我们尝试估计例如渗透率等，这意味着我们只能期望找到对渗透率估计的校正，其可以在由初始渗透率集合构成的空间中表示。然而，这是一个实际的约束，因为增加集合大小或准确选择初始集合都会减弱它的影响。

另一个问题是考虑可以估计的渗透率的尺度。这也显然依赖于集合成员的初始选择。需要挑选集合的“平滑性”来表达渗透率的真正的尺度。同时需要注意的是，有限数量的钻井和测量值肯定会限制可被估计或求解的尺度。

该模式具有 82000 个网格节点，状态向量包括 328000 个动态变量以及 5 个WOC与GOC接触面，42 个断层可传递性，24 个垂直乘符以及对应于每个孔隙度与渗透率的 82000 个参数。生成一个有 100 个模式状态的初始集合。

参数初始猜测的先验分布是基于项目中多个数据源的有效信息进行构造的。特别是接触面的集合被模拟为高斯分布的独立数值，该高斯分布均值为最佳的猜测估计，标准差为 20m。请注意，接触面最初只用于初始化该模式，然后为每个区域定义垂直的饱和剖面。通过在状态向量中加入接触面，它们将在每一步同化中被更新，在模式中没有明确地使用它们，而是间接通过饱和度的更新来使用。在同化试验结束时，我们已经获得了改进的接触面的估计，然后它们可以用于新模式的模拟或油量计算。

断层传递率的初始猜测值设置为 1.0，0.1 或者 0.001，含有 20%的标准差。在这里，应考虑到一些已知的断层几乎是封闭的。

除了三个根据测量井中得到的数据而假定为具有较低垂直渗透率的层外，垂直乘符的初始猜测值为 1，标准差为 10%～20%。

利用 11.2 节中的算法模拟孔隙度和渗透率，同时应用平均值，可得到不确定性以及水平与垂直解的相关长度的高斯变差函数等。

17.3 结　　果

起初，我们只对先验集合进行纯粹的整体积分。如果使用的参数空间和扰动能够真实地反映模式预报中的不确定性，那么集合积分结果中便可以体现出来。图 17.2 中绘制了前 20 个集合成员总累计的产油量和真实产量。(a)表示的是总累计的油层产量，而(b)和(c)说明的是两个油井 P1 和 P2 各自累积产量的预测值。我们很清楚初始参数空间的不确定性会导致模式预报很大的不确定性。如果不能得到产量的历史信息，就不可能区分开不同的实现，因为它们都代表储层的一个统计有效的表达。从两个单独的油井图可以清楚地看到，P1 的模拟中存在一个问题，就是扩展较小而石油产量较大。P2 的模拟有巨大的不确定性，但它也能够达到观察到的生产量的最大值。

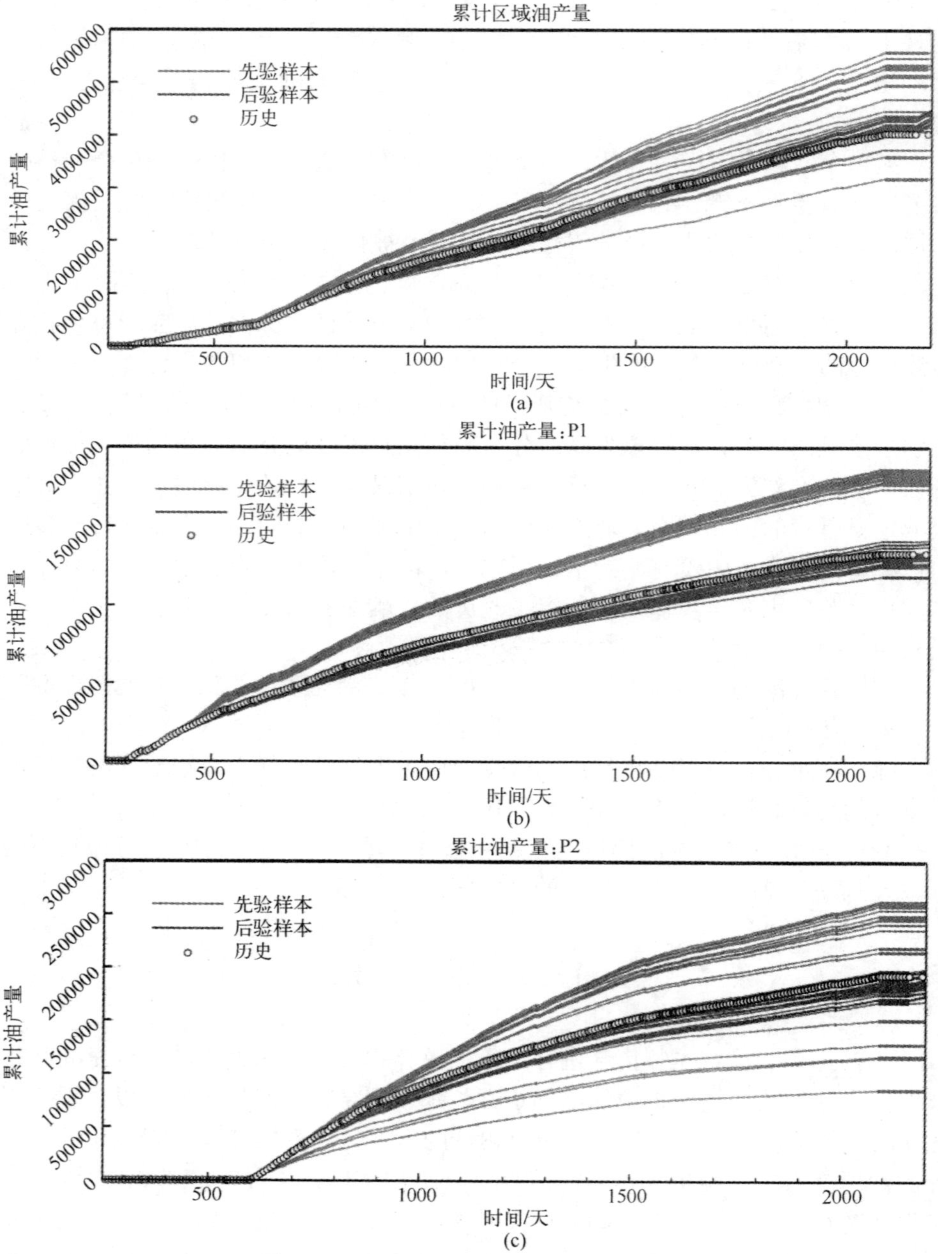

图 17.2 基于初始集合实现的集合预测

(a) 总累计的区域油产量；(b)，(c) 两个钻井的总累计的油产量。

在集合卡尔曼滤波试验中，我们对来自两个产油井的石油生产率(OPR)，气油比(GOR)和含水(WCT)等数据进行了同化。与预期结果相同的是在同化过程中，我们得到的油、水和气体的比率与观测值吻合得很好，因为它们也是被同化的数据。另一个验证测试中，估计的参数集合，即孔隙度和渗透率、断层与垂直乘符、以及初始接触面，都在一个新的从零时开始的纯集合积分中被使用。仿真的结果如图 17.2 中所示。由于使用了模式静态参数的改进值，所以之前预测的不确定性大大衰减。因此，我们成功计算出总数超过 164000 个未知模式参数的改进估计值。

模式层中某一层的孔隙度和渗透率的估计如图 17.3 所示。估计的孔隙度和渗透率的集合平均值分别(a)和(c)中体现。很显然，与整个模式层中都恒定的初始猜测集合的均值相比，估计域的结构变得愈加清晰且有意义。在同化更新过程中，标准差减少了约 25%。

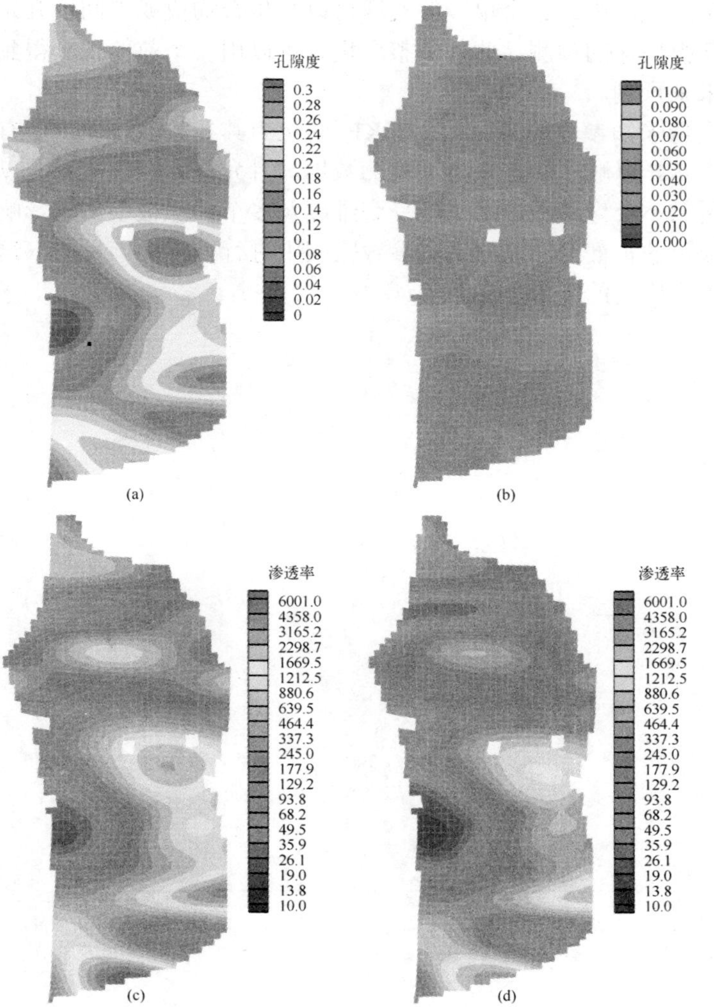

图 17.3　某一模式层中估计出的孔隙度和渗透率(a)(c)及具有标准差的孔隙度和渗透率(b)

又进行了另一个测试，其结果与被排除在同化试验之外的第三个生产井 P3 相比，改进的模式参数集合也明显改善了这个钻井。这就表明估计模式参数是符合实际的，并且改进的实现可以用于未来油井的仿真与设计中。

17.4 总 结

在油层仿真模式中，EnKF 同化提供了实时更新和预报的理想框架。每当新的观测数据被使用和同化时，模式参数以及相关模式的饱和度和压力都将得到改善。因此，分析的集合提供了最佳的实现，它依赖于以前的所有数据，并可以用于未来的生产预测中。一个单一的实现可以从集合均值或中间值开始沿时间向前积分，以获得快速的预测。此外，整个集合可以用一个前向积分得到带有不确定性估计的未来预测。

存在大量未知参数的情况时，EnKF 同化为其参数估计提供了有效的解决方法。由于 EnKF 以顺序的方式处理观测数据，且允许存在模式误差以及估计的参数误差，所以不会像其他方法一样受到维度及多个局部极小值的影响。此外，解是在集合成员的扩展空间而非高维参数空间中进行搜索的。显然，这种方法也应该在其他动力模式的应用中进行验证。

附录 A　其他集合卡尔曼滤波问题

下面我们讨论一些关于集合卡尔曼滤波实现和使用的具体问题。之前已经对非线性同化测量进行了讨论，并且也指出了在特定情况下方法的局限性。集合卡尔曼滤波还允许非天气测量，这意味着，在时间上连续到达的测量可以以规则的离散时间间隔分批进行处理。最后，它也可以同化所谓的时间差数据，即取决于两个或更多不同时间的模式状态。例如，在不同时间进行的勘探之间的地震反应差异，这是油藏应用中常用的数据集。

A.1　在集合卡尔曼滤波中的非线性测量

原始的卡尔曼滤波只能使用与模式状态相关的线性测量方法。该测量算子被定义为一个矩阵，然后这个矩阵需要乘以模式状态的误差协方差矩阵。如果观测是模式状态的非线性函数，那么此矩阵公式无效，而传统的解决方法是线性循环的。

在集合卡尔曼滤波中我们采取另一个方法，从该方法中发现我们不能评估完整的协方差矩阵，而是与集合扰动的测量工具一同起作用(Evensen，2003)。首先，我们用诊断变量来加强模式状态，该变量是测量量变的模式预报。我们首先定义模式预报的 m 个测量的集合为：

$$\widehat{\boldsymbol{A}} = (\boldsymbol{m}(\boldsymbol{\psi}_1), \ldots, \boldsymbol{m}(\boldsymbol{\psi}_N)) \epsilon \Re^{m \times N} \tag{A.1}$$

集合矩阵如下：

$$\begin{Bmatrix} \boldsymbol{A} \\ \widehat{\boldsymbol{A}} \end{Bmatrix} = \begin{Bmatrix} \boldsymbol{A} \\ \boldsymbol{m}(\boldsymbol{A}) \end{Bmatrix} \epsilon \Re^{(n+m)\times N} \tag{A.2}$$

其中，m是添加到原始模式状态的集合等价物的数量。

集合卡尔曼滤波分析方法可以写为：

$$\begin{Bmatrix} \boldsymbol{A}^{\mathrm{a}} \\ \widehat{\boldsymbol{A}}^{\mathrm{a}} \end{Bmatrix} = \begin{Bmatrix} \boldsymbol{A} \\ \widehat{\boldsymbol{A}} \end{Bmatrix} + \begin{Bmatrix} \boldsymbol{A}' \\ \widehat{\boldsymbol{A}}' \end{Bmatrix} \widehat{\boldsymbol{A}}'^{\mathrm{T}} \left(\widehat{\boldsymbol{A}}' \widehat{\boldsymbol{A}}'^{\mathrm{T}} + (N-1)\boldsymbol{C}_{\epsilon\epsilon} \right)^{-1} \left(\boldsymbol{D} - \widehat{\boldsymbol{A}} \right) \tag{A.3}$$

通常，集合卡尔曼滤波分析的推导如下：

$$\boldsymbol{A}^{\mathrm{a}} = \boldsymbol{A} + \boldsymbol{A}' \widehat{\boldsymbol{A}}'^{\mathrm{T}} \left(\widehat{\boldsymbol{A}}' \widehat{\boldsymbol{A}}'^{\mathrm{T}} + (N-1)\boldsymbol{C}_{\epsilon\epsilon} \right)^{-1} \left(\boldsymbol{D} - \widehat{\boldsymbol{A}} \right) \tag{A.4}$$

这里，我们注意到，$\widehat{\boldsymbol{A}}^{\mathrm{a}}$是无法计算得到的。此外，通过$\boldsymbol{A}'\widehat{\boldsymbol{A}}'^{\mathrm{T}}$，分析方程利用$\boldsymbol{m}(\boldsymbol{\psi})$与$\boldsymbol{\psi}$之间的协方差求解。

接下来的分析是，观察等价替换 $\boldsymbol{m}(\boldsymbol{\psi})$以及其他所有模式变量之间的模式预报误差协方差的组合。因此，我们有一个全面的多变量分析方案。

注意，由于非线性测量泛函引入了非线性，所以分析集合中元素的测量 $\boldsymbol{m}(\boldsymbol{A}^{\mathrm{a}})$并不等于分析的模拟测量$\widehat{\boldsymbol{A}}^{\mathrm{a}}=\boldsymbol{m}(\boldsymbol{A})^{\mathrm{a}}$。$\widehat{\boldsymbol{A}}^{\mathrm{a}}$和 $\boldsymbol{m}(\boldsymbol{A})^{\mathrm{a}}$之间的残差将使用该算法引入的近似度量。

总的来说，只要测量函数是一个单调函数的模式状态，并且不是过于非线性的，这个程序就可以很好地工作。因为我们不能明确测量值的增加是否会导致更新的增加或减少，所以非单调函数将会出现问题。此外，一个强非线性的测量函数可能导致测量的集合预测的强非高斯概率密度函数，接着的集合卡尔曼滤波分析方案将失败。

在第 16 章中，该程序已成功地被用于同化海平面异常的海洋建模系统中，其中海平面异常是模式状态的弱非线性函数。此外，在第 17 章储存器的应用中，我们同化来自生产井的速率测量，其与储层中的对流量呈非线性关系，而且同样与我们期望的估计的储液器的性质呈非线性。当然不能保证这些测量都是单调函数，但可以预计，在简化的图像中，渗透率的增加将导致储层中油的流动的增加，从而导致生产速率的提高。

在第 9 章，我们定义了作为代价函数的最小值的分析方程(9.4)。只要测量算子是线性的，那么方程(9.4)的最小值也是最小方差估计。对于一个非线性测量算子就不再适用，当计算更新时，其中的集合分析方程引入了一个线性化。另一方面，我们定义 N 个代价函数为：

$$\mathcal{J}[\boldsymbol{\psi}_j^{\mathrm{a}}]=\left(\boldsymbol{\psi}_j^{\mathrm{a}}-\boldsymbol{\psi}_j^{\mathrm{f}}\right)^{\mathrm{T}}\cdot\left(\boldsymbol{C}_{\psi\psi}^{\mathrm{f}}\right)^{-1}\cdot\left(\boldsymbol{\psi}_j^{\mathrm{a}}-\boldsymbol{\psi}_j^{\mathrm{f}}\right)$$

$$+\left(\boldsymbol{d}_j-\boldsymbol{m}\left(\boldsymbol{\psi}_j^{\mathrm{a}}\right)\right)^{\mathrm{T}}\boldsymbol{C}_{\epsilon\epsilon}^{-1}\left(\boldsymbol{d}_j-\boldsymbol{m}\left(\boldsymbol{\psi}_j^{\mathrm{a}}\right)\right) \tag{A.5}$$

也就是说，集合中的每个元素都有一个代价函数。然后我们可以得出$\boldsymbol{N}$个分析等式：

$$\boldsymbol{\psi}_j^{\mathrm{a}}=\boldsymbol{\psi}_j^{\mathrm{f}}+\mathrm{A}'\boldsymbol{m}^{\mathrm{T}}(\mathrm{A}')\left(\boldsymbol{m}(\mathrm{A}')\boldsymbol{m}^{\mathrm{T}}(\mathrm{A}')+(N-1)\boldsymbol{C}_{\epsilon\epsilon}\right)^{-1}\left(\boldsymbol{d}_j-\boldsymbol{m}\left(\boldsymbol{\psi}_j^{\mathrm{f}}\right)\right) \tag{A.6}$$

该等式构成了集合卡尔曼滤波求解的方程，并且集合总体均值提供了集合卡尔曼滤波的解。

很明确，由于从式(A.5)导出式(A.6)时使用了线性化，所以从式(A.6)所得到的解不完全对应于式(A.5)的最小值。因此，可以定义替代分析方案，其中式(A.5) 直接求解，例如使用梯度算法。最有效地，首先通过求解式(A.6)以获得第一猜想，然后在下降算法中使用式(A.5)的梯度执行几次迭代。由此产生的算法将在一定程度上类似于随机最大似然算法 (参见 Gao and Reynolds，2005)。

在线性情况下，这些方法都会提供相同的结果，但是式(A.6)是一个封闭形式的解并且它也是计算中最有效的。在测量算子中具有适度的非线性，结果应该不是十分不同的。具有高度非线性的测量算子，我们同样期望式(A.5)直接求得的最小值可能收敛到局部极小并且该全局的解决方案也许很难找到。当使用这些非线性测量的时候，就需要更多的研究来评估这些计划是否有效。

A.2 非天气测量的同化

在某些情况下，测量发生在高频率的时间内。有一个沿轨道卫星数据的例子，对于执行分析的每一个时间都有一个测量是不实际的。更进一步地说，一般情况下，在同一时可同化在一个时间间隔内收集的所有数据并不是最优的方法。基于Evensen 和 Leeuwen(2000)的理论，通过利用集合中的时间相关性，在同一时间吸收非天气测量是有可能做到的。因此，在之前时间收集的测量允许此时$\mathcal{M}[\boldsymbol{A}]$的计算，从而允许创新。正如在非线性测量的情况下，把这些作为增广模型变量，式(A.4)将会被重新使用，但是$\widehat{\boldsymbol{A}}'$现在被解释为集合扰动的测量。

这个过程曾经出现在 Evensen(2003)的文章中，并且该过程被 Hunt 等人(2004)更进一步地讨论，它表示的是四维集合卡尔曼滤波。该方法提供了一个简单而有效的方法来处理许多应用中的非天气测量。实际实现仅要集合和集合扰动的测量，其在前向集合积分期间被评估和积累。然后，在具体分析时，该信息用于更新集合。

A.3 时 差 数 据

时差数据，举例来说就是在两个或多个时间实例中与模式状态相关的数据，它们难以采用顺序方法进行同化。然而，集合卡尔曼滤波可以实现此同化，而且该方法是基于集合平滑卡尔曼滤波的扩展。

Skjervheim 等人 (2006)给出这个算法的详细讨论，该研究表明，基于两个不同时间的模式状态所给定的数据集，t_k和t_j，有$t_k < t_i < t_j$，其中t_i表示的是在t_k和t_j之间天气数据的更新次数，首先进行如下步骤：

在前向积分过程中，时间t_k时的更新集合增强到模式状态。因此在时间t_k，我们以增强集合为起点，定义为：

$$\begin{Bmatrix} \boldsymbol{A}_k^{\mathrm{a}} \\ \boldsymbol{A}_k^{\mathrm{a}} \end{Bmatrix} \tag{A.7}$$

然后$t_i = t_{k+1}$时，我们就将动态部分一体化。而增强部分保持恒定以得到：

$$\begin{Bmatrix} \boldsymbol{A}_i^{\mathrm{f}} \\ \boldsymbol{A}_{kk}^{\mathrm{a}} \end{Bmatrix} \tag{A.8}$$

这里，$\boldsymbol{A}_i^{\mathrm{f}}$只是在时间$t_i$时的预测集合，而$\boldsymbol{A}_{kk}^{\mathrm{a}}$是在时间$t_k$时的分析集合，到$t_k$时更新测量方法。

通过使用集合卡尔曼滤波分析等式，在时间t_i时，得出集合更新如下：

$$\begin{Bmatrix} \boldsymbol{A}_i^{\mathrm{a}} \\ \boldsymbol{A}_{ki}^{\mathrm{a}} \end{Bmatrix} = \begin{Bmatrix} \boldsymbol{A}_i^{\mathrm{f}} \boldsymbol{X}_i \\ \boldsymbol{A}_{kk}^{\mathrm{a}} \boldsymbol{X}_i \end{Bmatrix} \tag{A.9}$$

其中，$\boldsymbol{A}_{ki}^{\mathrm{a}}$只是在时间$t_k$时的平滑解决方案，其中时间$t_i$时测量已被同化。

该过程将继续进行，直到t_j时时差数据被同化，我们得到增强的集合如下：

$$\begin{Bmatrix} \boldsymbol{A}_j^{\mathrm{f}} \\ \boldsymbol{A}_{kj}^{\mathrm{a}} \end{Bmatrix} \tag{A.10}$$

然后，我们使用时间差测量算子，该算子与$\boldsymbol{A}_j^{\mathrm{f}}$和$\boldsymbol{A}_{kj}^{\mathrm{a}}$的测量有关，并且我们得出了标准的集合卡尔曼滤波分析。Skjervheim (2006)等人的研究表明，该过程对于地震时差数据的同化是非常有效的，并且也适用于其他类型的数据，该数据与不同时刻的模式状态有关。

A.4 集合最优插值(EnOI)

传统的最优插值方法为模式状态的估计协方差或规定协方差，且此模式状态在长时间积分期间被采样。通常估计的协方差拟合函数形式简单，而这种形式在整个模型网格中的使用是一致的。

基于集合卡尔曼滤波中的集合公式，很自然就会得到一个最优插值方案，其中,例如在长时间积分期间采样的模式状态的静态集合所跨越的空间中计算分析。这种方法表示出了集合最优插值，并且 Evensen(2003)提出了这个方法。集合最优插值分析方法是在集合卡尔曼滤波方法中求解类似于均值更新的方程时，计算得来的。例子(13.2)，写成如下形式：

$$\begin{aligned} \boldsymbol{\psi}_{\mathrm{EnOI}}^{\mathrm{a}}(\boldsymbol{x}) &= \boldsymbol{\psi}_{\mathrm{EnOI}}^{\mathrm{f}}(\boldsymbol{x}) \\ &+ \alpha \boldsymbol{A}' \boldsymbol{S}^{\mathrm{T}} (\alpha \boldsymbol{S}\boldsymbol{S}^{\mathrm{T}} + (N-1)\boldsymbol{C}_{\epsilon\epsilon})^{-1} \left(\boldsymbol{d} - \mathcal{M}\left[\boldsymbol{\psi}_{\mathrm{EnOI}}^{\mathrm{f}}(\boldsymbol{x})\right]\right) \end{aligned} \tag{A.11}$$

该分析过程仅对于单一的模式状态，其中参数$\alpha \in (0，1]$被引入，以允许在集合上相对于测量的不同权重。自然地，长时间采样的模式状态组成的集合将具有气候方差，此气候方差由于太大而不能表示模式预报中的实际误差，并且α用来将方差减小到实际水平。

集合最优插值方法就像集合卡尔曼滤波法,使得动态平衡的多变量分析计算得以实现。然而，大的集合可以保证它能跨越足够大的空间，来进行准确的分析。

集合最优插值方法可能会成为节省计算机时间的有效方法。一旦创建了固定的集合，除了分析步骤外，仅需单个模型集成，由于只更新一个模式状态，最终更新成本降低到$\mathcal{O}(nN)$个浮点运算。该方法在数值上极其有效，但相比于集合卡尔曼滤波，它总会提供一个次优的解决方案。此外，它不会提供解决一致性误差估计的方案。以墨西哥湾海洋环流模式为背景，在 Counillon 和 Bertino(2009a，b)发表的文章中，Counillon 等人(2009)进一步研究和发展了集合最优插值和集合最优插值–集合卡尔曼滤波混合方法，在集合卡尔曼滤波计算成本过于昂贵的情况下，证明了该方法的适用性。

附录 B 集合卡尔曼滤波出版物按年代顺序排列的清单

这里我们试图提供一个涉及集合方法出版物的清单，该清单按年代排序。此外，指出了最近所提出的基于集合的方法和一些更平滑的应用。

B.1 集合卡尔曼滤波的应用

涉及集合卡尔曼滤波的应用有很多，从 Evensen (1994a) 最初的工作开始到 Evensen (1994b) 的额外的实例，这些都说明了集合卡尔曼滤波能够解决来自扩展卡尔曼滤波应用中的封闭性问题。

Evensen 和 van Leeuwen (1996) 讨论了有关厄加勒斯地区高度计数据同化的应用实例，之后又将其与集合平滑做了对比。

Evensen (1997) 提出的有关洛伦兹方程的实例，说明了集合卡尔曼滤波可以跟踪相变，同时找到了对于混沌非线性模型的真实误差估计的一致解。Burgers 等 (1998) 审查并澄清了分析方案中的有关测量结果扰动的一些要点，同时给出了很好的解释支持使用集合均值作为最优估计。

Houtekamer 和 Mitchell (1998) 引进了集合卡尔曼滤波的变体形式，它将模式状态空间的两个集合在时间上向前积分，同时用来自一个集合的统计信息去更新另一个集合的统计信息。使用两个集合的原因是减少分析中“近亲繁殖”的可能。然而，这将会导致一些争议，在 van Leeuwen (1999b) 的评论和 Houtekamer 与 Mitchell (1999) 的回复中讨论了这些争议。

Miller 等 (1999) 比较了非线性滤波器和扩展卡尔曼滤波器，得出集合卡尔曼滤波执行较好，但是在集合均值不是良好的估计量的情况下，性能会不如非线性或更昂贵的滤波器。

Madsen 和 Cñizares (1999) 比较了集合卡尔曼滤波和有二维风暴潮模式的扩展卡尔曼滤波器的简化秩平方根实现。这个问题是弱非线性的，同时发现集合卡尔曼滤波和扩展卡尔曼滤波的实施是非常吻合的。

Echevin 等 (2000) 研究了普林斯顿海洋模式沿海版本的集合卡尔曼滤波，特别研究了来自海平面高度的多元协方差函数的水平和垂直结构。可以得到结论：

集合卡尔曼滤波能够捕获由海岸线和沿海动力学的影响产生的各向异性的协方差方程，并且对于此类问题它的特殊优势就是采用的方法更为简单。

Evensen 和 van Leeuwen (2000) 集合卡尔曼滤波是普通贝叶斯问题的次优解，其中贝叶斯问题是给定密度的模式预报和观测结果的后验分布问题。从公式中我们可以推导出普通滤波，同时可以看出集合卡尔曼滤波仅仅是先验密度被假设为高斯分布时的普通滤波的一个次优解。

Hamill 和 Snyder (2000) 通过将三维变分 (3DVAR) 和集合卡尔曼滤波结合起来构成了一种混合的同化方法。使用三维变分 (3DVAR) 算法来计算估计，但是背景协方差是集合卡尔曼滤波和三维变分 (3DVAR) 恒误差协方差的时间演化的加权平均值。这里可以得到一个结论，随着集合规模的增加，可以通过使用更大权重集合卡尔曼滤波的误差协方差得到最优结果。

Hamill 等 (2000) 在集合方法研讨会上对来自他们工作团队的成果做了报告。

Keppenne (2000) 实现了两层浅水模式的集合卡尔曼滤波，同时在同化合成高度数据的双试验中验证了这个方法的有效性。焦点是在以分布式存储的并行计算机上对数值的实现，还有就是找到对此类系统有效的途径。集合规模的影响也被验证了，同时得到结论：用适度大小的集合可以找到现实的解决方案。

Mitchell 和 Houtekamer (2000) 介绍了一种集合卡尔曼滤波自适应方法，其通过吸收积分期间的新信息来更新模式误差参数化方案。

Park 和 Kaneko (2000) 提供了一个试验，在这个试验中集合卡尔曼滤波被用于将声学断层扫描到的数据同化到正压的海洋模型中。

Grønnevik 和 Evensen (2001) 在对鱼群的评估中检验了集合卡尔曼滤波，同时他们还将其与集合平滑和集合卡尔曼平滑进行比较。

Heemink 等 (2001) 检验了几种不同的方法，这些方法结合了来自秩平方根滤波和集合卡尔曼滤波的思想，同时他还推导了在计算方面更为高效的方法。

Houtekamer 和 Mitchell (2001) 继续进行了双集合方法的研究，同时介绍了一种观测较多时计算集合卡尔曼滤波全局分析解的技术，以及一种滤除由有限集合样本导致的长距离伪相关的方法。

Pham (2001) 用洛伦兹吸引子重新检查了集合卡尔曼滤波的同化效果，并且与奇异演化扩展卡尔曼滤波的不同版本以及一个粒子滤波的结果进行了比较。他使用了很少的集合样本，此时 SEEK 的结果较好，该方法选择 EOF 的“集合”来最好地表示模式吸引子。

Verlaan 和 Heemink (2001) 在测试试验中应用了秩平方根卡尔曼滤波和集合卡尔曼滤波，这个试验的目的是分类和定义模型动力学的非线性度的测量。这样的估计可能对同化方法的选择有一定的影响。

Hansen 和 Smith (2001) 提出了一种能产生基于 4DVAR 方法和集合卡尔曼滤波的使用的分析集合的方法。概率方法的使用导致了很大的数值消耗，但是相比于单独使用 4DVAR 和集合卡尔曼滤波，我们发现了一种改进的估计。

Hamill 等 (2001)验证了集合大小对噪声协方差的影响。他们评估了使用 Anderson 和 Anderson (1999a) 中引入的“膨胀因子”的影响，以及使用的 Schur 乘积与相关函数来局部化背景协方差的影响，如 Houtekamer 和 Mitchell (2001)。膨胀因素被用来取代式 (15.3) 的预报集合，其中膨胀参数比 1 稍微大一点 (通常取 1.01)，目的是为了解释使用小集合造成的方差轻微代表性不足的原因。

Bishop 等人 (2001) 在一个观察值系统仿真试验中进行了集合卡尔曼滤波的实现。集合预测的误差统计信息用来确定未来目标观测值的最佳配置。该应用程序通常旨在使额外的目标观测值能够在接下来的几天被部署，同时这些部署能够在指定的区域内优化到最小的预测误差。这种方法是平方根滤波，被称为集合变换卡尔曼滤波。Majumdar 等人 (2001) 对集合变换卡尔曼滤波做了更进一步的证明。

Reichle 等人 (2002) 给出了一个有关最优解的集合卡尔曼滤波好的讨论。他们发现在分析步骤中集合卡尔曼滤波的高斯假设使集合卡尔曼滤波对于不同的代表解有着很好的收敛性。这些在解决了更平稳的最大似然估计的代表方法中都是可以避免的。

Anderson (2001) 提出了一种被称为集合适应卡尔曼滤波的方法，用这种方法计算分析值时并没有向观测结果中加入扰动。缺点是当它是非对角的时候可能需要测量值误差协方差的反演。这种方法是 Bishop 等人 (2001) 使用的平方根算法的变形体。

Bertino 等人 (2002) 在奥德河口的模型中应用了集合卡尔曼滤波和秩平方根卡尔曼滤波。对这两种方法进行了比较，同时被用于同化真实的观测值，以评估其在水文预测业务方面的潜力。对于相对线性的模式，集合卡尔曼滤波和秩平方根卡尔曼滤波提供了相同的结果。

Eknes 和 Evensen (2002)利用一个一维三分量的海洋生态系统模式检验了集合卡尔曼滤波的同化效果，主要关注同化结果对同化的观测的性质和集合大小的敏感度。他们发现集合卡尔曼滤波能够处理发生在春季花开期间的强非线性和不稳定性。

Allen 等人 (2002) 在 Eknes 和 Evensen (2002) 的工作上做了更进一步的努力，他们应用此方法实现了地中海某个位置 ERSEM 的一维版本。他们的结果表明，即使是一个复杂的模型也可以通过同化模型中的原地数据寻找到一种改进的估计。

Haugen 和 Evensen (2002) 利用集合卡尔曼滤波方法将印度洋海平面异常和海面温度数据同化到迈阿密等密度坐标海洋模型中。这篇文章提供了热带和亚热带地区依赖协方差函数和同化卫星观测的多变量影响的分析。

Mitchell 等人 (2002) 在全球大气环流模式中检验了集合卡尔曼滤波，这个模式所用的是和真实业务观测结果相似的模拟数据。他们每天同化 80000 个观测结果。该系统检查其所对应的集合大小和局部化效果（仅使用附近的测量在网格点处的局部分析）。同时他们发现，过度的局部化可能导致不平衡，但是对于测量结果具有足够大的比率的情况下，这个问题将会减小，并且不需要数字滤波。在试验中，他们包括了模式误差，并且证明了避免滤波发散的重要性。这项工作是向前迈出的很有意义的一步，它展示了关于在大气预报模式中使用集合卡尔曼滤波的可喜的成果。

Whitaker 和 Hamill(2002) 提出了平方根方案的另一个版本，在这个版本中避免了观测值的扰动。该方案在比较小的集合中被测试（10～20 个元素），试验表明了这种方案同集合卡尔曼滤波相比有很明显的优越性，因为集合卡尔曼滤波方案在小规模的集合中有很大的采样误差。

Nævdal 等人(2002) 在一个水库应用中结合卡尔曼滤波来估计模式的渗透率。这些表明了，使用集合卡尔曼滤波有很大的益处，它可以通过参数估计来改善模型，以此可能会改善预测结果。

Brusdal 等人 (2003) 讨论了一个实例应用，这个应用和 Haugen 等人 (2002) 所讨论的印度洋的应用相似，只是关注焦点是北大西洋。此外，这篇文章提出并比较了 EnKF, EnKS 和 SEEK 滤波方法的理论背景，同时给出了这些方法的估计结果。

Natvik 和 Evensen(2003a，b) 提出了有关海洋生态模型的第一个集合卡尔曼滤波的真实的三维应用实例。文章证明同化 SeaWiFS 海洋颜色数据来控制海洋生态系统模式演变的可行性。另外，文章引入了几种诊断方法，其可以用于检查集合的统计和其他性质。

Keppenne 和 Rienecker (2003) 用热带太平洋 Poseidon 等密度线坐标海洋模型实现了一个大规模的集合卡尔曼滤波并行版本。他们展示了原位数据的同化，并将重点放在模式的并行化和分布式存储计算的分析方案上。他们也展示了背景协方差的区域化对方案品质微小的影响。

Bertino 等人(2003) 在一个简单的生态系统中使用了集合卡尔曼滤波，同时还引入了一种生物变量的变换，这种变换基于高斯变体来使集合的预测更加高斯化。它展示了在更一致的分析更新中变换结果的应用。这种方法似乎有望处理预测集合中高斯性的适度偏差。

Lisæter 等(2003) 提出了集合卡尔曼滤波的第一个应用，任何先进的数据同化系统，都用一个耦合的冰–海洋大气环流模式来同化海冰浓度数据。该研究的结果是积极的，得到的结论是海冰浓度的同化对北冰洋海冰的发展有积极的影响。该研究增强了我们对季节性冰和海洋变量之间相关性的理解，同时可以很明显地发现一个基于同化方案的简单 OI 并不能妥善地处理这类问题。

Evensen(2003) 评论了集合卡尔曼滤波，介绍了一种在集合空间的新的表示方法或形式。文章讨论了红色模式噪声的形式，一种有效的局部分析计算，还有非天气观测站和非线性测量结果的同化。更进一步，它用新的集合符号重新表述了集合卡尔曼滤波，同时提出了一种集合最优插补方案。展示了集合卡尔曼滤波和集合卡尔曼平滑在参数估计和偏差估计方面的使用。着重考虑了分析方案的实际执行，并且提出一种有效且近似的算法，这对于大规模集合和测量数据比较少的情况来说是正确的。之后 Kepert(2004) 发现了这个算法在测量数据较多时表现不佳，Evensen(2004) 提出了一种更好的算法，这个算法避免了这种近似的使用。

Zang 和 Malanotte-Rizzoli(2003) 比较了扩展卡尔曼滤波和集合卡尔曼滤波中降秩的实现。该模式是一个准地自转的海洋模式，它依赖于黏度参数表现出不同程度的非线性。同时，发现集合卡尔曼滤波能够处理强和弱的非线性情况，然而降秩的扩展卡尔曼滤波仅仅在接近线性的模型中发挥良好。

Lorentzen 等人(2003) 在一个两相流动的水库模型中使用了集合卡尔曼滤波做参数估计。它表明，使用集合卡尔曼滤波优化参数将会从水库模式中得到一个更加一致的方案。

Nævdal 等人(2003) 继续开展了卡尔曼滤波在水库模型渗透领域的估计，并且发现了集合卡尔曼滤波能够处理大量参数组，同时得到了期望的结果。

Kivman(2003) 在非线性和随机 Lorenz 系统中使用集合卡尔曼滤波来做连续的参数估计。所得到的结果同顺序重要性重采样滤波(SIR)的结果比较，发现在这种情况下顺序重要性重采样滤波的性能优于集合卡尔曼滤波。这个改进是可预测的，因为 SIR 没有用到任何线性化就能够解决整个贝叶斯更新问题，但是另一方面，它在处理具有大规模集合的大状态空间模式时比较困难。

van Leeuwen(2003) 在 Korteweg-De Vries 方程问题上使用了顺序重要性重采样滤波 (SIR)，并且将结果同集合卡尔曼滤波得到的结果进行比较。发现在处理非线性问题上 SIR 比集合卡尔曼滤波更好用。实际上，对于一些集合元素来说，集合卡尔曼滤波中线性分析有时会产生很小的负值，这导致了模式的不稳定。这种不稳定可以通过在更新结果中加入数值修正来避免。所以，SIR 更擅长处理非线性或非高斯分布问题，但是必须以对更大的集合进行积分为代价。

Snyder 和 Zhang(2003)在一个非静力云比例模式中使用集合卡尔曼滤波同化模拟径向速度的多普勒雷达观测结果。结果表明，集合卡尔曼滤波能够处理潮汐对流动力学的非线性问题。

Crow 和 Wood(2003)检测了集合卡尔曼滤波对陆地表面潮湿模式中表面亮度温度的遥感观测数据的同化。即使由偏度作为分布特征，但仍然得到集合卡尔曼滤波的使用导致了改进的估计。

Anderson(2003) 讨论了不同的卡尔曼滤波器，同时针对集合滤波，特别提出了一种最小二乘框架，这使得更新过程为更高效的两步过程，第一步是更新增量的计算，第二步是更新集合元素。还讨论了它们与贝叶斯估计的关系以及一些非线性滤波方法。

Tippett 等人(2003) 总结了 Bishop 等(2001)，Anderson(2001) 和 Whitaker 与 Hamill(2002) 提出的平方根滤波。

Wang 和 Bishop(2003) 比较了基于种子技术和集合卡尔曼滤波 (集合变换卡尔曼滤波)的预报方法，发现基于集合卡尔曼滤波的预报结果优于基于种子技术的预报结果。此外，他们提出基于创新统计序列来估计协方差膨胀。

Kepert(2004) 讨论了 Evensen(2003) 所提出的近似分析方案和测量结果协方差矩阵的低秩表示法。明确指出，Evensen(2003) 所提出的分析方案在测量结果较多时表现不佳。此外，测量结果协方差矩阵低秩表示的使用可能导致在更新步中集合秩的丢失。

Evensen(2004) 介绍了集合卡尔曼滤波的新的平方根的实现。单向方案 (13.8) 的推导如第 13 章，但是并没有认识到应当使用对称的平方根来避免均值的偏差和少数异常值的方差表示。通过使用一个随机步骤，这些问题部分被解决。因此我们参考第 13 章中平方根方案的更新和一致推导。此外，当有许多观测结果时，引入一个子空间伪逆算法可以显著降低计算成本。同时也表明，如 Kepert(2004) 指出的那样，使用低秩测量误差协方差矩阵的问题，可以通过确保低秩误差协方差矩阵完全包含在由集合扰动的测量 (即矩阵$\boldsymbol{S}$) 构成的空间中来避免。也可以参见第 14 章有关这个问题的讨论。

Lawson 和 Hansen(2004) 比较了确定性集合滤波器，例如没有随机化的平方根滤波器和有测量扰动的传统集合卡尔曼滤波器的随机集合滤波器。他们发现了确定性滤波器的一些问题，给出的更新集合的属性很差，特别是当使用大规模的集合时。

Annan 和 Hargreaves(2004) 在洛伦兹模式中讨论了一个集合卡尔曼滤波在参数估计方面的应用。该估计在气候学意义上进行，以产生具有正确的气候学的模式。

Ott 等(2004) 在 Evensen(2003) 的基础上提出了有关局部分析计算的扩展讨论。

Hunt 等人(2004) 进一步阐述了非天气测量结果的使用，Evensen(2003) 也做过有关这方面的讨论，指出集合卡尔曼滤波可以很容易地用于顺序同化每一时刻的测量值，这里的时刻不同于实际分析时刻。这对于同化一串时间上的高频数据流是相当有用的。

Zou 和 Ghanem(2004) 讨论了多尺度数据同化的集合卡尔曼滤波，这涉及不同尺度过程测量结果的同化。

Nohara 和 Tanaka(2004) 在大气集合预报中使用集合卡尔曼滤波更新预报集合。

Dowell 等人 (2004) 延续了 Snyder 和 Zhang(2003) 的工作，他们同化了来自超级单体风暴中多普勒雷达的真实观测数据。他们研究了初始集合的选择和集合卡尔曼滤波中局部化的影响，并且获得了可喜的成果。

Gu 和 Oliver(2004) 在一个标准的储存测试实例中结合参数和状态估计检验了集合卡尔曼滤波。他们使用一个相当小的集合获得了可喜的成果，但是同时指出需要进一步调查的几个问题。

Annan 等人(2005) 进行了另一项参数估计的研究，使用集合卡尔曼滤波中间复杂的大气环流模式，以调整气候模型。得出的结论是，集合卡尔曼滤波提供了一个好的替代传统贝叶斯抽样的方法，同时它能够处理维度的问题。

Nerger 等人(2005) 将在传统试验中的集合卡尔曼滤波与来自 Pham 等人(1998) 的奇异值演化的扩展卡尔曼滤波 (SEEK) 和 Pham (2001) 提出的更复杂的奇异值演化插值卡尔曼滤波 (SEIK) 进行了比较。应当指出的是，改进后的卡尔曼滤波和 SEIK 滤波有同样的性能和计算消耗。此外，集合卡尔曼滤波中新的子空间反演方案在计算上比 SEIK 的效率更高，同时它也能处理非对角测量误差协方差矩阵。

Caya 等人(2005) 在大气环流模型中，将集合卡尔曼滤波和 4DVAR 在雷达数据同化方面进行了比较。使用模拟数据，对集合卡尔曼滤波和 4DVAR 的几方面比较进行了讨论。

Hacker 和 Snyder(2005) 在一个一维的大气边界层模式中利用集合卡尔曼滤波同化表面观测数据。结果表明，模拟的观察结果可以使用集合卡尔曼滤波来同化，同时它们能够有效地约束模式的演化。

Zhang 等人(2005) 审查了在 ENSO 预测的全球海洋环流模式中应用集合卡尔曼滤波的可能性。他们发现基于预测的卡尔曼滤波器能够显著提高以前 3DVAR 的结果。

Hamill 和 Whitaker(2005) 研究了如何计算与动力学模式中未解决尺度相关的模式误差，验证了如协方差膨胀和附加误差的参数化。

Leeuwenburgh(2005) 将模拟的沿航迹雷达高度计数据同化入太平洋海洋环流模式，验证了地下动力学如何从地面的测量数据中恢复。使用集合卡尔曼滤波同化高度计数据表现了积极的影响，同时可以得出结论，这有可能会改善 ENSO 预测。

Houtekamer 等人 (2005) 进一步讨论了在附近操作环境中集合卡尔曼滤波的应用，同时比较了它和 4DVAR 的应用表现。总结出，通过使用规模适中的集合进行集合卡尔曼滤波可以得到有趣的结果，与此同时，当前的发展也将会继续。

Moradkhani 等人(2005) 讨论了在水纹模式中使用集合卡尔曼滤波解决双重状态参数估计的问题。结论是，他们的方法可以有效替代原来传统的参数估计方法。

Gao 和 Reynolds(2005) 将集合卡尔曼滤波和另一种称为随机最大似然的方法进行比较。他们使用和 Gu 与 Oliver(2004) 相同的水库模型，同时指出这两种方法有一定的相似性。

Liu 和 Oliver(2005a，b) 在一个水库模拟模式中验证了集合卡尔曼滤波在表面估计上的应用。这个问题是高度非线性的。同时储层由具有极大不同孔隙率和渗透率的砂和页岩类组成。因此，石油物参数的概率密度函数将会是多模态的，而且不清楚集合卡尔曼滤波如何处理这种非线性。采用了一种名为阶段高斯模拟(Lantuéjoul，2002) 的方法，其中每个集合成员的表面分布可以通过两个正态分布的高斯场来表示。

Wen 和 Chen (2005)提供了有关使用集合卡尔曼滤波去估计二维储层模拟模型的渗透率场的讨论，同时他们也验证了集合规模的影响。

Lorentzen 等 (2005) 提供了另一个实例，将集合卡尔曼滤波用于 Gu 与 Oliver(2004) 的模型中，同时他们注重的是关于初始集合的选择所带来结果的稳定性。

Skjervheim 等人(2005) 使用集合卡尔曼滤波同化四维地震数据。结果表明，集合卡尔曼滤波能够处理大的地震数据组，尽管数据中有高噪声，但仍能发现积极的影响。

Zafari 和 Reynolds(2005) 通过一个简单的高度非线性的模型，利用集合卡尔曼滤波验证线性更新方案的有效性。他们总结出，集合卡尔曼滤波在多峰分布上有一些问题，其中所述的均值并不是最优估计，但是另一方面它能获得低非线性但是更加实际的储蓄模型的合理结果。他们还表明再次运行 Wen 和 Chen (2005) 提出的算法时结果不一致，不应当被采用。

Szunyogh 等人(2005) 用模拟测量结果检验了在国家先进业务数值天气预报模式中的局部集合卡尔曼滤波。表明了，一个有 40 个成员的中等规模集合能够高精度地跟踪大气状态的演变。

Keppenne 等人(2005) 在集合卡尔曼滤波中引入了偏差校正。添加了能够在线估计模型状态偏差的变量，同时，表明这样可能实现系统模式误差的校正。

Houtekamer 和 Mitchell (2005) 描述了集合卡尔曼滤波在加拿大气象中心的应用，同时论证了集合卡尔曼滤波可以被用于业务化大气数据的同化。本文进行了集合卡尔曼滤波及其特征的启发性的评论。本文还特别进行了有关于局部化和采样误差的有趣的讨论。

Eben 等人(2005) 使用集合卡尔曼滤波更新对流层模式的臭氧浓度，同时进行短期内空气质量的预测。发现，集合卡尔曼滤波更新估计能够提供改进的初始条件，同时能对接下来几天臭氧浓度的最大值做一个更好的预测。

Baek 等人(2006) 讨论了使用集合卡尔曼滤波引入偏差估计的不同途径，并且它们取决于用于偏置的参数化的质量，且文章取得了良好的结果。

Mendoza 等人(2006) 验证了集合卡尔曼滤波在空间天气预报的磁流体动力模式，同时获得了很好的系统动力学估计。

Zhou 等人 (2007) 在陆地表面数据同化试验中验证了集合卡尔曼滤波。它的结果同一个更加复杂的顺序重要性重采样滤波的结果进行了比较，发现，集合卡尔曼滤波的表现和 SIR 滤波同样好。此外，应该强调的是，在计算分析更新时，即使假设为正态分布，但是集合卡尔曼滤波仍会导致歪斜甚至多峰分布。总的结论是，集合卡尔曼滤波在陆地表面应用中表现出色，同时对于非正态分布属性的表示它都会提供一个精确的条件均值。

Torres 等人(2006) 在 ERSEM 生态模型应用中使用了集合卡尔曼滤波。他们使用集合卡尔曼滤波去转换变量，就像 Bertino 等人(2003) 发现的那样，来改善结果。

Anderson(2007b) 介绍了一种使用小规模集合来探索分析时使用局部化需求的分层方法。该方法用基于集合卡尔曼滤波集合的蒙特卡洛方法去评估采样误差和小规模集合所造成的伪协方差。

Bishop 和 Hodyss(2007) 提出了一个基于流依赖适度函数在线计算的替代性的局部化方法，流依赖适度函数被用于抑制长范围和伪协相关性。该方法被命名为 SENCORP，即“幂平滑合奏的相关性”。它的思想是，当提高到一个功率阻尼小的相关性，适度函数可以通过一个平滑协方差函数来生成。结果是，适度函数在论文中所提到的试验中表现得非常好。

Anderson(2007a) 针对膨胀参数的估计提出了自适应算法。该方法基于增加模式状态中的膨胀参数，它在集合卡尔曼分析计算中作为一个参数被更新。该方法会改善同化试验的结果。

Hunt 等人(2007) 给出了局部集合变换卡尔曼滤波的应用的详细讨论。分析方程的推导和数值实施有些不同，这已经在前面的章节中描述了，但是提供了高效的替代品。

Fertig 等人(2006) 对 4DVAR 的实施和集合卡尔曼滤波进行了比较，同化异步观察结果。这两种方法提供的结果具有相同的误差，这些误差取决于同化时间窗口和更新频率的选择。

Fertig 等人(2007) 提出了一个局部分析方法，它能够处理模式状态完整参数的测量结果。他的思想是，预测测量结果的协方差矩阵用完整的模式状态进行全局计算，而更新由网格逐个地去局部计算，仅仅只有测量值被同化，这些测量值在局部网格点同模式变量有明显的协方差。这与 SENCORP 算法有关，在区域上和对于与数据间的相关性并不显著的变量，Bishop 和 Hodyss 采用基于预测的协方差函数降低测量影响。

Szunyogh 等人(2008) 详细讨论了局部集合变换卡尔曼滤波在 NCEP 全球模型中的实施。他们总结出，该方法的精度与操作算法相比是有竞争力的，同时它能够有效地处理海量的观察结果。

Khare 等人(2008) 在高维度大气环流模式中研究 EnKS。他们讨论了在一个滞后的 EnKS 模式中与滞后时间相关的伪相关性的影响，指出将滞后实施作为一个重要的时间定位。试验成功地表明 EnKS 在分析计算方面很有潜力。

Whitaker 等人(2008) 将集合卡尔曼滤波的实施和运行的 NCEP 全球数据同化系统 (GDAS) 作比较。集合数据同化系统要优于业务化 3DVAR 数据同化系统的低版本。特别是在数据稀疏的区域这种改善是非常明显的。他们还介绍了一种有趣的观察细化算法，将带有很少信息的观察结果过滤掉 (这不会导致方差明显的减小)。特别地，当附近观测值中有不明确的误差相关分析时，细化算法将会改善分析结果。如果误差相关性并没有在测量误差协方差矩阵中显示出来，细化的需求就会被消除。

Fertig 等人(2008) 表明了用集合卡尔曼滤波估计和修正观测偏差是有可能的。卫星辐射观测值的偏差被扩增到模式状态，同时被在线估计，估计的偏差参数能够明显地减少分析误差，就像观测误差一样。膨胀参数是用来防止偏差集合扩张到崩溃，这种崩溃是使用有限规模的集合导致的伪相关性造成的。

Wan 等人(2008) 在太平洋的 HYCOM 模型中用不同水平相关长度验证了集合卡尔曼滤波的初始化。他们扰动密度层的三维厚度和海洋混合层中的三维温度。

Zheng 和 Zhu(2008) 在中间耦合的大气海洋 ENSO 预报模式中使用集合卡尔曼滤波同化真实的海平面异常数据和海面温度数据。他们注重于模式误差均衡的设计。

Lin 等人(2008a) 在中国北方真实的尘埃传输模式中使用了集合卡尔曼滤波，同时对独立观测结果进行了验证。大的膨胀参数用来维持集合的扩展。

Lin 等人(2008b)利用集合卡尔曼滤波来对模式误差进行修正。该误差修正针对排放和表面压力来说是状态扩张的参数估计。

Livings 等人(2008) 对方案和平方根滤波的性能进行了广泛的理论探讨。

Sakov 和 Oke(2008) 关于平方根滤波给出了和 Livings 等人(2008) 相似且平行的讨论。这两篇文献是做平方根滤波的人所必读的。

Sacher 和 Bartello(2008) 讨论了集合卡尔曼滤波的采样误差，同时提出了最优协方差膨胀方法的分析表达式，其中最优协方差膨胀方法取决于卡尔曼增益分析方差和实现的数目。

Li 等人(2009) 用集合卡尔曼滤波研究膨胀参数的在线估计，并且同时估计观测误差。他们发现膨胀估计没有精确的观测误差，统计时并不能很好地工作，反之亦然。

Zupanski 等人(2008) 讨论了最大似然集合滤波，它通过对每一个分析步骤的代价函数进行最小化，而不是去解决标准的集合卡尔曼集合滤波更新方程，从而更好地处理非线性测量算子。

Anderson(2009a) 提出了一种方法，该方法使用贝叶斯算法来自适应估计时空变化的膨胀参数。该算法是递归的并且随时间更新膨胀参数。

在 IEEE 控制系统杂志中有关集合方法的特殊专栏评论了集合卡尔曼滤波的应用价值。该专栏提供了四篇集合卡尔曼滤波的文章。Lakshmivarahan 和

Stensrud(2009) 的文章中，他们的关注点是在气象应用中使用集合卡尔曼滤波，Mandel 等人(2009) 主要是在荒地模式中使用集合卡尔曼滤波，Anderson (2009b) 研究不同的集合卡尔曼滤波配方，Evensen (2009) 提供了集合卡尔曼滤波的一个教程和审查。

B.2 其他集合滤波方法

集合卡尔曼滤波也涉及一些其他顺序的滤波方法，例如 Pham 等人 (1998)，Brasseur 等人(1999)，Carmillet 等人(2001) 提出的奇异值演化扩展卡尔曼滤波 (SEEK) (也可参见 Brusdal 等人，2003；Nerger 等人，2005，有关 SEEK 和 EnKF 的比较)；Verlaan 和 Heemink(2001) 提出的降秩平方根滤波 (RRSQRT)；Lermusiaux 同 Robinson(1999a, b) 和 Lermusiaux(2001) 提出的误差子空间统计估计，它可以被解释为一种集合卡尔曼滤波，其中分析是在集合的 EOF 所跨越的空间中计算的。

B.3 集合平滑方法

一些出版物集中在集合卡尔曼滤波到更平滑的扩展。第一个方案由 van Leeuwen 和 Evensen(1996) 给出，他们引进了集合平滑。这种方法后来被 Evensen (1997) 用 Lorenz 吸引子来验证；van Leeuwen(1999a) 采用 QG 模式来寻找一个稳定的均值，van Leeuwen(2001) 将其用在时间独立问题上；对于 Grønnevik 和 Evensen(2001) 的鱼类种群评估。Evensen 和 van Leeuwen(2000) 再次验证了平滑方案，同时推导了一个性能更好的算法，将其命名为集合卡尔曼平滑 (EnKS)。这种方法被 Grønnevik 与 Evensen(2001) 和 Brusdal 等(2003) 验证，最近的 Khare 等人(2008) 对其进行了验证。

B.4 参数估计集合方法

现在有一些出版物讨论了集合卡尔曼滤波在参数估计方面的潜力。我们参考 Evensen(2003)，其概括了如何用一组未知的参数去扩增模式状态，然后同时更新联合模式状态和参数。卡尔曼滤波在参数估计方面的应用包括，Nævdal 等人(2002)，Lorentzen 等人 (2003)，Kivman(2003)，Nævdal 等人 (2003)，Annan 与 Hargreaves(2004)，Gu 与 Oliver(2004)，Anna 等人(2005)，Moradkhani 等人(2005)，Lorentzen 等人(2005)，Gao 与 Reynolds(2005)，Wen 与 Chen(2005)，Liu 与 Oliver(2005a，b)，Skjervheim 等人(2005) 和 Zafari 与 Reynolds(2005)。

B.5 非线性滤波和平滑

集合卡尔曼滤波的另一扩展涉及求解非线性滤波问题的高效方法，即在分析计算时考虑预测误差统计中的非高斯贡献。在集合卡尔曼滤波中，这些东西被忽略 (参见 Evensen 和 van Leeuwen，2000)，并且当与具有多模式行为的非线性动力模式一起使用时，期望用一个完整的非线性滤波来改善结果，其中预测误差统计远离高斯。在数据同化界非线性滤波的实施是基于核空间近似或者粒子解释的，例如参见 Miller 等人(1999)，Anderson 与 Anderson(1999a)，Pham(2001)，Miller 与 Ehret(2002) 和 van Leeuwen(2003)。也可以参见粒子滤波网页 http://www-sigproc.eng.cam.ac.uk/smc，其中，包含了大量涉及蒙特卡洛方法以及粒子滤波的文献。在声明对于真实高阶系统是实用的之前，仍需要更多的研究。

参考文献

Allen, J. I., M. Eknes, and G. Evensen, An ensemble Kalman filter with a complex marine ecosystem model: Hindcasting phytoplankton in the Cretan Sea, *Annales Geophysicae*, *20*, 1–13, 2002.

Anderson, J. L., An ensemble adjustment Kalman filter for data assimilation, *Mon. Weather Rev.*, *129*, 2884–2903, 2001.

Anderson, J. L., A local least squares framework for ensemble filtering, *Mon. Weather Rev.*, *131*, 634–642, 2003.

Anderson, J. L., An adaptive covariance inflation error correction algorithm for ensemble filters, *Tellus, Ser. A*, *59*, 210–224, 2007a.

Anderson, J. L., Exploring the need for localization in the ensemble data assimilation using a hierarchical ensemble filter, *Physica D*, *230*, 99–111, 2007b.

Anderson, J. L., Spatially and temporally varying adaptive covariance inflation for ensemble filters, *Tellus, Ser. A*, *61*, 72–83, 2009a.

Anderson, J. L., Ensemble Kalman filters for large geophysical applications, *IEEE Control Systems Magazine*, *29*, 66–82, 2009b.

Anderson, J. L., and S. L. Anderson, A Monte Carlo implementation of the nonlinear filtering problem to produce ensemble assimilations and forecasts, *Mon. Weather Rev.*, *127*, 2741–2758, 1999a.

Anderson, J. L., and S. L. Anderson, A Monte Carlo implementation of the nonlinear filtering problem to produce ensemble assimilations and forecasts, *Mon. Weather Rev.*, *127*, 2741–2758, 1999b.

Annan, J. D., and J. C. Hargreaves, Efficient parameter estimation for a highly chaotic system, *Tellus*, *56A*, 520–526, 2004.

Annan, J. D., J. C. Hargreaves, N. R. Edwards, and R. Marsh, Parameter estimation in an intermediate complexity earth system model using an ensemble Kalman filter, *Ocean Modelling*, *8*, 135–154, 2005.

Azencott, R., *Simulated Annealing*, John Wiley, New York, 1992.

Baek, S.-J., B. R. Hunt, E. Kalnay, E. Ott, and I. Szunyogh, Local ensemble Kalman filtering in the presence of model bias, *Tellus, Ser. A*, *58*, 293–306, 2006.

Barth, N., and C. Wunsch, Oceanographic experiment design by simulated annealing, *J. Phys. Oceanogr.*, *20*, 1249–1263, 1990.

Bennett, A. F., *Inverse Methods in Physical Oceanography*, Cambridge University Press, 1992.

Bennett, A. F., *Inverse Modeling of the Ocean and Atmosphere*, Cambridge University Press, 2002.

Bennett, A. F., and B. S. Chua, Open-ocean modeling as an inverse problem: The primitive equations, *Mon. Weather Rev.*, *122*, 1326–1336, 1994.

Bennett, A. F., and R. N. Miller, Weighting initial conditions in variational assimilation schemes, *Mon. Weather Rev.*, *119*, 1098–1102, 1990.

Bennett, A. F., L. M. Leslie, C. R. Hagelberg, and P. E. Powers, Tropical cyclone prediction using a barotropic model initialized by a generalized inverse method, *Mon. Weather Rev.*, *121*, 1714–1729, 1993.

Bennett, A. F., B. S. Chua, and L. M. Leslie, Generalized inversion of a global numerical weather prediction model, *Meteorol. Atmos. Phys.*, *60*, 165–178, 1996.

Bentsen, M., G. Evensen, H. Drange, and A. D. Jenkins, Coordinate transformation on a sphere using a conformal mapping, *Mon. Weather Rev.*, *127*, 2733–2740, 1999.

Bertino, L., G. Evensen, and H. Wackernagel, Combining geostatistics and Kalman filtering for data assimilation in an estuarine system, *Inverse Methods*, *18*, 1–23, 2002.

Bertino, L., G. Evensen, and H. Wackernagel, Sequential data assimilation techniques in oceanography, *International Statistical Review*, *71*, 223–241, 2003.

Bishop, C. H., and D. Hodyss, Flow-adaptive moderation of spurious ensemble correlations and its use in ensemble-based data assimilation, *Q. J. R. Meteorol. Soc.*, *133*, 2029–2044, 2007.

Bishop, C. H., B. J. Etherton, and S. J. Majumdar, Adaptive sampling with the ensemble transform Kalman filter. Part I: Theoretical aspects, *Mon. Weather Rev.*, *129*, 420–436, 2001.

Bleck, R., An oceanic general circulation model framed in hybrid isopycnic-cartesian coordinates, *Ocean Modelling*, *4*, 55–88, 2002.

Bleck, R., C. Rooth, D. Hu, and L. T. Smith, Salinity-driven thermohaline transients in a wind- and thermohaline-forced isopycnic coordinate model of the North Atlantic, *J. Phys. Oceanogr.*, *22*, 1486–1515, 1992.

Bohachevsky, I. O., M. E. Johnson, and M. L. Stein, Generalized simulated annealing for function optimization, *Technometrics*, *28*, 209–217, 1986.

Bouttier, F., A dynamical estimation of forecast error covariances in an assimilation system, *Mon. Weather Rev.*, *122*, 2376–2390, 1994.

Bowers, C. M., J. F. Price, R. A. Weller, and M. G. Briscoe, Data tabulations and analysis of diurnal sea surface temperature variability observed at LOTUS, *Tech. Rep. 5*, Woods Hole Oceanogr. Inst., Woods Hole, Mass., 1986.

Brasseur, P., J. Ballabrera, and J. Verron, Assimilation of altimetric data in the mid-latitude oceans using the SEEK filter with an eddy-resolving primitive equation model, *J. Marine. Sys.*, *22*, 269–294, 1999.

Brusdal, K., J. Brankart, G. Halberstadt, G. Evensen, P. Brasseur, P. J. van Leeuwen, E. Dombrowsky, and J. Verron, An evaluation of ensemble based assimilation methods with a layered OGCM, *J. Marine. Sys.*, *40-41*, 253–289, 2003.

Burgers, G., P. J. van Leeuwen, and G. Evensen, Analysis scheme in the ensemble Kalman filter, *Mon. Weather Rev.*, *126*, 1719–1724, 1998.

Carmillet, V., J.-M. Brankart, P. Brasseur, H. Drange, and G. Evensen, A singular evolutive extended Kalman filter to assimilate ocean color data in a coupled physical-biochemical model of the North Atlantic, *Ocean Modelling*, *3*, 167–192, 2001.

Caya, A., J. Sun, and C. Snyder, A comparison between the 4DVAR and the ensemble Kalman filter techniques for radar data assimilation, *Mon. Weather Rev.*, *133*, 3081–3094, 2005.

Chen, W., B. R. Bakshi, P. K. Goel, and S. Ungarala, Bayesian estimation via sequential Monte Carlo sampling: Unconstrained nonlinear dynamic systems, *Int. Eng. Chem. Res.*, *43*, 4012–4025, 2004.

Chilés, J.-P., *Geostatistics: Modeling Spatial Uncertainty*, Wiley Series in Probability and Statistics, John Wiley & Sons, 1999.

Chua, B. S., and A. F. Bennett, An inverse ocean modeling system, *Oceanogr. Meteor.*, *3*, 137–165, 2001.

Counillon, F. ., and L. Bertino, High resolution ensemble forecasting for the Gulf of Mexico eddies and fronts, *Ocean Dynamics*, *59*, 83–95, 2009a.

Counillon, F., and L. Bertino, Ensemble Optimal Interpolation: multivariate properties in the Gulf of Mexico, *Tellus*, *61A*, 296–308, 2009b.

Counillon, F., P. Sakov, and L. Bertino, Application of a hybrid EnKF-OI to ocean forecasting, *Ocean Science Discussion*, *6*, 653–688, 2009.

Courtier, P., Dual formulation of variational assimilation, *Q. J. R. Meteorol. Soc.*, *123*, 2449–2461, 1997.

Courtier, P., and O. Talagrand, Variational assimilation of meteorological observations with the adjoint vorticity equation II: Numerical results, *Q. J. R. Meteorol. Soc.*, *113*, 1329–1347, 1987.

Courtier, P., J. N. Thepaut, and A. Hollingsworth, A strategy for operational implementation of 4DVAR, using an incremental approach, *Q. J. R. Meteorol. Soc.*, *120*, 1367–1387, 1994.

Crow, W. T., and E. F. Wood, The assimilation of remotely sensed soil brightness temperature imagery into a land surface model using ensemble Kalman filtering: A case study based on ESTAR measurements during SGP97, *Advances in Water Resources*, *26*, 137–149, 2003.

Derber, J., and A. Rosati, A global oceanic data assimilation system, *J. Phys. Oceanogr.*, *19*, 1333–1347, 1989.

Doucet, A., N. de Freitas, and N. Gordon (Eds.), *Sequential Monte Carlo Methods in Practice*, Statistics for Engineering and Information Science, Springer-Verlag New York, 2001.

Dowell, D. C., F. Zhang, L. J. Wicker, C. Snyder, and N. A. Crook, Wind and temperature retrievals in the 17 May 1981 Arcadia, Oklahoma, supercell: Ensemble Kalman filter experiments, *Mon. Weather Rev.*, *132*, 1982–2005, 2004.

Duane, S., A. D. Kennedy, B. J. Pendleton, and D. Roweth, Hybrid Monte Carlo, *Phys. Lett. B.*, *195*, 216–222, 1987.

Eben, K., P. Juru, J. Resler, M. Belda, E. Pelikán, B. C. Krger, and J. Keder, An ensemble Kalman filter for short-term forecasting of tropospheric ozone concentrations , *Q. J. R. Meteorol. Soc.*, *131*, 3313–3322, 2005.

Echevin, V., P. De Mey, and G. Evensen, Horizontal and vertical structure of the representer functions for sea surface measurements in a coastal circulation model, *J. Phys. Oceanogr.*, *30*, 2627–2635, 2000.

Egbert, G. D., A. F. Bennett, and M. G. G. Foreman, TOPEX/POSEIDON tides estimated using a global inverse model, *J. Geophys. Res.*, *99*, 24,821–24,852, 1994.

Eknes, M., and G. Evensen, Parameter estimation solving a weak constraint variational formulation for an Ekman model, *J. Geophys. Res.*, *102*, 12,479–12,491, 1997.

Eknes, M., and G. Evensen, An ensemble Kalman filter with a 1–D marine ecosystem model, *J. Marine. Sys.*, *36*, 75–100, 2002.

Evensen, G., Using the extended Kalman filter with a multilayer quasi-geostrophic ocean model, *J. Geophys. Res.*, *97*, 17,905–17,924, 1992.

Evensen, G., Sequential data assimilation with a nonlinear quasi-geostrophic model using Monte Carlo methods to forecast error statistics, *J. Geophys. Res.*, *99*, 10,143–10,162, 1994a.

Evensen, G., Inverse methods and data assimilation in nonlinear ocean models, *Physica D*, *77*, 108–129, 1994b.

Evensen, G., Advanced data assimilation for strongly nonlinear dynamics, *Mon. Weather Rev.*, *125*, 1342–1354, 1997.

Evensen, G., The ensemble Kalman filter: Theoretical formulation and practical implementation, *Ocean Dynamics*, *53*, 343–367, 2003.

Evensen, G., Sampling strategies and square root analysis schemes for the EnKF, *Ocean Dynamics*, *54*, 539–560, 2004.

Evensen, G., The ensemble Kalman filter for combined state and parameter estimation, *IEEE Control Systems Magazine*, *29*, 83–104, 2009.

Evensen, G., and N. Fario, A weak constraint variational inverse for the Lorenz equations using substitution methods, *J. Meteor. Soc. Japan*, *75(1B)*, 229–243, 1997.

Evensen, G., and P. J. van Leeuwen, Assimilation of Geosat altimeter data for the Agulhas current using the ensemble Kalman filter with a quasi-geostrophic model, *Mon. Weather Rev.*, *124*, 85–96, 1996.

Evensen, G., and P. J. van Leeuwen, An ensemble Kalman smoother for nonlinear dynamics, *Mon. Weather Rev.*, *128*, 1852–1867, 2000.

Evensen, G., D. Dee, and J. Schröter, Parameter estimation in dynamical models, in *Ocean Modeling and Parameterizations*, edited by E. P. Chassignet and J. Verron, pp. 373–398, Kluwer Academic Publishers. Printed in the Nederlands., 1998.

Fertig, E. J., J. Harlim, and B. R. Hunt, A Comparative Study of 4D-VAR and a 4D Ensemble Kalman Filter: Perfect Model Simulations with Lorenz-96, *Tellus, Ser. A*, *59*, 96–101, 2006.

Fertig, E. J., B. R. Hunt, E. Ott, and I. Szunyogh, Assimilating non-local observations with a local ensemble Kalman filter, *Tellus, Ser. A*, *59*, 719–730, 2007.

Fertig, E. J., S.-J. Baek, B. R. Hunt, E. Ott, I. Szunyogh, J. A. Aravequia, E. Kalnay, H. Li, and J. Liu, Observation bias correction with an ensemble Kalman filter, *Tellus, Ser. A*, *??*, ??, 2008.

Gao, G., and A. C. Reynolds, Quantifying the uncertainty for the PUNQ-S3 problem in a Bayesian setting with the RML and EnKF, SPE reservoir simulation symposium (SPE 93324), 2005.

Gauthier, P., Chaos and quadri-dimensional data assimilation: A study based on the Lorenz model, *Tellus, Ser. A*, *44*, 2–17, 1992.

Gauthier, P., P. Courtier, and P. Moll, Assimilation of simulated wind lidar data with a Kalman filter, *Mon. Weather Rev.*, *121*, 1803–1820, 1993.

Gelb, A., *Applied Optimal Estimation*, MIT Press Cambridge, 1974.

Gradshteyn, I. S., and I. M. Ryzhik, *Table of Integrals, Series, and Products: Corrected and enlarged edition*, Academic Press, Inc., 1979.

Grønnevik, R., and G. Evensen, Application of ensemble based techniques in fish-stock assessment, *Sarsia*, *86*, 517–526, 2001.

Gu, Y., and D. S. Oliver, History matching of the PUNQ-S3 reservoir model using the ensemble Kalman filter, SPE Annual Technical Conference and Exhibition (SPE 89942), 2004.

Hacker, J. P., and C. Snyder, ensemble Kalman filter assimilation of fixed screen-height observations in a parameterized PBL, *Mon. Weather Rev.*, *133*, 3260–3275, 2005.

Hamill, T. M., and C. Snyder, A hybrid ensemble Kalman filter–3D variational analysis scheme, *Mon. Weather Rev.*, *128*, 2905–2919, 2000.

Hamill, T. M., and J. S. Whitaker, Accounting for the error due to unresolved scales in ensemble data assimilation: A comparison of different apporaches, *Mon. Weather Rev.*, *133*, 3132–3147, 2005.

Hamill, T. M., S. L. Mullen, C. Snyder, Z. Toth, and D. P. Baumhefner, Ensemble forecasting in the short to medium range: Report from a workshop, *Bull. Amer. Meteor. Soc.*, *81*, 2653–2664, 2000.

Hamill, T. M., J. S. Whitaker, and C. Snyder, Distance-dependent filtering of background error covariance estimates in an ensemble Kalman filter, *Mon. Weather Rev.*, *129*, 2776–2790, 2001.

Hansen, J. A., and L. A. Smith, Probabilistic noise reduction, *Tellus, Ser. A*, *53*, 585–598, 2001.

Haugen, V. E., and G. Evensen, Assimilation of SLA and SST data into an OGCM for the Indian ocean, *Ocean Dynamics*, *52*, 133–151, 2002.

Haugen, V. E., G. Evensen, and O. M. Johannessen, Indian ocean circulation: An integrated model and remote sensing study, *J. Geophys. Res.*, *107*, 11–1–11–23, 2002.

Heemink, A. W., M. Verlaan, and A. J. Segers, Variance reduced ensemble Kalman filtering, *Mon. Weather Rev.*, *129*, 1718–1728, 2001.

Houtekamer, P. L., and H. L. Mitchell, Data assimilation using an Ensemble Kalman Filter technique, *Mon. Weather Rev.*, *126*, 796–811, 1998.

Houtekamer, P. L., and H. L. Mitchell, Reply, *Mon. Weather Rev.*, *127*, 1378–1379, 1999.

Houtekamer, P. L., and H. L. Mitchell, A sequential ensemble Kalman filter for atmospheric data assimilation, *Mon. Weather Rev.*, *129*, 123–137, 2001.

Houtekamer, P. L., and H. L. Mitchell, Ensemble Kalman filtering, *Q. J. R. Meteorol. Soc.*, *131*, 3269–3289, 2005.

Houtekamer, P. L., H. L. Mitchell, G. Pellerin, M. Buehner, M. Charron, L. Spacek, and B. Hansen, Atmospheric data assimilation with an ensemble Kalman filter: Results with real observations, *Mon. Weather Rev.*, *133*, 604–620, 2005.

Hunt, B., E. Kalnay, E. Kostelich, E. Ott, D. J. Patil, T. Sauer, I. Szunyogh, J. A. Yorke, and A. V. Zimin, Four dimensional ensemble kalman filtering, *Tellus, Ser. A*, *56A*, 273–277, 2004.

Hunt, B. R., E. J. Kostelich, and I. Szunyogh, Efficient data assimilation for spatiotemporal chaos: A local ensemble transform Kalman filter, *Physica D*, *230*, 112–126, 2007.

Jazwinski, A. H., *Stochastic Processes and Filtering Theory*, Academic Press, San Diego, Calif., 1970.

Kalman, R. E., A new approach to linear filter and prediction problems, *J. Basic. Eng.*, *82*, 35–45, 1960.

Kepert, J. D., On ensemble representation of the observation-error covariance in the ensemble Kalman filter, *Ocean Dynamics*, *6*, 561–569, 2004.

Keppenne, C. L., Data assimilation into a primitive-equation model with a parallel ensemble Kalman filter, *Mon. Weather Rev.*, *128*, 1971–1981, 2000.

Keppenne, C. L., and M. Rienecker, Assimilation of temperature into an isopycnal ocean general circulation model using a parallel ensemble Kalman filter, *J. Marine. Sys.*, *40-41*, 363–380, 2003.

Keppenne, C. L., M. Rienecker, N. P. Kurkowski, and D. A. Adamec, Ensemble Kalman filter assimilation of temperature and altimeter data with bias correction and application to seasonal prediction, *Nonlinear Processes in Geophysics*, *12*, 491–503, 2005.

Khare, S. P., J. L. Anderson, T. J. Hoar, and D. Nychka, An investigation into the application of an ensemble Kalman smoother to high-dimensional geophysical systems , *Tellus*, *60A*, 97–112, 2008.

Kirkpatrick, S., C. D. Gelatt, and M. P. Vecchi, Optimization by simulated annealing, *Science*, *220*, 671–680, 1983.

Kivman, G. A., Sequential parameter estimation for stochastic systems, *Nonlinear Processes in Geophysics*, *10*, 253–259, 2003.

Lakshmivarahan, S., and D. J. Stensrud, Ensemble Kalman filter: Application to meteorological data assimilation, *IEEE Control Systems Magazine*, *29*, 34–46, 2009.

Lantuéjoul, C., *Geostatistical Simulation: Models and Algorithms*, Springer-Verlag, 2002.

Lawson, W. G., and J. A. Hansen, Implications of stochastic and deterministic filters as ensemble-based data assimilation methods in varying regimes of error growth, *Mon. Weather Rev.*, *132*, 1966–1981, 2004.

Leeuwenburgh, O., Assimilation of along-track altimeter data in the Tropical Pacific region of a global OGCM ensemble, *Q. J. R. Meteorol. Soc.*, *131*, 2455–2472, 2005.

Leeuwenburgh, O., G. Evensen, and L. Bertino, The impact of ensemble filter definition on the assimilation of temperature profiles in the Tropical Pacific, *Q. J. R. Meteorol. Soc.*, *131*, 3291–3300, 2005.

Lermusiaux, P. F. J., Evolving the subspace of the three-dimensional ocean variability: Massachusetts Bay, *J. Marine. Sys.*, *29*, 385–422, 2001.

Lermusiaux, P. F. J., and A. R. Robinson, Data assimilation via error subspace statistical estimation. Part I: Theory and schemes, *Mon. Weather Rev.*, *127*, 1385–1407, 1999a.

Lermusiaux, P. F. J., and A. R. Robinson, Data assimilation via error subspace statistical estimation. Part II: Middle Atlantic Bight shelfbreak front simulations and ESSE validation, *Mon. Weather Rev.*, *127*, 1408–1432, 1999b.

Li, H., E. Kalnay, and T. Miyoshi, Simultaneous estimation of covariance inflation and observation errors within an ensemble Kalman filter, *Q. J. R. Meteorol. Soc.*, *135*, 523–533, 2009.

Lin, C., Z. Wang, and J. Zhu, An ensemble Kalman filter for severe dust storm data assimilation over China, *Atmos. Chem. Phys.*, *8*, 2975–2983, 2008a.

Lin, C., J. Zhu, and Z. Wang, Model bias correction for dust storm forecast using ensemble Kalman filter, *J. Geophys. Res.*, *113*, D14,306, 2008b.

Lisæter, K. A., J. Rosanova, and G. Evensen, Assimilation of ice concentration in a coupled ice-ocean model, using the ensemble Kalman filter, *Ocean Dynamics*, *53*, 368–388, 2003.

Liu, N., and D. S. Oliver, Critical evaluation of the ensemble Kalman filter on history matching of geologic facies, SPE reservoir simulation symposium (SPE 92867), 2005a.

Liu, N., and D. S. Oliver, Ensemble Kalman filter for automatic history matching of geologic facies, *J. Petroleum Sci. and Eng.*, *47*, 147–161, 2005b.

Livings, D. M., S. L. Dance, and N. K. Nichols, Unbiased ensemble square root filters, *Physica D*, *237*, 1021–1028, 2008.

Lorentzen, R. J., G. Nævdal, and A. C. V. M. Lage, Tuning of parameters in a two-phase flow model using an ensemble Kalman filter, *Int. Jour. of Multiphase Flow*, *29*, 1283–1309, 2003.

Lorentzen, R. J., G. Nævdal, B. Vallés, A. M. Berg, and A.-A. Grimstad, Analysis of the ensemble Kalman filter for estimation of permeability and porosity in reservoir models, SPE 96375, 2005.

Lorenz, E. N., Deterministic nonperiodic flow, *J. Atmos. Sci.*, *20*, 130–141, 1963.

Madsen, H., and R. Cañizares, Comparison of extended and ensemble Kalman filters for data assimilation in coastal area modelling, *Int. J. Numer. Meth. Fluids*, *31*, 961–981, 1999.

Majumdar, S. J., C. H. Bishop, B. J. Etherton, I. Szunyogh, and Z. Toth, Can an ensemble transform Kalman filter predict the reduction in forecast-error variance produced by targeted observations?, *Q. J. R. Meteorol. Soc.*, *127*, 2803–2820, 2001.

Mandel, J., J. D. Beezley, J. L. Coen, and M. Kim, Data assimilation for wildland fires: Ensemble Kalman filters in coupled atmosphere-surface models, *IEEE Control Systems Magazine*, *29*, 47–65, 2009.

McIntosh, P. C., Oceanic data interpolation: Objective analysis and splines, *J. Geophys. Res.*, *95*, 13,529–13,541, 1990.

Mendoza, O. B., B. D. Moor, and D. S. Bernstein, Data assimilation for magnetohydrodynamics systems, *J. Comput. Appl. Math.*, *189*, 242–259, 2006.

Metropolis, N., A. W. Rosenbluth, M. N. Rosenbluth, A. H. Teller, and E. Teller, Equation of state calculations by fast computing machines, *J. Chem. Phys.*, *21*, 1087–1092, 1953.

Mezzadri, F., How to generate random matrices from the classical compact groups, *Notices of the AMS*, *54*, 592–604, 2007.

Miller, R. N., Perspectives on advanced data assimilation in strongly nonlinear systems, in *Data Assimilation: Tools for Modelling the Ocean in a Global Change Perspective*, edited by P. P. Brasseur and J. C. J. Nihoul, vol. I 19 of *NATO ASI*, pp. 195–216, Springer-Verlag Berlin Heidelberg, 1994.

Miller, R. N., and L. L. Ehret, Ensemble generation for models of multimodal systems, *Mon. Weather Rev.*, *130*, 2313–2333, 2002.

Miller, R. N., M. Ghil, and F. Gauthiez, Advanced data assimilation in strongly nonlinear dynamical systems, *J. Atmos. Sci.*, *51*, 1037–1056, 1994.

Miller, R. N., E. F. Carter, and S. T. Blue, Data assimilation into nonlinear stochastic models, *Tellus, Ser. A*, *51*, 167–194, 1999.

Mitchell, H. L., and P. L. Houtekamer, An adaptive Ensemble Kalman Filter, *Mon. Weather Rev.*, *128*, 416–433, 2000.

Mitchell, H. L., P. L. Houtekamer, and G. Pellerin, Ensemble size, and model-error representation in an Ensemble Kalman Filter, *Mon. Weather Rev.*, *130*, 2791–2808, 2002.

Moradkhani, H., S. Sorooshian, H. V. Gupta, and P. R. Houser, Dual state-parameter estimation of hydrological models using ensemble Kalman filter, *Advances in Water Resources*, *28*, 135–147, 2005.

Muccino, J. C., and A. F. Bennett, Generalized inversion of the Korteweg–de Vries equation, *Dyn. Atmos. Oceans*, *35*, 227–263, 2001.

Nævdal, G., T. Mannseth, and E. Vefring, Near well reservoir monitoring through ensemble Kalman filter, Proceeding of SPE/DOE Improved Oil recovery Symposium (SPE 75235), 2002.

Nævdal, G., L. M. Johnsen, S. I. Aanonsen, and E. Vefring, Reservoir monitoring and continuous model updating using the ensemble Kalman filter, SPE Annual Technical Conference and Exhibition (SPE 84372), 2003.

Natvik, L. J., and G. Evensen, Assimilation of ocean colour data into a biochemical model of the North Atlantic. Part 1. Data assimilation experiments, *J. Marine. Sys.*, *40-41*, 127–153, 2003a.

Natvik, L. J., and G. Evensen, Assimilation of ocean colour data into a biochemical model of the North Atlantic. Part 2. Statistical analysis, *J. Marine. Sys.*, *40-41*, 155–169, 2003b.

Natvik, L.-J., M. Eknes, and G. Evensen, A weak constraint inverse for a zero dimensional marine ecosystem model, *J. Marine. Sys.*, *28*, 19–44, 2001.

Neal, R. M., Bayesian training of backpropagation networks by the Hybrid Monte Carlo method, *Technical Report CRG-TR-92-1*, Department of Computer Science, University of Toronto, 1992.

Neal, R. M., Probabilistic inference using Markov chain Monte Carlo methods, *Technical Report CRG-TR-93-1*, Department of Computer Science, University of Toronto, 1993.

Nerger, L., W. Hiller, and J. Schröter, A comparison of error subspace Kalman filters, *Tellus*, *57A*, 715–735, 2005.

Nohara, D., and H. Tanaka, Development of prediction model using ensemble forecast assimilation in nonlinear dynamical system, *J. Meteor. Soc. Japan*, *82*, 167–178, 2004.

Ott, E., B. Hunt, I. Szunyogh, A. V. Zimin, E. Kostelich, M. Corazza, E. Kalnay, D. J. Patil, and J. A. Yorke, A local ensemble Kalman filter for atmospheric data assimilation, *Tellus, Ser. A*, *56A*, 415–428, 2004.

Park, J.-H., and A. Kaneko, Assimilation of coastal acoustic tomography data into a barotropic ocean model, *Geophysical Research Letters*, *27*, 3373–3376, 2000.

Pham, D. T., Stochastic methods for sequential data assimilation in strongly nonlinear systems, *Mon. Weather Rev.*, *129*, 1194–1207, 2001.

Pham, D. T., J. Verron, and M. C. Roubaud, A singular evolutive extended Kalman filter for data assimilation in oceanography, *J. Marine. Sys.*, *16*, 323–340, 1998.

Pires, C., R. Vautard, and O. Talagrand, On extending the limits of variational assimilation in nonlinear chaotic systems, *Tellus, Ser. A*, *48*, 96–121, 1996.

Reichle, R. H., D. B. McLaughlin, and D. Entekhabi, Hydrologic data assimilation with the ensemble Kalman filter, *Mon. Weather Rev.*, *130*, 103–114, 2002.

Robert, C. P., and G. Casella, *Monte Carlo Statistical Methods*, Springer Texts in Statistics, second ed., Springer, 2004.

Sacher, W., and P. Bartello, Sampling errors in ensemble Kalman filtering. Part I: Theory, *MWR*, *136*, 3035–3049, 2008.

Sakov, P., and P. R. Oke, Implications of the form of the ensemble transform in the ensemble square root filters, *Mon. Weather Rev.*, *136*, 1042–1053, 2008.

Skjervheim, J.-A., G. Evensen, S. I. Aanonsen, B. O. Ruud, and T. A. Johansen, Incorporating 4D seismic data in reservoir simulatuion models using ensemble Kalman filter, SPE 95789, 2005.

Skjervheim, J.-A., S. I. Aanonsen, and G. Evensen, Ensemble Kalman filter with time difference data, *Computational Geosciences*, 2006, submitted.

Snyder, C., and F. Zhang, Assimilation of simulated doppler radar observations with an ensemble Kalman filter, *Mon. Weather Rev.*, *131*, 1663–1677, 2003.

Stensrud, D. J., and J. Bao, Behaviors of variational and nudging assimilation techniques with a chaotic low-order model, *Mon. Weather Rev.*, *120*, 3016–3028, 1992.

Szunyogh, I., E. J. . Kostelich, G. Gyarmati, D. J. Patil, B. R. Hunt, E. Kalnay, E. Ott, and J. A. Yorke, Assessing a local ensemble Kalman filter: perfect model experiments with the National Centers for Environmental Prediction global model, *Tellus, Ser. A*, *57*, 528–545, 2005.

Szunyogh, I., E. J. . Kostelich, G. Gyarmati, E. Kalnay, B. R. Hunt, E. Ott, E. Satterfield, and J. A. Yorke, A local ensemble transform Kalman filter data assimilation system for the NCEP global model, *Tellus, Ser. A*, *60*, 113–130, 2008.

Talagrand, O., and P. Courtier, Variational assimilation of meteorological observations with the adjoint vorticity equation. I: Theory, *Q. J. R. Meteorol. Soc.*, *113*, 1311–1328, 1987.

Tippett, M. K., J. L. Anderson, C. H. Bishop, T. M. Hamill, and J. S. Whitaker, Ensemble square-root filters, *Mon. Weather Rev.*, *131*, 1485–1490, 2003.

Torres, R., J. I. Allen, and F. G. Figueiras, Sequential data assimilation in an upwelling influenced estuary, *J. Marine. Sys.*, *60*, 317–329, 2006.

van Leeuwen, P. J., The time mean circulation in the Agulhas region determined with the ensemble smoother, *J. Geophys. Res.*, *104*, 1393–1404, 1999a.

van Leeuwen, P. J., Comment on "Data assimilation using an ensemble Kalman filter technique", *Mon. Weather Rev.*, *127*, 6, 1999b.

van Leeuwen, P. J., An ensemble smoother with error estimates, *Mon. Weather Rev.*, *129*, 709–728, 2001.

van Leeuwen, P. J., A variance-minimizing filter for large-scale applications, *Mon. Weather Rev.*, *131*, 2071–2084, 2003.

van Leeuwen, P. J., and G. Evensen, Data assimilation and inverse methods in terms of a probabilistic formulation, *Mon. Weather Rev.*, *124*, 2898–2913, 1996.

Verlaan, M., and A. W. Heemink, Nonlinearity in data assimilation applications: A practical method for analysis, *Mon. Weather Rev.*, *129*, 1578–1589, 2001.

Wackernagel, H., *Multivariate Geostatistics*, Springer-Verlag, 1998.

Wan, L., J. Zhu, L. Bertino, and H. Wang, Initial ensemble generation and validation for ocean data assimilation using HYCOM in the Pacific, *Ocean Dynamics*, *53*, 368–388, 2008.

Wang, X., and C. H. Bishop, A comparison of breeding and ensemble transform Kalman filter ensemble forecast schemes, *J. Atmos. Sci.*, *60*, 1140–1158, 2003.

Wang, X., C. H. Bishop, and S. J. Julier, Which is better, an ensemble of positive-negative pairs or a centered spherical simplex ensemble, *Mon. Weather Rev.*, *132*, 1590–1605, 2004.

Wen, X.-H., and W. H. Chen, Real time reservoir model updating using the ensemble Kalman filter, SPE reservoir simulation symposium (SPE 92991), 2005.

Whitaker, J. S., and T. M. Hamill, Ensemble data assimilation without perturbed observations, *Mon. Weather Rev.*, *130*, 1913–1924, 2002.

Whitaker, J. S., T. M. Hamill, X. Wei, Y. Song, and Z. Toth, Ensemble data assimilation with the NCEP global forecast system, *Mon. Weather Rev.*, *136*, 463–482, 2008.

Yu, L., and J. J. O'Brien, Variational estimation of the wind stress drag coefficient and the oceanic eddy viscosity profile, *J. Phys. Oceanogr.*, *21*, 709–719, 1991.

Yu, L., and J. J. O'Brien, On the initial condition in parameter estimation, *J. Phys. Oceanogr.*, *22*, 1361–1364, 1992.

Zafari, M., and A. Reynolds, Assessing the uncertainty in reservoir description and performance predictions with the ensemble Kalman filter, SPE 95750, 2005.

Zang, X., and P. Malanotte-Rizzoli, A comparison of assimilation results from the ensemble Kalman filter and a reduced-rank extended Kalman filter, *Nonlinear Processes in Geophysics*, *10*, 477–491, 2003.

Zhang, S., M. J. Harrison, A. T. Wittenberg, A. Rosati, J. L. Anderson, and V. Balaji, Initialization of an ENSO forecast system using a parallelized ensemble filter, *Mon. Weather Rev.*, *133*, 3176–3201, 2005.

Zheng, F., and J. Zhu, Balanced multivariate model errors of an intermediate coupled model for ensemble kalman filter data assimilation, *J. Geophys. Res.*, *113*, C07,002, 2008.

Zhou, Y., D. McLaughlin, and D. Entekhabi, An ensemble-based smoother with retrospectively updated weights for highly nonlinear systems, *Mon. Weather Rev.*, *135*, 186–202, 2007.

Zou, Y., and R. Ghanem, A multiscale data assimilation with the ensemble Kalman filter, *Multiscale Model. Simul.*, *3*, 131–150, 2004.

Zupanski, M., I. M. Navon, and D. Zupanski, The Maximum Likelihood Ensemble Filter as a non-differentiable minimization algorithm, *Q. J. R. Meteorol. Soc.*, *134*, 1039–1050, 2008.

内 容 简 介

数据同化是一种最初来源于数值天气预报，为数值天气预报提供初始场的数据处理技术，现在已广泛应用于大气海洋领域。本书系统地阐述了数据同化问题的数学模型与求解方法，重点集中在允许模式存在误差且统计误差随时间演化的方法。全书共分为 17 章：第 1 章为概述；第 2 章对基本统计方法进行了总结；第 3 章重点介绍时间独立的反演问题；第 4 章介绍动力学模式中状态随时间演化的问题；第 5、6 章分别阐述了变分和非线性变分反问题；第 7、8 章分别介绍概率公式和广义逆；第 9 章重点介绍集合方法及集合卡尔曼滤波算法；第 10 章主要阐述简单的非线性优化问题；第 11 章重点探讨集合卡尔曼滤波中的采样策略；第 12 章主要讨论模式误差相关问题；第 13 章主要介绍平方根算法；第 14 章主要阐述不同分析方案下的逆问题；第 15 章介绍有限集合大小造成的伪相关性；第 16 章主要介绍基于集合卡尔曼滤波的业务海洋预报系统；第 17 章介绍数据同化在地下油量数值模拟中的应用。

本书内容介绍全面，理论分析深入，工程实用性强，既可作为高等院校师生进行理论知识学习和相关研究工作的参考教材，也可作为相关领域工程技术人员的工具书。